黄艳　总主编

变化环境下流域超标准洪水综合应对关键技术研究丛书

变化环境下
流域超标准洪水综合应对
关键技术

■ 黄艳　李安强　李昌文　等　著

长江出版社
CHANGJIANG PRESS

图书在版编目（CIP）数据

变化环境下流域超标准洪水综合应对关键技术 / 黄艳等著 .
—武汉 ： 长江出版社，2021.12
（变化环境下流域超标准洪水综合应对关键技术研究丛书）
ISBN 978-7-5492-8170-1

Ⅰ．①变… Ⅱ．①黄… Ⅲ．①流域 - 洪水调度 - 研究
②流域 - 洪水 - 水灾 - 风险管理 - 研究 Ⅳ．① TV872 ② P426.616

中国版本图书馆 CIP 数据核字 (2022) 第 024052 号

变化环境下流域超标准洪水综合应对关键技术
BIANHUAHUANJINGXIALIUYUCHAOBIAOZHUNHONGSHUIZONGHEYINGDUIGUANJIANJISHU
黄艳等 著

选题策划： 赵冕 郭利娜
责任编辑： 郭利娜 许泽涛
装帧设计： 刘斯佳
出版发行： 长江出版社
地　　址： 武汉市江岸区解放大道 1863 号
邮　　编： 430010
网　　址： http://www.cjpress.com.cn
电　　话： 027-82926557（总编室）
　　　　　 027-82926806（市场营销部）
经　　销： 各地新华书店
印　　刷： 湖北金港彩印有限公司
规　　格： 787mm×1092mm
开　　本： 16
印　　张： 30.25
彩　　页： 4
拉　　页： 1
字　　数： 740 千字
版　　次： 2021 年 12 月第 1 版
印　　次： 2023 年 7 月第 1 次
书　　号： ISBN 978-7-5492-8170-1
定　　价： 278.00 元

流域超标准洪水是指按流域防洪工程设计标准调度后,主要控制站点水位或流量仍超过防洪标准(保证水位或安全泄量)的洪水(或风暴潮)。

流域超标准洪水具有降雨范围广、强度大、历时长、累计雨量大等雨情特点,空间遭遇恶劣、洪水峰高量大、高水位历时长等水情特点,以及受灾范围广、灾害损失大、工程水毁严重、社会影响大等灾情特点,始终是我国灾害防御的重点和难点。在全球气候变暖背景下,极端降水事件时空格局及水循环发生了变异,暴雨频次、强度、历时和范围显著增加,水文节律非平稳性加剧,导致特大洪涝灾害的发生概率进一步增大;流域防洪体系的完善虽然增强了防御洪水的能力,但流域超标准洪水的破坏力已超出工程体系常规防御能力,防洪调度决策情势复杂且协调难度极大,若处置不当,流域将面临巨大的洪灾风险和经济损失。因此,基于底线思维、极限思维,深入研究流域超标准洪水综合应对关键科学问题和重大技术难题,对于保障国家水安全、支撑经济社会可持续发展具有重要的战略意义和科学价值。

2018年12月,长江勘测规划设计研究有限责任公司联合河海大学、长江水利委员会水文局、中国水利水电科学研究院、中水淮河规划设计有限责任公司、武汉大学、长江水利委员会长江科学院、中水东北勘测设计研究有限责任公司、武汉区域气候中心、深圳市腾讯计算机系统有限公司等10家产、学、研、用单位,依托国家重点研发计划项目"变化环境下流域超标准洪水及其综合应对关键技术研究与示范"(项目编号:2018YFC1508000),围绕变化环境下流域水文气象极端事件演变规律及超标准洪水致灾机理、高洪监测与精细预报预警、灾害实时动态评估技术研究与应用、综合应对关键技术、调度决策支持系统研究及应用等方面开展了全面系统的科技攻关,形成了流域超标准洪水"立体监测—预报预警—灾害评估—风险调控—应急处置—决策支持"全链条综合应对技术体系和成套解决方案,相关成果在长江和淮河沂沭泗流域 2020 年、嫩江 2021 年流域性大洪水应对中发挥了重要作用,防洪减灾效益显著。原创性成果主要包括:揭示了气候变化和工程建设运用等人类活动对极端洪水的影响规律,阐明了流域超标准洪水致灾机理与损失突变和风险传递的规律,提出了综合考虑防洪工程体系防御能力及风险程度的流域超标准洪水等级划分方法,破解了流域超标准洪水演变规律与致灾机理难题,完善了融合韧性理念的超标准洪水灾害评估方法,构建了流域超标准洪水风险管理理论体系;提出了流域超标准洪水天空地水一体化应急监测与洪灾智能识别技术,研发了耦合气象—水文—水动力—工程调度的流域超标准洪水精细预报模型,提出了长—中—短期相结合的多层次分级预警指标体系,建立了多尺度融合的超标准洪水灾害实时动态评估模型,提高了超标准洪水监测—预报—预警—评估的时效性和准确性;构建了基于知识图谱的工程调度效果与风险互馈调控模型,研发了基于位置服务技术的人群避险转移辅助平台,提出了流域超标准洪水防御等级划分方法,提出了堤防、水库、蓄滞洪区等不同防洪工程超标准运用方式,形成了流域超标准洪水防御预案编制技术标准;研发了多场景协同、全业务流程敏捷响应技术及超标准洪水模拟发生器,构建了流域超标准洪水调度决策支持系统。

　　本套丛书是以上科研成果的总结,从流域超标准洪水规律认知、技术研发、策略研究、集成示范几个方面进行编制,以便读者更加深入地了解相关技术及其应用环节。本套丛书的出版恰逢其时,希望能为流域超标准洪水综合应对提供强有力的支撑,并期望研究成果在生产实践中得以应用和推广。

2022 年 5 月

　　自古以来,洪水一直是威胁着流域经济社会可持续发展的自然灾害,特别是由长历时、高强度、多过程、广覆盖范围降雨形成的峰高量大、长时间维持在警戒水位以上、超过流域防洪工程体系设计防御标准的流域超标准洪水,具有洪水时空遭遇恶劣且峰高量大、受灾范围广、灾害损失大、工程水毁严重等特点,应对难度极大,一直以来都是我国灾害防御的重点。

　　为有效应对流域大洪水,我国经过70多年的大规模防洪工程建设,已基本建成了以流域为单元的防洪工程体系,对标准内洪水调控的主动性和灵活性显著增强,但在应对流域超标准洪水方面,技术支撑还十分薄弱。特别是近年来在全球气候变化、人类活动和工程调蓄的交互影响下,极端水文气象事件频发,流域超标准洪水的演变规律与致灾机理呈现出新的特点,给流域防洪减灾带来了巨大的风险与挑战,极大地加剧了流域超标准洪水应对的复杂性和艰巨性。

　　针对流域超标准洪水综合应对关键技术中的如何判断洪水是否超标准、洪水风险演变机理如何等重大理论方法需要,以及"监测—预报—预警—调度—响应"等全链条关键技术措施等方面需求,融合了水文气象、水力学、水工程调度、运筹学、灾害风险评估理论方法、信息学等国际前沿理论与技术,深入阐明了气候变化和人类活动(重点水工程调度运用)影响下流域超标准洪水演变规律、发展趋势及致灾机理,研发了流域超标准洪水及灾害监测、预报、预警、水工程联合智能调度、灾害评估、风险调控与应急避险全过程综合应对关键技术,提出了针对实时调度管理的流域超标准洪水综合应对措施,填补了我国流域超标准洪水综合应对技术空白,完善了流域超标准洪水综合应对措施体系。

　　1)提出了基于流域防洪工程体系设计防御标准和防御能力的流域超标准洪水定义及界定方法,揭示了气候变化下流域极端降水事件演变规律及暴雨洪水响应机理,剖析了气候变化和人类活动(特别是水工程调度运用)等变化环境对极端洪水演变规律与发展趋势的累积影响。研发了流域未来多模式动力降尺度降水预估误差订正技术,以长江流域荆江河段、淮河沂沭泗流域、嫩江流域齐齐哈尔河段等为例,阐明了流域极端水文气象事件的演变规律及变化趋势。提出了非平稳性多变量组合设计值计算方法,解决了变化环境下不同时空组合的设计洪水计算问题,阐明了气候变化、土地利用变化、工程调度等主要环境变化因素对设计洪水的影响作用机制,阐明了气候变化对超标准设计洪水的增大效应和大型水库群调蓄对下游超标准设计洪水的削减作用,其中水库调蓄影响要显著高于气候变化产生的影响,为流域超标准洪水应对提供了理论依据。在分析防洪工程系统结构及洪水风险传递路径的基础上,按照"源→路径→承灾体"灾害发生机制,采用建立的防洪工程洪水风险传递的概念性事件树模型,揭示了流域超标准洪水风险传递路径与流域调控能力的强耦合的关联机制,阐明了与当前防洪工程体系防御能力及薄弱环节相关联的流域超标准洪水致灾机理,为充分挖掘防洪工程体系的调度应用潜力提供了理论支撑。

以长江2020年流域性大洪水应对为例,研究发现,虽然受气候变化和城镇化等影响,流域超标准洪水的发生概率有增大的趋势,但是防洪工程体系的建设运用对流域超标准洪水的影响更为显著,改变了流域洪水防洪形势及防御格局,超标准洪水应从不同层面、不同时间尺度来应对。针对气候变化、城市发展和流域防洪工程能力提升等对流域超标准洪水具有更深远影响的情况,需从规划层面统筹考虑提高应对能力;而对场次洪水而言,则需对如何在准确监测预报信息支持下实施水工程联合精准调度,从而动态调控洪水风险,实现最大限度地降低洪灾损失等全链条技术给以更多的关注。如近年来长江中下游沿江城镇排涝能力的大幅提升,使得洪水进入河道的时间缩短、量级变大,中下游干流附近产汇流规律发生较大变化,下游高水位(汉口、湖口等水文站)对上游(监利—螺山河段)洪水顶托影响严重,中游控制站螺山水位流量关系随着下游水位的变化发生了动态变化,在中下游干流高水位顶托作用下,城陵矶河段下泄流量较设计要求明显偏小,采用规划的水位流量参数进行三峡补偿调度已不能适应实时防洪的需求,项目组及时研究修订了监利、螺山、汉口等关键控制站水位流量关系并预测其未来的发展趋势,精准调控了三峡等水库群对城陵矶防洪补偿调度下泄流量,提高了长江中下游洪水预报精度和调度效果,为水工程的联合调度及重点防洪保护对象、河段、区域等防洪预报预警、防汛准备、人员安全转移等提供了有力的技术支撑。

2)构建了流域超标准洪水监测、预报、预警成套技术,对挖掘防洪工程体系联合调度及超标准调度运用潜力发挥了重要作用。制定了高洪、溃口、淹没区域的机制化影像测洪方案,采用视频、影像识别等非接触式监测技术,运用远程观测、无人机空中监测等手段,对水位进行了无接触式监测研究,研究了采用大尺度粒子图像测速、电波流速仪法、雷达侧扫、无人机多要素雷达监测系统对流量进行远程监测的技术,研究了无人机＋回声测深仪监测水深技术,并在实际应急监测和演练中对上述技术进行了测试和试验,改进了非接触式测洪技术,攻克了极端洪水及分洪溃口"测不到、测不准"的难题;基于卫星遥感、低空无人机遥感及地面终端采集等技术手段,根据不同监测指标需求,设计了在不同天气状况、不同时效性要求下的流域、区域、局部等不同空间尺度超标准洪水"空天地水"多平台协同立体监测体系,建立了超标准洪水发生前、发生中、发生后的监测方案,提出了不同监测对象的监测指标智能提取方法,填补了洪灾实时动态监测空白;构建了气象水文水动力学深度耦合、流域及关键节点(如防洪控制站、溃口断面、水工程控制节点等及时孪生)相融合的超标准洪水精细预报方案体系,提高了流域超标准洪水预报精度;研发提出了依托防洪工程体系防御能力的超标准洪水等级划分方法,创新提出了基于长、中、短期不同尺度的水文气象耦合、行业内外渐进式超标准洪水判别方法、预警机制和预警指标,在此基础上,编制了《超标准洪水预报预警手册》。基于以上技术,开发了长江流域洪水预报预警调度一体化快速计算工具,并建立了水工程联合调度效果响应模型,实现了对水库群拦洪、泵站排洪、洲滩民垸分洪、分蓄(滞)洪区蓄洪、河道强迫行洪等防洪工程调度运用影响下洪水的快速模拟和预报,"水库群联合调度—流域预报调度一体化系统"纳入 2020 年智慧水利先行先试十大最佳实践和长江防洪预报调度系统。采用研究的工程超标准调度运用方法,在 2020 年长江中下游洪水应对中挖掘了长江上游水库群和三峡水库的拦洪能力、长江中游河道高水位强迫行洪运用等流域水工程防洪运用潜力,助力实现了重点防洪控制站城陵矶(莲花塘)不超强迫行洪高水位 34.9m(超保证水位 34.4m)、汉口不超保证水位 29.73m(最高水位 28.77m)、湖口不超保证水位 22.50m(最高水位 22.49m)的防洪目标。

3)研发了基于知识图谱的流域风险调控及应急避险技术,对流域水工程的超标准调度运用起到了关键性的指导作用。提出了流域、区域、局部不同空间尺度的超标准洪水灾害实时动态快速定量评估理论及方法,提升了洪灾评估的准确性和时效性;基于知识图谱方法和技术,研发了以水库为主的水工程联合调度规程规则化技术;构建了防洪工程调度运用影响与河湖洪水要素的关联图谱,支撑了河湖行洪状态要素对流域防洪工程运用的快速响应分析;建立了"预报预警—调度—调控—响应"超标准洪水应对决策支持的全过程技术体系,实现了流域超标准洪水风险调控及方案智能优选;研发了对洪水风险区域内不同属性人群的精准识别、快速预警和实时跟踪技术,研发了基于人群属性动态反馈驱动的防洪应急避险辅助平台,实现了洪水威胁区域人群应急避险全过程、全要素的实时精准调度与管理。其中,"基于人群属性的应急避险智慧解决方案"纳入《水利部智慧水利优秀应用案例和典型解决方案推荐目录》《水利先进实用技术重点推广指导目录》,获得水利先进实用技术推广证书。基于以上技术,在长江流域 2020 年 1 号、2 号和 3 号洪水应对中,提出充分利用上游水库群拦蓄、启用鄱阳湖区洲滩民垸分蓄洪水、限制湖区泵站排涝等水工程联合调度方案建议,为有效控制城陵矶不超强迫行洪高水位 34.9m、湖口洪峰水位低于保证水位、避免启用湖口附近分蓄(滞)洪区提供了重要的技术支撑。在 2020 年 4 号和 5 号洪水应对中,结合长、中、短期气象洪水预报,适当挖掘水工程防洪潜力的原则,通过建立的三峡水库库区水面线快速模拟模型、中下游重要防洪对象水情要素快速模拟模型及决策—灾损多维度关系模型,综合评估并统筹协调水工程联合调度所面临的上下游防洪风险,多指标综合定量分析不同调度方案决策的优劣,提出了最大限度地平衡长江中下游河道抬高水位运行产生的风险和三峡调洪水位抬升对库区的淹没影响的调度策略,并充分运用上游水库群联合调度削减三峡入库洪峰对库尾的淹没影响,为提前拟定洪水调度策略和滚动实施水工程联合超标准调度运用提供了科学的技术支持。

4)提出了基于实时调度管理需求的流域超标准洪水调度决策支持系统构建技术与综合应急措施体系,在 2020 年汛前模拟演练长江流域 1954 年洪水和 2020 年洪水应对中得到了检验。充分利用大数据、云计算、LBS、3D GIS 等先进技术和理念,研发了具有自主知识产权的流域超标准洪水决策支持系统,并建立了通用模型库、调度规则库、决策知识库等智慧水利核心引擎,创新提出了流域水工程防灾联合调度智慧解决方案;研发了集预报预警、精细模拟、灾情评估、风险调控和应急避险于一体的超标准洪水全业务流程敏捷响应技术,突破了在应对超标准洪水突发场景(如分洪溃口、漫堤等)时快速搭建业务模块的技术瓶颈;构建了长江流域荆江河段、淮河流域沂沭泗河段、嫩江流域齐齐哈尔河段水工程防灾联合调度示范系统,对实时快速分析模拟和挖掘防洪工程体系联合调度潜力以应对流域超标准洪水发挥了重要作用;提出了针对实时应对需求、基于防洪工程超标准非常应用的水工程调度应用和应对措施,编写了水利学会团体标准《流域超标准洪水防御预案编制导则》,补齐了流域超标准洪水应对措施短板。应用该研发成果,以"流域预报—防洪形势分析及预警—水工程智能联合调度—洪水风险评估—决策对比分析—防洪避险转移辅助"为主线,构建了标准内和超标准无缝对接和过渡的流域防汛调度应对全过程业务功能,成功应用于长江流域 2020 年(1954 年洪水)、2021 年(1870 年洪水)汛前历史大洪水调度演练和 2020 年汛期流域性大洪水实时应对中,降低了长江干流川渝河段洪峰水位 2.9~3.3m,降低了宜昌—大通河段洪峰水位 0.3~4.0m,避免宜昌—石首河段水位超保证水位,缩短了长江中下游超警时间 8~22d,避免了荆江分洪区、鄱阳湖区康山等分蓄(滞)洪区的运用,减少受灾人口约 1752 万人、减少淹没耕地约 110 万 hm^2。

本书是在国家重点研发计划项目"变化环境下流域超标准洪水及其综合应对关键技术研究与示范"课题五"极端天气条件下流域超标准洪水综合应急措施"(2018YFC1508005)资助下完成的,属项目集成成果。本书共分为 11 章,第 1 章至第 4 章系统论述了变化环境下流域超标准洪水综合应对关键技术的研究背景、研究目的、国内外研究现状,阐述了本项目的研究内容与方法;第 5 章阐述了流域超标准洪水的定义及界定方法;第 6 章介绍了流域超标准洪水防御原则与目标;第 7 章揭示了变化环境下流域水文气象极端事件演变规律及超标准洪水致灾机理;第 8 章研发了流域超标准洪水"监测—预报—预警—评估—调度—避险"全链条综合应对技术体系;第 9 章介绍了包括流域超标准洪水应急响应等级划分方法,"控、守、弃、撤"等防御预案编制标准,巨灾保险、跨区补偿、风险区划等流域超标准洪水综合应对措施体系;第 10 章介绍了流域超标准洪水调度决策支持系统构建关键技术及决策支持系统的主要功能,并展示了该系统在长江、淮河、嫩江大洪水应对中的示范应用;第 11 章总结了本书的主要理论及技术贡献,并提出了下一步提升我国流域超标准洪水风险防御能力的建议。

全书由水利部长江水利委员会副总工程师黄艳担任主编。第 1 章由三峡大学李昌文撰写;第 2 章由水利部长江水利委员会黄艳、长江勘测规划设计研究有限责任公司李安强、长江水利委员会水文局闵要武、河海大学郝振纯、中国水利水电科学研究院任明磊、中水淮河规划设计研究有限公司孟建川、三峡大学李昌文撰写;第 3 章、第 4 章由黄艳、李昌文撰写;第 5 章由黄艳、李昌文以及长江勘测规划设计研究有限责任公司的蒋磊和马小杰撰写;第 6 章由李昌文、黄艳撰写;第 7 章由河海大学郝振纯、李国芳,武汉区域气候中心的刘敏、李昌文,长江勘测规划设计研究有限责任公司的严凌志撰写;第 8 章由黄艳、李安强、闵要武、任明磊、李昌文,长江勘测规划设计研究有限责任公司的李荣波、喻杉、范青松、严凌志、王强、王权森、马力,长江水利委员会水文局的张潇,武汉区域气候中心的李兰,长江水利委员会长江科学院的黄卫,中国水利水电科学研究院的赵丽平撰写;第 9 章由黄艳、李昌文撰写;第 10 章由黄艳、孟建川、李昌文,长江勘测规划设计研究有限责任公司的唐海华,中水东北勘测设计研究有限责任公司的刘翠杰,淮河水利委员会水文局的赵梦杰撰写;第 11 章由黄艳、李安强、李昌文撰写。全书由黄艳主持,具体由李昌文组稿、统稿,李昌文、李安强校稿,黄艳核准。本著作还得到了国家重点研发计划项目"变化环境下流域超标准洪水及其综合应对关键技术研究与示范"(2018YFC1508000)其他团队成员供稿,项目特邀专家及长江出版社有关同志的指导。

由于作者水平有限,编写时间仓促,书中还存在着不完善和需要改进的地方,有些问题还有待进一步深入研究,希望与国内外相关专家学者共同探讨,恳请读者批评指正,以便更好地完善和进步。

作　者

2022 年 5 月

目　录

第 1 章 研究背景

1.1 我国历史流域超标准洪水灾害概况

洪水灾害是世界上最严重的自然灾害之一,一直威胁着流域经济社会的可持续发展,尤其是大范围持续强降雨产生的超过流域防洪工程体系防御标准的洪水,甚至能给经济社会发展带来毁灭性影响,洪水过境,大量农田被冲毁淹没,工厂减产、停工,交通、通信中断,正常的社会秩序被打乱,社会的各个方面将受到严重冲击。据历史记载,我国大部分流域近代史上均发生过超标准洪水或大洪水,给当时的经济社会发展带来了极其严重的破坏。

在长江流域,1870 年长江上游发生了近 800 年来最大的洪水,四川、湖北、湖南等省遭受空前罕见的洪涝灾害,合川几乎全城淹没,宜昌"郡城内外,概被淹没",荆江右岸松滋口溃决成松滋河,公安全城淹没,斗湖堤决口,监利码头、引港、螺山等处溃堤,数百里的洞庭湖与辽阔的荆北平原一片汪洋,宜昌—汉口的平原地区受灾范围约 3 万 km^2,江西省的新建、湖口、彭泽县"江水陡涨,倒灌入湖,田禾尽淹"。1860 年、1870 年两次大洪水,导致藕池口、松滋口溃决,长江水沙大量进入洞庭湖,改变了江湖关系的格局,对长江中下游防洪造成了深远影响。1931 年洪水(当年属流域超标准洪水)导致约 400 万人死亡,湖南、江西、安徽、江苏等地区桑田变沧海,影响了 10 个省,破坏了 186 个县和城市,影响了 838 万亩农田,导致饥荒、伤寒和痢疾肆虐。1935 年洪水(当年属流域超标准洪水),武汉受灾被淹 90d,江汉平原一夜之间淹死 4 万人,累计死亡 10 余万人,数百万人在长江洪灾中受苦,疾病和饥荒紧随而至。1954 年洪水(当年属流域超标准洪水),荆江大堤共出现险情 5000 余处,平均每千米 13 处,长江干堤和汉江下游堤防溃口 64 处,且为保障重要防洪目标安全扒口 13 处,洞庭湖湖区溃垸 356 个,鄱阳湖滨湖圩堤几乎全部溃决,中下游地区实际分洪量、分洪溃口总水量高达 1023 亿 m^3,启用荆江分洪区分洪 3 次,分洪总量 122.6 亿 m^3,湖南、湖北、江西、安徽、江苏 5 个省受灾县(市)123 个,共淹没农田 4755 万余亩,被淹房屋 428 万间,受灾人口 1888 万人,死亡 3.3 万余人,灾后疾病流行,直接经济损失 81.3 亿元(当年价)。1998 年洪水(流域层面当时不属于超标准洪水),长江中下游干流和洞庭湖、鄱阳湖因洪水共溃决圩垸 1975 个,淹没面积 $3502km^2$,分洪水量约 180 亿 m^3,受灾范围遍及 334 个县(市、区)5271 个乡镇,倒塌房屋 212.85 万间,死亡 1562 人。

在黄河流域,1887 年黄河沿岸持续的暴雨,造成了花园口黄河大堤决口,洪水淹没了河南省的低地,淹没面积 13000km²,摧毁了 11 个大型城镇和数百个定居点,造成 200 万人无家可归,死亡 90 万人。1975 年超标准洪水,包括板桥、石漫滩在内的两座大型水库以及两座中型水库、数十座小型水库和两个滞洪区在短短数小时内相继垮坝溃决,受灾人口 1015 万人,超过 2.6 万人死亡,直接经济损失近百亿元。

在海河流域,1963 年超标准洪水,淹没耕地 6600 万亩(1 亩＝0.067hm²),受灾人口 2200 万人,死亡 5600 人,伤 46700 人,直接经济损失 60 亿元,库容 10000m³ 以上的小型水库垮坝失事 330 座,京广、石太、石德铁路相继冲断,累计中断行车 372 天,工矿企业亦遭受严重破坏和损失。

在淮河流域,1931 年超标准洪水,造成 100 多个县 2100 多万人受灾,7.5 万人死亡,7700 余万亩农田受淹,直接经济损失高达 5.64 亿元(当年价)。

在松辽流域,1998 年超标准洪水,造成 1733 万人、494.5 万 hm² 农作物受灾,直接经济损失 480.23 亿元(当年价)。

可见,超标准洪水导致流域经济损失严重、社会影响巨大,一直以来都是我国自然灾害防御的重点。

1.2 气候变化对流域超标准洪水的影响

20 世纪以来,自然变异突出表现在以全球气候变暖为主的变化上,如何应对气候变化给自然环境带来的深远影响成为当今人类社会面临的最大挑战之一。根据 2021 年 8 月 9 日发布的 IPCC 第六次评估报告第一工作组报告,自 1850—1900 年以来,全球地表平均温度已上升约 1℃,且从未来 20 年的平均温度变化来看,全球温升预计将达到或超过 1.5℃,给水循环带来巨大影响。暴雨是我国大部分流域主要的洪水发生和致灾因子,在全球气候变暖的背景下,全球降水越来越"任性",根据理论推断,全球每升温 1℃,大气中可容纳的水汽含量增加约 7%,极端降水事件时空格局及水循环发生了变异,暴雨频次、强度、历时和范围增加显著,水文节律非平稳性加剧,流域极端洪水演变和时空组合规律呈现新的特点,特大洪涝灾害发生概率进一步增大。2020 年长江、淮河、松花江、太湖同时出现流域性大洪水,其中长江中下游梅雨期(梅雨持续 62d)及梅雨量(总降水量达 759.2mm)均为 1960 年以来最多,中国气象局连续 41d 发布暴雨预警,2020 年"超级暴力梅"引发鄱阳湖流域、长江上游川渝河段超标准洪水,造成严重洪灾损失。研究表明,在相似环流下,达到 2020 年强度的降水事件发生概率由过去气候下的 1.23% 增大至现代气候下的 6.25%,其中 80% 可归因于气候变化的作用,气候变化使鄱阳湖流域"超级暴力梅"发生的概率增大近 5 倍。根据国务院灾害调查组 2022 年 1 月发布的《河南郑州"7·20"特大暴雨灾害调查报告》,2021 年 7 月 17—23 日,河南出现持续性强降水天气,多地遭受暴雨、大暴雨甚至特大暴雨侵袭,其中,郑州降水量达 201.9mm/h,超过我国(未含港澳台数据)有气象记录以来小时雨强的极值,河南省 20 个河段流量超 20 年一遇,62 个河段流量超 50 年一遇。2021 年 8 月 11—12 日,湖北省随州市随县南部山区发生短历时极端强降雨天气,草庙水库、太平水库、石坑水库和柳林店站最大 6h 降雨量分别为 405.7mm、380.4mm、379.0mm、439.0mm,重现期约 1000 年一遇,柳林集镇断面洪峰流量重现期在 200 年一遇以上,24h 洪量重现期约 1000 年一遇,强降雨发生后,金银河水库、草庙水库水位接近设计洪水位,石坑水库水位超校核洪水位 0.01m,白果河水库水位超校核洪水位 0.09m。

种种迹象表明,全球气候变化对洪水的规律和特征产生了巨大影响。受气候变化与高强度人类活动的交互影响,全球下垫面条件与水体循环规律发生了很大程度的变化,21 世纪全球年度洪水威胁较 20 世纪增加了 4～14 倍,我国 1991—2019 年造成的直接经济损失以平均每年 50% 的速度增长,其中 2009—2019 年的 11 年间有 6 年的洪灾损失超过了 2000 亿元。极端暴雨洪水、溃坝溃堤洪水、城市暴雨洪水、平原洪涝灾害等事件呈现多发、频发、重发态势,流域性超标准洪水发生概率增大,给流域防洪减灾和水工程调度运行带来了巨大的风险和挑战,加剧了流域超标准洪水应对的复杂性和艰巨性,急切需要综合应对。以长江流域为例,2010 年抚河、信江洪峰水位接近历史最高,湘江、乌江、渠江、汉江上游洪水超保证水位;2011 年渠江洪水超实测纪录;2012 年长江干流宜宾—寸滩河段水位超保证水位;2016 年长江中下游 31 条河流超历史纪录;2017 年洞庭湖出入湖流量为 1949 年以来最大,湘江 10 站水位超历史最高纪录;2020 年长江干流发生 5 次编号洪水,鄱阳湖发生流域性超历史大洪水,岷江、洪湖、长湖、巢湖发生超历史洪水,长江上游干流发生超保证洪水,横江、綦江、滁河、青弋江、水阳江等支流发生超保证或超历史水位洪水;2021 年 8 月下旬至 10 月上旬,汉江发生超 20 年一遇的秋季大洪水,丹江口水库发生 8 次入库洪峰流量超过 10000m³/s 的洪水过程,其中 5 次超 15000m³/s、3 次超 20000m³/s,9 月 29 日发生了 2011 年以来最大入库洪峰流量 24900m³/s,连续洪水持续时间长、过程洪量大,秋汛累计来水为 1969 年以来历史同期第 1 位;汉江中游支流唐白河鸭河口水库出现超历史特大洪水。

从长时间序列来看,我国各大江河洪水历来存在不同时间尺度的丰枯交替、连丰连枯的现象。以长江为例,根据《长江流域防洪规划》,宜昌站 50 年一遇设计洪水为 79000m³/s。根据宜昌站调查洪水资料,1153—1870 年的 718 年间,长江洪峰流量超过 80000m³/s 的特大洪水共 8 次,宜昌站洪峰流量系列见图 1.2-1,平均每 90 年 1 次,其中 1788—1870 年的 83 年间最为频繁,发生了 4 次;1870—2020 年宜昌站已有 151 年未发生洪峰流量超过 80000m³/s 的洪水,其中 2020 年宜昌站还原后洪峰流量为 78400m³/s。按照特大洪水间隔期越长发生概率越大的规律,长江未来发生特大洪水乃至超标准洪水的可能性较大。

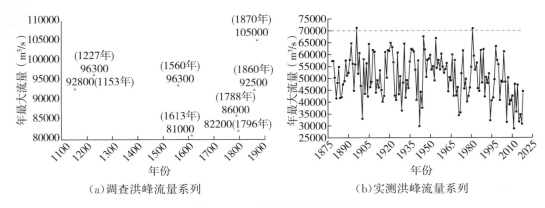

（a）调查洪峰流量系列　　　　　　　（b）实测洪峰流量系列

图 1.2-1　宜昌站洪峰流量系列

1.3　防洪工程体系建设运用有效提升流域防御超标准洪水能力

流域作为国家水安全的基本单元，保障其防洪安全，事关国家安全的全局。不断提升流域超标准洪水灾害的防范和应对能力，是我国经济社会发展中一项重大而又艰巨的战略任务。经过新中国成立后 70 多年特别是 1998 年大洪水后的大力建设，我国流域防洪工程体系得到极大的完善，洪水调控和防御洪水能力得到显著提升，但是在发生流域超标准洪水时，受监测、预报预警、灾害动态评估、防洪风险调控及工程联合调度运用等关键技术能力不足，以及风险管理措施、应对机制不够完善等限制，流域超标准洪水一直以来都是我国自然灾害防御的难点。

1.3.1　流域防洪工程体系建设对洪灾风险防抗能力的增强作用

经过 70 多年的建设，我国流域防洪工程体系基本建成，防洪形势显著改善，标准内洪水调控的主动性和灵活性显著增强，洪水调度方案、技术、措施较为齐全。以长江流域为例，长江上游初步形成了由干支流水库、河道整治、堤防护岸等组成的防洪工程体系，中下游基本形成了以堤防为基础，三峡水库为骨干，其他干支流水库、分蓄（滞）洪区、河道整治工程、平垸行洪、退田还湖等相配合的防洪工程体系，极大提高了流域大洪水的防御能力。截至 2021 年，长江流域已建堤防总长约 6.4 万 km，其中长江中下游堤防总长约 3 万 km；建成了三峡水库、丹江口水库等一大批流域控制性水利工程，干支流已建成水库 5.2 万座，总库容约 4140 亿 m³，其中大型水库 300 余座，总调节库容 1800 余亿 m³，总防洪库容约 800 亿 m³，已建、在建重要防洪水库 58 座，总防洪库容 750 亿 m³，纳入 2022 年度长江流域联合调度范围的控制性水库 51 座，总调节库容 1160 亿 m³、总防洪库容 705 亿 m³；中下游国家分蓄（滞）洪区 46 个，总蓄洪容积约 591 亿 m³；实施了平垸行洪、退田还湖，共平退 1442 个圩垸，恢复调蓄容积约 178 亿 m³。

长江流域现状防洪能力显著增强，中下游干流现状防洪标准显著提升：荆江河段依靠堤防可防御 10 年一遇洪水，通过三峡及上游控制性水库的调节，遇 100 年一遇及以下洪水可使沙市水位不超过 44.50m，不需要启用荆江地区分蓄（滞）洪区；遇 1000 年一遇或 1870 年洪水,可控制枝城泄量不超过 80000m³/s,配合荆江地区分蓄(滞)洪区的运用,可控制沙市水位不超过 45.0m,保证荆江河段行洪安全,现状工况下荆江河段防洪能力示意图见图 1.3-1。城陵矶河段依靠堤防可防御 10~20 年一遇洪水;通过三峡及上中游水库群的调节,考虑本地区分蓄(滞)洪区的运用,可防御 1954 年洪水。武汉河段依靠堤防可防御 20~30 年一遇洪水,考虑河段上游及本地区分蓄(滞)洪的运用,可防御 1954 年洪水(其最大 30d 洪量约 200 年一遇)。湖口河段依靠堤防可防御 20 年一遇洪水,考虑河段上游及本地区分蓄(滞)洪区理想运用,可满足防御 1954 年洪水的需要。

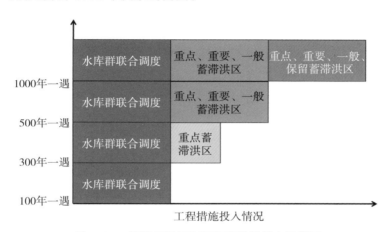

图 1.3-1　现状工况下荆江河段防洪能力示意图

受蓄泄能力的变化影响,遇 1954 年洪水,长江中下游地区的超额洪量从三峡水库建成前的 547 亿 m³ 逐步减至 2030 年的 253 亿 m³(表 1.3-1),极大减轻了分蓄洪损失。三峡水库发挥作用前,荆江河段遇特大洪水时没有可靠对策,如遇 1860 年或 1870 年洪水(1000 年一遇),荆江河段运用现有荆江分洪工程后,尚有 30000~35000m³/s 的超额洪峰流量无法安全下泄,不论堤防发生南溃还是北溃,均将淹没大片农田和城镇,造成大量人口伤亡,特别是堤防北溃还将严重威胁武汉市的安全。充分利用三峡及上游水库拦蓄,荆江河段遇超标准洪水防洪压力大大减轻,配合荆江分洪区运用,可实现可控分洪。现状工况下,荆江分洪区运用概率下降为 500 年一遇,人民大垸、洮市扩大区和虎西备蓄区蓄滞洪保留区运用概率在 1000 年一遇以上。

表 1.3-1　　　　　　　　不同工况条件下长江中下游超额洪量分布情况

工况	年份	分洪量(亿 m³)				
		荆江地区	城陵矶附近区	武汉附近区	湖口附近区	总分洪量
三峡水库用前条件	2002	15	436	56	40	547
三峡水库单独运用条件	2009		305	56	40	401
上游控制性水库群	2020		183	53	35	271
联合运用后条件	2030		163	55	35	253

长江中下游干流堤防已按《长江流域防洪规划》(2008年)全面达标建设,并且现状实际堤顶高程高于设计堤顶高程0.01~2.31m(表1.3-2和图1.3-2),东、南洞庭湖重点垸大通湖垸和湘滨南湖垸实际堤顶高于设计堤顶0.5~0.8m(表1.3-3),鄱阳湖区重点圩实际堤顶整体比设计堤顶高出0.04~0.40m(表1.3-4),实际运行中堤防具备一定的防洪安全裕度,流域超标准洪水条件下具备适度强迫行洪的条件。

表1.3-2　　长江干流主要控制站代表断面设计堤顶高程与实际堤顶高程对比

站名/大断面	里程(距离宜昌,km)	左岸堤防	右岸堤防	设计水位(m)	左岸超高(m)	右岸超高(m)	左岸实测堤顶(m)	右岸实测堤顶(m)	左岸堤顶差值(m)	右岸堤顶差值(m)
沙市	148	荆江大堤	荆南长江干堤	45.00	2.0	2.0	47.35	47.45	0.35	0.45
jing64	183			42.96	2.0	1.5	45.48	44.98	0.52	0.52
jing80	209			41.84	2.0	1.5	44.08	44.21	0.24	0.87
JSS84.1	221			41.00	2.0	1.5	43.10	43.11	0.10	0.61
石首	233			40.38	2.0	1.5	42.82	41.98	0.44	0.10
jing108	249			39.05	2.0	1.5	41.20	41.11	0.15	0.56
监利	301			37.28	2.0	2.0	39.78	40.55	0.50	1.27
jing172	338	监利江堤	岳阳长江干堤	35.98	1.5	1.5	37.95	39.55	0.47	2.07
城陵矶	379			34.40	2.0	2.0	36.94	38.14	0.54	1.74
螺山	398		云溪江堤	34.01	2.0	2.0	37.49	37.29	1.48	1.28
界23	411	洪湖江堤	临湘江堤	33.45	2.0	2.0	36.49	37.59	1.04	2.14
界Z5A	425			33.46	1.5	1.5	37.09	37.09	2.13	2.13
CZ09A	439		赤壁干堤	33.28	1.5	1.5	37.09	37.09	2.31	2.31
龙口	456		三合垸堤	32.65	2.0	2.0	35.18	35.38	0.53	1.23
CZ21A	472		护城堤	32.33	2.0	1.5	34.88	34.88	0.55	1.05
CZ28+1	489		四邑公堤	32.50	2.0	1.5	34.88	34.28	0.38	0.28
CZ32	504			31.47	2.0	1.5	35.02	33.82	1.55	0.85
新滩口	521			31.44	2.0	1.5	34.82	33.92	1.38	0.98
CZ44	536	汉阳江堤		31.37	2.0	1.5	33.92	33.01	0.55	0.14
CZ48	551			30.89	2.0	1.5	34.82	33.92	1.93	1.53
CZ52	569			29.71	2.0	1.5	32.81	33.10	1.10	1.89
CZ55+2	587	江永堤	武金堤	30.03	2.0	1.5	32.71	31.91	0.68	0.38
Z07+2A	599	拦江堤	武昌江堤	29.87	2.0	1.5	32.51	32.51	0.64	1.14
武汉关	619	汉口江堤	武青堤	29.73	2.0	2.0	32.03	32.31	0.30	0.57

站名/大断面	里程(距离宜昌,km)	左岸堤防	右岸堤防	设计水位(m)	左岸超高(m)	右岸超高(m)	左岸实测堤顶(m)	右岸实测堤顶(m)	左岸堤顶差值(m)	右岸堤顶差值(m)
Z14+3	637	武湖大堤	武惠堤	29.38	2.0	2.0	32.03	32.13	0.65	0.75
Z18	652	堵龙大堤		29.16	1.5	2.0	30.73	31.23	0.07	0.07
CZ60+1	668	堵龙大堤	鄂城江堤	28.98	1.5	1.5	30.53	30.73	0.05	0.25
CZ63	682	堵龙大堤	鄂城江堤	28.82	1.5	1.5	30.33	30.73	0.01	0.41
CZ70+1	697	长城大堤	粑铺大堤	28.34	1.5	1.5	30.43	30.73	0.59	0.89
鄂城	711	长城大堤	武丈港堤	28.10	1.5	1.5	30.06	30.36	0.46	0.76
CZ76+1	729	北永堤	昌大堤	27.98	1.5	1.5	29.73	29.73	0.25	0.25
黄石	746	茅山大堤	黄石堤	27.50	1.5	2.0	29.36	29.86	0.36	0.36
CZ88	762	茅山大堤	西塞堤	26.96	1.5	2.0	28.66	29.06	0.20	0.10
CZ93+1	779	赤东江堤	海口堤	26.49	1.5	2.0	28.46	29.16	0.47	0.67
CZ97+1	794	永全堤	海口堤	26.20	1.5	1.5	27.86	28.06	0.16	0.36
CZ102	810	黄广大堤	鲤鱼山	25.00	1.5	1.5	26.71	26.81	0.21	0.31
武穴	825	黄广大堤	梁公堤	24.50	1.5	1.5	26.51	26.81	0.51	0.81
CZ112+1	844	黄广大堤	赤心堤	23.93	1.5	1.5	26.15	25.55	0.72	0.12
CZ115+1A	861	黄广大堤	永安堤	23.66	1.5	1.5	25.70	25.30	0.54	0.13
九江	881	黄广大堤	九江市堤	23.25	1.5	2.0	25.40	25.40	0.65	0.15
ZJR05	896	黄广大堤	九江市堤	22.81	1.5	2.0	25.10	24.90	0.79	0.09
湖口	909	同马大堤	龙潭山	22.50	1.5	1.0	24.20	24.04	0.20	0.54
彭泽	943	同马大堤	马湖堤	21.72	1.5	1.0	24.01	23.71	0.79	0.99
安庆	1040	安庆市堤	广丰圩	19.34	2.0	1.5	21.70	21.20	0.36	0.36
大通	1213	枞阳大堤	秋江圩	17.10	1.5	1.5	19.46	18.96	0.86	0.36
芜湖	1335	无为大堤	芜当江堤	13.40	2.0	2.0	16.81	16.31	1.41	0.91
南京	1439	浦口江堤	南京市堤	10.60	2.0	2.0	12.60	12.70	0.00	0.10
镇江	1516	邗江江堤	镇江市堤	8.85	2.0	2.0	10.86	10.86	0.01	0.01
江阴	1630	靖江江堤	江阴江堤	7.25	2.0	2.0	9.91	9.91	0.66	0.66

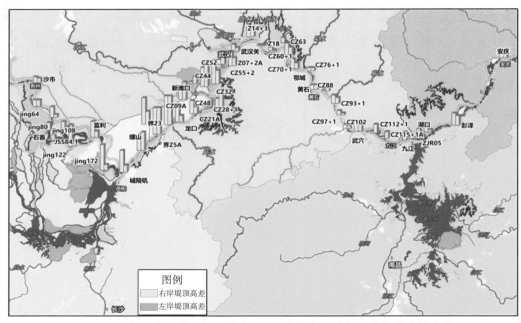

图 1.3-2　长江中下游干堤现状实际堤顶高程与设计堤顶高程的差值分布

表 1.3-3　　　　　　　洞庭湖湖区典型重点垸和蓄洪垸设计堤顶和实际堤顶比较　　　　　（单位:m）

名称	设计水位	临湖超高	设计堤顶	实际堤顶	实际堤顶—设计堤顶	蓄洪水位
大通湖垸	33.03～33.07	2.0	35.03～35.07	35.6～35.9	0.57～0.83	—
湘滨南湖垸	33.14～33.22	2.0	35.14～35.22	35.8～36.0	0.66～0.78	—
钱粮湖垸	33.06	1.5	34.56	34.8	0.24	33.06
大通湖东垸	33.68	1.5	35.18	35.2～35.3	0.02～0.12	33.68
共双茶垸	33.65	1.5	35.15	35.3～35.7	0.15～0.55	33.65
屈原垸	33.07	1.5	34.57	35.5～36.1	0.93～1.53	32.907

注:表中为 1985 国家高程基准。

表 1.3-4　　　　　　　　　鄱阳湖区典型重点圩设计堤顶和实际堤顶比较　　　　　　　（单位:m）

名称	设计水位	临湖超高	设计堤顶	实际堤顶	实际堤顶—设计堤顶
双钟圩	20.66	2.0	22.66	22.70	0.04
南康圩	20.70	2.0	22.70	23.10	0.40
矶山联圩	20.70	2.0	22.70	22.80	0.10
三角联圩	20.72	2.0	22.72	22.80	0.08
成朱联圩	20.74	2.0	22.74	22.80	0.06

注:表中为 1985 国家高程基准。

与新中国成立时相比,中下游干堤险情数量由 1998 年的 9405 处逐步减少至 1999 年的 1655 处和 2020 年的 238 处;得益于防洪工程的调度运用,遇 1954 年洪水,长江流域年均受灾面积和受灾人口将大幅降低,分别减少 72%、33%,中下游地区的淹没面积将由实际发生的 3.17 万 km² 减至 2020 年水平年的 0.92km²(图 1.3-3),洪灾损失空间分布由面状大范围损失缩小为点、线状局部损失。

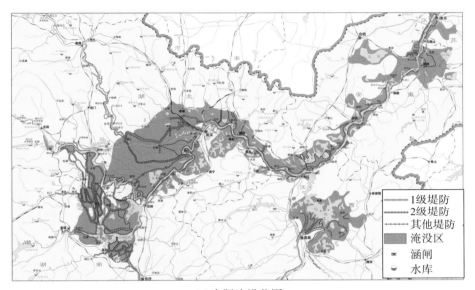

(a)实际淹没范围

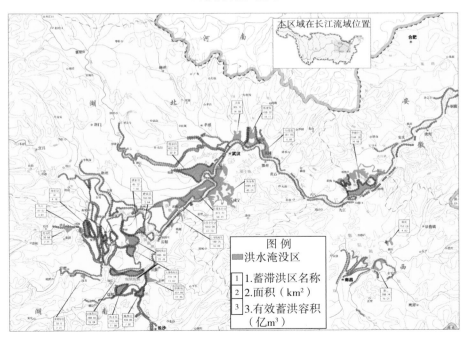

(b)2020 年工况淹没范围

图 1.3-3　1954 年洪水淹没范围示意图

淮河沂沭泗流域中下游地区主要防洪保护区的防洪标准为 50 年一遇,历史上曾发生过 1730 年、1957 年、1974 年等超标准洪水。经过 70 多年的治理,沂沭泗流域已形成由水库(大型水库 18 座,其中沂河 5 座,沭河 4 座,湖东 4 座,其他 5 座)、湖泊(2 个,其中南四湖总容量 59.58 亿 m³,蓄洪容量 43.52 亿 m³,骆马湖总容量 21.39 亿 m³,蓄洪容量 3.87 亿 m³)、河湖堤防(主要堤防长 2930km,其中南四湖湖西大堤、新沂河堤防等 1 级堤防长 476km,2 级堤防长 734km)、控制性枢纽(包括二级坝、韩庄、宿迁大控制、嶂山闸、刘家道口、大官庄等 6 大控制枢纽)、分洪河道(包括沂河、沭河、泗运河、新沂河、新沭河、分沂入沭水道、邳苍分洪道等 7 条主干河道)及蓄滞洪区工程(包括湖东、黄墩湖 2 个滞洪区,分沂入沭水道以北、石梁河水库以上新沭河以北 2 个应急处理区)等组成的防洪工程体系。目前,沂沭泗流域中下游地区主要防洪保护区的防洪标准已达 50 年一遇。

嫩江干流尼尔基以下河段历史上曾发生过 1794 年、1998 年等流域超标准洪水,流域暴雨具有雨区广而稳、强度大、历时长、累计雨量大等特点,相应洪水遭遇恶劣,由多场次洪水叠加而成,洪水汇流快,峰高量大,导致受灾范围广,灾害损失大。经过多年建设,嫩江流域已基本形成由尼尔基等大型水库,胖头泡、月亮泡等蓄滞洪区和干支流堤防组成的防洪工程体系。嫩江齐齐哈尔以上的防洪工程体系主要由尼尔基等大型水库和干支流堤防组成。齐齐哈尔防洪任务由尼尔基水库和堤防共同承担,规划防洪标准为 100 年一遇。城区堤防由嫩江堤防和乌裕尔河堤防组成,包含西堤、南堤、东堤和富拉尔基堤,堤防总长 103.02km。西堤为城市主堤,东堤为乌裕尔河堤防,西堤与东堤构成的城区围堤主要保护中心城区。防御嫩江洪水的西堤、南堤和富拉尔基堤防堤身断面达到 50 年一遇标准,经尼尔基水库调蓄后防洪能力达到 100 年一遇;防御乌裕尔河洪水的东堤防洪标准基本达到 50 年一遇。

嫩江干流已建大型水库为尼尔基水利枢纽工程,是嫩江流域防洪的控制性骨干工程,下距齐齐哈尔约 130km。尼尔基水库承担齐齐哈尔以上 20～50 年一遇、齐齐哈尔以下 35～50 年一遇、齐齐哈尔城市 50～100 年一遇的防洪任务。水库总库容 86.10 亿 m³,防洪库容 23.68 亿 m³。

1.3.2 流域水工程调度运行改变了洪水传播规律

流域防洪工程的建成和调度运用,改变了流域天然洪水发生、发展、传播、演进特性和规律,洪水传播规律更为复杂,模拟预报难度增加。

(1)洪水传播演进规律发生了变化

有关研究表明,三峡水库投入运行后,流量过程由原来的天然洪水过程改变为调度后阶梯状下泄流量过程,恒定流持续时间一般达半天到一天甚至更长时间,受其影响,坝下游荆江河段洪水传播特性发生了一系列变化,主要表现为洪水传播时间明显缩短,三峡建库前后长江中下游不同河段洪水传播时间对比结果见表 1.3-5。

表 1.3-5 三峡建库前后长江中下游不同河段洪水传播时间对比结果

河段名称	来水条件	洪水传播时间(h)		
		建库前	建库后	变化
荆江河段(宜昌—石首)	—	30	6~12	↓18~24
宜昌—枝城河段	宜昌站流量小于 30000m³/s	6.4	1.7	↓4.7
	宜昌站流量大于 30000m³/s	2.8	1.52	↓1.28
枝城—沙市河段	枝城站流量小于 30000m³/s	11.3	4.7	↓6.6
	枝城站流量大于 30000m³/s	8	4.3	↓3.7
沙市—监利河段	沙市站流量小于 25000m³/s	14.4	10.1	↓4.3
	沙市站流量大于 25000m³/s	12.2	8	↓4.2
监利—螺山河段	—	18	18	0

注：↓表示洪水传播时间下降。

三峡水库建成后,宜昌与枝城洪峰流量关系未发生明显变化,枝城与沙市洪峰流量关系综合线发生左偏,枝城洪峰流量级相同时,沙市洪峰流量偏小,枝城洪峰流量为 50000m³/s时,沙市洪峰流量比建库前偏小 1300m³/s 左右。三峡水库蓄水前后沙市站水位流量关系线变化见图 1.3-4,三峡水库蓄水前后螺山站水位流量关系线变化见图 1.3-5。三峡建库后,宜昌—枝城、枝城—沙市、沙市—监利河段洪峰的坦化作用均有不同程度的变化,三峡建库前后,宜昌—枝城河段的坦化作用减小,涨差系数由 0.85 增大到 1.0 左右;枝城—沙市河段坦化作用明显增大,涨差系数建库前在 0.8 左右,建库后减小到 0.3~0.7;沙市—监利河段涨差系数亦有减小的趋势,建库前为 0.7~0.9,建库后减小到 0.6~0.7。

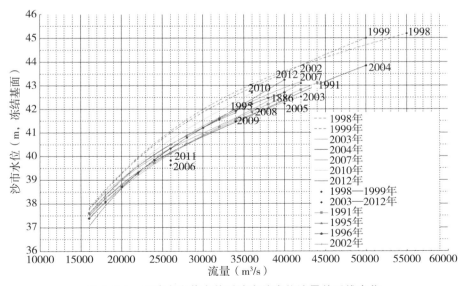

图 1.3-4 三峡水库蓄水前后沙市站水位流量关系线变化

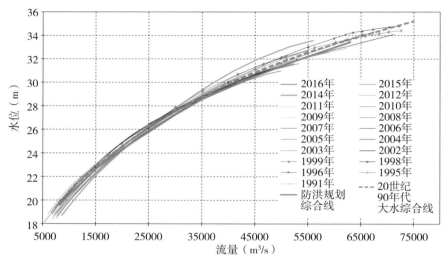

图 1.3-5　三峡水库蓄水前后螺山站水位流量关系线变化

综上分析，三峡水库建成后，宜昌—枝城、枝城—沙市、沙市—监利等河段的洪水传播时间均有不同程度的减小，且洪峰的坦化作用均有不同程度的变化。

（2）中下游沿江泵站排涝增加长江干流河道超额洪量

由于大规模的堤防建设，减小了破堤导致洪水淹没的概率，但是由于堤外（河道内）洪水位不断攀升，加大了平原低洼地区内涝外排难度，洪涝矛盾日益尖锐，致使因洪致涝的情况加剧。如 2003 年淮河洪水、1999 年太湖洪水、1998 年长江洪水、2020 年长江洪水等，涝灾均十分严重。随着经济社会发展，沿江涝区治涝体系建设日趋完善，排涝能力显著提高，排涝增加的入江、入湖水量，一定程度加重了干流防洪压力。据统计，长江中下游沿江沿湖地区对江直排泵站总设计流量约 2 万 m³/s，其中湖口以上约 1.5 万 m³/s，2020 年长江汛期泵站对江、对湖总排水量约 796 亿 m³。现状工况在宜昌—湖口考虑涝区计算范围为8.15 万 km²，比以往规划成果工况大 4.86 万 km²。当遭遇大洪水时，外江出现高洪水位，防汛压力大，此时沿江涝区往往也遭受暴雨笼罩，内涝严重。长江中下游沿江排涝泵站将大量涝水抽排入江，在减轻内涝压力的同时，也不同程度地抬高了外江洪峰水位，增加了江河额外洪量，加重了防汛负担。如遇 1954 年洪水，考虑泵站排涝影响，现状工况比前期规划工况增加超额洪量 132 亿 m³，将大大增加中下游防洪压力，对防汛抢险极为不利。受城市及平原区排涝能力增强和中小河流治理加快汇流等多方面影响，长江中下游高洪水位频现，如汉口站最高水位（1866—2020 年）155 年系列前 10 位有 7 个年份发生在 1990 年以后，小洪量高水位可能成为新常态。

1.3.3　当前流域防洪工程体系仍需打好"硬件"基础

尽管 70 年的防洪体系建设取得了巨大成绩，近年来防洪安全形势保持稳定向好，但由于我国洪涝灾害发生频繁,经济社会活动主要分布在高洪水风险的洪泛平原地区,现有防洪减灾体系存在诸多短板和薄弱环节,影响防洪安全的深层次矛盾和问题仍没完全解决。主要江河干流可防御标准内洪水,但重要支流和中小河流防洪能力总体偏低,一般只能防御常遇洪水,防洪能力与经济社会发展的要求仍有较大差距。

(1)堤防工程未完全达标,难以安全宣泄洪水

许多江河河道泄洪能力不足,遇标准内洪水,现有堤防工程亟待补短板;遇超标准洪水,部分堤防出险溃决风险较大。目前,主要江河泄洪能力与其规划泄洪能力相比尚有差距,如嘉陵江重庆市渝中区洪崖洞段、沙坪坝区磁器口段依靠堤防护岸防洪能力不足5年一遇,渝中区大溪沟—朝天门段不足20年一遇,洞庭湖湖区一般垸堤防达标率仅为33.1%～51.7%。部分地区河道淤积、萎缩严重,部分江河缺乏控导工程,难以控制河势,部分排洪河道尚未建设,难以安全承泄流域洪水。

长江流域部分江河堤防存有安全隐患,高水行洪时,堤防状况堪忧。受上游水库调蓄及下游河道演变影响,部分堤防如荆江大堤长期没有挡水,加上受三峡等长江上游控制性水库运行后"清水"下泄导致中下游干流河道大范围、长历时、大幅度冲刷影响,近年来局部河段河势调整有所加剧,新的崩岸险情频繁发生,部分已治理守护崩岸段发生新的险情,2003—2015年长江中下游干流河道共发生崩岸825处,总长约643.6km,对堤防工程的稳定构成潜在威胁,部分河段堤身、堤基存在隐患,汛期依然出现险情,遇超标准洪水河道强迫行洪情景下的实际过流能力尚待复核。

长江流域主要支流和重要湖泊堤防工程线长面广,存在建设标准偏低、行洪能力不足、堤身断面不足、堤身质量较差、涵闸老化破旧等诸多问题。洞庭湖湖区一般垸和鄱阳湖区5万亩以下非重点圩堤多数未实施系统治理,如洞庭湖湖区一般垸堤防达标率仅为33.1%～51.7%,遇高洪水位时管涌、渗漏等重大险情较多,是防洪工程体系的主要薄弱环节,严重制约地区经济社会发展。洞庭湖防洪二期治理建设以来,湖区遭受1996年、1998年、1999年、2003年、2012年、2014年、2016年、2020年等洪水,湖区堤防长期超设计水位(保证水位)运行,尤其是1998年洪水,平均超保证水位1.29m,城陵矶站超保证水位(34.4m)1.4m,加上洞庭湖湖区水位回落缓慢,堤防长时间超标准挡水,甚至需筑子堤防止洪水漫堤,堤身堤基渗透破坏严重甚至损毁失效。2016年汛期,支流及湖区堤防发生险情3222处,占全部险情的96.5%;2017年汛期,长江中下游地区累计出险138处,其中洞庭湖、鄱阳湖区堤防出险127处。2020年大洪水中昌江问桂道圩、中洲圩2座保护耕地面积1万～5万亩圩堤分别于7月8日和9日发生溃口,造成严重的洪灾损失。

因此,有待研究水工程的现状泄流能力及超标准洪水下河道强迫行洪的潜力。流域超标准洪水条件下,防洪工程的损失、工程失事的附加损失可能大幅增加,堤防如果采取超保证水位运行,将使洪水能量得以聚集,一旦失事,洪水的破坏力极大,尤其在人口资产密集地

区,有可能造成毁灭性灾害,使损失放大。

(2)部分河流控制性工程不足,对江河洪水的调控能力有限

公开数据表明,美国建设的大型水利工程已经实现了对所有大江大河的有效调控,2020年水库总库容14000亿 m^3,其人均拥有水库库容(4400m^3/人)是中国的(637m^3/人)6.9倍。截至2019年底,我国已建成各类水库98112座,水库总库容8983亿 m^3,其中大型水库744座,总库容7150亿 m^3,大中型水库防洪库容1681亿 m^3。我国已建大型水库总库容仅相当于多年平均河川径流总量的35%,控制洪水能力仍然有限。

根据《长江流域综合规划(2012—2030年)》(国函〔2012〕220号),长江流域规划水资源开发利用率仅为39%。将流域已建水库总库容与多年平均径流量的比值作为调蓄系数,初步计算了长江、密西西比河、科罗拉多河流域的调蓄系数,结果表明,长江流域面积为180万 km^2,大通站1950—2015年多年平均径流量为8931亿 m^3,目前流域内已建和在建防洪作用较大的水库约58座,总防洪库容750.14亿 m^3,总库容2394亿 m^3,调蓄系数为0.27;密西西比河流域面积为322万 km^2,多年平均径流量为5800亿 m^3,流域内已建成防洪作用较大的水库约150座,总库容2000亿 m^3,调蓄系数为0.34;科罗拉多河流域面积为66.8万 km^2,多年平均径流量185亿 m^3,总库容760亿 m^3,调蓄系数为4.11。根据上述分析,美国密西西比河、科罗拉多河的调蓄系数均大于我国的长江流域。

(3)分蓄(滞)洪区、洲滩民垸建设与管理滞后,难以及时有效运用

经过几十年的发展,我国主要江河已开辟的分蓄(滞)洪区目前多是人口稠密的居民区,有的分蓄(滞)洪区甚至经济相当发达,而大部分分蓄(滞)洪区围堤残缺不全或未达到规划标准,配套工程不全,尤其是区内安全设施建设严重滞后,区内居民生存安全、生产条件未得到妥善解决,分洪时,人员和财产撤退十分困难,难以保证大洪水时有控制地运用,增加了分蓄(滞)洪区分洪启用的决策难度,严重影响了江河湖泊的防洪能力。如2020年长江1号洪水调度期间,预报湖口水位将超保证水位22.50m,防洪形势十分严峻,面临是否按照调度方案运用,康山等分蓄(滞)洪区分洪的艰难选择,而黄湖、方洲斜塘、华阳河等分蓄(滞)洪区与相邻防洪保护区之间的隔堤未达标,康山分蓄(滞)洪区与信瑞联圩之间的隔堤长期未挡水,一旦分洪运用将危及相邻的防洪保护区,分洪运用风险和损失大。再如洪湖分蓄(滞)洪区东分块(重要分蓄(滞)洪区)与中分块(一般分蓄(滞)洪区)之间的腰口隔堤,以及中分块与西分块(保留分蓄(滞)洪区)之间的螺山隔堤均未建成,洪湖东分块一旦运用,相当于洪湖分蓄(滞)洪区整体运用,淹没土地面积将超过2800km^2,损失巨大。此外,大部分分蓄(滞)洪区缺少必要的进退洪控制设施(如闸),难以进行适时适量分洪运用。如长江中下游除荆江分洪区、杜家台、澧南垸、围堤湖、西官垸等5处分蓄(滞)洪区已建分洪闸外,其他37处分蓄(滞)洪区均未建分洪闸,现状只能采取扒口分洪,一旦口门扒开,则完全与外江连通,难以做到及时及量分洪,因无法控制分洪流量,故不能有效控制河道行洪水位;同时在河道水位下

降后,不能及时封闭进洪口门,导致继续进洪的无效分洪情况,造成蓄洪容积的浪费。

黄河下游滩区既是黄河滞洪沉沙的场所,也是190万群众赖以生存的家园,防洪运用和经济发展矛盾长期存在,河南、山东居民迁建规划实施后,仍有近百万人生活在洪水威胁中。长江流域平垸行洪、退田还湖尚未全部实施,已实施的存在返迁现象。自1998年大洪水后,国家投入了大量人力、物力和财力开展平垸行洪、退田还湖、移民建镇建设,长江中下游仍有63个圩垸没有完成规划任务;2001年后受政策和资金限制,地方政府没有继续实施未完成的平垸行洪、退田还湖工作。随着经济社会发展,圩垸内人口规模和产业发展规模已迅速扩大,现状的搬迁难度非常大,且部分单退垸存在移民返迁的情况。洲滩民垸内居民安全缺乏保障,且行蓄洪运用困难。目前,大部分洲滩民垸堤防堤身单薄、堤基质量差,遇较大洪水极易自然溃决,人民生命安全得不到保证。同时洲滩民垸基本无通信预警和撤退转移等安全设施,一旦遭遇大洪水行蓄洪水,人员转移困难,损失巨大。随着经济社会快速发展,沿江地区对洲滩资源的开发利用需求越来越迫切,与防洪保安之间的矛盾日益突出,洲滩民垸开发利用随意性大,缺乏相关专项规划指导,建设行为不规范,产业布局不合理,遇大洪水时难以按防洪要求行蓄洪水。此外,洲滩民垸洪水管理与行蓄洪区补偿机制尚未建立完善,如鄱阳湖区2020年主动行洪运用的185座单退圩,如何补偿缺乏相应的政策依据。

1.3.4 现有防洪体系遇流域超标准洪水仍将产生巨大灾害损失

当前流域防洪减灾体系是按照防御标准洪水要求建设的,若遇流域大洪水或特大洪水,通过防洪体系有效防御,局部地区可防止发生毁灭性洪灾事件,但仍会产生大量分洪损失,如城陵矶河段遇1931年、1935年、1954年等大洪水,通过三峡及上游控制性水库的调节,可减少分蓄洪量和土地淹没;对于超过防御标准的特大洪水,除荆江河段1000年一遇或1870年同大洪水可保证行洪安全外,其余河段现在仍不能完全控制,将给经济社会发展带来毁灭性影响,仍需运用水库超蓄、蓄滞洪保留区、堤防强迫行洪以及牺牲局部低标准防洪保护区等措施,减轻洪水灾害,保障重点防洪目标安全。但要特别警惕堤防超高运用所带来的工程安全失事风险及超额洪量的空间传递风险、水库超蓄运用所带来的上游库区淹没风险以及泵站控排导致的城市内涝风险。

现有防洪体系非工程措施在应对流域超标准洪水方面仍有明显的短板。在超标准洪水情况下,河道水体流速快,容易发生分洪溃口,一般接触式监测技术难以及时准确监测到控制断面或关键节点(如分洪口门)的水文或洪水淹没区的灾害要素,复杂的水流水力条件加上水库群、洲滩民垸、分蓄(滞)洪区、排涝泵站等多种水工程联合调度增加了预报难度,如何统筹考虑洪水量级和工程防御能力对超标准洪水进行分级预警,针对性地进行响应和应对,仍然是个难题,如何综合考虑在实时及预报水雨情、未来的洪水风险、水工程剩余和需预留的防洪能力等进行动态风险评估的基础上,对水工程进行调度以调控洪水风险,实现最大限度地保障人员安全、降低灾害损失的目标,是目前流域超标准洪水应对中的现实难题。相应地,流域超标准洪水各个应对环节,如水工程联合调度方案规则化、根据防洪工程防洪潜力划分洪水量级和风险从而进行精准应对等,仍有较大的技术提升空间。

此外,目前超标准洪水应对措施和调度方案也存在不足,现有的流域防御洪水方案和洪水调度方案对超标准洪水仅做了原则性安排,可操作性不强。以长江、淮河和松花江为例:

《长江洪水调度方案》提出"长江荆江河段依靠上游水库、分蓄(滞)洪区和堤防解决防洪问题,通过三峡等水库结合分蓄(滞)洪区控制沙市水位;在三峡水库水位低于 171.0m 时,控制沙市水位不超过 44.50m;三峡水库为 171.0~175.0m 时,控制枝城下泄不超过 80000m³/s,配合分洪措施控制沙市水位不超过 45.00m"。

《沂沭泗河洪水调度方案》提出"主要控制站临沂、大官庄、南四湖、骆马湖,遇超标准洪水,除利用水闸、河道强迫行洪外,并相机利用滞洪区和采取应急措施处理超额洪水。临沂、大官庄根据预报的洪峰流量分级进行对应各闸坝控泄流量;南四湖、骆马湖根据水位确定各闸调度方案及分蓄(滞)洪区启用淮河沂沭泗流域"。

《松花江洪水调度方案》提出"嫩江的防洪主要依靠尼尔基水库和堤防解决,尼尔基水库在水位达到 218.15m 前按预报的齐齐哈尔站流量进行分级控泄,之后按保坝要求调度,在齐齐哈尔站流量超过 8850m³/s 时,适当利用干流堤防超高挡水加大河道行洪能力,确保齐富堤防防洪安全;超过 12000m³/s 时,视情况适当利用堤防超高挡水并抢筑子堤强迫行洪,必要时弃守或扒开讷河、富裕、甘南县境内堤防,确保齐齐哈尔主城区和齐富堤防防洪安全"。

可见,如长江,控制三峡下泄使枝城不超过 80000m³/s,要精准高效应对流域超标准洪水,需进一步细化和完善如何考虑实时及预报水雨情、上下游(左右岸)防洪形势,以及在保证安全的前提下充分挖掘防洪工程实时防洪能力,动态评估及分析不同工程调度运用下洪水风险等,提出更具可操作性和精准性的超标准洪水风险调控及应对全过程指导成套措施体系。

1.4 人类活动与经济社会发展对流域超标准孕灾环境的影响

1.4.1 经济社会发展加剧了洪涝灾害,并对防洪提出了更高要求

我国特有的气候地理条件与社会经济模式决定了洪水灾害自古就是中华民族生存与发展影响最为显著的自然灾害,也决定了治水害、兴水利的长期性、艰巨性与复杂性。从我国历代人口及经济社会发展与水灾发生情况的关系来看,洪涝灾害发生的频次和程度基本随着人口增长和经济发展而增长,特别是 16 世纪以来,人口增长速度加剧,土地开垦速度加剧,洪涝灾害发生频次也显著增加,其中 20 世纪全国各地洪涝灾害频次高达 987 次,是 16

世纪洪涝灾害频次的 17.3 倍,是 19 世纪的 2.2 倍。中国近两千年来水灾频次见图 1.4-1。公元前 206 至公元 1840 年的 2046 年中发生较大洪水灾害 984 次,平均每 2 年左右发生 1次;公元前 602 至公元 1938 年其中黄河下游决口泛滥 543 年、决溢次数 1590 余次、较大改道 26 次;自 1840—1949 年的 110 年间,中国共发生较大洪灾 1092 次,平均每 1 年左右发生10 次,受水灾县数平均每年 250 个,70% 的年份在 100 个以上,灾情最重的 1931 年高达 672个,长江流域的荆江地区和汉江中下游在 1931—1949 年的 19 年间分别被淹 5 次和 11 次。1900—1999 年的 100 年间主要江河发生 20 年一遇以上洪水 31 次,平均每 3 年发生 1 次。历史上,黄河三年两决口、百年一改道,从先秦到新中国成立前的 2500 多年间,黄河下游共决溢 1500 多次,改道 26 次,北达天津,南抵江淮。1855 年,黄河在兰考县东坝头附近决口,夺大清河入渤海,形成了现行河道。黄河夺淮初期的 12 世纪、13 世纪,淮河平均每百年发生水灾 35 次,16 世纪至新中国成立初期的 450 年间,平均每百年发生水灾 94 次。

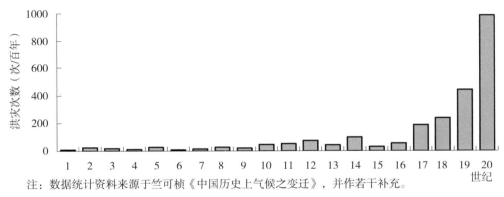

注:数据统计资料来源于竺可桢《中国历史上气候之变迁》,并作若干补充。

图 1.4-1 中国近两千年来水灾频次

随着防洪工程建设的进展,受灾人口及面积大幅度下降,1954 年长江中下游受灾耕地4750 万亩,1998 年因溃垸仅造成 360 万亩受淹,约为 1954 年的 1/13;但由于经济发展、社会财富大幅度增加,受灾损失仍呈递增趋势,单位面积洪灾淹没的经济损失较新中国成立初期增加在 10 倍以上,2017 年直接经济损失(945.34 亿元)超过了 1998 年。由此可见,经济社会的发展对防洪安全提出了更高的要求,加大了防洪的压力与难度。从总体上来看,洪水风险依然是流域的最大威胁。在流域超标准洪水条件下,洪水高风险区遭受洪灾威胁概率较大,如不实施有效管控,洪灾损失将呈上升趋势。

1.4.2 城市化集聚效应致使超标准洪水风险剧增

现代人类经济社会活动以城市化最为显著,城市是第二、三产业的载体,是经济社会发展的主要推动力和进步标志。我国城市化率已由 1949 年的 10.64% 增长到 2019 年的60.6%,城镇常住人口由 4000 万人增至 8.48 亿人。长江经济带面积约 205 万 km²,占我国国土面积的 21%。2018 年,长江经济带人口 5.98 亿人,占全国总人口的 42.91%,实现地区生产总值(GDP)40.30 万亿元,占全国的 44.93%,人均 GDP 达 67306.67 元;城镇化加速发展,城镇化率达到 60.61%。

我国有近 95% 的城市分布在不同程度洪水威胁的防洪区与防洪过渡区内,1991—1998 年有 700 座次县级以上城市因洪水进城而受淹,1994—1998 年全国城市洪涝灾害年均直接经济损失约占同期全国总洪涝灾害损失的 16%。随着长江经济带、长江三角洲区域一体化、成渝双城地区经济圈等战略的深入推进,沿江城镇化格局不断优化,人口、土地和产业城镇化率将不断提高,人口数量和社会财富向经济发达区和城市日益集聚,单位面积的财富迅速增加,成为增大洪水风险的潜在物资基础,城市洪涝灾害的负面效应日益凸显,间接损失比重加大,影响范围远超受淹范围。而且由于人口压力不断增加以及管理不完善,人类经济活动越来越趋向于洪水高风险区,洪水高风险区内财富增加也较迅速。部分支流和江河上中游地区的河湖滩地以及洪水自然漫溢的洪泛区被开发利用,将加大自身和下游地区的防洪压力和风险。随着城市化进程的加速,城市建设规模不断扩大,不透水面积大量增加,排涝模数显著加大,而河湖围垦,城区内湖塘、沟渠填埋等减少了涝水调蓄空间,降低了城市涝水调蓄能力,城市内涝灾害问题日渐突出,城乡接合部洪涝问题也越来越突出。伴随着城市现代化,地下交通、商业、仓储等基础设施大量增加,地下设施日趋复杂化,这些设施最易因洪涝灾害造成较大损失,成为新的洪水风险源。同时,城市对交通、水、电、气、通信、信息等网络的依赖性增大,由洪灾引起的各种网络系统的局部破坏可能影响整个城市系统,甚至造成城市瘫痪,必将加大防洪的难度。

城市群是城镇化和工业化发展到高级阶段的必然产物,作为国家参与全球竞争与国际分工的全新地域单元,正在肩负着世界经济重心转移和"一带一路"建设主阵地的重大历史使命,成为世界进入中国和中国走向世界的关键门户,是建设美丽中国、推动形成人与自然和谐发展和实现我国"两个一百年"奋斗目标的重点区域。中国城市群是国家经济发展的战略核心区和国家新型城镇化的主体区,是国家经济社会发展的最大贡献者,2016 年底中国城市群以占全国 29.12% 的面积聚集了全国 75.19% 的总人口、72% 的城镇人口,创造了占全国 80.05% 的经济总量和 91.19% 的财政收入,集中了全国 91.23% 的外资,对到 2035 年基本实现社会主义现代化和实现中华民族伟大复兴中国梦具有非常重要的支撑作用。

目前,长江流域已形成长江三角洲、长江中游和成渝三大国家级城市群,江淮区域级城市群和黔中、滇中两大地区级城市群(图 1.4-2)。随着城市群发展,城镇向外围扩展,城市面积大幅度增加,逐渐形成以大城市为中心的城市连绵带,大中小城镇紧密相连,使城市防洪战线加长,保护对象增多,特别是城市的新开发区和城乡接合部防洪设施相对薄弱,一旦发生超标准洪水,后果将特别严重。

图 1.4-2　长江流域城市群分布

（1）长江三角洲区域高质量发展面临防洪风险

2019 年 5 月，中共中央、国务院印发《长江三角洲区域一体化发展规划纲要》，提出将长江三角洲区域打造成"全国发展强劲活跃增长极、全国高质量发展样板区、率先基本实现现代化引领区、区域一体化发展示范区、新时代改革开放新高地"的"一极三区一高地"战略目标。长江三角洲区域涵盖上海市、江苏省、浙江省和安徽省全域，总面积 35.8 万 km^2，涉及长江和淮河流域中下游地区、太湖流域全域及东南诸河浙皖地区。长江三角洲城市群是沟通长江腹地与海内外市场的重要枢纽，是我国经济、科教文化最发达、城镇集聚程度最高的地区，是我国最具经济活力的资源配置中心，未来建成我国率先发展的世界级特大城市群，城市群面积 21.17 万 km^2，2018 年总人口 1.5 亿人，占全国的 9.2%；实现地区生产总值 17.79 万亿元，占全国的 19.8%。

长江三角洲区域地势低平、水系纵横，江淮巨量过境洪水、区间暴雨洪涝、风暴潮增水相互叠加，上下游、干支流、流域间洪水相互顶托，极易造成洪涝灾害。新中国成立以来，1954 年和 1991 年江淮大洪水、1998 年和 1999 年长江大洪水、2003 年和 2007 年淮河大洪水、1999 年和 2016 年太湖特大洪水、2020 年多流域大洪水，以及 1956 年、1994 年、1997 年、2000 年台风等，均造成严重的洪涝灾害损失。目前，安徽省和江苏省境内长江干流感潮河段已按《长江流域防洪规划》主要控制站无台风水位进行达标建设，考虑到近年来在全球气候变化影响下，风暴潮等极端气候事件频发，加上人口聚集和经济社会发展水平提高，感潮河段两岸洪涝灾害风险日益增大，因此长江三角洲区域高质量发展对感潮河段堤防防洪能力提升有迫切需求。

（2）中部地区高质量发展面临防洪风险

实施促进中部地区崛起战略，是党中央、国务院作出的重大决策部署。近年来，国务院先后批复了《鄱阳湖生态经济区规划》《洞庭湖生态经济区规划》《促进中部地区崛起规划（2016—2035 年）》《汉江生态经济带发展规划》等，中部地区呈现经济增长提速、经济实力增强、产业结构优化升级的良好态势。"十四五"规划纲要强调,中部地区要着力打造重要的先进制造业基地、提高关键领域自主创新能力、建设内陆地区开放高地、巩固生态绿色发展格局。2021年3月,中共中央政治局召开会议,审议《关于新时代推动中部地区高质量发展的指导意见》,为推动中部地区高质量发展谋新篇、开新局。长江中游城市群是我国地域最广、城市与城镇数量最多的城市群,未来将成为带动中部崛起和长江经济带中游地区实现绿色发展的国家级城市群。以武汉、长沙、南昌为核心城市,覆盖周边31个市的特大型城市群,面积约31.7万 km²,2018年总人口1.74亿人,占全国的12.52%,地区生产总值9.7万亿元,占比10.9%。

三峡工程运用以来,一定程度上提升了长江中游防洪能力,但河道安全泄量与峰高量大洪水矛盾仍然突出,中游干流及两湖防洪蓄洪形势依然严峻。如洞庭湖湖区近20年来有近1/3的年份湖区洪水位超过设计水位,其中长江干流城陵矶站在1996年、1998年、1999年、2002年、2020年均超防洪控制水位34.40m,最大超1.40m,相较于干流上下游,城陵矶附近洪水位抬升特点明显,造成湖区堤防出险频繁,大幅增加了洞庭湖生态经济区洪涝灾害风险。因此,中部高质量发展对长江中游江湖防洪能力提升有迫切需求。

1998年大洪水后,根据确保重点、兼顾一般的原则,对长江中下游干流堤防分等级进行建设,除局部堤段因保护范围较小或重要性相对较低堤防等级为4~5级外,绝大部分堤段堤防等级为3级及以上。其中,江西省九江长江干堤除九江城防堤段和瑞昌码头镇—九江赛湖闸堤段外,有69.91km干流堤防等级为4~5级,包括湖口县城和彭泽县城;安徽省池州江堤除东南圩长江干堤为2级和秋江圩、广丰圩、万兴圩等圩垸长江干堤为3级外,同义圩等圩垸长江干堤为4级。经过几十年经济社会的快速发展,沿江4~5级干流堤防保护范围内建成了大量的重要基础设施和工业园区,人民生活水平也不断提高。江西省湖口县和彭泽县人口均在30万人左右,县城所在地双钟镇和龙城镇均濒临长江,2019年全县地区生产总值分别达到325亿元和168亿元,沿江已建成湖口高新技术产业园区、彭泽工业园区等产业园区。安徽省池州市长江沿线已建成江南产业集中区、池州市经济技术开发区、贵池工业园区等国家级和省级工业园区以及一些城镇工业集中区。由此可见,该段堤防保护对象重要性发生了较大变化,如发生洪灾,其损失将非常巨大。2020年流域性大洪水期间,由于堤防堤身薄弱,湖口县和彭泽县长江干堤出现渗漏、滑坡等险情30余处,池州市长江干堤出现管涌、渗漏等险情10余处。因此,沿江区域经济社会发展对长江干流4~5级堤防堤级达标建设有迫切需求。

(3)成渝双城经济圈高质量发展面临防洪风险

成渝城市群是全国重要的城镇化区域,对充分发挥长江黄金水道的作用,具有承东启西、连南接北的区位优势,综合承载力强,交通体系健全,是西部经济基础最好、经济实力最强的区域,未来将建成引领西部大开发的国家级城市群。西南城市群以长江上游经济区为依托,以成都市、重庆市为核心城市,其面积18.5万 km²,2018年总人口1.05亿人,地区生产总值 5.5 万亿元,占全国的 6.83%。

对标将成渝地区打造成具有全国影响力的重要经济中心、具有全国影响力的科技创新中心、改革开放新高地、高品质生活宜居地的战略定位等要求,成渝地区防洪安全保障面临新的形势和挑战。洪水调控能力不足,沱江、渠江、涪江、綦江等河流仍缺乏控制性水库。堤防建设进展缓慢,长江干流、重要支流仅完成国家相关规划治理任务的 31% 和 44%。城镇洪涝问题突出,40 座城市防洪标准不达标,占比达 34%,54 座城市基本达标,占比达 47%,重庆中心城区南滨路一期和菜园坝水果市场片区、合川城区、达州城区、金堂县、綦江城区等城镇现状防洪能力不足 10 年一遇,洪水风险依然是成渝地区高质量发展的最大威胁。现有防洪体系无法完全抵御标准内洪水,如遇超标准洪水,城市洪涝风险将大大提高。从总体上来看,对标立足新发展阶段、贯彻新发展理念、构建新发展格局、推动高质量发展的要求,成渝地区防洪安全保障能力仍有待提升。

1.4.3 经济社会发展改变防洪风险格局

随着经济社会的发展和防洪体系的完善,洪涝灾害致使死亡人口大大降低,绝对经济损失不断增长,相对经济损失趋向减少。流域洪涝灾害多发频发,人口集中、经济增长、城镇化推进进一步增加了洪涝灾害的复杂性、衍生性、严重性,给人民的生产生活和经济社会发展带来的冲击和影响更加广泛和深远。在城镇化大潮冲击下,洪涝灾害威胁对象、致灾机理、成灾模式、损失构成与风险特性均在发生显著变化,洪涝风险的演变特征与趋向见表 1.4-1,由此带来洪涝灾害损失连锁性与突变性地螺旋式上升。

表 1.4-1　　　　　　　　　　　洪涝风险的演变特征与趋向

分类	传统社会	现代社会
威胁对象(承灾体)	受淹区内的居民家庭、牲畜、农田、村庄、城镇、道路与水利基础设施等(A)	(A)+供电、供水、供气、供油、通信、网络等生命线网络系统,机动车辆等,影响范围与受灾对象远超出受淹区域,企业与集约化经营者成为重灾户
致灾机理(灾害系统构成及互动关系)	因受淹、被冲而导致人畜伤亡和财产损失(B),以自然致灾外力为主,损失主要与受淹水深、流速和持续时间成正比	(B)+因生命线系统瘫痪、生产链或资产链中断而受损,孕灾环境被认为改良或恶化,致灾外力被人为放大或削弱;承灾体的暴露性与脆弱性成为灾情加重或减轻的要因,水质恶化成为加重洪涝威胁的要素

分类	传统社会	现代社会
成灾模式（典型的灾害样式）	人畜伤亡、资产损失、水毁基础设施（C），以及并发的瘟疫与饥荒，灾后需若干年才能恢复到灾前水平	（C）+洪涝规模一旦超出防灾能力，影响范围迅速扩大，水灾损失急剧上升，借贷经营者灾后资产归负，成为债民；应急响应的法制、体制、机制与预案编制对成灾过程及后果有重大影响；灾难性与重建速度、损失分担方式相关
损失构成（直接、间接损失）	以直接经济损失为主，人员伤亡、农林牧渔减产、房屋与财产损毁、工商业产品损失等（D）	（D）+次生、衍生灾害造成的间接损失所占比例大为增加，生命线系统受损的连锁反应，信息产品的损失、景观与生态系统的损失增大；灾后垃圾处置量激增
风险特征（危险性、暴露性、脆弱性）	洪涝规模越大，可能造成的损失越大，洪水高风险区及受淹后果凭经验可作大致的判断；救灾不力可能引发社会动荡	受灾后资产可能归负，难以承受的风险加大；风险的时空分布与可能后果的不确定大为增加，决策风险增大，决策失误可能影响社会安定；承灾体的暴露性与脆弱性成为控制洪涝风险增长需考虑的重要方面

现阶段，流域人口的城乡分布格局正在发生转变，农村人口逐步向大城市集中。随着人口向洪水高发地区和城镇集聚，如遇超标准洪水，受灾人数和经济损失将明显增加，承灾体物理暴露性急剧扩大，洪水灾害损失的主要部分将由农村转移到城镇，间接损失的比例亦将显著增加。部分地方防汛抢险力量较弱，农村大量青壮年劳动力外出务工，抢险人员落实难，群众性查险抢险能力缺乏，实战经验不足，过去防汛抢险依靠千军万马的形势应随着无人机、三维地理信息、大数据、区块链、5G、物联网、人工智能、生物智能、云计算、互联网＋等新技术的投入而改变，然而流域大洪水防御非工程体系"软件"根基尚不牢固，防洪工程"空—天—地—水"一体化信息采集、安全分析、评估、预警、措施应对的全过程智慧安全管理体系尚未建立。随着人口老龄化趋势的加快，承灾体的整体脆弱性增加；重点防洪保护区、低标准防洪区、分蓄（滞）洪区、洲滩民垸等区域之间经济发展水平差异大，如长江中下游分蓄（滞）洪区内居民人均国内生产总值仅为 2.94 万元，远低于 2020 年全国平均水平 7.24 万元，经济相对不发达地区防洪措施不够齐全，导致"越穷越淹、越淹越穷"的恶性循环；经济社会发展与防洪能力建设呈越安全→越发展→潜在损失和风险越大螺旋式上升趋势。经济社会发展逐步改变了防洪风险格局，灾害致因日益复杂化，急切需要综合治理。

我国人口基数大，净增量多，经济增速快，2019 年末全国大陆总人口 14.00 亿人，比 1949 年的 5.42 亿人增加了 1.58 倍，国内生产总值 99.09 万亿元，为全球第二大经济体，使承灾体的暴露量大大增加。其中,长江经济带面积约 205.23 万 km²,2018 年总人口约 5.99亿人,地区生产总值约 40.3 万亿元,分别占全国的 21.4%、42.9% 和 44.1%。防洪减灾以保护人民的生命安全为第一目标,人口的倍增将使得我国的防洪压力剧增,人水争地矛盾更加尖锐深刻,可协调的余地大为减少。过去为了应对超标准洪水,在大江大河中下游选择地势低洼、人口较少的区域设置了一批分蓄(滞)洪区,其中长江中下游为了应对 1954 年洪水,规划了 42 处国家蓄滞洪区,总面积约为 1.2 万 km²,有效蓄洪容积约 590 亿 m³,总人口由2004 年的 632.53 万人增加至 2019 年的 740.73 万人。根据 26 处蓄滞洪区统计分析经济社会发展情况,区内总人口由 2004 年的 460.53 万人增加至 2019 年的 540.22 万人,耕地面积由 2004 年的 474.79 万亩增加至 2019 年的 594.49 万亩,工业产值由 2004 年的 266.03 亿元增加至 2019 年的 3656.11 亿元,农业产值由 2004 年的 153.06 亿元增加至 2019 年的630.22 亿元,固定资产由 2004 年的 618.74 亿元增加至 2019 年的 4161.72 亿元,长江中下游蓄滞洪区经济社会发展态势见图 1.4-3,蓄滞洪区内人口众多、经济发展迅速,已成为难以启用的根本原因。由于人口的急剧增长,使得我国的山区亦成为开发对象,其中成渝双城经济圈上升为国家战略后,长江上游经济社会发展将进一步提速。

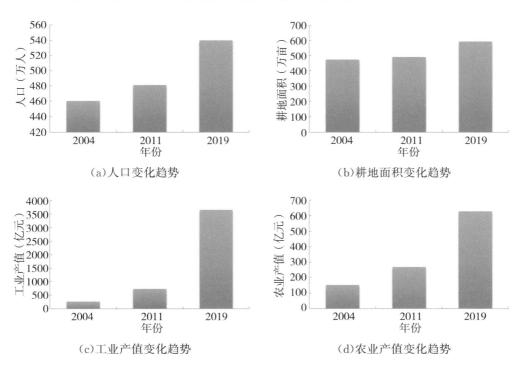

(a)人口变化趋势

(b)耕地面积变化趋势

(c)工业产值变化趋势

(d)农业产值变化趋势

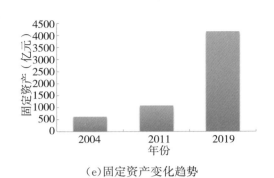

（e）固定资产变化趋势

图 1.4-3　长江中下游蓄滞洪区经济社会发展态势

随着经济社会的发展,无论是首当其冲的河道洲滩民垸、为标准内洪水预留的一般和重要分蓄(滞)洪区,还是为超标准洪水预留的分蓄(滞)洪区保留区,以及在超标准洪水条件下可能要牺牲的局部低标准防洪保护区等,每个地方都变得越来越"淹不起",都期望洪水通过上游水库拦蓄起来,如仍不控制,则通过河道强迫行洪,致使超标准洪水的行蓄洪空间大为减少,增加了防洪决策的压力。

遭遇超标准洪水时,为尽量减小下游分蓄(滞)洪区的运用概率,一般有条件的地方将尽可能运用上游水库拦洪,但也使水库调度面临上下两难的困境。以嫩江流域为例,由于未就围堤等阻水建筑物制定完善的超标准洪水应对方案,导致围堤的弃与守成为影响防洪决策的关键,造成尼尔基水库不能按计划调度,为保证围堤防洪安全,常常过于挖掘水库潜力,甚而造成水库上游大片地区淹没。以"长江流域 2020 年第 4 号和 5 号洪水"为例,通过含三峡水库在内的上游水库群联合运用,将中下游干流宜昌及以下各站洪水削减为常遇洪水,降低宜昌—莲花塘江段洪峰水位 2.0～3.6m,沙市站最高水位 43.24m,仅超警戒水位 0.24m,避免了荆江分洪区的启用,但同时增加了三峡库区防洪压力。随着水库超蓄水位的提高,库区淹没损失加大,但国家对于由水库超蓄导致的临时淹没损失尚未出台相关的政策法规,虽然减少了总体防洪损失,但库区防洪损失问题仍未解决。

此外,对河道强迫行洪的期望剧增。以 1998 年长江流域型洪水为例,长江中下游干流螺山、汉口、大通等站 1998 年最大流量,最大 30d、60d 洪量均小于 1954 年,但年最高水位却大大高于 1954 年,导致长江中下游水位偏高,除河湖围垦、泥沙淤积、三口分流减少、大量涝水排江、荆江河段裁弯取直等因素外,还包括原本应启动分洪的荆江分洪区(区内人口已撤离)终因各种原因放弃分洪,致使洪水归槽强迫行洪抬高河道水位。

总之,人们对美好生活的向往与现有超标准洪水应对能力不足的矛盾十分突出。城镇化发展和分蓄(滞)洪区等人口倍增是防洪形势演变的主因,在流域超标准洪水应对中,必须充分考虑人口压力的时空量变化规律。

目前,流域水旱灾害防御机制尚待完善,应加强研究,完善现有机制,以充分发挥防洪工程和非工程措施在应对流域超标准洪水中的主导作用,加强对上下游、左右岸、跨地区、跨部门的协调指挥能力,统筹地方政府和相关行业部门做好洪涝灾害防御工作。

1.5 研究意义

提升流域超标准洪水应对能力是我国保障防洪安全补短板的必需。2018 年 4 月，习近平总书记在考察长江时强调要"认真研究在实现'两个一百年'奋斗目标的进程中，防灾减灾的短板是什么，要拿出战略举措"。2018 年 10 月，在中央财经委员会第三次会议上，习近平总书记强调"针对关键领域和薄弱环节，坚决推进实施防汛抗旱水利提升工程"，提高自然灾害防治能力。《中华人民共和国国民经济和社会发展第十四个五年规划和 2035 年远景目标纲要》指出：要坚持总体国家安全观，实施国家安全战略，维护和塑造国家安全，把安全发展贯穿国家发展各领域和全过程，防范和化解影响我国现代化进程的各种风险，筑牢国家安全屏障；实施防洪提升工程，解决防汛薄弱环节。

遭遇流域超标准洪水时经济损失严重、社会影响巨大，是流域防洪的重点，加上气候变化、人类活动等因素影响，加剧了应对的复杂性和艰巨性，是流域防洪的难点，解决流域超标准洪水综合应对关键科学问题和技术问题是我国流域防洪的切实需要，也是保障国民经济发展的现实需求，意义重大，责任重大。我国流域大部分地区人口密集、发展变化迅速，洪水受下垫面变化和水利工程调度应用影响大，超标准洪水应对问题突出，面临规律重新认知、技术亟须提升和措施体系亟待完善等重大挑战，其难度和复杂程度世界少有，相关研究成果距应用需求仍有较大差距。开展变化环境下流域超标准洪水及其综合应对关键技术研究及示范，解决对流域超标准洪水演变规律及其致灾机理认知不足、现有理论和技术难以满足在实时监测、预报预警、灾害评估、风险调控与综合应急等方面需求问题，对于保障国家水安全、支撑经济社会可持续发展具有重要的战略意义和科学价值。

第 2 章 研究目的

2.1 研究目标

围绕目前全球气候变化和人类活动特别是流域水工程联合调度运用影响下我国流域超标准洪水演进规律重新认知、致灾机理揭示深度不足,以及超标准洪水风险管理理论与方法不完善等三大关键科学问题,聚焦解决超标准洪水"测不到、测不准",暴雨洪水预报精度不够、预见期相对工程调度需求不足、预警指导和针对性不强,灾害实时动态评估能力差、风险调控技术落后、标准以上洪水调度方案操作性不强、人群转移避险手段落后、协同联动机制不健全、决策支持系统普适性不强等方面的关键技术问题开展科技攻关,以揭示变化环境下流域水文气象极端事件演变规律及超标准洪水致灾机理,形成水情与灾情立体监测、洪水精细预报预警、灾害动态评估、水工程超标准调度运用与风险调控、防洪应急避险等流域超标准洪水应对全过程技术体系,建立流域超标准洪涝灾害数据库,研发具有自主知识产权的流域超标准洪水调度决策支持系统,提出完善超标准洪水综合应对措施建议,在 3 个不同气候类型和工程格局流域开展示范应用,编制流域超标准洪水监测、调度及应急等技术规范,为国家应对流域超标准洪水提供成套解决方案,推动我国流域超标准洪水全过程、全要素综合应对的基础理论和核心技术发展,提升流域超标准洪水应对的科技水平与效率。研究目标见图 2.1-1。

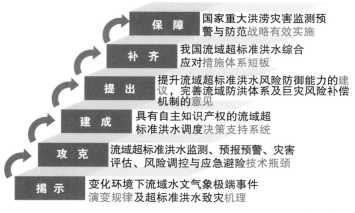

图 2.1-1 研究目标

2.2 重点难点问题

针对超标准洪水综合应对在理论研究与技术运用中的重大需求、相关学科国际学术前沿,确定本研究拟解决的三个关键科学问题和五个关键技术问题。

2.2.1 拟解决的关键科学问题

(1)揭示变化环境下流域水文气象极端事件演变规律与发展趋势

揭示在气候变化和人类活动影响下流域极端降水事件的时空演变规律,建立多模式集成的动力降尺度和误差订正模拟方案,预测未来极端降水事件发展趋势;揭示天然洪水要素系列变化特征,研究气候变化、下垫面变化及水利工程运用等综合影响下极端洪水要素及其统计特征的变化规律及发展趋势,解析非一致条件下洪峰与洪量、上游与下游等多维时空组合下流域设计洪水特性,预测未来气候变化下流域极端洪水事件发生的可能性及量级。

(2)揭示流域超标准洪水响应机理与致灾机理

界定流域超标准洪水特征,揭示变化环境下流域极端降雨与超标准洪水的响应机理,研究流域超标准洪水灾害形成机理,从洪水灾害链出发,研究其致灾因子、孕灾环境、承灾体变化情势,揭示超标准洪水致灾机理及变化规律,为超标准洪水应对提供理论依据。

(3)建立流域超标准洪水灾害风险管理理论与方法

提出多尺度灾害评估理论及方法,提出基于实时动态灾害评估的风险综合调控理论与方法,从灾前的风险预防与减灾计划、预警预报机制建设、应急响应机制建设、洪灾风险转移机制等入手,考虑随时间变化的洪水本底风险变化情况,提出流域超标准洪水灾害全过程风险管理的理论与方法。

2.2.2 拟解决的关键技术问题

(1)研发流域超标准洪水"空—天—地—水"立体监测与多源数据融合技术

在常规接触式水文应急监测手段的基础上,研发高洪及堤防溃口影像识别水位、流速自动监测及流量分析推算技术,洪水淹没监测分析等非接触式洪水要素监测技术体系,建立"空—天—地—水"超标准洪水多维组合式测洪体系,提出超标准洪水监测技术指南,解决超标准洪水测不到、测不准的关键技术难题;利用机器学习及数据挖掘技术,对二维流场及洪水监测数据进行去噪、清洗、同化、融合,提出基于规则自分析、自适应的多源信息融合方法,提升洪水监测要素收集传输速度和精度。

此外,采用卫星影像、无人机监测等遥感手段,研究实时洪灾监测技术与方法,填补实时洪灾监测空白,为超标准洪水调度、风险调控、避险转移和受灾人群救援等提供及时准确的灾情信息。

（2）暴雨洪水预报预警及精细模拟

结合全球数值天气预报模式、区域中尺度数值预报模式和快速更新循环同化技术，研究流域致洪暴雨 0～7d 无缝隙定量预报技术，实现 3～7d 流域暴雨过程趋势预报、1～3d 暴雨定量降水预报、0～12h 短时强对流天气的定量降水预报无缝衔接和精度提升；研发物理模型试验与数学模型相互验证的溃口形成和发展模拟模型，揭示堤防溃决机理；结合典型流域地形地貌、河道形态等自然特性及堤、闸、堰、库等多工程阻断特性，构建复杂地形河道工况条件下的河道—分蓄（滞）洪区—溃堤超标准洪水演进一二维水动力学耦合模型；以定量降雨预报作为输入，结合流域水文学预报模型，根据气象、水文、水力学以及防洪与调度控制性节点、河网及流域等要素，结合基于数据驱动方法的模型误差实时校正等现代预报技术手段，构建气象—水文—水动力学相结合、流域及关键节点相融合的洪水预报模型；在实时监测的基础上，结合洪水预报的不确定性特性和防洪工程体系防御能力，分层次、分级别考虑河道关键断面、控制性水库、重点防洪对象的防御洪水需求及预警阈值，提出流域超标准洪水判别方法及预警指标体系，实现超标准洪水发生条件下的预报、预判、预警方法与机制创新，为超标准洪水预报预警和调度决策提供技术支撑。

（3）流域超标准洪水灾害动态评估与风险调控

识别流域超标准洪水灾害多维风险，结合流域洪水本底风险随时间推移发生从小到大再逐渐变小的变化特性，建立不同空间尺度流域超标准洪水灾害评估理论体系，构建多尺度、多防洪工程措施下洪水模拟模型，结合超标准洪水灾害实时监测技术与监测信息，构建面向超标准洪水全过程的时空态势图谱，实现多尺度流域超标准洪水灾害实时动态快速定量评估。结合流域超标准洪水多主题场景数据结构模拟发生器及洪灾风险传递结构特征分析技术，研究堤防、水库、分蓄（滞）洪区等不同防洪工程防御超标准洪水的可用潜力空间，挖掘不同场景模式下流域超标准洪水调控及效果数据关系，提出不同防洪工程体系联动响应调度模型和动态风险调控技术，实现基于灾害评估的流域超标准洪水风险调控及方案智能优选，解决流域超标准洪水风险管理中工程调度及响应决策支持难题，为提升流域超标准洪水风险综合调控能力，减少洪灾损失提供工程超标准运用调度方案形成、调度与效果互溃的成套风险调控解决方案。

（4）流域超标准洪水应急避险技术

立足解决防洪应急避险中在风险预判与通知、人群信息获取、人群转移安置、安置效果评估等方面手段有限、技术落后等关键问题，结合移动互联网条件下基于位置信息服务（LBS）的人群属性分析等大数据和信息技术，提出基于实时反馈驱动的综合应急避险技术和解决方案，快速获取研究区域内人群分布信息，研发辅助人群避险移动终端应用，以实现安置方案配置、风险人群识别、人群转移通知、转移路径推送、撤离时间动态调整、人群安全（风险）提示、应急避险效果评估等实时高效应急避险功能。

（5）多场景协同流域超标准洪水调度决策支持

针对超标准洪水情况下的洪水模拟及调度复杂性强、不可预见性高等问题，提出集预报、预警、调度、灾害评估、风险调控于一体的多组合敏捷响应通用技术，集成超标准洪水应对关键模拟模型和分析计算功能模块，研发基于数字孪生流域技术、强适配性的多场景协同流域超标准洪水调度决策支持系统，为现有国家防汛抗旱指挥系统提升应对超标准洪水决策支持能力提供数字孪生技术支撑。

第3章 国内外研究现状

我国是世界上洪涝灾害最为严重的国家之一。洪涝灾害分布地域广,发生频率高,造成损失重。尤其是流域超标准洪涝灾害,对于国家可持续发展、社会稳定、经济发展目标等影响巨大。未来一段时期,随着我国城镇化的快速发展,流域超标准洪水灾害的风险程度正在急剧增加。因此,流域超标准洪水综合应对工作已经成为国家治理能力与治理体系现代化的重要组成部分,客观上需要全面提升对流域超标准洪水灾害形成规律、成灾机理的认识,完善"以防为主、防抗救相结合"的关键技术体系,加强信息化与产业化支撑、风险防范、公共服务能力和抗灾救灾决策支撑等研究。本章对流域超标准洪水及其综合应对的国内外研究现状进行了综述。

3.1 暴雨洪水演变规律及致灾机理

在全球气候变化的背景下,与人类生存息息相关的洪涝灾害正在全球进一步加剧,极端水文气象事件层出不穷。近年来,流域极端水文事件发生机理、变化趋势及其对气候变化与人类活动的响应与预估,引起了国内外学者的关注,基于概率统计的极值分布函数法、气象水文模型法等被应用到相关研究中,这对科学认识气候持续异常条件下流域水循环规律以及极端水文事件发生机理有着一定的推动作用。虽然取得了一定的研究成果,但是总体而言不够深入,特别是针对流域性超标准暴雨洪水演变规律及致灾机理研究较为薄弱,亟待进一步开展研究。

3.1.1 暴雨洪水演变规律

在气候变化与高强度人类活动综合作用下,极端气象和水文事件时空格局发生了变异,极端洪水发生频次和强度加剧,流域超标准洪水演变和时空组合规律呈现出新的特点,水文序列的不一致性导致流域超标准洪水难以界定,应对难度加大。

国内外对极端水文气象事件的研究比较多,但是暴雨发生是否导致流域超标准洪水与流域防洪工程体系的防御能力、当时的剩余防洪能力等密切相关,研究体系复杂,针对考虑工程防御能力的流域超标准洪水研究较少,大多为防洪断面超标准洪水应急处理措施和对策的定性分析;在气候变化下流域极端降水事件演变规律方面,虽然在流域的极端降水方面做了大量的研究,但是对未来气候预估仍存在内部自然变率、模式、情景发展等许多不确定性,模式模拟的系统性偏差仍然较大,亟待研究如何改进传统的预估计算方法,开发多模式降尺度模拟结果误差订正技术,客观揭示气候变化下极端降水事件演变规律与发展趋势,减少气象预报的不确定性。

洪水演变规律的认知是流域超标准洪水应对的理论基础。工程水文计算是水利工程规划和建设的基础,国内外现行的工程水文计算理论与方法都要求水文极值系列具有平稳性。但是,受气候变化及人类活动的影响,流域降雨时空分配模式、产汇流规律及河道洪水过程发生改变,进而导致诸多站点水文系列呈现非平稳性变异,如水文序列的均值、偏态系数、偏差系数等低阶与高阶统计特征指标往往随时间发生动态变化。传统的水文分析方法往往建立在大量的平稳性假设为前提的基础上,对流域水文要素变化规律进行分析,传统方法已不再适用于变化环境下的非平稳性情形,需要采用非平稳性水文分析方法来解析变化环境对洪水要素的作用影响。变化环境下非平稳性水文频率分析根据研究变量数目可以分为非平稳性单变量频率分析和非平稳性多变量频率分析。目前的研究主要集中在单变量方面,而关于非平稳性多变量洪水频率分析的研究还较少。在非平稳性条件下,受气候变化和人类活动的变化影响,不同水文变量间的相关关系随着时间在变化,即不同变量间的联合分布函数在不同年份是不同的,这导致指定重现期对应洪峰—洪量组合设计值求解困难。目前基于非平稳性多维极值统计理论开展变化环境下多变量水文频率分析的研究正在兴起,其主要聚焦在如何描述不同变量间的相关结构、联合分布规律、极值事件对应重现期等特征随时间的变化过程。而从设计洪水角度出发,缺乏如何推求非平稳性多变量条件下不同频率设计洪水特征值及其遭遇组合等方面的研究。Copula 函数在水文多变量分析计算中的成功应用,使得其推求设计洪水的最可能地区组成成为可能。

3.1.2 超标准洪水致灾机理

国内外对极端洪水已有系统研究,但对气候变化、下垫面变化特别是水利工程群组应用等综合影响下的流域超标准洪水机理研究仍然欠缺,针对流域超标准洪水高强度、长历时等特征,其致灾机理需要进一步研究,尤其是与防洪工程体系防御标准、防御能力等密切相关的灾害突变机理,还需要结合超标准洪水量级与防洪工程体系防御能力综合考虑进行研究。

3.2 超标准洪水监测与预报预警

3.2.1 高洪监测

流域超标准洪水发生时,具有覆盖气象水文全方位的实时监测体系是洪水预报预警和工程调度运用的基础。超标准洪水具有极大的破坏性,往往会出现水情监测设施损毁、常规监测手段失效、信息传输不畅等问题。因此,传统的水文监测方法无法解决高洪测量及堤防溃决洪水等应急监测问题,亟待研究超标准洪水非常规状态水文监测技术并构建监测机制。国外一些发达国家,利用雷达原理来测量水流速度获得成功,利用雷达多普勒效应,采用无接触远距离实现流速测量,对水情复杂、水流急、含沙量大,水中有大量漂浮物,一般流速仪无法下水的情况下,表现了其特有的优越性。目前,美国地质勘探局已研制出一种"非接触法"流量测验方法和仪器设备,正在研究利用空基遥感系统雷达测高技术测量河流水位,通过星载干涉合成孔径雷达测量水面流速,进而实现全球范围内的流量信息测量。国内研究了基于计算机图像处理的水位与流速监测,推出了基于影像识别的水位监测技术产品,但其监测精度、环境条件适宜性等都有待提高。此外,面临超标准洪水情景时,由于信息采集面广、数据量庞大,亟须一个高效、精准、稳定的数据融合处理解决方案。随着信息技术的发展和水文信息应用服务领域的不断扩展,现有的水文监测体系与技术,在监测的时空尺度、要素类型和信息集成等方面均存在不同程度的不适应,迫切需要改变发展思路、创新监测技术,适应科学技术与经济社会发展对高洪监测提出的新要求。

3.2.2 暴雨洪水预报预警

国内外在气象—水文—水动力学耦合预报模型的研究和应用均已取得丰硕成果,但极端降雨数值预报的准确率以及考虑堤防溃漫的洪水预报精度仍有待提高,HEPEX、GEOSS、EFAS、澳洲气象局、武汉大学等机构采用水文集合概率预报技术提高了洪水预报精度。

准确模拟工情调度运用变化后的河道水情,包括迅速反映突然发生的溃口等临时变化是流域超标准洪水预报精度提升的重点。在实时预报过程中,通常以干支流控制性河道监测站及重要水库作为预报节点,以串并联的形式搭建洪水预报方案体系,由于流域超标准洪水具有破坏力强、超堤防防御标准、高水位历时较长等特性,除常规预报方案体系外,还需要考虑分蓄(滞)洪区和洲滩民垸运用、岸堤决口等诸多临时突发节点水情变化影响,以准确反映实时洪水预报所需的水文水力学边界。因此,揭示堤防溃决机理,准确模拟预测分蓄(滞)洪区和洲滩民垸运用、溃坝溃堤所引起的洪水演进规律变化,是解决流域超标准洪水实时预报技术的关键技术难点之一。现有研究多针对土石坝和均质土堤溃决,而在实际防御洪水过程中通常会修筑子堤临时加高堤防,高洪时期堤防通常具有明显的二元结构,因此有必要对二元结构非均质土堤的漫溢溃决机理展开研究,建立预测模型,提高溃决流量计算及河道洪水演进过程。

洪水演进是流域超标准洪水预报的关键环节。经过多年的发展,模拟一般河道、分蓄(滞)洪区内洪水演进的一维、二维水动力模型已经非常成熟,不仅国内开发了许多模型,国际上也有不少成熟的商业软件,如美国陆军工程师兵团研发的 HEC 软件包、丹麦水利研究所研发的 MIKE 系列、荷兰三角洲研究院研发的 SOBEK、英国沃林福德生态与水文学研究中心研发的 InforWorks(ICMLive)等。这些模型已在国内得到广泛应用。目前,这些软件已能较好地模拟溃坝洪水,但复杂地形、多工程调控下的洪水模拟技术仍有待推进。

在水文气象耦合的暴雨洪水预报预警技术方面,国内外相关研究已取得了相当丰富的成果,但是大多局限于标准内、河道及水库工程运行条件下的暴雨洪水模拟,在流域超标准洪水发生时水流临时进入分蓄(滞)洪区或堤防超高运行等稀遇工况下的相关研究成果较少。目前国内外在水文模型、气象水文耦合技术等方面的发展势头基本相当,但在分布式水文预报应用、集合概率预报研究上存在一定的差距。由于极端降水事件是引发极端水文事件的重要因素之一,因此深入开展水文气象耦合,考虑具有更好物理机制的分布式水文模型以及极端降水不确定性的洪水概率预报相关研究,对推动极端洪水预报具有重要意义。此外,从降雨预报、洪水预报到发布预警,各阶段预报误差的累积削弱了洪水预警的可靠性,如何降低预警的不确定性也是流域超标准洪水应对需要开展的研究方向。

综上所述,流域超标准洪水预报预警技术尚缺乏针对性研究,预报精度和预警针对性亟待提升。

3.3 流域超标准洪水风险管理与灾害动态评估

流域超标准洪水灾害评估是进行洪水风险调控、采取综合应急措施的重要基础与技术手段,但目前国内外尚未有针对不同空间尺度(流域、区域)的超标准洪水评估理论方法,大多数针对局部精度尺度的洪水灾害评估局限在针对特定洪水事件、特定洪水频率的静态灾害经济损失后果评估方面。尤其是针对跨越多个区域的流域尺度、防洪重点保护对象所处的区域尺度超标准洪水灾害评估方面的研究较为薄弱,特别是围绕流域超标准洪水调度决策需求如何提供完整有效的评估指标体系、模拟计算模型等研究仍处于探索阶段,总体上尚未建立实用简单且又能充分反映流域特性的超标准洪水灾害评估指标体系及评估方法;目前采用的一些评估模型由于对 2D 水动力模拟的需求高和 DEM/DOM 信息精度迭代更新慢和分辨率低等因素,存在计算量大、操作复杂、精度低、影响因素考虑不全、时效性差等缺陷,难以对洪水灾害作出较为精确的快速定量动态评估,在时效性、准确性、动态性等方面难以有效支撑流域超标准洪水风险调控、综合应急管理等方面的实际需求,具体体现在缺乏灾害监测(缺项)、风险评估理论不够完善、灾害评估指标体现不够完整等方面。

3.3.1 洪水风险管理与评估

洪水风险管理的本质是指政府以公平的方式,采取综合措施管理洪水和人的行为,改进效率、保障生命安全的过程。风险的三角形理论提出指导人们分别针对风险的危险性、暴露性和脆弱性 3 个要素制定各种洪水风险管理措施,包括减少洪水发生可能性的措施、减少承灾体暴露性的措施和降低承灾体脆弱性的措施,前者需要改变洪水运动特性,基本为工程措施,后两者需要改变、调整和引导人的行为,属于非工程措施。传统风险管理理论与方法能够有效对单一风险因素进行识别、分析、控制,然而现阶段气候变化、下垫面条件日益复杂,洪水灾害风险正日益呈现鲜明的复合型特征,传统的洪水灾害风险与应急管理模式已经无法对新形势下的灾害治理需求作出有效回应。应进一步综合考虑流域防洪系统对于洪灾冲击的适应与恢复能力,采取以韧性方式应对洪灾的策略,建立适应新时代全过程洪水灾害治理模式,不断强化洪水防御措施。

流域超标准洪水具有持续时间长、影响空间尺度大,与洪水影响范围和灾害损失风险程度在流域层面多尺度分布相对应的特点,在洪水调度时,需要考虑调度运用防洪工程对各种尺度的风险进行对比和调控,以达到影响最小、损失最少的目的。目前,国内外对流域、区域等大尺度超标准洪水灾害评估研究薄弱,模型和方法的研究都处于探索阶段,对局部尺度超标准洪水灾害评估大多局限为针对特定洪水事件、静态的经济损失后果评估。近年来国内外众多洪水模拟模型如丹麦的 MIKE-Flood 等得到了广泛应用,但由于超标准洪水危害性大、影响范围广,需要综合考虑防洪工程体系联合运用场景和复杂边界,增加了这些模型的应用难度,且实时调度管理决策时间紧张,需要更为快速和全面的灾害风险模拟模型,因此亟待进一步提高模型的通用性和计算效率。在防洪实践过程中,需要根据洪水发生、发展过程和风险变化范围进行洪水风险动态评估,为洪水实时调度管理提供技术支持。目前,我国在洪水分析、灾害评估以及洪水风险图编制等方面有着丰富的经验及技术积累,但制定的洪水场景一般以设计洪水和既定分洪位置参数等作为计算情景,无法反映实时防洪管理中洪水形成和演变过程以及洪水灾害、风险的动态变化;洪水风险往往也只考虑洪水本身及其短期影响,未能将流域长期气候气象因子及洪水所处风险阶段所面临的剩余未来风险作为背景因素加以考虑,往往可能忽略未来所面临的风险而造成风险评估不完整;洪灾评估成果以洪水风险图为主要表达手段,且大部分仅展示洪水要素的危险性,较少叠加承灾体易损性,更无法提供面向流域超标准洪水演变全过程的时空态势图谱。此外,可视化能力远不及交通等领域,且不能满足流域超标准洪水灾害实时动态评估与风险调控技术要求。

3.3.2 洪灾监测

国内外洪灾监测服务主要以灾后评估为主,技术以采用卫星影像资料为主,鲜有实时监测服务、实时调度管理的方法。卫星、雷达、影像等非接触式监测技术的出现为解决这些难题提供了选择,但其准确性、环境适应性仍有待提高,且无法实现洪灾实时监测,而无人机因其机动性、灵活性、安全性以及高分辨率的特点,在灾害监测中应用也越来越广泛。但针对突发性强、危害性大、时空分布广的流域超标准洪水,目前尚未建立完整的空—天—地多平台协同监测体系,在监测指标提取的智能化、实时性等方面亦亟待提高。

3.3.3 洪灾损失评估

流域超标准洪水易造成大范围受灾和次生灾害,目前洪灾直接经济损失评估的技术比较全面系统,而间接经济损失评估和非经济损失方面的研究较少。从总体上来看,国内外尚未建立简单实用又能充分反映洪水风险系统特性的洪水灾害评估指标体系(包括输入考虑变量、输出风险指标),一些评估模型也存在计算量大、操作复杂、精度低、影响因素考虑不全等缺陷,难以精确快速定量评估洪水灾害。因此,利用先进的洪水灾害监测技术,获得准确的洪水空间分布信息及动态变化,建立和利用多尺度洪灾评估指标体系,进行洪灾多尺度动态监测与评估,完善流域超标准洪水灾害评估理论体系,综合考虑流域、区域、局部不同空间尺度,以及近期、远期不同时间尺度的洪水风险因素,提出系统的流域超标准洪水灾害评估方法,建立多尺度多防洪工程调度运用情景下洪水灾害影响模拟模型,开展流域超标准洪水实时动态快速评估研究,大幅提高流域超标准洪水灾害评估的精度、速度,拓展洪水风险因素,达到实用化目标,具有重要的理论研究和应用实践意义。

3.4　流域超标准洪水调度与风险调控

近些年,受全球气候变化与人类活动等因素影响,极端暴雨事件频发,发生流域性超标准洪水的概率增大,流域作为国家水安全的基本单元,保障其防洪安全,事关国家安全的全局。防洪工程体系运用作为防御超标准洪水的主要手段,相比于标准内洪水,超标准洪水防御面临诸多挑战。一是超标准洪水样本稀少,地区组成量化难,现有方法无法为工程调控提供较好的数据支撑;二是下垫面条件、损失构成以及洪水产汇流特性发生改变,超标准洪水风险特性发生变化,亟须系统辨识;三是超标准洪水防御涉及工程规模庞大,现有模型难以有效支撑;四是超标准洪水调控在态势预判和效果评估能力方面仍较为薄弱。需要重点围绕超标准洪水样本生成、大规模防洪工程群组集群调度、流域防洪压力传导,以及风险演化评估、方案智能优选决策等方面进行研究。

3.4.1　洪水模拟

研究流域超标准洪水应对时,开展工程联合超标准调度运用方法方案、洪水分级响应等研究都需要大洪水样本。一般而言,流域性大洪水历史记录较少,为解决这一基础问题,需要开展洪水模拟研究,厘清流域洪水组成规律,模拟提出所需要的洪水样本。

洪水模拟是指根据历史洪水观测资料的统计规律,通过模拟获得大量洪水的方法。模拟得到的洪水与实测洪水具有相同或较为接近的统计参数,可用于调洪演算,进一步确定防洪工程规模、制定防洪调度策略等。因此,洪水模拟对防洪规划、风险决策等具有十分重要的意义。国内外已有诸多学者对此进行了深入研究,成果较为丰硕。目前,常用的研究方法可归纳为物理成因法和随机模拟法两大类。

(1)物理成因法

物理成因法的基本思想是分析前期影响洪水变化规律的因子特征,建立起与水文要素的定量关系,并采用物理成因法基于物理机制的水文模型进行洪水序列模拟。在此理论框架下,不同学者从不同角度对洪水进行了模拟研究。

(2)随机模拟法

随机模拟法的基本思路是应用数理统计、概率论等原理和方法,以水文历史资料为输入,建立可反映模拟对象与影响因子统计规律或关系的数学模型,实现洪水随机模拟目的。随机模拟法的核心问题之一在于影响因子的选取,视因子类别的个数可将其做进一步分类:一类统称为"单因子模拟法",即通过挖掘水文要素自身的历史演变规律进行随机模拟。

从整体上来看,由于洪水过程的随机性和其影响因子的复杂性,物理成因法在揭露其物理机理方面仍需要继续努力探索,因而对其物理成因的定量描述仍存在一定难度,同时该类方法依赖于多种类型的数据资料,推广应用存在一定难度。随机模拟法简洁清晰,具有较强的适用性,关键技术在于影响因子及其数量的确定,同时对历史数据的时间性、相关性和可靠性有着较高的要求。

3.4.2 防洪工程联合调度

流域覆盖地域广,水系组成复杂,经过多年建设,基本上构建了水库、分蓄(滞)洪区、堤防和排涝泵站等流域防洪工程体系。随着防洪工程建设规模的不断扩大和完善,防洪调度技术经历了由单项工程调度到多项工程联合调度、由单目标调度到多目标协调调度的简单到复杂的演化过程。在早中期主要是针对模型与算法,侧重于调度理论的研究,且着力解决标准洪水的调度运用,对超标准洪水调度研究较少。随着人们对洪水特性认识的不断深入、相关领域新理论与方法的不断出现,以及计算机技术和信息技术的发展,前期研究所关注的模型计算速度、耗用内存大小等问题已变成次要矛盾。现阶段水工程防洪调度技术的研究正在由"方法导向"向"问题导向""需求导向"转移,对成果的可操作性与实用性的要求越来越高。

洪水调度与风险调控是流域超标准洪水灾害风险管理理论及技术的重要组成,但目前实测流域超标准洪水较少,实时调度层面,受预报及风险评估等不确定性影响,多种工程联合调度及非工程措施联合应用下的风险调控技术有待提高,现有方法和技术难以满足超标准洪水调度应对及防灾减灾需求。以往防洪调度手段多以流域模拟基础上进行"经验+分析"调度为主,与防洪精准智能调度新要求、防洪保安降风险减损失新期盼存在不相适应的地方。目前,数据挖掘、机器学习、人工智能等信息化技术的迅猛发展,为提升防洪调度智能化程度提供了有力支撑,也对进一步提升防洪智能决策支持水平提供了可能。

为充分发挥防洪工程体系效益,以长江为例的流域管理机构、大型水电公司等近年来组织各方开展了大量水工程联合调度研究,并编制了流域水工程联合调度方案和标准体系,基本实现了对流域洪水的科学调度和有效管理,明晰了防洪工程在大体系中扮演的角色和作用,并发展了多工程联合调度耦合模型构建理论。但是,尚未对多种工程类别的联合调度规则进行有机集成或建立知识图谱,在实时动态协调防洪工程体系的拦、分、蓄、排能力上,缺乏系统调度联动性,亟须进一步提升调度方案信息化、规则化技术和能力。此外,工程调控为流域超标准洪水灾害演变提供了缓冲区,但洪水风险依然存在,标准内洪水的防洪调度规则较为完善,衍生灾害相对可控,而流域超标准洪水已超过流域安全防控设计标准,给流域防洪安全带来巨大压力,调度目标已从尽可能降低河道水位转变为尽可能降低流域洪灾影响程度。由于受灾区的地域性和重要性存在差异,相同分洪量在不同受灾区造成的洪灾损失具有显著区别,结合洪水发生、发展、致灾、消退等不同阶段演变规律,充分利用防洪工程超标准运用防御潜力,根据灾害实时评估结果开展风险调控,权衡"保与弃"的利弊关系,是减少超标准洪水灾害影响的重要内容。

基于上述认识,为了更加科学合理地处理超标准洪水风险调控问题,亟待根据水工程［包括水库、分蓄(滞)洪区等工程措施］实时调度的特点,研究可均衡考虑多个目标、多个工程种类组合的联合调度技术,实现超标准洪水科学调控。

3.4.3 风险调控

水工程调度是洪水风险管理的重要手段,调度运用得当将发挥降低防洪风险、减小洪灾损失的功效,但是防洪工程体系一旦发生失效,将对流域洪水风险的大小和传递产生显著影响。目前,已有相关研究主要体现在其调度运用和失效模拟两个方面,前者通常以剩余防洪能力最大或灾害损失最小等为优化目标,建立水工程联合调度数学模型并求解;后者主要在防洪建筑物风险率评估的基础上,考虑防洪体系内不同建筑物之间的相互作用关系,进行概率集合,建立系统风险率评估模型。

关于防洪建筑物失效模拟的相关研究已比较成熟,主要是对大坝、堤防等防洪工程失事模式进行分析计算,如引入结构系统可靠性理论对防洪工程系统风险进行评估,应用蒙特卡罗法模拟洪水过程进行风险评估等。现有流域水工程联合调度运用方案和计划则主要针对标准内洪水,对超标准洪水的联合调度方式仍有待细化。超标准洪水一旦发生,根据洪水发展程度,水利工程防洪运用可能达到其任务或能力上限,各种紧急防护和临时救援措施随时可能失效,灾害的发展将不可抗拒,应充分发挥各类工程防洪能力,在保证工程安全的前提下适当开展超标准防洪调度,尽可能减小洪灾损失。目前,相关研究主要关注水库溃坝洪水计算及风险评估,关于水库、堤防、分蓄(滞)洪区等水工程针对超标准洪水的超标准运用方法或联合调度方式的研究较少。超标准防洪调度必然涉及水工程防洪压力与洪灾损失和洪水风险的权衡取舍,需要研究提出一种能根据洪水调度风险和效果引导调整水工程联合调度方式的优化方法。

3.4.4 智能优选

由于流域超标准洪水风险调控方案影响范围大,影响因素多,时间方面具有累积效应,需要从流域层面构建综合评价指标体系,形成科学的调控与效果互馈关系,以改善流域超标准洪水风险调控方案评价的适应能力。目前,以往水库(群)系统调度决策方案多针对风险效益评价指标的计算方法研究,风险与效益评价指标体系构建的研究还不够完整。实时调度中,防洪工程体系方案比选从本质上来讲是一个多目标、多属性、多轮次的决策过程,而由于各调度目标和价值函数之间相互影响制约以及不可公度,专家意见难以量化,无法形成客观的调度优化决策结果,导致决策过程带有较强的主观性;此外,传统决策方法处理此类问题时难以挖掘历史方案中自身所传递的信息,决策的智慧能力不足,难以吸收历史调度方案合理可借鉴的地方。基于上述认识,为了更加科学合理地处理流域超标准洪水风险调控及实时调度决策与方案优选问题,亟待根据水工程[包括水库、分蓄(滞)洪区等工程措施]实时调度方案优选过程的特点,研究可均衡考虑多个目标、多个工程种类组合的联合调度方案多属性决策方法,实现流域超标准洪水调控实时调度风险调控和方案的评价优选。

综上所述,立足于防洪工程体现防御能力范围内可实施超标准运用,围绕流域超标准洪水调度与风险调控开展技术攻关研究,对减轻洪水灾害影响,支撑流域超标准洪水调度决策具有重要的技术价值和科学意义。

3.5 流域超标准洪水调度决策支持

防洪决策支持系统是防洪非工程措施的重要组成部分。国际上已形成较多成熟的商业软件(如丹麦 MIKE+、荷兰 Delft-FEWS、英国 ICMLIVE、美国 Riverware 等)并在多个流域成功运用;我国各大流域、各省市相继开展了防汛决策支持系统的研究和开发工作,取得了一些实用性与先进性较好的成果,并通过国家防汛抗旱指挥系统一、二期工程的建设,防洪决策支持系统在水利部、流域机构、各省市防御部门都有较为完整的建设和应用。但是,这些系统业务多针对标准内洪水,缺少应对超标准洪水的关键技术和功能模块,如大洪水监测难和不足、临时溃口影响洪水预报精度、缺乏防洪工程超标准调度运用规则、缺乏超标准洪水发生时需要多种尺度灾害实时分析比较、缺少调度效果和风险互馈的智能调度模型等。此外,超标准洪水情景下事件决策任务不确定性高,当前应用系统多为定制化开发,无法应对超标准洪水发生时各种变化场景[如启用洲滩民垸、分蓄(滞)洪区等计算]决策的敏捷响应需求。而国外系统需要大量数据作为支持,且系统模拟计算功能不能针对国内流域需要(如开展大量水工程调度模拟等)进行修改,其专业模型或模块一般较难直接应用于国内各流域的具体应用环境,适用性较差,无法有效支撑超标准洪水调控业务计算需求;同时,因其产品体系高度封闭,无法在我国流域管理机构开展快速集成和调用。

综上所述,目前无论是国际通用模型软件还是我国已建洪水调度决策系统,尚不能满足变化环境下流域超标准洪水综合应对需求,亟须突破流域超标准洪水综合应对理论障碍及技术瓶颈,研发具有自主知识产权、适配性强的流域超标准洪水调度决策支持系统,从研发响应技术模型模块、规范标准、模型管理、动态业务敏捷响应、决策会商动态配置等多个层次和角度出发,在整合集成精细预报及模拟、水工程智能调度及风险调控、防洪避险转移辅助服务等技术攻关成果的基础上,建设通用性产品化的流域超标准洪水决策支持系统,实现流域超标准洪水决策模型与服务集成,为流域超标准洪水决策支持提供嵌入式或全面替代的技术解决方案。

根据以上分析,结合流域超标准洪水实时应对技术需求,以国家防汛抗旱指挥系统的功能和水平为参考,总结了国内外当前防洪调决策支持系统在以下几个方面的研究和应用情况。

3.5.1 大规模多类型水工程的联合调度能力

国际上的决策支持系统在流域水工程防洪联合调度方面,尚未形成覆盖大规模复杂水工程的联合调度、规则建立、智能驱动、优化调控等功能,我国防洪决策支持系统在这方面的理念相对较为先进。但是,以代表国家水平的防汛抗旱指挥系统为例,目前防洪系统功能整体侧重于预报业务,调度相关功能相对较为薄弱,主要实现了针对单一水库洪水过程的水量平衡调节基本功能。而面向百余个水库、分蓄(滞)洪区、水闸、堤防、泵站等大规模、多类型水工程群的联合调度问题,尚缺乏足够的支撑手段。一方面是调度方式和目标较为单一,当前主要支持基于调度规则的常规调度,缺乏基于给定目标控制的优化调控;另一方面是调度体系较为单薄,当前主要以单节点水库的调度为主,侧重于耦合预报应用支撑流域的上下游、干支流水力联系衔接,未将现有防洪体系整体纳入调度体系,无法支撑联合调度;此外,对防洪工程的超标准调度运用尚未形成方案,因此也未纳入目前少数可实施调度模拟的调度规则中。总体而言,目前系统在反映水工程超标准运用联合调度方面技术极为薄弱,亟须提升改进。

3.5.2 功能模块的扩展移植和普适性能力

目前系统的功能体系虽然进行了较为细粒度的模块化解耦,但是大部分功能模块都存在不同程度的定制开发,整体较为固化,在不修改代码程序的前提下,难以扩展水工程对象节点规模,更难直接移植到其他流域或地区进行应用,系统功能的扩展能力、可移植性和普适性不足,无法支撑新建水工程对象的快速接入,也不利于系统建设成果的推广应用。

3.5.3 变化环境下不确定性计算需求的动态响应能力

在现有系统中,各功能模块的节点对象范围、业务流程和计算体系都是相对固定的,对于一般性的常规预报调度业务而言,基本满足计算分析需求。但在实际防汛调度中,当发生超标准洪水时,业务应用场景往往会随着环境变化而发生改变。例如,当水库入库洪水未超过设计标准,水库水位控制到位,剩余防洪库容充足时,只需要正常开展洪水调度即可;但若遭遇超标准洪水影响或特殊补偿调节需求时,水库的洪水调节计算水位偏高,存在库区淹没风险,此时就需要继续开展库区回水计算;若河道洪水因漫堤、溃堤而导致淹没时,更需要针对局部区域开展二维水动力淹没模拟及动态评估灾害损失。此类变化环境下的不确定性计算需求,就要求系统功能具备足够的弹性和动态响应能力,常规调度场景下非必要功能可不参与计算,但在特殊场景下,系统应能根据需求启用或快速建立对应的非常规功能进行拓展计算和模拟分析,并能与常规计算的数据成果自动进行衔接。这种快速反映物理世界变化的技术也叫作数字孪生技术,目前正在我国工业、城市、水利等行业兴起研发和应用高潮,但尚未出现真正能用、好用的技术或产品。

3.5.4 基于调度评估反馈的风险调控能力

现有预报调度功能对于常规洪水的"预报计算—调度模拟—评估分析—方案比选"流程,已建立了较为成熟的单链条业务体系,但缺乏针对调度方案的自动反馈修正机制,以及针对超标准洪水的风险调控能力。对一般性洪水而言,各水工程按防洪调度规程运行,基本能够安全应对,因此水工程调度经方案比选后即可会商确定最终的调度方案。但对于超标准洪水或特大洪水而言,按常规调度规程生成的调度方案基本无法满足防汛需求,尤其是必然成灾时,在单次的方案比选环节难以形成最终的调度方案。此时,必须综合考虑洪水灾害可能造成的各类潜在损失因素和防洪效果,建立科学的调度方案量化评估指标体系和风险指标体系,在多方案比选环节进行各方案的全要素量化评估分析,并基于调度效果评估和风险分析结果,对现有调度方案进行动态反馈,自动推荐修正调整建议,智能生成新的调度方案,供决策人员参考。这就要求系统具备丰富的调度评估反馈及风险调控能力。

3.5.5 面向应急避险转移的决策辅助能力

当洪水灾害不可避免时,必须提前安排受灾区域的民众进行应急避险转移,现有系统尚未建设相关功能,缺乏面向应急避险转移的决策辅助能力。有必要针对分洪区(受灾区)建立人群分布热力图、人员应急避险、转移安置过程及效果等动态模拟场景,并以图层方式在系统中预置应急避险方案数据,包括安置区、安全台、避水楼、外传撤离出口、分洪闸门、危险区划、疏散应急道路、路线等。在决策人员下达应急避险通知后,系统可实时跟踪人员的应急避险转移动态过程,为应急处置过程跟踪提供直观高效的辅助措施。

3.6 流域超标准洪水综合应对措施体系

风险管理是现代防洪的重要理论依据,也是流域超标准洪水综合应对需要遵循的原则,在世界各地广泛应用,除各项调度及调控技术体系外,还需要应急预案等风险管理保障机制,才能对洪水实施有效风险管理。荷兰、英国、瑞士等发达国家开展了大量的防洪风险管理研究,建立了较为完善的防洪风险管理应急预案和保障机制;我国在标准洪水上风险管理应对措施相对完善,但在应对复杂多变、多角色协调的流域超标准洪水综合应对措施的相关研究较少,防洪工程体系联合运用防御超标准洪水的调度方案操作性不强,避险手段落后,协同联动机制不健全、风险管理保障体系不够完善。基于"补短板"思路,现有流域超标准洪水应对措施主要存在以下5大难题。

3.6.1 流域超标准洪水定义、划分及应对缺乏精准性和针对性

在各大流域防汛抗旱应急预案中,当发生流域超标准洪水时均划分为Ⅰ级应急响应,如《长江流域防汛抗旱应急预案》对长江流域荆江河段超标准洪水划分表述为:

4.2 Ⅰ级应急响应

4.2.1 Ⅰ级响应的判别

出现下列情况之一者,为Ⅰ级响应:

(1)长江流域发生特大洪水,长江干流主要控制站水位达到或超过保证水位;

(2)三峡水库入库流量达到83700m³/s;

(3)流域内两条及以上重要一级支流发生特大洪水或主要控制站水位超过保证水位;

(4)长江干流1级、2级堤防发生决口;

(5)流域内大型或重点中型水库发生垮坝;

(6)流域内两个及以上省(自治区、直辖市)发生特大干旱;

(7)流域内两座及以上大型城市发生特大干旱;

(8)长江干流或流域内3条及以上跨省际主要支流实施水量应急调度;

(9)其他需要启动Ⅰ级响应的情况。

4.2.2 Ⅰ级响应行动

(1)长江防汛抗旱总指挥部(以下简称"长江防总")总指挥或常务副总指挥主持会商,长江防总成员参加。视情况启动国务院批准的长江防御洪水方案、长江水量应急调度方案。作出防汛抗旱应急工作部署,加强工作指导。按照权限调度水利、防洪和抗旱工程。向国家防汛抗旱总指挥部(以下简称"国家防总")提出调度实施方案的建议,为国家防总提供调度参谋意见。向受影响省市防汛抗旱指挥机构发出落实调度实施方案应采取相应措施的具体要求。在2h内将情况上报国家防总并通报长江防总成员单位。在24h内派工作组、专家组赴一线指导地方抗洪抢险、抗旱救灾。

(2)长江防总办公室密切监视汛情、工情、旱情、灾情的变化发展,领导参加带班并增加值班人员,加强值班、会商,每天发布汛情抗旱通报,通报汛情、旱情及防汛抗旱工作情况。根据汛情、旱情、灾情的发展,及时提出应急处理意见,供长江防总领导决策。

(3)流域内相关省市的防汛抗旱指挥机构启动Ⅰ级响应,可依法宣布本地区进入紧急防汛、抗旱期,按照国家的相关法规,行使权力。同时,增加值班人员,加强值班,由防汛抗旱指挥机构主要领导主持会商,动员部署防汛抗旱工作;按照权限调度水利、防洪工程;根据预案转移危险地区群众,组织巡查、布防、及时控制险情。受灾地区的各级防汛抗旱指挥机构和成员单位负责人,应按照职责到分管的区域组织指挥防汛抗旱工作,或驻点帮助重灾区做好防汛抗旱工作。

从上述表述可知,要判断洪水是否超标准,需要提前知道洪峰、洪量、洪水重现期等信息,特别是长江中下游干流一次洪水历时较长,判断洪量是否超标准需要知道 15～30d 的洪量。但是,受预报精度不确定性及预见期限制,一般情况下无法提前预判本场洪水是否为流域超标准洪水;由于超标准洪水洪峰、洪峰洪量上限预判的不确定性,对应的防洪应急响应措施缺乏足够的针对性。由此可知,在实时响应中,一方面对流域水库、分蓄(滞)洪区、堤防等防洪工程的运用范围、运用程度、运用时机等存在预判的不确定性,相应防洪工程体系联合运用调度方案缺乏可操作性;另一方面由于在灾情范围、人口转移范围等方面预判的不确定性,使得应急避险等非工程措施的高效性和精准性受到一定限制。基于此,亟须从流域防洪能力和防御标准出发,综合考虑流域防洪工程体系实际防御能力和洪水地区组成情况,研究对应防洪工程体现不同阶段防御能力的流域超标准洪水量化分级方式,使流域防洪工程体系运用和非工程措施体系组合应对方式具有更强的协调性和针对性,以提高防汛应急预案的精准性,提高防洪工程体系联合运用调度方案的可操作性、安全性,保证防汛抢险及救灾工作高效有序进行,最大限度地减少流域超标准洪水情况下人员伤亡和财产损失,支撑流域经济社会全面、协调、可持续发展。

3.6.2 流域超标准洪水条件下工程应急运用能力亟待挖潜

分蓄(滞)洪区目前大部分水工程特别是堤防、水库工程、分蓄(滞)洪区等工程调度方案主要针对保护对象标准洪水的调度,在超标准洪水条件下水工程调度运用方案仍需进一步完善研究,尤其是分蓄(滞)洪区、洲滩民垸等重要防洪工程,其建设目标是为避免或减轻遭遇超标准洪水时造成的重大灾害,如何科学利用流域多类型防洪工程体系联合调度,特别是如何提高各工程及防洪工程体系防洪潜力等方面研究仍较为薄弱,亟待研究。

在我国各大流域的洪水调度方案中,超标准洪水应对时都有提高工程运用标准的实际需求,如"视情适当挖掘堤防超高防洪作用,利用河道强迫行洪,必要时采取抢筑子堤等应急措施"(松花江洪水调度方案)、"适当利用堤防超高强迫行洪"(淮河洪水调度方案)、"城陵矶运行水位可抬高到 34.90m 运行"(长江洪水调度方案)等。在实际调度中,也存在防洪工程超标准运用的案例,如 1998 年洪水沙市站最高水位达到了 45.22m,超过了保证水位(45.00m),达到了分蓄(滞)洪区启用标准,但政府仍未下决心运用荆江分蓄洪区分洪,全长135km 的洪湖长江干堤有 43km 靠子堤挡水,为防止风浪引起的漫顶,全线抢筑子堤,最终成功抵御了 1998 年洪水。实时应对时,工程防御能力及洪水发展是个动态变化过程,如何在实时调度中超标准应用各项防洪工程,包括堤防、水库、分蓄(滞)洪区等实施超标准应用,是超标准洪水应对的关键措施。

对于水库而言,由于在编制水库防洪调度规程时一般采用最不利的水情外包线确定各项指标,这给实际调度留下一定裕度,因此在超标准洪水发生时,如何结合预报,科学利用水库的调洪库容,以减少流域整体洪灾损失,需要开展深入研究。

对于堤防而言,1998 年大水后,大江大河的堤防已经普遍达标,具有短时间超标准运用的潜力,但是防洪工程超标准运用必然会带来一定的风险,有必要对抬高堤防运用标准产生的效益与风险开展研究,以支持防汛决策。因此,超标准洪水条件下如何科学利用流域防洪工程体系防洪潜力亟待研究。

对于一旦运用即产生损失的洲滩民垸、分蓄(滞)洪区而言,其重点是应对流域超标准洪水,特别是在遭遇超标准洪水导致水库、堤防等一般性工程防洪能力消耗殆尽或者作用有限时,需要逐步开启滩民垸、分蓄(滞)洪区减轻流域整体防洪压力。随着分蓄(滞)洪区内经济社会的发展,启用洲滩民垸、分蓄(滞)洪区的难度越来越大,对提高堤防工程、水库运用潜力的期望越来越高,因此如何在风险可控、工程安全可控的前提下,尽可能运用堤防和上游水库行洪拦洪,减小分蓄(滞)洪区的运用概率,以及如何运用蓄滞洪区超蓄发挥更大的防洪效益等方面,仍然需要开展大量研究。

3.6.3 防洪应急避险技术亟待升级

应急避险转移是流域应对超标准洪水的重要非工程措施。防洪应急避险具有较强的时代特征,我国传统意义上通过敲锣、广播等方式进行预警和疏导转移,与不断涌现的新一代信息技术相比,现有科技储备不足,如对变化环境下超标准洪水风险进行快速预判等基础理论及技术停留在研究和规划层面,受数据、计算方式等限制,在实时洪水风险管理中应用较少;对风险人群精准识别与实时预警、避险转移方案优化等关键技术的认知还不太深入,应急避险科技支撑能力尚需提升。

目前,我国编制了各大流域防御洪水方案、干支流洪水调度方案,国家、流域、省、市、县级防汛应急预案,分蓄(滞)洪区运用应急预案、防御山洪灾害预案等专项预案,以及水利工程防洪调度预案、防御超标准洪水预案、江心洲人员撤退预案、重点防洪城市应急预案、水库防汛抢险应急预案等区域预案,防洪保护区、分蓄(滞)洪区、洪泛区、中小河流、城市等重点地区洪水风险图。2020 年,各流域编制了超标准洪水防御预案。在经常遭受洪水威胁的区域,防洪应急避险一般依据上述方案、预案、风险图识别洪水风险区域,制定应急避险方案,如分蓄(滞)洪区运用预案。对于上述已有相对成熟可操作预案的区域,在实际运用过程中,存在预案应用条件(如转移预留时间不足、分洪设施设备老旧、安置房屋不够等)问题,影响分洪和安置效果;对于超标准洪水可能涉及的多数防洪保护区等没有预案的区域,遭受洪水威胁时,应急转移可能存在无序行为及效果不佳等情形,这将延长防汛决策执行时间,增加防洪风险。

传统应急避险技术主要存在风险预警预判能力弱、人群动态信息掌握不全、避险转移技术支撑能力差等"卡脖子"技术问题,难以适应新形势下避洪转移人流物流大、转移交通工具海量增长、超标准洪水精准管理的新情况,无法满足超标准洪水条件下分洪溃口位置不确定性、撤离路径动态寻优、安置方案动态调整、转移人口实时反馈驱动的要求,难以满足新时代应急避险实时精准管理的新要求。

3.6.4 防洪应急管理机制与长效风险管理体系亟须完善

防洪风险管理是流域超标准洪水应对的重要举措,其中,应急管理解决的是洪水发生当前的问题,见效快,但效果的持续性短,主要是实时被动应对;风险管理保障体系解决的是长远的问题,对防洪减灾具有主动性,效果持续性强,但投入较大且很难即时见效。2018年实施水工程调度与应急"大部制"机构改革后,对防洪在应急管理和洪水防御各方面存在跨部委(门)协同,通过近几年的磨合,基本建立了分工较为明确的协同管理机制,但是仍然存在如流域水工程跨区协同联调机制不健全等需要进一步提升的地方。因此,完善应急管理机制,健全洪灾风险管理保障体系,将应急协同管理与长效风险管理机制有机结合,是实现防洪减灾常态化与高效化风险管理的需要,亦是流域超标准洪水应急管理的研究重点。

我国流域防御洪水方案和洪水调度方案中,均考虑制定了超标准洪水调度和应急预案,但是如3.6.1节所述,这些预案存在可操作性不强、风险调控不够精准等问题,需要从技术和规范标准层面入手,系统提出更为精细、涵盖应对全过程和针对性强的预案编制方法和应急响应对策措施,特别是水库和分蓄(滞)洪区等水工程如何应用风险动态评估对洪水进行调控的原则和方式,为流域超标准洪水防御预案的制定和实施工作提供技术支持。此外,如何在目前机构改革背景下提升防汛抗旱指挥系统决策支持能力、健全洪灾应急分布式管理体系,也是流域超标准洪水应急管理需要重点研究的问题。

超标准洪水风险管理保障体系一直未能进行系统建设,导致很多城乡居民对灾害认识不足,对洪涝灾害心存侥幸("郑州7•20事件"某种意义上也是部分干部群众对洪涝灾害认识不足导致的灾难性后果),同时,也导致减灾投入以政府投入为主,企业和个人投入少,市场机制作用有限;重灾后救济与重建、轻灾前防范与规划也是目前防洪风险管理面临的普遍问题。救灾方面,长期以来依靠国家救济,分蓄(滞)洪区应用补偿低、补偿难,市场机制与社会机制的作用未能得到有效发挥等;抗灾方面,主要依靠人海战术来抵抗重大洪涝灾害,现代科技和合理分散灾害风险的措施仍然采用得很不够,风险研判能力还亟待强化,洪水风险管理工作仍待改进和完善,风险调控能力还亟待提升。

同时洪水巨灾保险工作对洪灾灾后重建有着重要的推动与保障作用,2018年全球灾害造成的总经济损失估计为1550亿美元,其中自然灾害损失1460亿美元,人为灾害损失90亿美元。在经济损失总额中,保险覆盖了790亿美元,占比超过50%,保险业对减轻巨灾风险做出了巨大贡献。目前,国内外巨灾保险模式主要分为市场主导型(英国)、政府主导型(美国)和协作型(日本)3种,不同模式各有优劣,需要结合自身社会环境进行优化选择。相比于世界很多国家较为成熟的巨灾保险政策,我国目前还处于巨灾保险试点阶段,尚未形成较为完善的巨灾保险体系,无法达到风险有效分散的目标。

因此,有必要建立严格的洪水风险管理制度,通过加强法律、法规等制度建设,规范人类活动,主动规避洪水风险。此外,还需加强洪涝灾害社会化管理、提高社会公众的防洪参与意识,建立行蓄洪补偿机制、洪水保险体制,寻求风险转移和利益补偿的平衡。

3.6.5 流域超标准洪水综合应对措施体系亟待完善

我国七大流域均存在中下游人口密集、发展变化迅速,洪水受水利工程调度应用影响大,超标准洪水应对问题突出的特点,在极端天气条件下,现有理论和技术难以满足在实时监测、预报预警、灾害评估、风险调控与综合应急等方面需求,流域超标准洪水防御难点见图 3.6-1,面临技术亟须提升和措施体系亟待完善等重大挑战。突出表现为防洪工程体系联合运用防御超标准洪水的调度方案操作性不强(什么情况下怎么调度,如何发挥防洪体系整体减灾作用,标准内洪水与超标准洪水应对如何衔接,超标准洪水与标准内洪水应对的差别见表 3.6-2)、应急避险手段落后(基于疫情应对经验可使用大数据技术)等。同时,各流域超标准洪水的特点(自然属性)、社会经济特点(社会属性)及其应对特点(工程属性)差异较大,超标准洪水应对技术及政策挑战既有共性也有个性。因此,亟须凝练不同流域超标准洪水的特性与共性,厘清变化环境对这些大洪水的影响,解决变化环境影响下涵盖流域超标准洪水实时应对全过程,即"监测—预报—预警—风险调控—应急处置及响应"各环节关键技术难题,提出包括应急响应及风险管理等流域超标准洪水综合应对措施体系,为不同流域、多种防洪工程组合情况下应对流域超标准洪水提供技术指导。

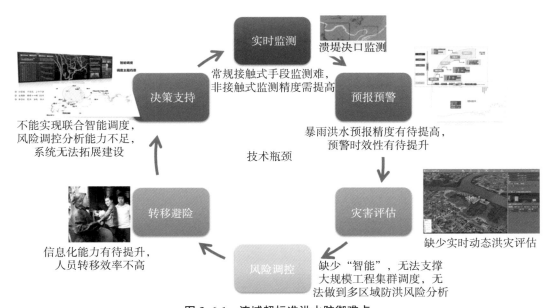

图 3.6-1 流域超标准洪水防御难点

表 3.6-2　　　　　　　　　　超标准洪水与标准内洪水应对的差别

超标准	多处重要河段超保证水位,洪水峰高量大,成灾大	高水位,水流快,泥沙含量高,难达、难测	分洪溃口漫溢难模拟预测,不确定性增加	红色以上指标不细,时效性不足	受灾范围不确定,基础灾情数据不足,需实时动态评估	工程需要挖潜运用;水库多拦、堤防抬高水位运行	尽量减小损失,协调区域间,防洪保护区守与弃的问题	被动溃决,预案不明确,人员转移时效性要求高	经济社会发展高要求＋机构改革,机制尚待建立
标准	洪水	监测	预报	预警	灾害评估	工程调度	风险调控	避险转移	响应机制
标准内	重要河段洪水在标准内,峰、量、灾均在控制范围内	常规接触式监测	河道内演进,模型参数稳定	蓝黄橙红参数明确,响应确定	洪水安排妥善,洪灾数据完备,洪灾可控可估	既定工程联合调度方案/规则	降低风险,减少损失,水位控制的差别,洪水按方案安排	按照方案分洪,按照转移预案有序转移,时效可控	按照明确的法律法规和职责要求开展工作

综上所述,已有研究尚不能满足我国变化环境下流域超标准洪水综合应对需求,亟须揭示变化环境下流域水文气象极端事件演变规律及超标准洪水致灾机理,突破流域超标准洪水监测、预报预警、灾害评估、风险调控与综合应对等关键技术瓶颈,研发具有自主知识产权的流域超标准洪水调度决策支持系统,提出流域超标准洪水综合应对理论基础、技术架构与标准体系,提升我国流域防洪减灾保障能力。

第4章 研究内容与方法

4.1 研究内容

围绕拟解决的 3 个科学问题及 5 项关键技术,采取多学科交叉、多手段结合,从基础研究、技术研发、策略研究及集成示范 4 个层次,设置 6 个课题开展研究。课题 1 是整个项目研究的理论基础,课题 2、3、4 是研发流域超标准洪水的监测、预报预警、调度模拟、灾害风险评估与风险调控技术,课题 5 是研发流域超标准洪水综合应急技术并提出综合应对措施体系,为课题 6 超标准洪水调度决策支持系统以及在典型流域开展应用示范提供技术支持。课题之间的逻辑关系见图 4.1-1。

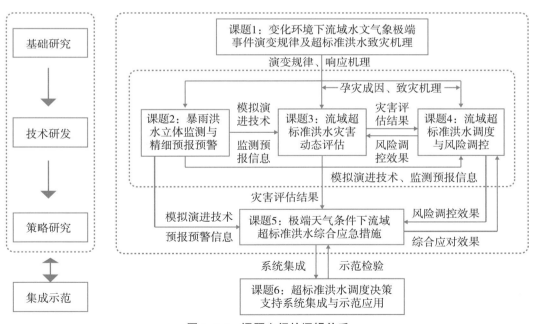

图 4.1-1 课题之间的逻辑关系

4.1.1 基础研究

课题1剖析流域极端降水事件时空变化规律及发展趋势,揭示流域极端暴雨洪水响应机理,研究气候变化与水利工程综合作用下流域超标准洪水演变规律,阐明流域超标准洪水孕灾成因与致灾机理,预测气候变化—人类活动联合驱动下流域超标准洪水的发展趋势,为科学应对流域超标准洪水提供理论基础。

4.1.2 技术研发

课题2研究"空—天—地—水"一体化、多源数据融合的超标准洪水监测技术,攻克极端洪水及分洪溃口"测不到、测不准"的难题;建立定量降雨预报模型,形成短中期无缝隙水文气象耦合预报体系,提高暴雨预报精度;建立堤防溃决物理数学模型,研究揭示超高超泄条件下堤防溃决形成与发展机理;研发气象水文水力学深度耦合、流域及关键节点相融合的超标准洪水预报预警技术,提出流域超标准洪水预判及触发应急响应的预警阈值,提升洪水预报水平,降低洪水预警不确定性。

课题3研究超标准洪水不同空间尺度灾害动态评估理论方法,利用基于遥感、雷达以及无人机等地面观测技术,构建"空—天—地—水"一体化洪灾实时立体监测技术体系,以此作为洪灾评估的输入及验证信息;应用数值模型技术构建不同空间尺度多防洪工程措施运用情景下洪灾影响模拟模型,建立面向超标准洪水演变全过程的时空态势图谱,研发超标准洪水灾害动态定量评估模型,实现超标准洪水灾害动态评估及实时校正,提升洪灾评估的准确性和时效性。

课题4通过研究多场景超标准洪水调控数据关系模型(结构模拟发生器),建立多位一体的复杂防洪工程体系联动响应调度模型,提出基于调控与效果互馈机制的洪水风险调控技术,提出流域超标准洪水多阶段、多目标综合调控方案评价方法及智能优选模型,形成基于灾害评估的流域超标准洪水风险综合调控技术体系。

4.1.3 策略研究

课题5依据超标准洪水特征,结合防洪工程体系包括河道、水库、分蓄(滞)洪区等最大蓄泄洪水能力,研判流域防洪安全裕度,提出流域超标准洪水应急响应等级划分方法,提出提高工程防洪运用标准的分级组合应急运用方式;研究基于人群属性的动态反馈驱动应急避险技术;研究提出超标准洪水应急管理机制及灾前精准预警、灾中高效应对与灾后快速评估的实时风险管理保障体系;针对预报→预警→调度→避险全过程,提出流域超标准洪水综合应对措施体系。

4.1.4　集成示范

课题 6 围绕超标准洪水决策业务学科交叉、数据结构复杂、模型计算要求高、不确定性、时效性强等特点，结合云计算、大数据等 IT 行业先进技术，研究集预报预警、精细模拟、灾情评估、风险调控和应急避险于一体的超标准洪水全业务流程敏捷响应技术，解决超标准洪水应对多场景、多目标、多对象的不同业务模块快速搭建技术难题；基于统一的技术架构，集成前置课题专业模型成果，解决信息技术与防洪决策业务深度融合难点问题；研发流域超标准洪水多场景协同调度决策支持和信息服务平台，实现与流域已有防汛抗旱指挥系统的集成与融合，嵌入式解决已有防汛抗旱指挥系统功能缺失或不足的问题，提升已有防汛指挥系统应对超标准洪水的综合能力。在不同气候类型和工程格局、洪水灾害频发、代表性较强的长江流域荆江河段、淮河沂沭泗流域、嫩江流域齐齐哈尔河段等典型流域开展示范应用，实现理论技术研究成果的落地转化。

4.2　技术路线

4.2.1　研究思路

以突破我国流域超标准洪水综合应对的关键科学理论障碍和支撑技术瓶颈、提升应对能力为总目标，以变化环境下流域超标准洪水立体监测—预报预警—洪水调度—灾害评估—风险调控—应急处置为主线，融合气象学、水文学、水力学、灾害学、信息学、运筹学等多学科理论与前沿技术，采用现场调研、实地查勘、野外观测、资料分析、理论推导、物模试验、数模计算、综合评估、技术集成、示范应用、咨询研讨等方法，采取理论与试验、物模与数模、技术集成与示范应用相结合的思路开展研究。

调研国内外在监测、预报、预警、调度、灾害风险评估与调控等理论及技术前沿；开展气候变化及水利工程影响下的超标准洪水演变规律及致灾机理研究，为超标准洪水应对提供理论基础；基于遥感遥测技术，研发堤防溃口洪水、洪灾实时监测技术，为超标准洪水应对提供数据支撑；构建暴雨数值预报、堤防溃漫洪水演进、多尺度洪灾评估、复杂工程体系调度、风险调控及方案智能优选等模型，为流域超标准洪水预报预警、调度、灾害评估及风险调控提供计算工具；研发强适配性集成关键技术模块的流域超标准洪水调度决策支持系统，并在典型流域示范应用，以检验和提升超标准洪水综合应对技术及措施体系效能。项目技术路线见图 4.2-1 和图 4.2-2。

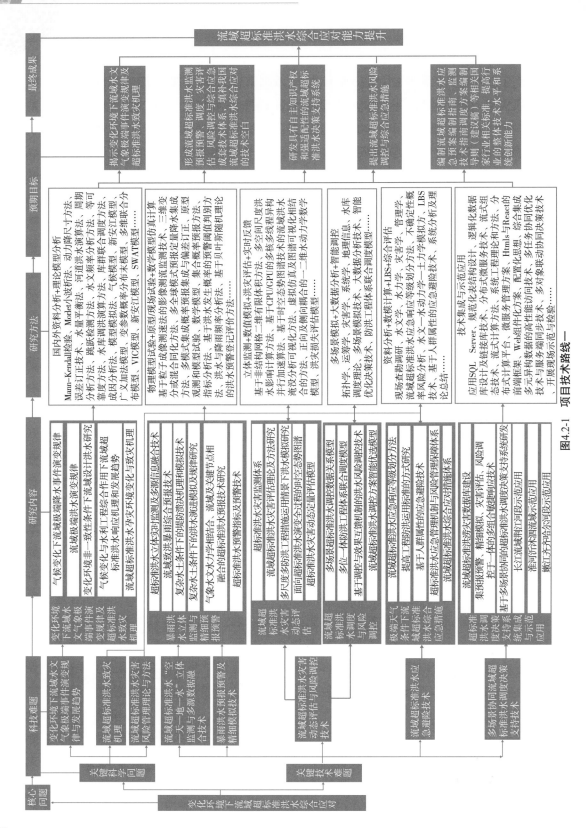

图4.2-1 项目技术路线一

图 4.2-2　项目技术路线二

4.2.2　研究方法

（1）变化环境下流域水文气象极端事件演变规律及超标准洪水致灾机理

针对超标准洪水演变规律及致灾机理认知不足问题，运用 Mann-Kendall 非参数检验、Morlet 小波析法和泊松回归等统计方法，分析流域极端降水事件强度和频次的时空特征，揭示流域极端降水事件时空变化规律；基于动力降尺度和误差订正相结合，预测流域未来极端降水事件发展趋势；采用水文非一致性诊断方法，揭示流域极端洪水的演变规律；采用流域水文模型和遥相关等方法，揭示变化环境下极端暴雨洪水响应机理；基于还原途径和等可靠度原则，解析非一致性条件下设计洪水变化特性；结合 Copula 函数理论，构建洪峰和洪量等多维水文极值变量的非一致性时变动态联合分布函数，揭示多维时空组合下流域超标准洪水概率特征；采用气象—水文耦合途径，预估极端洪水的演变趋势；基于灾害系统理论分析致灾因子、孕灾环境、承灾体的时空变化，提出超标准洪水的致灾机理。

（2）变化环境下流域超标准洪水监测及预报预警

针对变化环境下流域超标准洪水监测及预报预警关键技术问题，通过实验与比测，综合影像监测、雷达侧扫等非接触式监测技术，研发超标准洪水"空—天—地—水"一体化立体实时监测技术；利用机器学习及数据挖掘技术，提出基于规则自分析、自适应的多源信息融合方法，提升洪水监测要素收集传输速度和精度；采用物理试验与数学模型相结合的方式，研究堤防溃决形成与发展机理，研发堤防溃决模拟数学模型；构建基于复杂地形河道工况条件下的超标准洪水演进水文水动力学耦合模型；采用全球及区域数值天气预报模式，基于变分同化技术和云分析技术，建立流域 0～7d 无缝隙定量降水预报模型；构建气象—水文—水力学、流域关键节点相融合的超标准洪水预报模型；研究不同标准洪水下的预警指标阈值，提出流域超标准洪水发生情势下的预报、预判、触发响应的方法及机制。

（3）流域超标准洪水灾害动态评估

针对流域超标准洪水灾害动态评估关键技术问题，基于监测、模拟、评估及反馈研究思路，研发基于卫星、无人机和地面终端的协同洪灾监测技术，为洪灾评估提供多尺度、全过程的信息服务；耦合不同空间尺度多防洪措施联合运用情景洪水模拟，结合不同承灾体洪灾损失模型，实现流域超标准洪水灾害动态定量评估；并基于 GIS 和 VR 技术，构建洪水淹没及灾害演变全过程的时空态势图谱。

（4）流域超标准洪水调度与风险调控

针对流域超标准洪水调度与风险调控关键技术问题，运用多场景模拟和大数据分析技术，挖掘流域超标准洪水风险调控数据关系，构建洪灾数据关系模型，建立大洪水模拟发生器；以此为支撑，耦合拓扑学理论和水库调度理论，构建防洪工程体系联合调度模型；基于地理信息、灾害学、系统学等理论方法，提出超标准洪水风险调控技术；运用智能优化决策技术，实现对调度决策方案的智能排序和快速优选。

（5）极端天气条件下流域超标准洪水综合应急措施

针对极端天气条件下流域超标准洪水综合应急措施关键技术问题，采用水文、水力学方法，研究流域防洪安全裕度，提出流域超标准洪水应急响应等级划分方法；采用不确定性概率风险分析、水文—水动力学—土力学模拟、成本效益等方法，分析在超防洪控制水位运行条件下的工程安全及防洪潜力；利用 LBS 技术，结合洪水淹没演进特征，研发基于实时人群属性和热力图的应急避险融合技术；应用灾害学、管理学等理论，研究超标准洪水应急管理机制及实时风险管理保障体系；通过系统分析及理论总结，针对"预报→预警→调度→调控→避险"全过程需求，改进提出流域超标准洪水综合应急措施体系。

（6）流域超标准洪水调度决策支持系统集成与示范应用

针对流域超标准洪水调度决策支持系统集成与示范应用，采用微服务、流式组态、应用配置化架构、现场示范等方法，基于前述课题研制的专业模型，研发多组合敏捷响应技术，综合集成多元异构数据的高性能访问技术、多任务协同优化技术与服务端同步技术、多对象联动协同决策技术，建立多场景协同的超标准洪水调度决策支持系统，在长江流域荆江段、淮河沂沭泗流域、嫩江流域齐齐哈尔段等示范应用。

第 5 章　流域超标准洪水的定义及界定

目前,流域超标准洪水尚无明确定义。《防洪标准》(GB 50201—2014)、《城市防洪规划规范》(GB 51079—2016)、《城市防洪工程设计规范》(GB/T 50805—2012)、《水利水电工程等级划分及洪水标准》(SL 252—2017)、《洪水调度方案编制导则》(SL 596—2012)、《防洪规划编制规程》(SL 669—2014)、《江河流域规划编制规程》(SL 201—2015)、《水利工程水利计算规范》(SL 104—2015)等标准规范,以及国务院关于七大流域防御洪水方案、洪水调度方案等批复文件均未给出超标准洪水定义。本章将结合多年防汛实践经验及不同量级洪水条件下的灾害风险分布、防洪工程应急运用能力的分析,研究流域超标准洪水的内涵,重点回答标准洪水与超标准洪水的关系问题。

5.1　防洪标准、工程防洪能力与超标准洪水的关系

5.1.1　防洪标准与工程防洪能力

《水电工程设计洪水计算规范》(NB/T 35046—2014)中设计洪水指符合水电工程设计中各类建筑物防洪标准要求的洪水。根据《水利水电工程等级划分及洪水标准》(SL 252—2017),洪水标准指"为维护水工程建筑物自身安全所需要防御的洪水大小,一般以某一频率或重现期洪水表示,分为设计洪水标准和校核洪水标准"。洪水标准强调建筑物自身的防洪安全,在使用过程中应注意与强调防洪保护对象安全的"防洪标准"的概念相区别。

防洪保护区的防洪标准一般用洪水重现期表示,或用与之相应的河道防御水位或安全泄量表示,也有用典型洪水表述的。如长江中下游干流一些河段用 1954 年实际洪水作为设计洪水,各河段的重现期并不完全一致。在单纯的堤防工程条件下,常用河道防御水位(一般为保证水位)或流量表示防护保护区的防洪标准;对于由水库、堤防、分蓄(滞)洪区组成的防洪保护区,则宜以保护区河段的安全泄量表示其防洪标准,便于整个防洪系统的洪水演算,以综合确定防洪保护区的防洪标准和防洪工程的整体防洪能力。

经过多年建设,我国基本建立了工程措施与非工程措施相结合的防洪体系,有力保障了人民生命和财产安全,但从整体上看我国洪水风险威胁依然严重,侧面反映出防洪体系还存在明显短板。我国各大江大河防洪标准和防洪能力的关系存在以下两个现象:①防洪能力

可能小于防洪标准,即规划防洪标准未达标,还需实施工程补短板建设,这种现象在长江流域的汉江、嘉陵江、洞庭湖"四水"(湘江、资水、沅江、澧水)、鄱阳湖"五河"(赣江、抚河、信江、饶河、修水)等主要支流普遍存在;②防洪能力大于防洪标准,即流域防洪工程体系存在一定超标准运用的安全裕度(或防洪潜力),如长江流域荆江河段在满足100年一遇防洪标准的基础上,对遭遇类似1870年(约1000年一遇)洪水尚有可靠的措施,如采用上游水库库容超蓄运用、堤防超设计水位运行等措施,保证荆江左右两岸大堤不发生自然溃决,防止发生毁灭性灾害。因此,规划防洪标准与实际防洪能力并非是一一对应关系,在实时调度中需要重点关注防洪工程的薄弱环节,采取补短板措施,以满足防洪需求。

5.1.2　防洪保护区与防洪标准

《中华人民共和国防洪法》(2016年修订)第二十九条规定,"防洪保护区是指在防洪标准内受防洪工程设施保护的地区"。防洪标准特指被保护地区的防洪能力,如防御多少年一遇洪水或某种典型年的洪水,防洪保护区在防洪标准内一般不受洪水泛滥淹及。防洪保护区是受防洪工程保护的地区,其保护程度用保护区的防洪标准表示,由于一个保护区可能由防洪系统的全部、部分或单项工程所保护,同一保护区也会受到来自不同方向洪水的威胁,因此防洪保护区的防洪标准同工程本身的标准不一定完全一致。长江、黄河、淮河、海河、辽河、松花江、珠江、太湖等流域防洪保护区面积分别为11.10万 km²、14.91万 km²、15.75万 km²、12.36万 km²、3.4万 km²、6.5万 km²、1.51万 km²、2.37万 km²,七大江河流域防洪保护区面积合计65.53万 km²。

5.1.2.1　防洪保护区的防洪标准

防洪保护区的防洪标准应当是针对防洪系统而言的,并不单纯是堤防的标准。例如,荆江大堤保护区,在三峡水库建成后,荆江大堤可防御100年一遇大洪水;而在荆江分洪区运用条件下,大堤可防御1000年一遇洪水,或1870年大洪水,由此可见,随着不同防洪工程的投入运用,长江流域荆江河段的防洪标准可以不断变化。又如黄河下游大堤在考虑三门峡、小浪底、陆浑、故县等四大水库的调蓄条件下,防洪标准可达60年一遇;而当完成下游河道配套工程后,黄河下游大堤标准可达1000年一遇,相应的两岸受黄河大堤保护的保护区标准也就是相应条件下的大堤防洪标准。在部分江河流域,同一保护区受到不止一条堤防的保护,而不同堤防的标准又不一定相同。例如,黄河下游北堤保护区与海河支流保护区重叠;南堤保护区与淮河支流保护区重叠。特别是淮河下游里下河地区,更是受多条堤防保护。当保护区重叠时,其防洪标准应视具体情况而定。不能笼统地说因为淮北大堤防洪标准约40年一遇,而将淮北大堤保护区的标准也都定位为40年一遇。

5.1.2.2　防洪保护区防御洪水能力的不确定性

根据《水利水电工程等级划分及洪水标准》(SL 252—2017),"防洪工程中堤防永久性水工程建筑物的设计洪水标准,应根据其保护区内保护对象的防洪标准和经批准的流域、区域防洪规划综合研究确定,并应符合下列规定:保护区仅依靠堤防达到其防洪标准时,堤防永久性水工建筑物的洪水标准应根据保护区内防洪标准较高的保护对象的防洪标准确定。保护区依靠包括堤防在内的多项防洪工程组成的防洪体系达到其防洪标准时,堤防永久性水工建筑物的洪水标准应按经批准的流域、区域防洪规划中所承担的防洪任务确定。防洪工程中河道整治、蓄滞洪区围堤、蓄滞洪区内安全区堤防等永久性水工建筑物洪水标准,应根据经批准的流域、区域防洪规划的要求确定。"

在七大江河防洪规划中,尽管各防洪保护区都确定了防洪标准,但从实际情况来看,保护区内存在不同的洪水风险。

(1)保护区防洪标准的不确定性

按照国家《防洪标准》(GB 50201—2014)的定义,防洪标准是指防护对象防御洪水能力相应的洪水标准。众所周知,江河设计洪水,特别是大江大河干流设计洪水的确定就带有许多不确定性,因而给防洪保护区的防洪标准带来不确定性。

(2)保护区内存在不同的洪水风险

防洪标准确定后,同一防洪保护区的不同地区风险不同,因而存在洪水风险的分布。这是因为当出现相当于保护区标准的设计洪水时,保护区也可能有部分地区受淹,且因淹没程度的差异而有不同的风险。

(3)保护区受到多重保护时所产生的不同洪水风险

保护区的防洪标准应当根据多重河道堤防标准与各河洪水的相关性具体分析确定。但是目前在确定保护区防洪标准时并未考虑这种重叠保护区防洪标准的确定问题。因此,现在确定的保护区防洪标准在某些地区并不能确切地代表保护区的防洪能力。例如,在一个干流保护区内,往往有支流通过,支流堤防的标准一般都低于干流。因此,支流两岸保护区的标准自然低于干流保护区内其他地区的标准,从而产生干流保护区内支流保护区的洪水风险。

(4)保护区内不存在统一的安全度

保护区内的被保护对象,如城市、乡村、工矿企业、民用机场以及各类基础设施,一般都有各自的防洪标准,并不完全与保护区的标准一致。凡低于保护区标准的,都存在洪水风险,不能认为,只要位于堤防保护区内,处处都能达到堤防标准的安全度。

5.1.3 超标准洪水

《中国水利百科全书》(1991 年)、《全民防洪减灾手册》(1993 年)等指出"超标准洪水为超过防洪工程的设计标准或超过防洪工程体系的能力的洪水"。从防洪工程实际调度来看,该定义普适性不够,一方面防洪工程的设计标准仅针对工程本身的防洪安全,与针对防洪保护区的防洪标准不同,后者主要为防洪工程体系的联合运用要达到的防洪标准,因此超过防洪工程设计标准的洪水不一定是保护区的超标准洪水;另一方面防洪工程体系的能力与防洪标准不同,防洪工程体系不仅可控制常遇洪水,而且可以对超标准洪水有一定的应急对策,即工程安排时通常会留有一定的安全裕度,因此在防洪标准达标的情况下,超过防洪能力的洪水一定属于超标准洪水,但超标准洪水不一定超过防洪工程体系的防洪能力。

根据《水利部办公厅关于印发 2020 年度超标洪水防御工作方案的通知》(办防〔2020〕51号文),超标准洪水指超过江河湖库设防标准的洪水。综上分析,该说法也不完整,考虑防洪工程建设可能不达标的情况,从调度应对可操作性角度出发,超标准洪水应指超出现状防洪工程体系[包括水库、堤防、分蓄(滞)洪区等在内]设防标准的洪水。同时,因为河道淤积、围堤不达标,造成行洪能力、蓄滞洪容积等与规划设计标准差别较大的,按照实际工况考虑。一般而言,水库、分蓄(滞)洪区等工程按照规则正常调度运用后,某控制节点仍然超过堤防保证水位的,可视为该节点的超标准洪水。

5.2 防洪工程超标准运用能力与运用风险

5.2.1 防洪工程超标准运用能力界定

以防洪工程体系任务安排及流域防洪控制断面保证水位(或安全泄量)为基础,按照防洪保护对象防御要求分析计算防洪工程超标准运用能力,包括防洪工程体系和单项防洪工程超标准运用能力。图 5.2-1 展示了防洪工程体系联合调度运用后长江流域荆江河段能达到的防洪标准,可表征这些工程体系联合运用可达到的能力,但尚未包括防洪工程体系超标准运用后的能力。防洪工程体系超标准运用能力指防洪工程体系实施超标准联合调度运用后相对流域设计防洪标准可提升的空间,相应地,防洪工程调度超标准运用能力指防洪工程在超过设计标准运行后可安全运用的空间。

超过防洪工程设计防洪标准的调度或运用方式主要包括堤防超设计水位挡水、水库水位超防洪高水位运行或超出设计防洪任务的库容调度运用、分蓄(滞)洪区超设计蓄洪容积进洪或分蓄(滞)洪区运用次序调整等。考虑各类工程设计和任务特性,各类防洪工程超标准运用能力可在确保防洪工程安全的前提下参照如下方法分析确定。

5.2.1.1 堤防工程超标准运用能力

堤防是为保护对象的防洪安全而修建的,直接保护着堤后的防洪保护区。河道及堤防形成的洪水宣泄通道,承泄绝大多数的江河洪水,是防洪工程体系的基础。堤防一旦失事,防洪工程体系防御洪水的能力即刻失效。因此,堤防工程超标准运用应以堤防工程自身安全为上限,在堤防不发生溃决的前提下,通过在设计水位以上不断抬高运行水位,开展堤防安全复核,分析其超标准运用的能力。根据水位高低及其对堤防安全的威胁程度,将河道水位划分为 5 个等级,水位由低到高依次为:

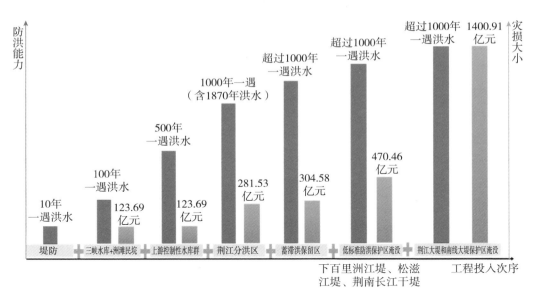

图 5.2-1　不同工程运用组合条件下的防洪能力与灾损大小

（1）设防水位

设防水位指汛期河道堤防开始进入防汛阶段的水位，即江河洪水漫滩以后，堤防开始临水。

（2）警戒水位

根据堤防质量、保护重点及历年险情分析制定的水位，也是堤防临水到一定深度，有可能出现险情或需要加以警惕戒备的水位。

（3）保证水位

根据防洪标准设计的堤防设计洪水位，或历史上防御过的最高洪水位，当水位达到或接近保证水位时，防汛进入全面紧急状态。

（4）历史最高水位

堤防历史上防御过的最高洪水位，高于或等于保证水位。

（5）河道强迫行洪最高水位

河道强迫行洪最高水位指超标准调度时，允许河道强迫行洪的最高水位。应根据目标河段不同堤段防洪标准、河道行洪能力、防洪目标、洪灾损失等，合理确定堤防保证水位以上运行的强迫行洪最高水位。

（6）堤顶高程

由堤防设计洪水位或设计高潮位加堤顶超高确定，如果河道水位超过堤顶高程，将发生漫堤，堤防内陆侧将遭受洪水淹没影响，堤防自身亦有较高的溃决可能性。根据《堤防设计规范》（GB 50286—2013），堤顶超高中的设计波浪爬高、设计风壅水面高度均为堤防为防御洪水不至漫堤而设置的超高。同时,由于水文观测资料系列的局限性、河流冲淤变化、主流位置改变、堤顶磨损和风雨侵蚀等情况,设计堤顶超高还留有一定的安全加高值,安全加高值不含施工预留的沉降加高、波浪爬高及壅水高。

在安全加高值存在的情况下,防汛实践中,当水位达到堤防设计水位时,考虑设计波浪爬高、设计风壅水面高度后,仍有安全加高值可用于防御洪水,因此堤防超标准运用潜力理论上为防洪设计水位(即保证水位)与堤顶高程之间、堤防仍可安全运行的最高水位(一般可称为河道强迫行洪最高水位,可高于或等于历史最高洪水位),实际应用中一般为超过保证水位的最高历史运行水位与保证水位之间的空间,堤防防御能力分级示意图见图5.2-2。超过堤防防洪设计水位的超高,需要通过堤防渗透和抗滑稳定分析确定,确保超高运行时堤防渗透和抗滑稳定安全系数等指标仍在设计规范允许的安全范围内。

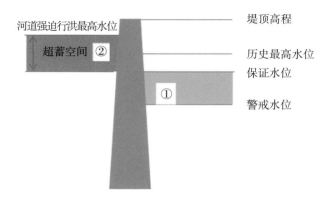

图 5.2-2　堤防防御能力分级示意图

5.2.1.2　水库工程超标准运用能力

由于水库可能针对不同防洪对象设置防洪库容,因此存在工程超标准调度运用的空间。水库工程超标准运用应在确保大坝安全的前提下,明确水库超出设计防洪任务可抬高运用的最高水位,一般不宜超过设计洪水位。水库工程的防洪调度运用潜力一般指水库防御标准洪水最高洪水位与设计洪水位之间的库容。

水库防御标准洪水最高洪水位一般为防洪高水位,即水库遇下游防护对象设计标准洪水时,经过调洪运用后坝前临时达到的最高水位,当下游有多个防洪对象时,针对其中一防洪对象,防御其标准洪水的最高调洪水位可能低于防洪高水位。设计洪水位是水库遇大坝设计标准洪水时,水库调洪运用后坝前临时达到的最高水位,一般高于防洪高水位。在防洪高水位以上、设计洪水位以下仍有部分调洪库容可用于防御超出下游防护对象防洪标准的洪水,该部分库容可视为水库的防洪调度应用潜力(图5.2-3中③)。现有的调度规程、调度方案基本未考虑这部分库容的防洪应用,基本为保坝预留。因此,在超标准洪水发生时,需要结合预报,科学利用设计洪水位以下的调洪库容,以减少流域整体洪灾损失。

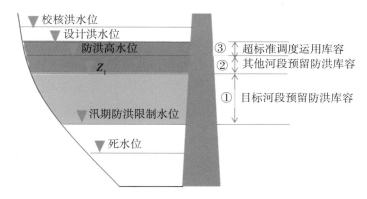

图 5.2-3　水库防御能力分级示意图

在实时调度中,水库的"剩余防御能力"指水库对目标河段洪水的调控能力,以当前库水位与校核洪水位之间库容表示。对于单一目标河段而言,水库防御能力可大致划分为目标河段预留调洪库容、其他河段预留调洪库容、大坝安全预留调洪库容 3 个层级。

(1)目标河段预留调洪库容

目标河段预留调洪库容为防御目标河段规划标准设计洪水,水库以汛限水位起调的最高调洪水位对应库容。若水库当前库水位低于汛限水位,防御能力还可额外增加,计入第 1 层级,该层级为防御标准洪水能力。

(2)其他河段预留调洪库容

以长江上游控制性水库群为例,大致可归为 3 类:第一类水库无本流域防洪任务,仅承担配合三峡水库对长江中下游防洪任务,有金沙江中游梨园、阿海、金安桥、龙开口、鲁地拉等水库,雅砻江锦屏一级、二滩等水库,预留防洪库容合计 37.36 亿 m³;第二类水库既承担本流域防洪,又承担配合三峡水库对长江中下游防洪任务,有金沙江观音岩、乌东德、白鹤滩、溪洛渡、向家坝等水库,大渡河瀑布沟水库,乌江构皮滩水库,为长江中下游预留防洪库容合计 51.82 亿 m³;第三类水库一般只为本流域预留防洪库容,只在紧急情况下相机配合三峡水库对长江中下游防洪。对于第二类水库,当本流域发生大洪水时,结合中短期水情预测预报,若预见期内三峡水库及上游水库群尚不需要对长江中下游防洪,可相机利用此类水库为长江中下游预留防洪库容,适度调控洪水。

(3)大坝安全预留调洪库容

大坝安全预留调洪库容为防御大坝工程校核标准洪水,等于水库防洪高水位至水库校核洪水位之间库容。

5.2.1.3　分蓄(滞)洪区超标准运用能力

分蓄(滞)洪区是指由防洪规划确定的临时储存洪水的低洼地区及湖泊等,根据全国七大流域防洪规划安排,按照防御洪水标准不同,一般分为重点、重要、一般和保留蓄滞洪区(或分为行蓄洪区、临时滞洪区)。在防御标准洪水时,重要蓄滞洪区和一般蓄滞洪区(行蓄洪区)需要全部启用,保留蓄滞洪区(临时滞洪区)用于防御超标准洪水。此外,在确保蓄洪工程和安全区安全的前提下,可根据蓄滞洪区围堤性状,明确蓄滞洪区可安全运用的蓄洪容量。因此,保留蓄滞洪区(临时滞洪区)的总有效容积及重要蓄滞洪区和一般蓄滞洪区围堤设计洪水位与最高安全运行水位间的蓄洪容积即为蓄滞洪区的超标准调度运用潜力空间。我国各流域蓄滞洪区运用标准见表5.2-1。

表 5.2-1   我国各流域蓄滞洪区运用标准

流域	蓄滞洪区分类	功能
长江流域	重点蓄滞洪区(1处)	防御标准洪水
	重要蓄滞洪区(12处)	防御标准洪水
	一般蓄滞洪区(13处)	防御标准洪水
	保留蓄滞洪区(16处)	防御超标准洪水
黄河流域	重点滞洪区(1处)	防御标准洪水
	保留滞洪区(1处)	防御超标准洪水
淮河流域	蓄洪区(19处)	防御标准洪水
海河流域	第一类(8处)	防御标准洪水
	第二类(14处)	防御标准洪水
	第三类(6处)	防御超标准洪水
松花江流域	蓄滞洪区(2处)	防御标准洪水
辽河流域	滞洪区(4处)	防御标准洪水
	分洪区(1处)	防御超标准洪水
珠江流域	滞洪区(1处)	防御标准洪水
	临时滞洪区(6处,实际为保护区)	防御超标准洪水

5.2.1.4 水工程联合调度运用的防御洪水能力

根据规划安排,防洪工程体系联合运用所能达到的防洪标准往往大于单个防洪工程的防洪标准,因此考虑水工程联合调度运用或单个工程超标准运用,防洪工程体系的防洪标准将进一步提高。此外,在防御洪水实践中,可充分利用降雨和洪水预报,开展基于调控与效果互馈的风险调控方案计算,合理拟定工程运用方案,进一步提高防洪体系的防御洪水能力。据此可以将防洪工程体系防御洪水能力从低到高分为以下几个层次。

(1)防御标准洪水能力

各防洪工程按照已批复的防御洪水方案或洪水调度方案中防御标准洪水的运行方式运行,防洪工程体系能达到的防御洪水能力,即防洪工程体系的防洪标准。

(2)工程正常运用下防御超标准洪水能力

各防洪工程按照已批复的防御洪水方案或洪水调度方案中防御标准洪水的正常运行方

式运行时,防洪工程体系联合调度运用所能达到的防御洪水能力。

（3）工程非常运用下防御超标准洪水能力

各防洪工程超标准非常运用时（如堤防超设计水位运行、水库超防洪高水位运行），防洪工程体系所能达到的防御洪水能力。

5.2.2 防洪工程正常运用下超标准洪水防御能力

以长江流域荆江河段为例,分析防洪工程正常调度下超标准洪水防御能力。按照现行防御洪水方案规则,荆江河段发生特大洪水,防洪工程运用情况和防洪安全裕度如下:在现状工况下,荆江河段发生 300 年一遇洪水已无超额洪量,发生 500 年一遇洪水,只有 1982 年、1954 年洪水年型会有少量超额洪量,即依靠水库群调度可达到的安全裕度为 300～500 年一遇;发生 1870 年洪水和 1954 年、1982 年型 1000 年一遇洪水,荆江河段仍有一定超额洪量,其中,遇 1870 年洪水,荆江河段超额洪量 56.2 亿 m^3,需要启用荆江分洪区、涴市扩大分洪区以及虎西备蓄区等进行分洪;遇 1954 年、1982 年型 1000 年一遇洪水,荆江河段超额洪量分别为 15.1 亿 m^3、21.2 亿 m^3,需要启用荆江分洪区进行分洪,即依靠蓄滞洪区防御 1000 年一遇洪水仍有安全裕度,则运用蓄滞洪区可达到的安全裕度为大于 1000 年一遇。由于上游干、支流水库建成后发挥拦蓄洪水作用,减少了三峡水库入库洪量,按照现行防御洪水方案规则调度,三峡水库 171.0～175.0m 为荆江河段特大洪水预留的防洪库容并未得到充分利用。根据计算,在现状工况下,结合荆江分洪区运用,遇 1870 年洪水,三峡水库最高调洪水位 171.63m;遇 1000 年一遇洪水,三峡水库最高调洪水位 171.0m,距离 175.0m 正常蓄水位仍然有一定距离,可见水库调蓄仍有一定的安全裕度。

在 2030 年工况下,考虑新增乌东德、白鹤滩、两河口、双江口等 4 座水库的拦洪作用,江湖蓄泄关系也将发生变化,考虑到三峡等控制性水库蓄水运用至 2030 年,长江中游河道继续冲刷,与现状相比,控制站同流量的水位呈下降趋势,沙市站流量为 53000 m^3/s 时,水位比现状下降 0.06m;螺山站流量为 60000 m^3/s 时,水位比现状下降约 0.25m;汉口、湖口站同等洪水流量下水位降低值较小。

（1）防御 1870 年洪水长江流域荆江河段超额洪量

以上述分析的水库防洪库容,按照现行的防御洪水规则进行调度,水库拦蓄洪量和荆江河段超额洪量见表 5.2-2 和图 5.2-4 至图 5.2-5。在 2030 年工况下,7 月 20 日三峡水库水位达到 171.0m,三峡水库拦蓄洪量 125.8 亿 m^3,三峡以上水库群配合防洪共拦蓄洪量 53.3 亿 m^3。此后三峡水库按枝城流量不超过 80000 m^3/s 控制,上游水库群继续发挥拦洪作用减少进入三峡水库的洪量,削减枝城洪峰流量。7 月 20—22 日和 7 月 31 日至 8 月 2 日,枝城流量达 67500～72100 m^3/s,超过河道安全泄量 2900～7500 m^3/s,形成超额洪量 31.3 亿 m^3。

因枝城最大流量未超过80000m³/s,三峡水库未达到启动拦蓄条件,上游水库群后期共拦蓄洪量86.35亿m³。在整个1870年洪水期间,水库拦蓄总量265.45亿m³,三峡最高调洪水位171.00m,超额洪量31.30亿m³,最大超额流量7500m³/s。

表5.2-2 遇1870年洪水现行方案调算成果统计

工况	三峡155.00m以上水库拦蓄量(亿m³)							三峡最高调洪水位(m)	超额流量(m³/s)	超额洪量(亿m³)
	三峡水库	雅砻江+金中游梯级	金沙江下游梯级	岷江梯级	嘉陵江梯级	上游水库群	拦蓄总量			
2030年工况	125.80	39.67	93.35	6.63	0	139.65	265.45	171.00	7500.00	31.30

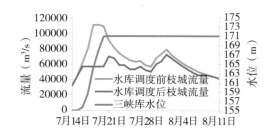

图5.2-4 2030年工况1870年洪水水库拦蓄过程

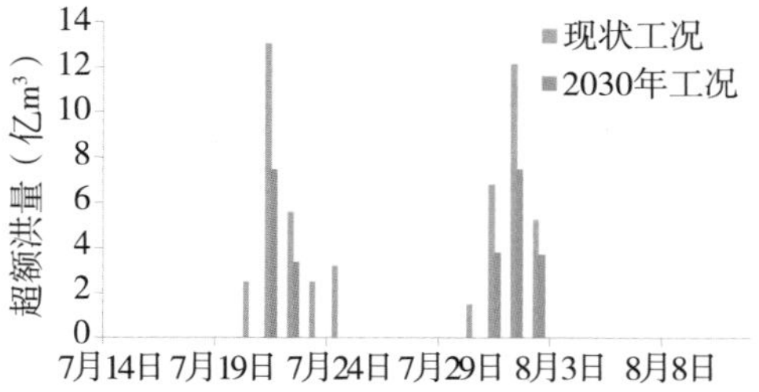

图5.2-5 现状和2030年工况1870年洪水荆江河段超额洪量过程

(2)防御典型年不同频率洪水荆江河段超额洪量

在2030年工况下,对于1954年、1998年以及1981年等全流域型洪水,长江上游来水较大,新增水库防洪库容得到充分利用,大幅削减三峡入库洪量。对于1982年以三峡区间来水为主的洪水,三峡以上水库群新增库容利用率不及全流域型洪水,依旧以三峡水库拦蓄为主。总体而言,在2030年工况下,上游水库群拦蓄量较现状工况有显著增加,可进一步减轻长江中下游防洪压力。遇1982年型1000年一遇洪水,三峡和其他上游水库共拦蓄洪水326.47亿m³,荆江河段超额洪量3.45亿m³,遇其他典型年洪水荆江河段无超额洪量。发生500年一遇及以下洪水,荆江河段已无超额洪量;发生1000年一遇洪水,仅1982年型有少许超额洪量。即2030年工况下,依靠水库群调度可达到的安全裕度约为1000年一遇。发生1870年洪水,荆江河段有超额洪量31.3亿m³,需要启用荆江分洪区进行分洪。现状工况遇不同频率洪水上游控制性水库拦蓄洪量及超额洪量统计见表5.2-3。

表 5.2-3　　　　　现状工况遇不同频率洪水上游控制性水库拦蓄洪量及超额洪量统计

工况	设计洪水		水库拦蓄量（亿 m³）			三峡最高调洪水位（m）	超额洪峰（m³/s）	超额洪量（亿 m³）
	洪水频率	年型	三峡水库	上游水库群	拦蓄总量			
2030 年	1000 年一遇	1954 年	161.4	199.3	360.7	168.74	0	0
		1981 年	170.2	141.8	312.0	169.73	0	0
		1982 年	182.3	144.2	326.5	171.00	3991	3.5
		1998 年	153.3	200.6	353.9	167.81	0	0
	500 年一遇	1954 年	108.7	215.5	324.2	162.38	0	0
		1981 年	130.8	178.7	309.5	165.24	0	0
		1982 年	166.2	146.1	312.3	169.69	0	0
		1998 年	113.9	225.8	339.7	163.06	0	0
	300 年一遇	1954 年	92.3	200.2	292.5	160.24	0	0
		1981 年	114.2	163.6	277.8	163.10	0	0
		1982 年	147.4	133.3	280.8	167.14	0	0
		1998 年	108.6	203.8	312.4	162.37	0	0

综上可知,2030 年工况下,采取目前不考虑工程超标准运用的调度方案,荆江河段遇特大洪水,三峡水库拦洪运用后最高拦洪水位多数在 171.00m 以下,仍有一定库容可以利用,且上游水库防洪库容仍有大量剩余未被利用。

5.2.3　防洪工程非常运用下超标准运用能力与风险

防洪工程调度应用潜力指防洪工程在超过设计防洪标准运行后仍然可以进行安全防洪运用的能力空间。防洪工程体系中水库、蓄滞洪区的防洪能力与其库容、容积相关。其风险主要包含库区以及蓄滞洪区内部可能造成的淹没损失。而堤防与防洪保护对象直接关联,此处重点分析堤防超标准运用的能力及风险。

5.2.3.1　堤防安全评价指标体系

超标准洪水条件下,堤防主要的溃决方式为漫溢、渗透破坏、结构破坏为主。在防汛实践中,主要的险情体现为渗水、管涌、流土、脱坡等,其实质是堤防发生渗透破坏及结构破坏(抗滑失稳)。在超标准运用时针对保护某一个特定的防洪保护区的堤防,参考《堤防工程安全评价导则》(SL/Z 679—2015),确定堤防非常运用条件下的影响分析,超标准洪水与标准洪水的差异在于外江水位超过堤防设计洪水位引起的堤防渗透和抗滑安全系数变化,故以这些指标作为评价的基础;同时必须结合现场巡堤查险情况,综合评判堤防在超标准运用时的安全。综合理论计算和实际巡堤反馈情况,可按照表 5.2-4 和表 5.2-5 评价指标,建立综合的层次评价模型,实时评估堤防工程超标准运用时的风险,以供决策支持。

表 5.2-4 事件发生前预评估

评价项目	评分	评价依据
渗透破坏	P_s	安全系数满足规范要求为1.0,安全系数小于1.0时(不稳定时)取为0,安全系数在1.0到规范要求值之间内插确定
结构破坏	P_j	
综合评价	$P_z = P_s \times P_j$	

注:以上指标参考《堤防工程设计规范》(GB 50286—2013)、《堤防工程安全评价导则》(SL/Z 679—2015)进行计算。

表 5.2-5 超标准洪水发生时根据巡堤结果动态评估

系数	渗透破坏				结构破坏		
	渗水	管涌	漏洞	跌窝	冲塌	滑坡	裂缝
	0.10	0.20	0.35	0.40	0.15	0.25	0.60
综合评价	$P_z = P_{zq} \times (1 - \sum 渗透破坏) \times (1 - \sum 结构破坏)$						

注:表中系数根据不同因素引起堤防溃决的专家打分取值,可根据不同堤防历史溃决原因分析进行调整。

平原区河道洪水具有持续时间长的特点,大洪水期间堤防长期挡水,一般可以达到稳定渗流。而山丘区洪水具有陡涨陡落的特点,其堤防稳定性关注点有所不同,与一般平原区堤防的差别主要是其渗透稳定往往未达到稳定渗流,故山区堤防安全评估重点在结构稳定上。

5.2.3.2 堤防超标准运用条件下安全预评估案例

以长江流域荆江大堤为例,研究超过设计水位后不同的超高值对堤防稳定的影响。荆江大堤不仅承担着极为重要的防洪使命,同时也是长江最为突出的险要堤段。荆江大堤为1级堤防,堤顶超设计水位2.0m,堤顶面宽8~12m。经过一、二期及近几年的建设,目前荆江大堤基本已达设计标准。根据《堤防工程设计规范》(GB 50286—2013)规定,土堤采用瑞典圆弧法进行边坡抗滑稳定分析时,1级堤防正常运用条件下的抗滑稳定安全系数为1.3,非常运用条件下的抗滑稳定安全系数为1.2。

荆江大堤堤基土体进行了大量的物理力学试验,其中黏性土比重为2.71~2.78,砂性土比重为2.68~2.72。土的天然密度一般相差不大,黏性土密度一般为1.80~2.20g/cm³,砂性土密度为1.83~2.12g/cm³。黏性土的天然含水量差异较大,天然含水量一般为30%~38%;高小渊(653+000)以下的Q4黏土、壤土及砂壤土,其液性指数多在1.0左右;粉细砂的曲率系数多大于3,均匀系数为3.00~3.85,均为不良级配的均质砂。黏性土的压缩系数一般都小于0.5MPa⁻¹,而大于0.1MPa⁻¹,属中等压缩性土类,其压缩模量多为5~10MPa。局部段黏性土具中—高压缩性,部分堤段下伏的淤泥或淤泥质土,压缩系数为0.5~1.51MPa⁻¹,具高压缩性。各土层渗透系数及渗透比降允许值见表5.2-6。

表 5.2-6 各土层渗透系数及渗透比降允许值

土类	渗透系数(cm/s)	允许渗透坡降	
		水平	垂直
黏土	1.0×10^{-6}	0.3～0.4	0.5～0.7
壤土	1.0×10^{-4}	0.25～0.30	0.4～0.6
沙壤土	$1.0 \times 10^{-3} \sim 1.0 \times 10^{-4}$	0.15～0.25	0.25～0.30
粉砂	1.0×10^{-4}	0.05～0.10	0.1～0.2
细砂	1.0×10^{-3}		

选择荆江姚圻脑至杨家湾堤段为典型区域,该处 1964 年、1965 年、1974 年历年均发生过管涌险情,1980 年对堤后开展吹填达 200m 宽。1998 年,该处水位超过堤防设计水位,堤后再次发生重大险情,先后出现 6 处管涌险情,而且随着洪水上涨,不断变化沉陷、坍塌,汛后对堤后 200m 增加盖重处理。

(1)渗透稳定

该处允许渗透比降为 0.5,计算表明出逸比降最大的区域为堤后 50m,压浸平台脚处,其值随着外江水位抬高而抬高,当外江水位超过设计水位 1.5m 内时,基本满足规范要求,不会产生大的渗透破坏。当外江水位超过设计水位 1.5m 时,就可能发生局部渗透破坏。荆江大堤 635＋030 渗透稳定成果见表 5.2-7。

表 5.2-7 荆江大堤 635＋030 渗透稳定成果

渗透比降	压浸台(堤后 50m)	堤脚	堤后 100m
设计水位 35.14m	0.40	0.05	0.03
抬高 0.5m	0.43	0.06	0.08
抬高 1.0m	0.46	0.07	0.10
抬高 1.5m	0.49	0.07	0.1
抬高 2.0m	0.50	0.08	0.11

(2)抗滑稳定

计算表明,随着外江水位抬高,抗滑稳定安全系数下降,但各工况均能满足规范要求,不会发生结构破坏。荆江大堤 635＋030 抗滑稳定成果见表 5.2-8。

表 5.2-8 荆江大堤 635＋030 抗滑稳定成果

超过设计水位(cm)	0	50	100	150	200
安全系数	2.208	2.089	2.008	1.927	1.845

综上分析,荆江大堤 635＋030 在发生外江洪水超过设计水位 1.5m 内,堤防稳定满足规范要求。在发生超标准洪水时,该段堤防能够抵御一定范围内超设计水位运行。

5.2.3.3　超标准运用下荆江河段典型堤防安全评估

（1）堤防渗透稳定分析计算

模拟结果表明，堤防运行水位上升对堤后出逸点高程及堤脚处的渗透比降较敏感，尤其是对于地基部覆盖层较薄下部有深厚透水层的堤段。其中，15个典型断面满足规范要求，3个断面接近规范临界点、可能存在渗透失稳风险。荆江大堤渗透稳定计算成果见表5.2-9，荆南长江干堤渗透稳定计算成果见表5.2-10。

表 5.2-9　　　　　　　　　　　　　荆江大堤渗透稳定计算成果

桩号	堤脚渗透比降		桩号	堤脚渗透比降	
	设计	设计水位＋1.5m		设计	设计水位＋1.5m
628＋120	0.05	0.08	742＋190	0.10	0.11
662＋992	0.28	0.36	754＋640	0.30	0.37
674＋015	0.40	0.48	761＋060	0.13	0.19
730＋710	0.10	0.12	780＋000	0.24	0.28

表 5.2-10　　　　　　　　　　　　荆南长江干堤渗透稳定计算成果

桩号	堤脚渗透比降		桩号	堤脚渗透比降	
	设计	设计水位＋1.5m		设计	设计水位＋1.5m
522＋000	0.15	0.20	663＋886	0.2	0.33
537＋274	0.37	0.46	670＋834	0.4	0.48
552＋600	0.11	0.18	678＋114	0.14	0.28
647＋712	0.1	0.12	687＋893	0.36	0.42
654＋204	0.18	0.25	711＋000	0.26	0.33

抬高水位运行时，需要密切关注可能存在问题的断面，相机决定抬高运行水位情况。

（2）堤防抗滑稳定分析计算

依据《堤防工程设计规范》（GB 50286—2013），土堤抗滑稳定计算可分为正常情况和非常情况两种工况。由于堤防已建成，本次仅考虑设计洪水位提高情况下的堤坡稳定，主要分析正常工况下背水侧堤坡的抗滑稳定，堤防各典型断面抗滑稳定安全系数计算成果见表5.2-11。可见水位增大对滑弧及安全系数的降低有一定影响，荆南长江干堤抬高前后均能满足规范要求，荆江大堤有2处在抬高运行水位1.5m时不满足规范要求，但仍处于稳定状态（安全系数＞1.24）。

表 5.2-11 现状和水位抬高 1.5m 运行堤防抗滑稳定安全系数计算成果

堤防	桩号	设计	设计＋1.5m	堤防	桩号	设计	设计＋1.5m
荆南	522＋000	1.93	1.77	荆南	711＋000	1.92	1.83
	537＋274	1.91	1.91	荆江	628＋120	1.33	1.24
	552＋600	1.55	1.43		662＋992	1.40	1.32
	647＋712	1.52	1.50		674＋015	1.46	1.36
	654＋204	2.43	2.35		730＋710	1.48	1.33
	663＋886	2.07	1.95		742＋190	1.36	1.25
	670＋834	1.83	1.68		754＋640	1.51	1.35
	678＋114	2.30	2.17		761＋060	2.15	2.10
	687＋893	1.93	1.85		780＋000	1.45	1.37

（3）溃堤风险预评估

综上分析，$P_{Z荆南} = P_{S荆南} \times P_{j荆南} = 1.0$，$P_{Z荆江} = P_{S荆江} \times P_{j荆江} = 0.8$。即在水位抬高 1.5m 条件下，荆南长江干堤在堤顶不过水条件下（加筑子堤）基本可以保障堤防安全；荆江大堤安全系数从 100% 降低到 80%，溃堤风险由 0% 提高到 20%。

1998 年大水后，长江中下游干流堤防得到了全面加固，在抬高 1.5m 水位运行时，荆江大堤和荆南长江干堤全部计算断面的安全系数均大于 1.2，大部分断面均可在满足规范要求内，但局部断面不满足规范要求，可能存在失稳等风险。为此，宜建立堤防险情数据库，在制定超标准洪水防御预案时，通过对堤防可能的超标准运用情况进行安全评估，初步明确安全底线，找出薄弱环节，制定相应对策。发生超标准洪水时，还可结合巡堤查险动态评估堤防可超高运用的能力，为实时科学决策提供支撑。

5.2.3.4 堤防险情监测技术体系

为解决传统人工抗洪抢险工作量大、效率低等难题和提升堤防隐患排查效率，亟待研发堤防危险性智能探测技术与装备，攻克无人机双目视觉成像与红外高光谱成像图像融合与异常提取难题，实现汛期堤防全天候快速无人普查，攻克堤防时移电法观测及电场数据时效反演成像技术难题，实现对堤防重点隐患早期排查和长期动态监测。研发堤防水下巡检机器人系统，优化水下机器人结构及动力系统，解决动水条件下机器人稳定巡航和能见度低条件下堤防隐患快速检测。此外，应构建堤防险情及运行维护知识库，突破监测数据多而杂的局限，实现多源异构感知数据的高度融合及标准化管理，智能判别堤防工程致灾风险因子，实现安全评估动态化，及时识别堤防险情并给出处理方案，提高抢险决策效率。天—空—地—水智能巡堤查险技术见图 5.2-6。

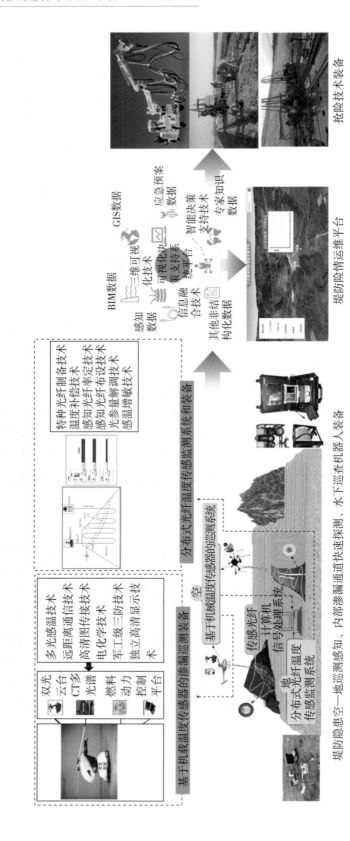

图5.2-6 天一空一地一水智能巡堤查险技术

堤防隐患空一地巡测感知、内部渗漏通道快速探测、水下巡查机器人装备

实时防洪调度管理中,应通过以上技术实现水上隐患监测检测实时化、水下隐患巡检机动化、出险应急决策智能化,形成集监测—检测—决策一体化的堤防险情应急处置关键技术和成套设备,助力抗洪抢险治理能力现代化,为堤防超标准运用提供技术支撑。

5.2.4 不同量级超标准洪水下的灾害风险分布

防洪工程体系防御洪水能力从低到高分为防御标准洪水能力、工程正常运用下防御超标准洪水能力、工程非正常运用下防御超标准洪水能力3个等级。工程正常运用下,防洪工程体系可以安全运行,同时能保障防洪保护对象的防洪安全;工程非正常运用下,工程自身的防洪风险随洪水量级增大而同步增大,直至达到自身安全上限;遇到更大洪水时,防洪工程需要保障自身安全,洪灾风险将转移至防洪保护对象。从时间尺度来看,随着洪水量级不断增大,洪灾风险首先在防洪工程体系内部逐渐转移,当洪水量级超过防洪工程安全限度后,风险转由防洪保护对象承担。从空间分布来看,洪水风险与所在河网水系和防洪工程体系的空间分布有关。洪水风险最极端的情况为防洪工程失效(溃坝、溃堤等),引起的后果为造成防洪保护对象的洪水淹没损失。

以长江流域荆江河段为例,不同工况组合下荆江河段洪灾风险变化见图 5.2-7 和图 5.2-8。可以看出,超标准洪水风险具有灾害突变、量级呈阶梯递增规律。标准内洪水(100 年一遇以下)风险主要为洲滩民垸行洪运用,经济损失达 123.69 亿元;考虑上游水库群联合运用后,遇 1000 年一遇或 1870 年的超标准洪水,灾害风险需要叠加荆江分洪区的分洪运用,经济损失达 281.53 亿元;遇超过 1000 年一遇的超标准洪水,灾害风险首先为 3 处蓄滞洪区保留区的分洪运用,叠加灾损后为 304.58 亿元;其次为低标准防洪保护区淹没,先后叠加下百里洲江堤保护区、松滋江堤保护区、荆南长江干堤保护区溃堤灾损后分别为 308.66亿元、428.66 亿元、470.46 亿元。如果洪水量级进一步增加,荆江大堤和南线大堤失守,那么灾损将剧增至 1400.91 亿元。

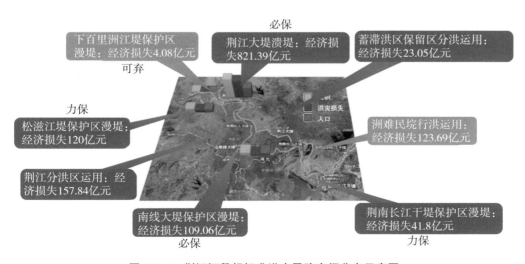

图 5.2-7 荆江河段超标准洪水风险空间分布示意图

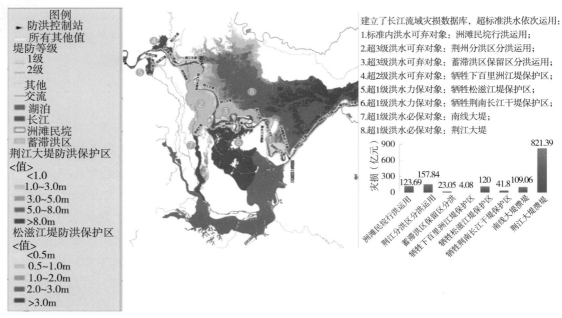

图 5.2-8 不同超标准洪水量级下荆江河段灾损大小分布示意图

标准内洪水与超标准洪水致灾特征对比分析见表 5.2-12。

表 5.2-12 标准内洪水与超标准洪水致灾特征对比分析

对比要素	标准内洪水	超标准洪水	灾害风险系统因子
致灾原因	由暴雨直接或间接导致的主动分洪或工程失事	峰高量大、洪水历时长、长时间维持在超保证水位以上,且超过流域重点防洪区域防洪工程的现状防御能力	致灾因子
	大暴雨笼罩范围相对较小、历时短;发生概率相对较大	大气环流异常背景下,发生时间长、范围大、强度高、多过程降雨;发生概率相对较小	
影响范围	空间范围相对较小、具有局地性,孕灾环境相对简单	空间范围较大,具有区域性或流域性,孕灾环境复杂	承灾体及孕灾环境
孕灾环境影响	涉及社会生产力要素总量少,结构单一	涉及社会生产力要素总量多,结构复杂	
	受城市化、河道侵占类的小空间尺度活动等影响较大	受湖泊围垦、洪泛区开发等洪水调蓄空间侵占类的大空间尺度活动影响较大	
可预测性	可预测、容易预测	后果不可预测性增加或难以预测	抗灾能力
可控性	整体工程能力安全,主动调度或调度有序,后果可控	突破整体工程防洪能力前基本可控,突破防洪工程体系防御能力后,后果难以控制	

续表

对比要素	标准内洪水	超标准洪水	灾害风险 系统因子
灾害损失	灾害损失总体较小,一般以直接经济损失为主,灾害类型相对单一;水毁工程少或者没有	灾害损失总量很大,间接损失占比增大,由生命线工程而导致灾害放大效应,并产生较大的社会、环境、生态及生命损失;水毁工程多;民众心理可能留下创伤,导致社会产业布局或经济布局洗牌	—
灾害路径	灾害链相对单一	灾害链复杂,存在多种致灾路径并发或偶发的现象	—
灾后恢复	恢复难度较小,历时相对较短,主动分洪受灾可按相关规范及标准获得补偿,财政来源以政府补贴为主	恢复难度较大,恢复时空跨度大;恢复费用通过政府补贴、社会捐款、兄弟省份点对点支援等多种方式	—

总体而言,当发生流域超标准洪水后,对比标准内洪水,灾害损失的发生是必然的,洪水风险也由可控转为不可控,应对难度增强,防洪工程体系调度运用及风险调控复杂性增加,灾后恢复难度增大,对经济社会发展产生的影响远远大于标准内洪水。

5.3 流域超标准洪水的定义及界定方法

5.3.1 流域超标准洪水的定义

《中国水利百科全书》(1991年)、《全民防洪减灾手册》(1993年)等指出,"超标准洪水为超过防洪工程的设计标准或超过防洪工程体系能力的洪水"。从工程实时调度来看,该定义普适性仍有待提高,一方面防洪工程的设计标准仅针对工程本身的防洪安全,与针对防洪保护区的防洪标准不同,后者主要为防洪工程体系的联合运用要达到的防洪标准,因此超过防洪工程的设计标准的洪水不一定是保护区的超标准洪水;另一方面防洪工程体系的能力与防洪标准不同,防洪工程体系不仅可控制常遇洪水,还往往对超标准洪水有一定应急对策,即工程安排时通常会留有一定的安全裕度,因此在防洪标准达标的情况下,超过防洪能力的洪水一定属于超标准洪水,但超标准洪水不一定超过防洪工程体系的防洪能力。

根据《水利部办公厅关于印发2020年度超标洪水防御工作方案的通知》(办防〔2020〕51号),超标准洪水指超过江河湖库设防标准的洪水。考虑防洪工程建设可能不达标的情况,从调度应对可操作性角度出发,超标准洪水应指超出现状防洪工程体系(包括水库、堤防、分蓄(滞)洪区等在内)设防标准的洪水。同时,河道淤积、围堤不达标,造成行洪能力、蓄滞洪容积等与规划设计标准差别较大的,按照实际工况考虑。一般而言,水库、分蓄(滞)洪区等工程按照规则正常调度运用后,某控制节点仍然超过堤防保证水位的,可视为该节点的超标准洪水。

综上分析,流域超标准洪水是在大气环流背景下,维持长时间、高强度、多过程降雨形成的峰高量大、洪水历时长、长时间维持在超警戒水位以上,且超过流域防洪工程体系设计防御标准的极端洪水。

对流域现状防洪能力未达到规划标准的河流,流域超标准洪水为超过防洪工程体系现状防御能力的洪水;对于防洪能力达到或超过规划防洪标准的河流,则指超过规划防洪标准的洪水。因此如何评价防洪能力是界定超标准洪水的关键。

5.3.2 流域超标准洪水的界定方法

综合考虑洪水量级大小和防洪工程体系防御能力,在实时调度中,可采用以下办法进行流域超标准洪水判别:基于防洪任务,按照防洪保护对象防御标准调度运用流域防洪工程体系后,流域防洪控制站所在河段水位(或流量)仍超保证水位(或安全泄量)的洪水,即为流域超标准洪水。

在变化环境下,作为荷载的洪水和代表抗力的防洪工程体系防御标准都是动态变化的,流域超标准洪水亦随着流域防洪标准的变化而变化。如新中国成立初期,长江流域以抗御1949年和1931年实际出现的最高洪水位为防洪目标,而1954年长江中下游水位全线超保证水位,当年属于流域超标准洪水;当前长江中下游总体防洪标准为防御新中国成立以来发生的最大洪水,故现状条件下若发生1954年洪水则属于标准内洪水。

流域超标准洪水主要是流域性大洪水,但不排除局部区域性洪水。以长江流域为例,城陵矶以下河段以1954年实际洪水作为防御目标,长江中下游洪水量级超过1954年洪水即可称为流域超标准洪水;值得注意的是,1870年洪水虽为长江上游区域性洪水,但洪水量级大,超过了长江流域防洪工程体系下的荆江河段防洪标准,曾造成荆江河段堤防溃决,洪水大量向洞庭湖倾泻,致使宜昌—汉口的3万余 km^2 平原地区受灾,倘若荆江河段洪水归槽,则将造成长江中下游洪水灾害,故1870年洪水仍可列为流域超标准洪水。再以汉江1935年洪水为例,长江上游来水虽不大,但清江、汉江等支流洪水量级却十分突出,造成支流沿线及长江中游洪灾严重,目前汉江中下游防洪标准为1935年实际洪水(约100年一遇),因此汉江1935年型200年一遇洪水亦可称为流域超标准洪水。

流域性洪水的界定可参考《流域性洪水定义及量化指标研究》《全国主要江河干流洪峰编号规定》等有关成果。2006年,长江水利委员会水文局编制完成的《长江流域洪水分类及量级指标研究》报告,提出了长江流域性洪水量化体系,主要由反映支流洪水的普遍性、上游来水的丰沛程度、上下游和干支流洪水的遭遇程度3个方面的指标组成。2007年,国家防办和水利部水文局组织编制了全国主要江河《流域性洪水定义及量化指标研究报告》,报告指出流域性洪水指洪水来源区覆盖流域全部或大部,干支流洪水遭遇,形成中下游河段较大以上量级的洪水,在量化指标中主要归结为流域干流的具体站点洪水特性,其中长江流域性洪水量化指标为:当长江中下游代表站汉口水文站高水位(26.30m,1996年以前警戒水位)持续时间超过45d时,即为流域性洪水;长江流域性洪水量级以螺山站、汉口站、大通站30d总入流洪量重现期的最大者为评价指标,重现期大于或等于50年为流域性特大洪水,重现期大于等于20年且小于50年为流域性大洪水。根据1951—2017年同步资料统计,上述三项指标全部满足"流域性洪水"标准的只有1954年、1998年。根据2020年8月水利部办公厅下发的《关于制定流域洪水划分标准的通知》(办信息函〔2020〕612号)的要求,长江水利委员会水文局在《流域性洪水定义及量化指标》的基础上,对长江流域性洪水的特征进一步开展分析提炼,对原有指标成果进行了修改完善,提出了针对性强、操作性好、科学严谨、管用好用的流域性洪水划分标准及其应用策略,定义长江流域性洪水为由连续多场大面积暴雨形成,长江上游和中下游地区均发生洪水,造成上游和中下游洪水、干流和支流洪水相互遭遇,形成长江中下游干流洪量大、洪峰水位高、高水位历时长的流域性大洪水。其基本特征为:流域内多数支流普遍发生暴雨洪水,干支流、上游与中下游洪水发生遭遇,中下游干流洪水水位高、历时长。从普遍性的角度出发,流域上、中、下游均发生洪水。选择宜昌站或三峡水库(上游)、汉口站(中游)、大通站(下游)为代表站,并突出同步性;从遭遇性的角度,以长江中下游干流代表站最大30d洪量、最大60d洪量及高水位的持续时间反映;从中下游干流水位高、高水持续时间长的角度,选择汉口站、大通站为代表。考虑水利工程对江河洪水特征的影响,以及江河湖泊对洪水的调蓄作用,长江流域洪水定性分析时,需要以代表站还原后的水文要素为主。当还原后汉口站、大通站最大30d洪量或最大60d洪量重现期的最大值重现期大于等于50年,为流域性特大洪水;重现期大于等于20年且小于50年,为流域性大洪水;重现期大于等于5年且小于20年,为流域性较大洪水。

为更好地支撑洪水防御工作,提高洪水定性的时效性,实时操作层面可结合较为可靠的短中期水文气象预报,并仅考虑代表站30d洪量进行初步研判。即实时操作中,根据汛情发展,结合水文气象预报,对是否可能发生流域性洪水进行滚动分析研判。当流域内上、中、下游多条主要支流发生洪水,且干支流洪水明显遭遇;三峡水库最大入库流量达到50000m³/s以上,中下游干流监利以下江段已全线超过警戒水位,且汉口站、大通站超警戒水位持续时间已达20d。考虑较为可靠的短中期水文气象预报,汉口站、大通站超警戒水位持续时间将达30d以上,还原计算后宜昌站、汉口站、大通站最大30d洪量重现期均将达到5年一遇以上,可在汛情发展过程中,初步认为长江流域将发生流域性洪水,洪水量级根据量化指标进行判断。考虑水文气象预报存在一定的不确定性,以及长江流域性洪水定性分析的严谨性,待汛期结束后,仍然需要根据水文整编资料,按照洪水量化指标,对洪水定性分析工作进行复核确认。

2020年长江流域共发生8次编号洪水,分别为乌江2020年第1号洪水、嘉陵江2020年第1号和第2号洪水、长江2020年第1~5号洪水。2020年8月下旬,当时结合预报初步估计,汉口站水位26.3m以上持续时间将在40d左右,超过《流域性洪水定义及量化指标研究报告》中确定的临界指标30d;2020年宜昌站、螺山站、汉口站、大通站最大30d洪量分别为

1100 亿 m³(含三峡以上水库群拦蓄量约 110 亿 m³,重现期约为 10 年)、1570 亿 m³(含螺山以上水库群拦蓄量 206 亿 m³,重现期约为 15 年)、1720 亿 m³(含汉口以上水库群拦蓄量 225 亿 m³,重现期约为 15 年)、2220 亿 m³(含大通以上水库群拦蓄量 225 亿 m³,重现期约为 30 年),按《流域性洪水定义及量化指标研究报告》中确定的指标,2020 年长江流域的洪水定性为流域性大洪水。2020 年宜昌站、螺山站、汉口站最大 30d 洪量较 1998 年偏小 165 亿~279 亿 m³,大通站最大 30d 洪量与 1998 年基本相当;2020 年各站最大 30d 洪量与 1954 年相比偏小 286 亿~462 亿 m³,最大 30d 洪量计算初步分析见表 5.3-1,2020 年洪水量级小于 1954 年、1998 年,故不是流域超标准洪水。

表 5.3-1　　　　　　　　　**最大 30d 洪量计算初步分析**　　　　　　　　(洪量:亿 m³)

站名	统计时段	2020 年		1998 年		1954 年	
		洪量	重现期	洪量	重现期	洪量	重现期
宜昌	7 月 2 日 8 时至 8 月 1 日 8 时	1100	约 10 年	1379	约 100 年	1386	约 100 年
螺山	7 月 6 日 14 时至 8 月 5 日 14 时	1570	约 15 年	1747	约 30 年	1971	100~200 年
汉口	7 月 8 日 2 时至 8 月 7 日 2 时	1720	约 15 年	1885	约 30 年	2182	100~200 年
大通	7 月 7 日 14 时至 8 月 6 日 14 时	2220	约 30 年	2231	约 30 年	2605	100~200 年

注:考虑时段内水库已拦蓄量、洞庭湖和鄱阳湖槽蓄量以及未来预报过程计算最大 30d 洪量。

《全国主要江河干流洪峰编号规定》对全国大江大河大湖以及跨省独流入海的主要江河洪水编号做了规定。以长江、淮河和嫩江 3 个示范流域为例。

长江编号范围为长江干流寸滩至大通江段,当长江洪水满足下列条件之一时,进行洪水编号:上游寸滩水文站流量或三峡水库入库流量达到 50000m³/s;中游莲花塘水位站水位达到警戒水位(32.50m,冻结吴淞高程)或汉口水文站水位达到警戒水位(27.30m,冻结吴淞高程);下游九江水文站水位达到警戒水位(20.00m,冻结吴淞高程)或大通水文站水位达到警戒水位(14.40m,冻结吴淞高程)。对于复式洪水,当洪水再次达到编号标准且时间间隔达到 48h,另行编号。

淮河编号范围为淮河干流王家坝至正阳关河段、沂河干流及沭河干流,编号标准为:当淮河王家坝水文站水位达到警戒水位(27.50m,废黄河高程)或正阳关水位站水位达到警戒水位(24.00m,废黄河高程)时,进行洪水编号;当沂河临沂水文站流量达到 4000m³/s 时,进行洪水编号。当沭河重沟水文站流量达到 2000m³/s 时,进行洪水编号;对于复式洪水,当洪水再次达到编号标准且时间间隔达到 24h,另行编号。

嫩江流域编号范围为嫩江干流,当嫩江尼尔基水库入库流量达到 3500m³/s,或齐齐哈尔水位站水位达到警戒水位(147.00m,大连基面),或江桥水文站水位达到警戒水位(139.70m,大连基面)时,进行洪水编号;对于复式洪水,当嫩江干流的洪水再次达到编号标准且时间间隔达到 72h,另行编号。根据上述定义,编号洪水并不一定属于流域超标准洪水,需超过流域防洪工程体系防洪标准才能认定为流域超标准洪水,但编号洪水可以作为流域超标准洪水的前兆因子之一。

　　长江流域荆江河段以沙市站,淮河沂沭泗流域以沭阳、临沂、大官庄站,嫩江流域以齐齐哈尔站为防洪控制站,采用以上方法,确定了示范流域超标准洪水典型年,长江流域荆江河段为 1153 年、1227 年、1560 年、1788 年、1860 年、1870 年等,沂沭泗流域为 1730 年、1957年、1974 年等,嫩江流域为 1794 年、1998 年等。

5.4　本章小结

　　基于防洪工程超标准运用能力及风险的分析、防洪标准与防洪能力的差异,提出了流域超标准洪水的定义及界定方法,界定了研究示范区流域超标准洪水,提出了流域超标准洪水的征兆识别依据。

第 6 章　流域超标准洪水防御原则与目标

发生流域超标准洪水时灾害在所难免,而流域超标准洪水的防御目标根据洪水量级以及可能发生的灾情等具有阶段性特征。本节在总结我国各大流域历史超标准洪水应对经验基础上,综合考虑洪水量级和防洪工程体系防御能力,提出了流域超标准洪水应对的原则和目标。

6.1　流域超标准洪水防御原则

根据我国江河洪水的特点和防洪保安工作的需要,拟定超标准洪水防御的原则如下。

(1)坚持人民至上、生命至上

超标准洪水防御理念应体现人民至上、生命至上的原则和新时期防洪减灾的新思路。超标准洪水一旦发生,水利工程防洪能力可能达到极限,各种紧急防护和临时救援措施随时可能失效,灾害的发展将不可抗拒,因此超标准洪水防御要牢固树立以人民为中心的指导思想,以保护人民群众生命安全为首要目标,坚持底线思维,避免群死群伤事件发生,最大限度地减轻洪灾损失。

(2)坚持统筹兼顾、确保重点

根据《洪水调度方案编制导则》(SL 596—2012),对超标准洪水,应充分考虑发挥各类防洪工程设施的蓄滞洪、泄洪作用,必要时采取运用计划的保留分蓄(滞)洪区等方式分蓄洪水,保障重要保护对象的防洪安全。当采取上述措施仍不能满足防洪要求时,从整体利益出发,按照牺牲局部、保重点的原则,可采取牺牲局部地区等非常措施。例如,必要时牺牲相对较低标准的堤防,主动承担适度风险,保障重要堤防安全。因此,超标准洪水安排需要遵循防洪体系各部分适度承担风险、减小流域或区域总体灾害损失的原则,兼顾左右岸、协调上中下游,统筹流域、区域、城市防洪需求,统筹好"守"和"弃"的关系,局部利益服从全局利益,确保重要堤防和保护对象安全。遇到流域超标准洪水时,视洪水的具体情况,根据需要启用为防御流域超标准洪水而预留的非常洪水通道和调蓄场所,控制重点保护区江河洪水位。防洪规划调整为保护区的分蓄(滞)洪区,仍然要在超标准洪水防御中首先考虑运用。如黄河小浪底水库建成后,在防御流域标准内洪水时不再需要使用大功分蓄(滞)洪区,也不需要利用齐河、垦利展宽区进行分凌,为此将以上 3 处分蓄(滞)洪区调整为防洪保护区。淮河流域石姚段、洛河洼经部分退堤后改为防洪保护区；将方邱湖、香浮段、临北段改为防洪保护区；结合开辟冯铁营引河，远期将潘村洼调整为防洪保护区。

历史上发生流域超标准洪水时，应多遵循牺牲局部、确保重点的原则：

黄河水患对历代统治者都是一道难题，北宋时期黄河频繁决溢，从建隆元年（公元960年）到靖康二年（1127年），黄河决溢有记载的年份就达66年之多，为有效应对黄河洪水，政府采取了分水与临时滞洪、兴修遥堤等一系列积极的措施。为了确保首都东京的安全，采取了开口分洪，及利用废弃古城作为滞洪区等方法，以牺牲局部保重点；兴修遥堤（古代在河防工程中，因堤围的位置和作用不同，将之细分为两种：把近临河滨的"各围之外基"称之为"缕堤"，离河颇远的"各围之内基"称之为"遥堤"），作为一种辅助堤防，限制洪水泛滥。该措施颇能反映河防过程中人与自然的矛盾，黄河两岸遥堤到主河道之间本来有相当多的空地用来行洪，但是后来民众发现此区域内土地肥沃，于是纷纷进入此区域内居住开垦，破坏了原来的行洪功能，这与目前的黄河滩区、汉江遥堤、长江中下游洲滩民垸颇为相似。

长江1954年中下游发生了近百年来最大的一次洪水，荆江河段出现多次较大洪峰，枝江站最大来量为71900m³/s，沮漳河汇入流量1300m³/s，大大超过了荆江河段的安全泄量，预报沙市洪峰水位将超过保证水位44.49m，与此同时，荆江大堤已出现渗漏管涌等险情2000余处，严重危及大堤安全。为减轻洪水对荆江大堤的威胁，荆江分洪区先后3次开闸分洪，分洪总量122.6亿m³，及时分蓄了超额洪水，削减了干流洪峰，有效地降低了沙市水位（最高洪水位为44.67m，比预报洪峰水位降低0.96m），保证了荆江大堤的安全，使江汉平原避免了一场大洪水灾害，同时减轻了洞庭湖的洪水负担。为确保武汉市的安全，根据水情预报，在加高堤防的同时对武汉市附近地区采取了一系列的分洪措施，以控制水位上涨，争取加高堤防的时间，首先在上游蒋家码头分洪，7月27日在蒋家码头破长江左干堤分洪进入洪湖蓄洪区，最大分洪流量6800m³/s，总进洪量157亿m³，降低汉口水位约0.48m；其次是潘家湾分洪，为争取武汉加高子堤的时间，于7月27日在汉口上游100km的长江右岸嘉鱼县潘家湾扒口分洪，使洪水进入西凉湖，开始进洪流量3000~4000m³/s，逐渐扩大，最大进洪流量达9000m³/s，进洪量27亿m³，降低汉口水位约0.30m；第三是梁子湖分洪，8月7日在右岸新港和三江口同时分洪，最大进洪流量分别为2050m³/s和4310m³/s，降低汉口水位约0.28m，5d后汉口水位涨至29.58m，在雷山脚再扒口分洪，最大进洪流量5980m³/s，梁子湖分洪总量约60亿m³，降低汉口水位0.33m，降低黄石水位0.47m；上述分洪，加上汉江禹王宫、五支角等处的分洪，有效地降低了武汉河段水位，汉口洪峰水位29.73m于8月18日出现，推迟峰现时间约一周，洪峰持续时间从天然状况下的7~8d缩短到12h。从总体上来看，1954年洪水期间首次利用荆江分洪闸分洪3次，加上多处扒口、溃口，使分洪水量高达1023亿m³，大大减轻了汉口的防洪负担，加上军民全力抗洪抢险，保住了荆江大堤和武汉市的主要市区。

淮河1954年发生了20世纪以来最大的流域型暴雨洪水。洪水期间，淮河中游蓄洪区起到不同程度的分洪蓄洪作用，濛洼分蓄（滞）洪区先后3次开闸进洪，城西湖先后开闸，淮河中游十几处行洪区先后启用引洪,行、蓄洪水 217 亿 m³,降低河道洪水位 1.0~1.5m。洪泽湖出口的三河闸、高良涧闸及苏北灌溉总渠的建成与运用,使洪泽湖、高邮湖水位低于1931 年最高洪水位,保住了里运河东大堤安全。2003 年,淮河干支流洪水并发,沿淮 3 省洪涝受灾面积 385 万 hm²,受灾人口 3728 万人,因灾死亡 29 人,倒塌房屋 74 万间,直接经济损失达 285 亿元。这些灾害为 9 个行蓄洪区行蓄洪水和沿淮滩区、圩区、低洼易涝区内涝所致。根据淮河干流汛情,茨淮新河 3 次开闸行洪,最大分洪流量 1500m³/s,累计分洪 9.86亿 m³,降低干流正阳关水位 0.3m。怀洪新河 4 次开闸分洪,最大分洪流量 1530m³/s,累计分洪 16.1 亿 m³,最大降低干流蚌埠河段水位 0.5m,为确保淮北大堤和蚌埠城市圈堤安全发挥了重要作用。国家防总和安徽省先后启用了 9 处行蓄洪区,对降低干流洪峰水位、缩短高水位持续时间、减轻淮北大堤等重要堤防的防守压力发挥了重要作用。加强湖区防洪工程联调,充分利用入江水道、入海水道、分淮入沂和灌溉总渠加快泄洪,洪泽湖最大出湖流量达 12400m³/s,有效控制了洪泽湖水位,大大减轻了淮河干流和洪泽湖大堤的防洪压力;入海水道共泄洪 33d,累计下泄洪量 44 亿 m³,实际降低洪泽湖最高水位 0.4m。根据测算,如果没有入海水道排洪入海,洪泽湖最高水位可能达 14.77m,洪泽湖周边 300 多个圩区将被迫行洪,影响 110 多万人和 200 多万亩耕地。

海河流域 1963 年 8 月上旬发生新中国成立以来最严重的大洪水,受灾农田达514 万 hm²,成灾 405 万 hm²,直接经济损失 60 亿元(当年价);受灾人口约 2200 万人,约有1000 万人失去住所,5030 人死亡;水利工程遭到严重破坏,有 5 座中型水库、330 座小型水库被冲垮,大清、子牙、漳卫、南运河干流堤防决口 2396 处,滏阳河 350km 堤防全线漫溢,溃不成堤;京广、石太、石德、津浦铁路及支线铁路冲毁 822 处,累计长度 116.4km,干支线中断行车总计 372d,京广铁路 27d 不能通车;84%的公路被冲毁,淹没公路里程长达 6700km。面对毁灭性的洪水灾害,中共中央、国务院指示国家防总制定了多条防洪措施,保卫了北京、天津等重要城市的安全。措施一:白洋淀扒口向文安洼分洪,确保白洋淀千里堤。由于白洋淀一昼夜水位曾上涨 2.7m,水位高出堤顶,大部堤段依靠子堤固守,于是决定在小关村扒口向文安洼分洪,保住千里堤,缓解对天津的威胁。措施二:西三洼联合运用蓄滞洪水。天津西部外围的东淀、文安洼、贾口洼(简称"西三洼")联合运用,使进入西三洼的洪水蓄滞适量,有进有出,最大限度地发挥了洼淀的滞蓄作用,原计划西三洼最多可蓄水 57 亿 m³,这次通过三洼的总水量近 200 亿 m³。措施三:开辟新的出路,直接分洪入海。西三洼联合运用后,大量洪水滞蓄在津浦铁路以西,增加了天津外围 250km 堤防防守的艰巨性,为尽快宣泄西三洼洪水,确保津浦铁路不中断,决定扒开南运河堤,通过津浦铁路 25 孔桥,引洪水入团泊洼和北大港,爆破海大道入海,由此入海的水量共 76.34 亿 m³,约占排洪入海总水量的 40%。

长江流域 2020 年大洪水应对过程中,长江中下游湖北、湖南、江西、安徽和江苏 5 省共运用洲滩民垸 861 座,淹没耕地 211.6 万亩,影响人口 60.1 万人,淹没总面积 467 万亩,总分洪量 124.6 亿 m³。实际运用的洲滩民垸,位于干流 369 座,淹没总面积 198.9 万亩,总分洪量 53.0 亿 m³;位于支流的有 492 座,淹没总面积 268.2 万亩,总分洪量 71.6 亿 m³。防御

2020 年长江第 1 号洪水过程中,湖口水位预报将上涨至超过 22.5m,江西省主动运用鄱阳湖区 185 座单退圩堤分洪,总分洪量约 26.2 亿 m³,将湖口站最高水位控制在 22.49m(未超保证水位),有效缓解了鄱阳湖区的防洪形势,避免了湖口附近康山、黄湖、方洲斜塘等分蓄(滞)洪区运用。在康山分蓄(滞)洪区隔堤长期未挡水、安全建设尚未完成,黄湖和方洲斜塘等分蓄(滞)洪区隔堤不达标的情况下,大大缓解了鄱阳湖区的防洪压力,避免了分蓄(滞)洪区运用可能对信瑞联圩、蒋巷联圩带来的洪水风险。

(3)坚持分级防控、科学调度

对比流域防洪工程体系所能发挥的最大洪水防御能力,不同量级的流域超标准洪水风险不同,应对也应有所不同。总结历史防大洪水经验,要针对超标准洪水不确定因素和水利工程薄弱环节,做好预报预警、调度指挥,坚持"蓄泄兼筹、以泄为主",充分发挥防洪体系防洪潜力。综合运用工程措施和非工程措施,分段施策、分级防控。超标准洪水防御应充分考虑预报的不确定性和预知性、工程调度运用挖潜不当或者累积的风险,体现洪水的风险动态管理。因此,超标准洪水洪(流)量安排方案要在保证防洪安全的前提下,充分利用防洪工程蓄泄洪水的校核裕度,在综合评价防洪体系各部分所承担的风险的基础上合理拟定。

超标准洪水防御在防汛准备、水情监测预报、水工程调度、工程巡查防守、抢险救灾、转移安置等环节应做到与标准内洪水防御的过渡和衔接、发展变化。防洪减灾体系先运用标准内洪水的工程体系(如水库、堤防、洲滩民垸、重要和一般分蓄(滞)洪区),再运用防御超标准洪水的工程体系(主要指蓄滞洪保留区),最后挖掘流域防洪工程体系"上蓄、中防、下泄"的可利用空间(包括河道强迫行洪、挖掘分蓄(滞)洪区潜力、水库超蓄运用及水工程联合调度作用等)。根据超标准洪水量级、受灾程度、工程体系防御能力与风险可控性、影响范围等进行分级防御。

6.2 流域超标准洪水防御目标

首先,确保人民群众生命安全都是洪水防御的首要目标,这是无论洪水是否超标准都要确保的目标;其次,由于超标准洪水发生时灾害损失的不可避免性,对于财产损失要有守有弃,因此保障重点地区、重要城市和重要设施防洪安全,最大限度地减轻洪灾损失是流域超标准洪水发生时的主要目标。根据不同量级超标准洪水可能的淹没范围,逐一梳理分析洪水淹没涉及的人口、重要设施等信息,综合评判超标准洪水风险和影响。遵循生命至上、确保重点的原则,统筹考虑保护人口、经济总量、社会影响、关键设施等多重因素,明确可通过抢筑子堤河道强迫行洪、挖掘分蓄(滞)洪区潜力、水库超蓄运用等临时措施来保障流域防洪安全的防洪保护对象。根据其重要性,将防洪保护对象进一步划分为可弃、必保对象,具体划分时还可在可弃、必保对象之间设立力保对象。

(1)可弃对象

可弃对象为保障重点保护对象防洪安全,必要时作出牺牲运用于行蓄洪的低标准防洪保护区。

(2)必保对象

必保对象为重点防洪保护区、重要城市和重要基础设施,如不予以保护,将对国民经济正常运行带来重大影响。各流域超标准洪水必保目标情况见表6.2-1。

表 6.2-1　　　　　　　　　　各流域超标准洪水必保目标情况

流域	水系或河段	超标准洪水情况	重点保护目标
长江	荆江河段	1870 年型洪水	确保江汉平原和武汉市防洪安全
黄河	黄河下游	10000 年一遇特大洪水	确保黄河下游黄淮海平原防洪安全
淮河	淮河干流中游	临淮岗坝上水位超过 28.41m 时	确保淮南市、蚌埠市和西淝河左堤、淮北大堤的防洪安全
	洪泽湖	洪泽湖以上淮河干流发生特大洪水,预报洪泽湖将坝水位达到 16.81m,并继续上涨	保证洪泽湖大堤防洪安全
	沂河、沭河	临沂站洪峰流量达到 16000m³/s 以上时,大官庄站洪峰流量达到 8150m³/s 以上时	减轻下游防洪压力
	南四湖	上级湖南阳水位超过 36.79m,下级湖微山水位超过 36.29m	南四湖湖西平原
海河	漳卫河	防御 50～100 年一遇超标准洪水(设计标准为防御 1963 年型洪水,相当于 50 年一遇)	防止洪水北侵黑龙港平原,南侵徒骇、马颊河平原
	大清河	超过 50 年一遇洪水	确保天津防洪安全
	永定河、北三河	防御 100～500 年一遇超标准洪水	确保北京、天津两市及京山铁路等重要交通设施防洪安全
辽河	西辽河	超过 50 年一遇洪水	保证通辽市防洪安全,减轻辽河干流防洪压力
	东辽河二龙山以下	超过 50 年一遇洪水	减轻下游防洪压力
	辽河干流	防御 100～200 年一遇洪水	保证辽河干流两岸堤防保护区防洪安全
	浑河、太子河水系	超 50 年一遇洪水	确保浑河右岸、太子河左岸保护区防洪安全
松花江	松花江、嫩江干流	防御 100～200 年一遇洪水	确保哈尔滨市、齐齐哈尔市、佳木斯市等主要城市防洪安全
	伊通河长春市	500 和 1000 年一遇洪水	长春市防洪安全
	第二松花江	200～500 年一遇以上洪水	确保吉林市、松原市防洪安全

续表

流域	水系或河段	超标准洪水情况	重点保护目标
珠江	西江	超 50 年一遇洪水	确保西江下游及三角洲地区防洪安全
	北江	超 200 年一遇洪水	确保北江下游及三角洲地区防洪安全
	东江	超 100 年一遇洪水	确保东江下游及三角洲地区防洪安全
	韩江	超 50 年一遇洪水	确保韩江下游及韩江三角洲地区防洪安全
太湖	太湖流域	超 100 年一遇洪水	确保环湖大堤及上海、苏州、无锡、杭州、嘉兴、湖州等大中城市,沪宁、沪杭、公路交通干线等重要设施的防洪安全

以长江流域荆江河段为例,防洪保护区堤防包括:下百里洲江堤（3 级堤防,超高
1.0m）、荆江大堤（2 级堤防,超高 2.0m）、松滋江堤（2 级堤防,超高 1.5m）、荆南长江干堤（2
级堤防,超高 1.5m）、南线大堤（1 级堤防,超高 3.4m）。综合考虑各保护区人口、经济总量、
社会影响、关键设施等多重因素,确定必保目标为荆江大堤、南线大堤,力保目标为荆南长江
干堤、松滋江堤,可弃目标为下百里洲江堤。荆江河段防洪保护区分布见图 6.2-1。

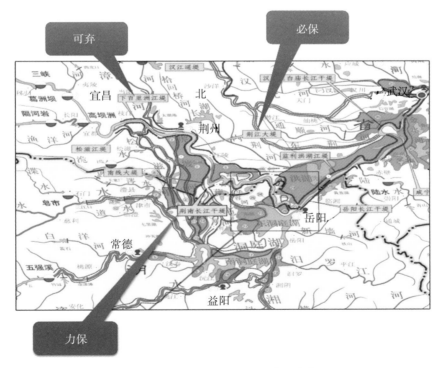

图 6.2-1　荆江河段防洪保护区分布

综合考虑可弃对象和洪水灾害风险等级以及防洪工程体系防御能力,流域超标准洪水

防御目标可划分为以下等级。

（1）控制风险，保障流域防洪安全的目标

在保证防洪工程安全的前提下，通过防洪工程体系超标准运用来减少灾害损失，保障流域防洪对象安全。防洪工程体系运用中可能会涉及洲滩民垸或滩区、生产圩等。

（2）牺牲局部，保护重点的目标

为保障流域重要保护对象防洪安全，必要时牺牲局部防洪保护对象。

（3）防洪工程体系安全防护的目标

采取必要措施，防止防洪工程发生系统性崩溃。

第7章　变化环境下流域水文气象极端事件演变规律及超标准洪水致灾机理

在气候变化与高强度人类活动综合作用下,极端气象和水文事件时空格局发生了变异,极端洪水发生频次和强度加剧,变化环境下流域超标准洪水演变和时空组合规律呈现出新的特点,水文序列的非一致性导致流域超标准洪水难以界定,应对难度加大。本章研究应用历史实测资料,剖析了变化环境下流域极端降水和极端洪水的演变规律,深入分析了变化环境对极端降水及洪水的影响,揭示了流域极端暴雨洪水响应机理,采用1PCC6相关GCM成果,预估了未来变化环境下极端降水及极端洪水的发展趋势,阐明了流域超标准洪水孕灾环境变化与致灾机理,为流域超标准洪水应对提供支撑。

7.1　变化环境对极端洪水影响的剖析

变化环境一般是指气候变化、水利工程建设运用和土地利用变化等,这些都是影响暴雨洪水的主要因素。本节重点解析环境变化对流域极端洪水的影响类别。

7.1.1　气候变化对极端洪水影响

近年来,在气候持续异常背景下,全球所经历的极端事件频发,1992—2020年全球洪水灾害总频次与影响人口时空变化情况见图7.1-1,我国每年因极端水文气象事件所造成的直接经济损失近千亿元而且呈上升趋势。

（a）洪灾频次分布

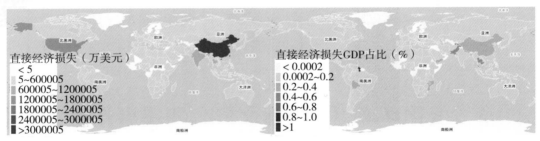

（b）直接经济损失分布

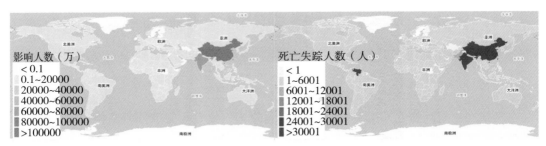

（c）洪灾影响及死亡人口分布

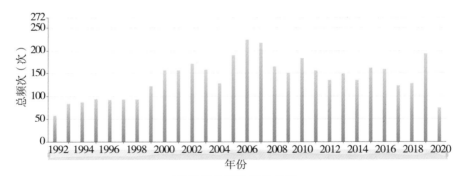

（d）洪灾总频次变化趋势

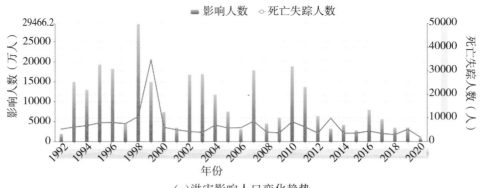

（e）洪灾影响人口变化趋势

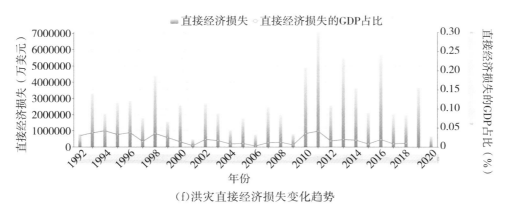

（f）洪灾直接经济损失变化趋势

图 7.1-1 1992—2020 年全球洪水灾害总频次与影响人口时空变化情况

（数据来源于全球灾害数据平台）

2020 年长江、淮河、松花江、太湖同时出现流域性洪水,其中长江中下游梅雨期及梅雨量均为 1960 年以来最多,中国气象局连续 41d 发布暴雨预警,2020 年"超级暴力梅"引发鄱阳湖流域超标准洪水,造成严重洪灾损失。研究表明,在相似环流下,达到 2020 年强度的降水事件发生概率由过去气候下的 1.23% 增长至现在气候下的 6.25%,其中 80% 可归因为气候变化的作用,气候变化使"超级暴力梅"发生的概率增加近 5 倍,我国降雨量、气温年际变化见图 7.1-2。

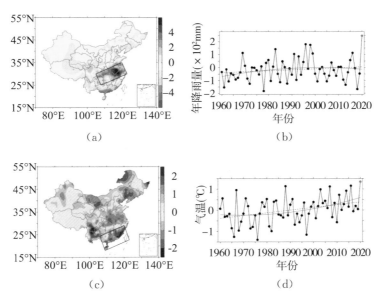

图 7.1-2 我国降雨量、气温年际变化

2021 年 7 月 17—23 日,河南省遭遇历史罕见特大暴雨,郑州国家气象站 1h 降水量达 201.9mm,突破我国大陆气象观测记录历史极值(198.5mm,1975 年 8 月 5 日河南林庄),郑州市累计降雨 400mm 以上面积达 5590km²,600mm 以上面积达 2068km²,特大暴雨引发严重汛情,郑州市贾鲁河、双泊河、颍河等 3 条主要河流均出现超保证水位大洪水,过程洪量均超过历史实测最大值,远超出城乡防洪排涝能力,郑州市城乡大面积受淹,城镇街道洼地积涝严重、河流水库洪水短时猛涨、山丘区溪流沟道大量壅水,形成特别重大自然灾害,河南省启用 8 处蓄滞洪区,共产主义渠和卫河新乡、鹤壁段多处发生决口。

气候变化对洪水的影响主要体现在:全球升温增加了大气中可容纳水汽含量,大气环流特征和 ENSO 等海温异常,使得流域或区域暴雨强度、暴雨频度、暴雨历时发生变化,直接导致极端洪水的强度、频率和历时也发生显著的变化。

7.1.2 水利工程对极端洪水影响

水利工程的修建在一定程度上影响了流域自然条件的水循环过程。根据统计,目前世界上 60% 以上河流均修建有水利工程,估计到 2050 年会增加至 70%,美国和欧盟 60%~65% 的河流受到大坝影响,亚洲地区 50% 的河流受到闸坝调控。我国一直高度重视河流水利工程修建,水利水电工程发展迅猛。水利部李国英部长 2021 年在中华人民共和国国务院新闻办公室新闻发布会上透露,截至目前,我国共建成各类水库 9.8 万多座,大江大河基本具备了防御新中国成立以来最大洪水的能力。这些水利水电工程的修建,对河道连续性造成了较大影响,改变了河流天然水文节律,使流域水循环过程更为复杂,对流域洪水形成与转化过程产生了深刻影响。

水利工程对洪水的影响主要是水利工程的蓄水容量可拦洪滞洪,使洪峰坦化、洪量减小、峰现时间滞后等作用,在暴雨洪水灾害防御中起着重要作用。我国学者通过水库拦蓄量分析了水库对洪水的影响,如程海云和葛守西的统计分明表明,长江 24 座主要水库在 1998 年 7、8 月汛期拦洪量高达 100 亿 m^3,削峰系数 0.26~0.81,拦洪削峰作用突出。除了水利工程对洪峰的影响外,还有对洪水频率、强度的影响。水利工程建设使流域防洪能力显著增强,水库群建设极大减少了流域中下游超额洪量,堤防建设增强了极端洪水的防御能力。

7.1.3 土地利用变化对极端洪水影响

在气候变化、政策调控以及经济驱动等多种因素的驱动下,近年来,城市化进程加剧,退耕还林、河湖围垦以及植树造林等措施实施,使我国土地利用格局发生深刻变化,我国黄淮海地区、东南沿海、长江中游等地区城镇工矿用地明显加速扩张,北方耕地开垦中心由东北和内蒙古向西北转移,部分地区退耕还林效果显著,且随着对生态环境的逐步重视,土地利用格局逐步转变成开发与保护并重。土地覆被和土地利用变化通过对地表反照率、蒸散、温室气体的源和汇,以及气候系统的其他性质的改变而产生辐射强迫,进而影响区域或全球气候,其对极端洪水影响主要有城市化的增洪作用,河湖围垦对洪水的蓄泄削减作用,林地、草地等植被对流域蓄水调节作用等。

(1)城市化对极端洪水的影响

城市化作为人类活动对水循环影响的重要表现形式,一方面通过改变下垫面属性,对地表产汇流特征产生直接影响;另一方面通过地表能量分配及其他城市环境要素改变区域降雨特性,从而对地表的水文过程产生间接影响。我国城市化率已由1949年的10.64%增长到2019年的60.6%,城镇化水平整体提高明显。随着城镇化和工业化水平的迅速提高,大规模城镇建设扰动了原有地表地貌,河道、湖泊、洼地等调蓄水体被不断挤占,洪涝水调蓄能力萎缩,城区不透水面积迅速扩大,既减小了洪涝调蓄能力又加快了产流过程。同时,水流在城市地表运动的粗糙率较小,从而缩短了流域汇流时间,最终的结果是引发峰高、量大、历时短的洪水过程。除了城市化导致的不透水面积增加这个因素外,流域的洪水响应也取决于不透水面的空间分布特征、降雨特性等因素。

研究表明,这将使同量级暴雨引起的洪量增加、峰现时间提前、洪峰增大、峰形变陡,洪水风险加大。以嫩江流域为例,1995年、2006年流域不透水率分别为4.8%和7.0%,如遇1998年超标准洪水,2006年孕灾环境较1995年洪峰增加了6.3%,峰现时间提前了一天,1998超标准洪水对应不同孕灾环境下驱动响应关系见图7.1-3。

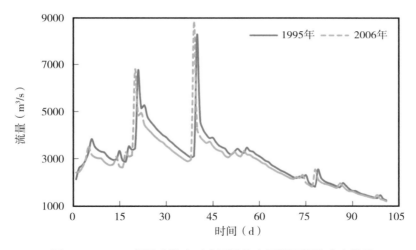

图7.1-3 1998超标准洪水对应不同孕灾环境下驱动响应关系

(2)河湖围垦对极端洪水的影响

河湖围垦也是流域内土地利用发生的重要变化,直接减少了湖泊的调蓄库容,影响到洪水的出路和调蓄作用。流域中下游两岸的湖泊洼地,历史上就是调蓄江河洪水的天然场所,两三千年前就有运用湖泊洼地蓄滞超额洪水的记录。随着经济社会发展和人口增加,这些地区人水争地的矛盾日益加剧,天然湖泊洼地逐渐被围垦和侵占,造成面积、容积急剧减小。根据不完全统计,1949年以来,长江中下游地区湖泊围垦总面积超过13000km²,因围垦减少湖泊容积超过500亿m³,蓄洪能力减少75%,除洞庭湖、鄱阳湖外,其他通江湖泊因建闸不再蓄纳长江洪水。洞庭湖围垦(集中在1949—1978年)和鄱阳湖围垦(集中在1949—1976年)明显减小了湖泊水域面积并加速湖泊萎缩,调蓄荆江洪水和洞庭湖"四水"(湘江、资水、沅江、澧水）的面积已由 1825 年的 6000km² 衰减至 1949 年的 4350km² 和 1995 年的 2625km²，洞庭湖面积变化见图 7.1-4，容积由 1896 年的 420 亿 m³ 逐步减少至 1949 年的 293 亿 m³ 和 1995 年的 167 亿 m³，大大削弱了对荆江超额洪水的调蓄能力；鄱阳湖水面面积从唐代初期的 6000km² 逐步衰减至 1949 年的 5340km²、1954 年的 5160km²、1983 年的 3914km²、1995 年的 3860km² 和 2010 年的 3287km²（湖盆面积），鄱阳湖面积变化见图 7.1-5。1998 年长江流域大洪水后两湖开展退田还湖工程以增强洪水调蓄能力，但其相较湖泊围垦影响有限。

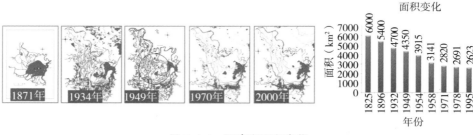

图 7.1-4　洞庭湖面积变化

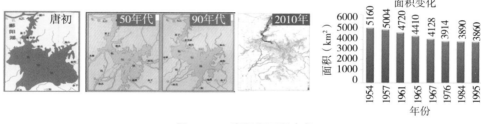

图 7.2-5　鄱阳湖面积变化

湖泊的萎缩和消失，使其调蓄洪水能力大为减弱，平原地区调蓄洪水的场所大量消失，大大加重了河道滩槽行洪与调蓄洪水的负担，在相当程度上引发了江湖洪水位的不断升高，洞庭湖城陵矶（七里山）站、鄱阳湖湖口站年最高水位超过警戒水位的频率呈递增趋势（图 7.1-6），洪灾不断扩大。1996 年湖南沅江、资水的流量都比 1969 年的小，水位却比 1969 年高出 1.50m 和 0.82m，洞庭湖湖区 1996 年的洪水总量低于 1954 年，水位却比 1954 年高 1.06m。1998 年长江流域型洪水，长江中下游干流螺山、汉口、大通等站 1998 年最大流量，以及最大 30d、60d 洪量均小于 1954 年，但年最高水位却大大高于 1954 年，导致长江中下游水位偏高。1998 年分蓄洪量与 1954 年相比少很多，1954 年长江中下游分洪溃口总量达 1023 亿 m³，而 1998 年只有 100 亿 m³。1996 年黄河 1 号洪峰在花园口的流量为 7600m³/s，仅相当于 1958 年洪峰流量 22300m³/s 的 1/3，而水位却超过了 1958 年水位近 1m，堤坝频频出险，滩区大量漫水，河南、山东两省 40 个县（市）100 多万人受灾。

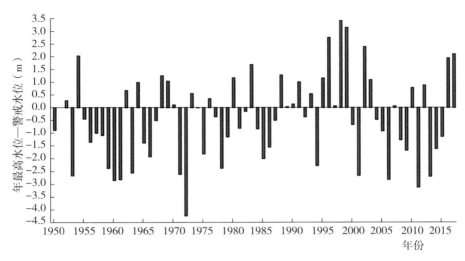

（a)洞庭湖出口七里山站

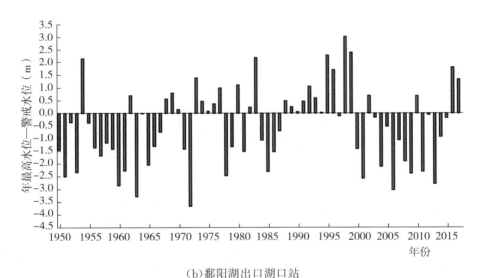

（b)鄱阳湖出口湖口站

图 7.1-6 洞庭湖、鄱阳湖年最高水位超警戒水位变化

（3)植被变化对径流影响

土地利用范围与方式的迅速改变,使得孕育洪水的下垫面环境发生了显著变化,从而导致暴雨洪水响应机理的异常表现。地面植被起着截留降雨、调蓄径流、影响径流形成过程和时间分配的作用。已有研究表明,森林对洪水的影响与暴雨过程和林区分布有关,对于单峰型暴雨洪水而言,森林率越大,森林削减洪水径流的作用也越大(图 7.1-7);但对于复峰型洪水而言,由于汇流时间的延长,各汇流区洪水过程叠加可能使下游出口断面的洪峰流量增大。截至 2018 年,我国森林覆盖率已从 1973 年的 13% 提高到 27%,森林的拦蓄作用将逐步显现。相反,森林植被破坏则会减少涵养水分,径流系数随着植被覆盖度的下降(由 95% 降至 15%)而显著增加(由 0.23 增至 0.59),长江流域的森林覆盖率由 1957 年的 22% 下降至 1986 年的 10％,四川省则由 1935 年的 34％锐减至 1998 年的 4％,这是导致 1998 年长江中游(特别是荆江河段)洪水位(指相同流量)不断抬高的一个主要原因。王平章等采用对比分析法研究了清江上游流域植被变化对流域产流、产沙、径流过程及蒸发等水文特性的影响,最终得出结论:随着流域森林植被覆盖率的提高,流域产沙量减少,陆面蒸发增大,产水量减少,地下径流比重增加,河流雨峰模数降低,洪水退水历时延长。

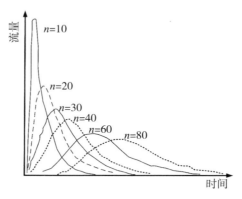

图 7.1-7　不同森林率的流量过程示意图

(4)土地利用变化对流域极端洪水的影响

以淮河沂沭泗流域为例,分析了土地利用变化对流域极端洪水的影响。收集了沂沭泗流域 1980 年、2000 年和 2015 年 3 期的土地利用数据,数据分辨率为 1km。将 3 期土地利用数据分为耕地、林地、草地、水域、城镇用地和未利用土地(裸地)6 种类型,统计土地利用类型的面积百分比和变化率。其中,城镇用地是流域第二大用地类型,面积占比由 1980 年的14.3％增加到 2015 年的 16.8％,城镇用地增加较为显著,2000 年后的 15 年增加率达到9.2％,超过了前 20 年的 7.6％,说明沂沭泗流域在 2000 年后城镇化速度远大于 20 世纪 80年代和 90 年代。

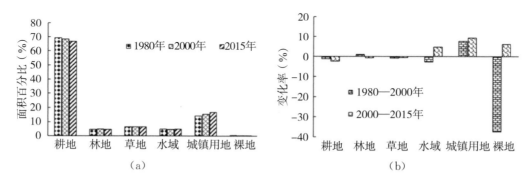

图 7.1-8　土地利用类型面积比例及变化率

考虑到对近期极端洪水的研究,在 2015 年土地利用情景下,利用 2006—2015 年水文气象资料,采用 SWAT 模型模拟出日径流过程。选取极端洪水年 1974 年和 2012 年进行分析,在 1980 年和 2015 年土地利用情景下,模拟的 1974 年的洪峰流量分别为 4464m³/s 和

4428m³/s,模拟的 2012 年的洪峰流量则分别为 4885m³/s 和 4662m³/s。两期土地利用情境下模拟的洪峰流量值差距较小,说明土地利用变化对洪峰流量的影响不显著。

为研究土地利用变化对洪水过程的影响,将 1974 年和 2012 年的 ΔQ 和临沂站逐日降水量绘制分别见图 7.1-9 和图 7.1-10。

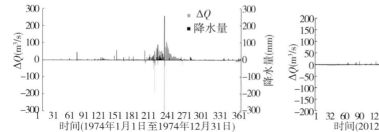
图 7.1-9 土地利用变化引起 1974 年的日径流变化

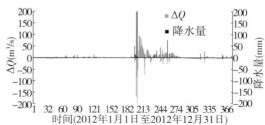
图 7.1-10 土地利用变化引起 2012 年的日径流变化

可以看出,无论是在 1974 年还是 2012 年,在降水量较少和非汛期时,ΔQ 值极小,且变化范围较小,说明非汛期和降水量少时由土地利用变化引起的径流变化十分细微,也没有明显趋势。在进入汛期即 6—9 月后,随着降水量剧烈增加,ΔQ 开始出现明显的变化,整个汛期内 ΔQ 波动范围较大,较为剧烈,但整体合计为正值,这说明降水量较大时,土地利用变化引起的径流变化较为剧烈,对径流有抑制也有促进作用,但总体上径流呈现增加趋势。结合降水量变化情况可以发现,在单次降水量达到较大值,ΔQ 多为负值,降水量达到峰值时,ΔQ 相应达到最小值,降水停止后,ΔQ 则迅速转为正值,约在几日后达到最大值但绝对值远小于降水峰值当日 ΔQ 最小值的绝对值,并在下次降水到来前逐渐减小;而在连续小幅降雨过程中,ΔQ 则会维持正值,并根据降水量变化而波动。分析其原因可能是沂河流域城镇用地大幅增加,大部分由耕地转化而来。汛期降水量较大时,在降水初期增加的城镇用地会截流或者排漏大量雨水,导致初期流量的减少,城镇用地消化洪水能力有限,在随后的汇流过程中,由于城镇用地增加导致不透水面积增加,从而导致洪水流量的增加。

7.2 全球气候变化背景下流域极端降水事件演变规律与发展趋势

为揭示气候变化背景下流域极端降水事件演变规律,选取长江监利以上、沂沭泗及嫩江 3 个示范防洪重点流域作为研究对象,利用气象站点历史降水观测资料,应用多种极端降水指数,采用百分位方法确定流域极端降水阈值,分析历史极端降水时空变化特征。利用海温及大气环流资料,开展 3 个流域典型洪涝年气候成因分析,揭示前兆信号和同期大气环流特征。基于最新气候模式产品,拓展性研发多模式降尺度模拟结果误差订正技术,开展 3 个流域未来极端降水事件发展趋势预估。

7.2.1 气候变化下流域极端降水事件演变规律

在长江监利以上、沂沭泗及嫩江 3 个示范防洪重点流域,采用 1961—2017 年流域内气象站点(长江监利以上 320 个站点、沂沭泗 56 个站点、嫩江 35 个站点)日降水、气温逐日观测资料,采用趋势分析法、合成分析法、Mann-Kendall 非参数检验等方法开展各个流域气温、降水时空变化规律特征分析。

(1)示范流域气候背景和变化特征分析

3 个流域年平均气温均呈现明显增加趋势,嫩江增温率最大(0.34℃/10a),长江监利以上最小(0.17℃/10a),沂沭泗次之(0.27℃/10a)。

长江监利以上流域年均降水量总体无明显变化趋势,具有明显的年代际变化特征,年代际变率大,在 20 世纪 60—90 年代以及 21 世纪 10 年代间以偏多为主,在 21 世纪 00 年代偏少。

沂沭泗流域年均降水量整体无明显变化趋势,但年代际变化特征明显,60 年代初期、2000 年代降水偏多,60 年代末至 90 年代、2010 年代流域降水偏少。

嫩江流域年均降水量整体呈每十年增加 11.2mm 的变化趋势,年代际变化特征明显,流域在 20 世纪 60、70 年代,21 世纪 00 年代降水偏少,20 世纪 80—90 年代、2010 年代降水偏多,易出现连续丰水年和连续枯水年,是一个洪涝、旱灾共存且频发的区域。

(2)示范流域极端降水时空分布特征

利用日降水和面雨量序列资料,分析流域极端降水事件强度和频次空间分布特征及其时间变化特征(趋势、变化、周期变化等)。应用多种极端降水指数,从站点极端日降水量和流域极端面雨量两个方面开展示范流域极端降水事件时空变化特征分析。

长江监利以上流域极端日降水量阈值 10.2～46.1mm,由西向东逐渐增大,金沙江流域南部、嘉陵江中南部及上游干流区间为高值区,极端日降水量阈值≥35mm。基于百分位法的长江监利以上流域极端降水阈值见图 7.2-1。

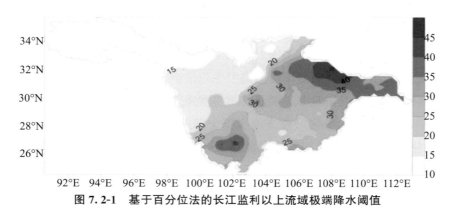

图 7.2-1 基于百分位法的长江监利以上流域极端降水阈值

长江监利以上流域年均极端降水日数和暴雨日数分别为 7.5d 和 2.4d,年均极端降水量为 353.3mm,三者均无明显的变化趋势(图 7.2-2、图 7.2-3)。从空间分布来看,长江监利以上流域极端降水量整体东多西少,乌江流域南部、上游干流区间西部为极端降水发生高值区,流域连续 3d 和 7d 最大降水量在金沙江大部、嘉陵江中南部、乌江大部呈增多变化趋势,其他流域以减少为主。

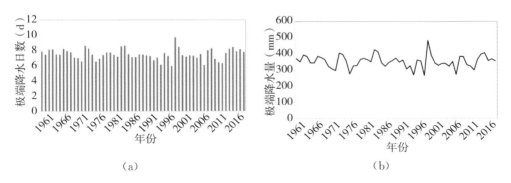

(a)　　　　　　　　　　　　　　　(b)

图 7.2-2　1961—2017 年长江监利以上流域极端降水日数、极端降水量(mm)变化趋势

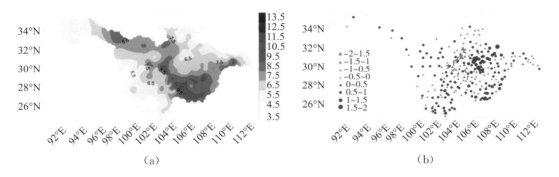

(a)　　　　　　　　　　　　　　　(b)

图 7.2-3　长江监利以上流域年均极端降水日数(a)

和连续 3d 最大降水量(b)变化趋势空间分布(mm/y)

1961—2017 年长江监利以上流域年、夏季极端日面雨量事件出现次数和极端面雨量呈现波动变化特征。乌江、宜宾到重庆区间为最易出现极端日面雨量事件的流域,年均出现 8 次以上;岷沱江流域极端日面雨量总量、发生次数呈较明显的减少趋势,上游干流区间(宜宾—重庆—宜昌)、乌江流域极端日面雨量降水总量、发生次数总体呈增加趋势。

沂沭泗流域极端降水量呈略减少趋势、嫩江流域呈弱增加趋势。空间分布上,沂沭泗流域极端降水量东南多西北少,流域中部及南部极端降水较为频发;嫩江流域极端降水量高值区主要位于流域下游西北部,流域北部及西部极端降水较为频发。沂沭泗流域和嫩江流域年、夏季极端日面雨量事件出现次数和极端面雨量呈现波动变化特征。沂沭泗流域 20 世纪 60 年代初期、70 年代初期及 2000 年代极端日面雨量事件发生较多,1962 年及 2003 年极端日面雨量事件均达到 9 次。

嫩江流域 20 世纪 80 年代、90 年代后期及 2010 年代极端日面雨量事件发生较多,1983 年、1998 年分别达到 10 次、13 次。沂沭泗流域和嫩江流域极端降水发生时间分别提前 2.4d/10a 和 1.1d/10a。

（3）流域不同重现期下降水阈值估算

采用广义极值法（GEV）确定 3 个流域 5 年、10 年、25 年、50 年、100 年一遇不同重现期对应的极端降水阈值（图 7.2-4）。长江流域监利以上日最大降水量的高值区分布在嘉陵江中南部、上游干流区间，50 年一遇的日最大降水量可达 200～400mm，100 年一遇可达 250～500mm。

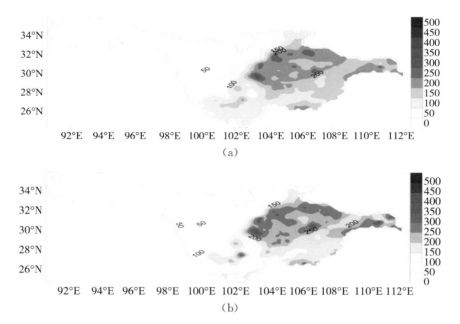

图 7.2-4　长江监利以上流域 1d 最大降水量 50 年一遇（上）和 100 年一遇（下）不同重现期极值估计空间分布

综上分析，在全球气候变暖的大背景下，3 个流域气温均呈现明显增加趋势，具有明显的年代际变化特征。极端降水量沂沭泗呈略减少趋势、嫩江流域呈弱增加趋势，长江监利以上流域无明显的变化趋势，年际变率较大；从空间分布上看，长江监利以上流域极端降水量整体东多西少，乌江流域南部、上游干流区间西部为极端降水发生高值区，流域连续 3d 和 7d 最大降水量在金沙江大部、嘉陵江中南部、乌江大部呈增多变化趋势，其他流域以减少为主；沂沭泗流域极端降水量东南多西北少，流域中部及南部极端降水较为频发；嫩江流域极端降水量高值区主要位于流域下游西北部，流域北部及西部极端降水较为频发。

7.2.2　典型洪涝年极端降水特征及气候成因分析

基于极端面雨量数据，使用连续 7d 降水量（RX7）极端事件作为指标，对长江流域监利以上流域超标准洪水的典型年份 1983 年、1998 年和 2020 年进行降水特征和气候成因分析。

7.2.2.1　长江流域监利以上典型洪涝年极端降水特征分析

1983 年，流域极端连续 7d 面雨量事件主要出现在 5—9 月，7 月为范围最广、次数最多的月份，9 月仅金沙江和岷沱江流域出现极端连续 7d 面雨量事件。1954 年 7 月长江监利以上各子流域均发生了极端连续 7d 面雨量事件,其中乌江流域、宜宾至重庆区间出现频次最高,乌江流域主要出现在 6—7 月,宜宾至重庆区间主要出现在 7—8 月。1983 年共出现了 23 次极端面雨量事件,极端面雨量累计值 260.8mm,为极端面雨量最大的一年。

1998 年各子流域的极端连续 7d 面雨量事件从 5 月开始,至 10 月结束。5 月上旬上中游干流区间发生极端事件;6 月极端事件出现在上中游干流区间和金沙江下游,7—8 月全流域均发生了极端事件且频次最高;9 月中旬仅嘉陵江发生;10 月的极端事件出现在上中游干流区间和乌江流域。综合整个汛期来看,极端连续 7d 面雨量事件出现频次最高的流域是金沙江下游以及中上游干流区间,中上游干流区间影响时段长于金沙江下游,但频次低于金沙江下游。

2020 年各子流域极端连续 7d 面雨量事件集中出现在 6—9 月。6—7 月除金沙江下游外全流域均出现了极端事件,其中乌江及上游干流区间出现极端次数最多;8 月极端降水事件覆盖除上游干流区间的流域,极端事件发生频次最高的区域移至嘉陵江、岷沱江流域;9 月极端事件出现在乌江流域、上游干流区间以及金沙江下游等区域;10 月仅重庆至宜昌区间出现极端事件。

在 3 个典型年中,1954 年极端连续 7d 面雨量事件发生在 5—9 月,1998 年发生在 5—10 月,2020 年发生在 6—9 月。5—10 月极端连续 7d 面雨量事件出现频次和极端面雨量总量明显高于其他年份,其中乌江流域、宜宾到重庆区间极端面雨量事件出现频次最高。

7.2.2.2 典型洪涝气候成因分析

为了更好地提取流域超标准洪水的前兆信息,为流域超标准洪水预判、识别提供一定判别条件,对长江监利以上流域海温、大气环流和下垫面特征分析发现:

(1)典型洪水多出现于厄尔尼诺的结束年

如 1983 年、1998 年均是东部型超强厄尔尼诺结束年,2020 年为弱中部型厄尔尼诺结束年。

(2)春季印度洋海温多高于平均值

1998 年春季印度洋海温是 1951 年以来第二暖年。

(3)前冬青藏高原积雪和欧亚积雪偏多

1983 和 1998 年前冬青藏高原积雪和欧亚积雪均偏多,2020 年前冬青藏高原积雪偏多明显,但欧亚积雪偏少。

(4)夏季偏强,夏季风强度偏弱

西太平洋副高是向我国大陆输送水汽的重要系统,副高的强度和位置是决定降水落区的主要原因之一。1983 年、1998 年和 2020 年夏季副高异常偏强,有利于副高稳定且水汽输送强,同时夏季风强度均偏弱。

（5）夏季中高纬呈"两脊一槽"

两脊分别位于乌拉尔山和鄂霍次克海地区,槽区位于贝加尔湖,利于冷空气从贝加尔湖南下。

7.2.3 典型流域未来极端降水事件预估

未来气候预估仍存在许多不确定性,为了客观揭示气候变化背景下 3 个示范防洪重点流域未来极端降水事件的发展趋势,使用 LMDZ4 变网格大气环流模式分别单向嵌套 BCC_CSM1.1(m)、FGOALS-g2、IPSL-CM5A-MR 等 3 个全球模式,得到多模式动力降尺度结果,拓展性研发未来多模式降尺度模拟结果误差订正技术,改进传统的预估计算方法,预估 RCP4.5 下 3 个流域 21 世纪初期(2021—2040 年)和中期(2041—2060 年)降水,为超标准洪水应对提供气候依据。

（1）气候多模式集成的降尺度模拟方案以及误差订正方法

使用 LMDZ4 变网格大气环流模式分别单向嵌套三个全球模式(BCC_CSM1.1(m)、FGOALS-g2、IPSL-CM5A-MR),得到多模式动力降尺度结果(LMDZ/BCC、LMDZ/FGOALS、LMDZ/IPSL)。温度和降水的模拟偏差随气候态呈非线性变化,应用 RCM 产生的气候情景进行未来气候变化的影响评估时,必须对 RCM 预测的气候变量的误差进行订正。不仅要调整均值的偏差,更要针对不同量级上的模拟值进行校正。本研究采用分位数调整法进行校正,该方法将模拟的未来变率与历史观测数据结合,将观测数据作为未来变化的基准值,不仅考虑了模式在未来模拟中变率变化的情况,也考虑了变量本身的自然变率。

（2）误差订正效果比较

为对比检验模拟结果,将观测气温和降水分别使用 Xu 等和 Chen 等发展的中国区域格点数据。这两套数据由观测站点插值得到,分辨率均为 0.5°×0.5°。分别从降雨日数模拟、日降水量、极端降水指数 3 个方面进行误差订正效果比较分析,结果表明都具有显著的订正效果。验证时段(1986—2005 年)日降水量观测值、模拟值及订正值的偏差见图 7.2-5。

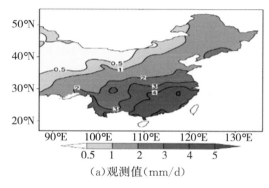

（a）观测值（mm/d）

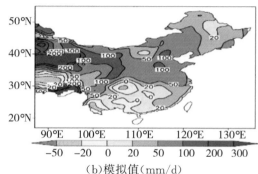

（b）模拟值（mm/d）

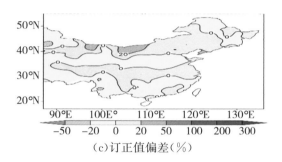

（c）订正值偏差（%）

图 7.2-5 验证时段（1986—2005）日降水量观测值、模拟值及订正值的偏差

（3）基于误差订正的未来极端降水事件预估

根据分析，21 世纪初期（2021—2040 年）长江监利以上流域年均降水量空间分布不均，整体呈现由西向东增加的分布型（图 7.2-6）。90 百分位日极端降水量（R90p）的空间分布与平均降水量分布基本一致，四川盆地及其以东地区 R90p 超过 21mm/d。R90p 在 21 世纪初期金沙江上游、重庆等区域增加，超过 10%，嘉陵江中上游和宜昌等区域减少超过 10%。

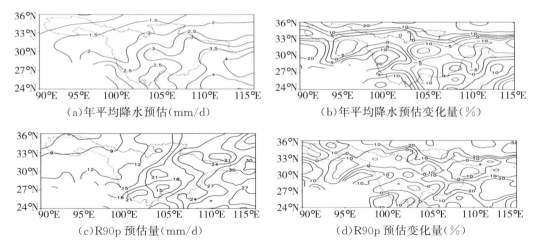

（a）年平均降水预估（mm/d） （b）年平均降水预估变化量（%）

（c）R90p 预估量（mm/d） （d）R90p 预估变化量（%）

图 7.2-6 RCP4.5 情景下长江监利以上流域 21 世纪初期（2021—2040）年平均降水量和 R90p 预估量及变化量

21 世纪中期（2041—2060 年）长江监利以上流域年均降水量空间分布与初期基本一致，但略有减少（图 7.2-7）。四川盆地区域降水略高于周边区域。R90p 在流域东北部和南部较大，其中东北部超过 27mm/d。长江监利以上流域东部降水减少，减少程度大于 21 世纪初期，其中嘉陵江流域减少量达 20%。R90p 在 21 世纪中期的变化程度同样超过 21 世纪初期，流域西部、东北部和东南部增加量超过 20%，宜昌等区域减少超过 20%。

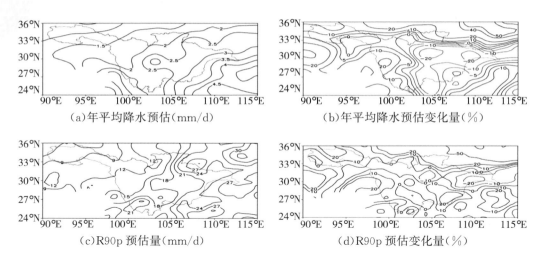

（a）年平均降水预估（mm/d）　　　　　（b）年平均降水预估变化量（%）

（c）R90p 预估量（mm/d）　　　　　（d）R90p 预估变化量（%）

图 7.2-7　RCP4.5 情景下长江监利以上流域 21 世纪中期(2041—2060)年平均降水量和 R90p 预估量及变化量

沂沭泗全流域 R90p 初期增加，西部增加最多，最大区域超过 50%，东部增加量低于 10%；21 世纪中期变化程度超过 21 世纪初期，东部部分区域略有减少。嫩江全流域 R90p 初期基本都减少，其中南部减少程度最大，超过 20%；中期整个流域基本都增加，中北部增加程度最大，超过 20%。

（4）1.5℃和 2℃升温阈值下长江监利以上流域极端降水变化

在 1.5℃和 2℃不同升温阈值下，长江上游地区降水的极端性体现出增强的趋势，强降水事件发生的频率（如 R25）将会升高，极端降水事件的强度（如 RX1d、RX5d）也明显增加（图 7.2-8，图 7.2-9）。RCP4.5 排放情景，2℃升温阈值相比于 1.5℃升温阈值，降水强度、极端降水贡献率、大雨日数和 95 百分位日极端降水量增加幅度略高，而最大 1d 降水量和最大 5d 降水量增加幅度略低。

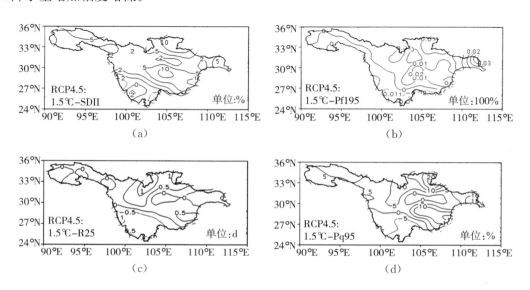

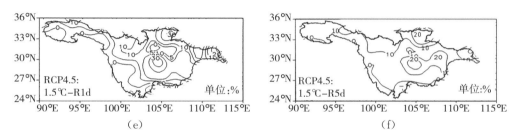

图 7.2-8 RCP4.5 排放情景 1.5℃ 全球气候变暖背景下长江上游极端降水指数

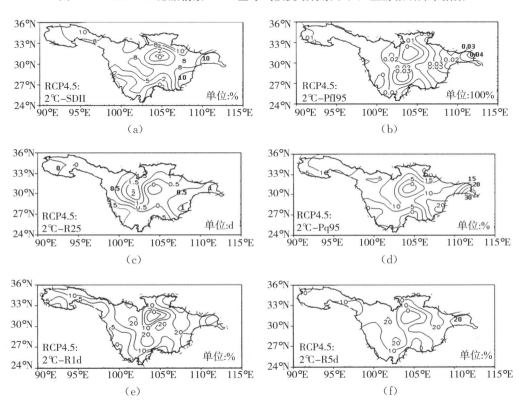

图 7.2-9 RCP4.5 排放情景 2℃ 全球气候变暖背景下长江上游极端降水指数

在全球平均升温达到 1.5℃ 和 2℃ 阈值时,极端降水指数均呈现增加趋势,即表现为未来长江上游的降水极端性在增强,不仅单次降水过程的量级(SDⅡ)将增大,极端降水过程的量级(R1d、R5d)也有所增加,同时,极端降水事件所产生的总降水量(R95p、Pfl95)和大雨天数(R25)也将增多。但是,这些指数所描述的极端降水强度变化幅度差异较大,说明具有区域性特征。不同升温阈值下长江上游极端降水指数见图 7.2-10。

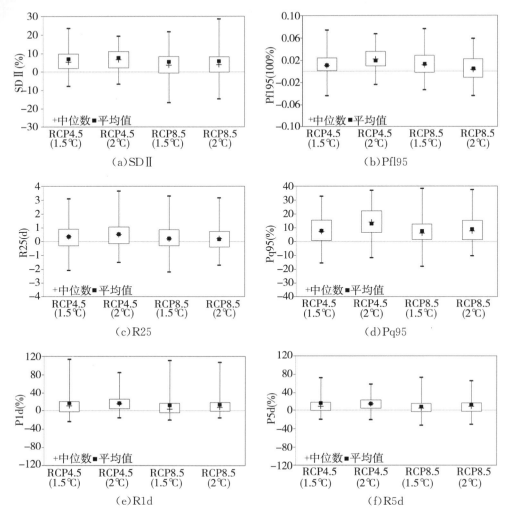

图 7.2-10 不同升温阈值下长江上游极端降水指数

在不同排放情景下达到相同升温阈值时,极端降水指数的预估结果无明显差异。极端降水贡献率在 RCP4.5 情景升温 2℃时变化值的平均值最大,为 0.019,RCP8.5 情景升温 2℃时变化值的平均值最小,仅为 0.005。大雨天数在 RCP4.5 情景升温 2℃时平均值最大,为 0.51d,RCP8.5 情景升温 1.5℃时平均值最小,仅为 0.15d,最大增加幅度与最小增加幅度相差 5.53d。95 百分位日极端降水量在 RCP4.5 情景升温 2℃时平均值最大,为 12.5%,RCP8.5 情景升温 1.5℃时平均值最小,仅为 7.3%。最大 1d 降水量和最大 5d 降水量变化幅度在不同升温阈值情况下都表现为最大值的绝对值远大于最小值的绝对值。上述结果表明同一模式在空间分布上也存在较大不确定性。

使用 LMDZ4 变网格大气环流模式分别单向嵌套 BCC_CSM1.1(m)、FGOALS-g2 和 IPSL-CM5A-MR 等 3 个全球模式,经分位数调整法订正后能够较好地表现出中国区域降水空间分布,在此基础上对 3 个典型流域 RCP4.5 情景下未来 21 世纪初期和中期降水进行预估,发现长江上游地区降水的极端性呈现增强趋势,强降水事件发生频率升高,极端降水事件强度显著增加。对未来降水的预估可为本项目气候变化(及水利工程)影响下流域超标准洪水响应和发展趋势研究提供可靠的降水输入条件;也可在今后气候变化对农业、重大水利工程营运、湖泊湿地生态影响分析研究中发挥作用。

7.3 变化环境下流域极端洪水事件演变规律与发展趋势

在气候变化与高强度人类活动综合作用下,流域超标准洪水演变和时空组合规律呈现出新的特点。为研究变化环境下流域极端洪水演变规律与发展趋势,研究采用了历史资料分析示范流域极端洪水演变趋势及洪水地区组成规律,利用水文模拟法分析了未来极端洪水的变化特征。开展了变化环境综合影响下工程水文计算方法研究;综合考虑规划水平年不同水利工程调度能力,揭示了气候变化、人类活动联合作用下极端洪水事件的演变规律,并对未来极端洪水发展趋势以及超标准洪水时空分布格局进行了评估。

7.3.1 流域极端洪水演变规律

以长江上游为研究对象,采用宜昌站及上游主要支流多时段洪量1890—2019年系列资料,分析了长江上游洪水演变趋势及洪水区域组成规律。结合洪水期降雨径流系数变化及其分布,揭示了暴雨洪水响应机理,并运用SWAT月尺度水文模型,开展了未来气候变化情景下极端洪水模拟预估,主要研究成果简述如下:

(1)长江上游洪水特性

宜昌站年径流量自1890—2019年以来呈递减的趋势,宜昌站不同时间段(1d、3d、5d、7d、15d及30d)的极端洪水的时间序列具有一定的相似性,且自1890年以来呈逐渐递减趋势。选用为金沙江、嘉陵江、岷江和乌江流域为子流域,选取主要支流1951—2018水文系列资料进行趋势分析,研究发现,宜昌和主要支流多时段洪量与流域面积有密切关系(表7.3-1),多时段洪量金沙江占比为30%左右。

表 7.3-1   宜昌和主要支流站点多时段洪量统计

站名	流域面积(km²)	15d(亿 m³)	30d(亿 m³)	45d(亿 m³)	60d(亿 m³)
宜昌	1005501	488	876	1210	1537
金沙江屏山	458592	176	314	436	551
嘉陵江北碚	156142	125	191	245	297
岷江高场	135378	104	183	254	320
乌江武隆	83035	78.6	122	159	193

考虑长江上游各水文站之间汇流时间,根据1951—2018年统计分析,不同时段洪量占宜昌洪量的比例为:金沙江32.12%～33.95%、乌江8.89%～9.15%、岷江18.71%～20.52%、嘉陵江17.79%～22.09%。4条支流对宜昌站多时段最大洪量贡献率基本稳定在81%～82%,宜昌至4条支流各时段最大洪量相关系数都在0.9以上,也说明这4条支流洪

水基本上也能反映宜昌站洪水特性。

(2)气候变化对研究区域极端洪水影响

以淮河流域中上游为例,通过分析不同的洪水序列对淮河流域的极端洪水年进行了识别,构建了淮河流域中上游地区 SWAT 月尺度模型,以 CMIP5 在 RCP4.5 情景下的气候模式数据驱动 SWAT 模型,对未来极端洪水进行了预估。选择了淮河流域内 26 个分布较均匀的气象站点 1960—2017 年的日均气温、日最高最低气温、日降水量以及蚌埠水文站的 1950—2017 年的逐日流量作为基本气象水文资料。选取了国际耦合模式比较计划第五阶段在 RCP4.5 情景下(温室气体浓度为中等)的 7 个气候模式日尺度数据,主要包括各模式 1961 年和 2100 年日尺度的降水、最高最低气温、辐射、潜在蒸散发等数据。

分别采用反距离加权法和传递函数法对气候模式数据进行降尺度和偏差校正,将数据校正后的各个模式模拟的逐月降水均值、逐月最高气温、逐月最低气温与气象站观测值进行对比,发现确定性系数均接近 1,即校正效果良好。

从日流量拟合过程来看,率定期和验证期的实测值与模拟值逐日变化过程均比较吻合,率定和验证期间逐日流量的 Re 分别为 -3.3% 和 5.7%,Ens 分别为 0.82 和 0.80,R_2 分别为 0.83 和 0.81。总体来说,逐日流量模拟值、实测值的趋势和数值都比较接近,整体拟合效果比较好。

已知蚌埠站最大日流量序列重现期为 10 年、20 年、50 年和 100 年的洪水阈值分别 $7258.66\mathrm{m^3/s}$、$8466.50\mathrm{m^3/s}$、$9968.78\mathrm{m^3/s}$ 和 $11056.35\mathrm{m^3/s}$,计算未来各气候模式年最大日流量在不同重现期下的阈值及其较基准期阈值的变化率。对年最大日流量洪水序列而言,各模式不同重现期下的洪水阈值的差异性较大,较基准期的变化百分比差异也较大,可以看出,BCC、CaE、GFDL、MPI 和 NEI 模式 10 年、20 年、50 年和 100 年一遇的洪水阈值均高于基准期,BNU 和 MIR 模式不同重现期下的洪水阈值均低于基准期。未来气候模式年最大日流量不同重现期下极端洪水阈值对比见图 7.3-1

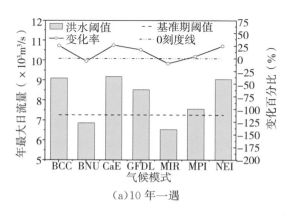

(a)10 年一遇

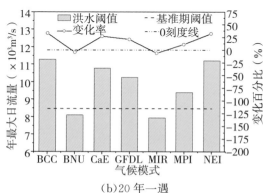

(b)20 年一遇

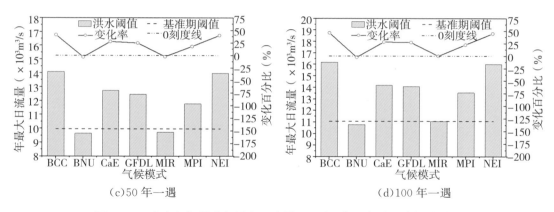

(c)50年一遇　　　　　　　　　　　(d)100年一遇

图 7.3-1　未来气候模式年最大日流量不同重现期下极端洪水阈值对比

以基准期(1950—2017年)蚌埠站年最大日流量序列和年最大30d洪量序列的洪水阈值分别作为极端洪水的识别标准,分析两种洪水序列下重现期为10a、20a、50a和100a各气候模式发生极端洪水的年次,并统计发生极端洪水年次占未来时段(2025—2100年)总年数的百分比,同时与基准期发生极端洪水年次的百分比进行比较。年最大日流量序列下各气候模式未来极端洪水年次及比例,除了BNU模式预估的极端洪水比例低于基准期以外,其他模式下的极端洪水比例均高于基准期,其中CaE模式预估的极端洪水比例最高。各模式预估的未来不同重现期下的极端洪水比例均比基准期高。年最大日流量序列下各气候模式未来极端洪水年次及比例见图7.3-2。

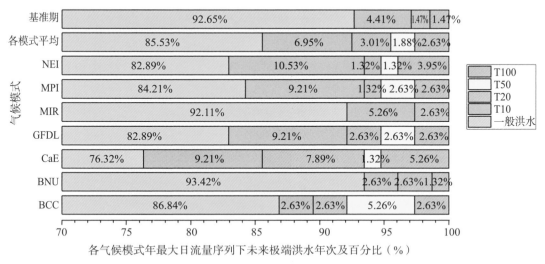

各气候模式年最大日流量序列下未来极端洪水年次及百分比(%)

图 7.3-2　各气候模式年最大日流量序列下未来极端洪水年次及比例

(3)大气遥相关对流域水文变化影响研究

不同类型的ENSO(如传统厄尔尼诺—南方涛动(ENSO)、太平洋3个区域海表温度距平综合指标(ENSO Modoki)、太平洋中部暖温(CPW)、东太平洋冷温(EPC)、东太平洋暖温

(EPW))都对我国的雨季降水有着重要的影响。通过研究 5 种 ENSO 类型在 ENSO 发展期和 ENSO 衰减期对我国雨季降水的影响,利用季风和大气环流来解释中国雨季降雨空间分布规律。结果表明:

长江流域上游在 CPW、EPW 和 EPC 的影响下,雨季降雨量的空间分布规律各不相同。在 EPW 衰减期总体增多。EPC 发展期的雨季降雨出现了明显的东增西减的现象。在 El Niño 发展期,长江上游大部分地区的降雨均呈增加趋势(增加幅度为 0%~10%)。在 El Niño Modoki 发展期的影响下,长江流域上游大部分地区的雨季降雨都有增加(增加幅度为 0%~10%)。

淮河流域在 CPW 发展期,西部的雨季降雨量相比于非 ENSO 年明显增加(增加幅度为 0%~10%);在 CPW 衰减期,淮河流域大部分地区的雨季降雨量都显著增多(增加幅度为 0%~20%),只有淮河流域西南方向部分地区的雨季降雨量有所减小(减小幅度为 0%~10%)。在 EPC 发展期,东北部和东南部地区雨季降雨量增加;EPC 衰减期影响下的淮河地区的雨季降雨量大部分地区均增加,仅有西南角地区的雨季降雨量减小(减小幅度为 5%~25%)。在 EPW 发展期,淮河流域东北角和南部地区的雨季降雨量则有明显增加,尤其是东南沿海地区,雨季降雨量增加高达 35%。

分析长江上游极端洪水与全球主要的 10 个遥相关型的关系,从机理上探明遥相关对长江上游极端洪水的影响。所使用数据为宜昌站 1950—2020 年的逐日流量资料。宜昌站的极端洪水定义为宜昌站 1950—2020 年期间年最大 1d、3d、5d、7d、15d 及 30d 最大洪水(表示为 M1、M3、M5、M7、M15、M30)。遥相关模式是大气中反复出现的、持续的、大规模的振荡环流系统,通常持续数周或更长时间。它们影响大范围内的温度及降水。本研究所使用的全球主要的 10 个遥相关型因子为厄尔尼诺南方涛动(Nino3.4)、西太平洋型(WP)、太平洋十年涛动(PDO)、太平洋/北美型(PNA)、东大西洋型(EA)、印度洋偶极子(IOD)、北大西洋涛动(NAO)、斯堪的纳维亚型(SCA)、东大西洋/西俄罗斯型(EA/WR)及极地/欧亚遥相关型(POL)。

采用主成分分析法(PCA)和奇异值分解法(SVD)用于分析极端洪水与全球遥相关模式的关系。主成分分析结论表明,极端洪水主要在第一主成分,它与 Nino3.4,PDO 呈正相关关系,而与 IOD 与 NAO 呈负相关关系。奇异值分解法所得长江上游宜昌站极端洪水与 Nino3.4 和 PDO 统计上显著正相关关系,而与 IOD 负相关,结果和主成分分析法相吻合。主成分分析法分析长江上游宜昌站极端洪水和全球主要遥相关模式关系见图 7.3-3,标准化的 M30 与统计显著相关的气候因子关系见图 7.3-4。

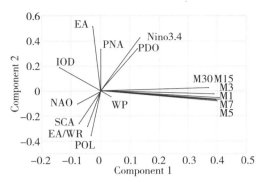

图 7.3-3　主成分分析法分析长江上游宜昌站极端洪水和全球主要遥相关模式关系

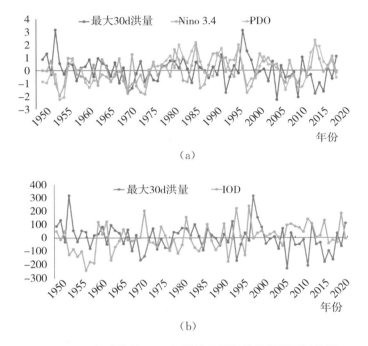

图 7.3-4　标准化的 M30 与统计显著相关的气候因子关系

　　宜昌站不同时段的极端洪水量呈减少趋势。通过研究土地利用和气候变化对沂沭泗流域极端洪水影响发现,土地利用变化对极端洪水的洪峰流量影响不显著;当降水量较大时,土地利用变化引起的径流变化较为剧烈,对径流有抑制作用也有促进作用,但总体上径流呈现增加趋势。未来气候变暖情景下,流域极端洪水发生频次呈增加趋势。

7.3.2　变化环境下非平稳性多变量组合设计洪水计算方法

　　设计洪水是判断防洪工程运用及洪水是否超过防洪标准等的主要依据,受变化环境特别是水利工程的调度运用直接影响,现行的基于平稳性假定的工程水文计算理论与方法已不再适用于变化环境下的非平稳性情形。开展变化环境下水文频率计算理论和方法研究,具有重要的理论意义和实际应用价值。

采用还原/还现方法、基于变参数概率分布模型途径,开展了变化环境下非一致性水文设计值计算方法研究。

(1)基于还原/还现途径的设计洪水分析

洪水系列的"还原"就是将环境变化之后的实测样本修正到环境变化之前的原状态,而"还现"则是将环境变化之前天然状态下的实测样本修正到环境变化之后的现状态。选择屏山站(金沙江干流)、北碚站(嘉陵江干流)、武隆站(乌江干流)为研究对象,采用长江水利委员会水文局的还原/还现方法及相关资料。

根据屏山、北碚、武隆站控制流域内大型水库的建设和调度运用情况,通过还原和还现方法对 3 个水文站 1970—2015 年的实测洪水进行还原和还现,统计得到各站还原/还现后的年最大洪峰和年最大时段洪量系列,总体上,还现后的系列样本要小于还原后的系列样本,尤其是对于洪峰系列及短历时洪量。但随着历时的增加,还原和还现系列的差异性会逐渐变小。这主要是由于水库工程建设以后,水库对河道洪水具有一定的削峰削量作用,尤其是削峰作用显著,使得现状条件下的极值洪水系列要小于天然状态。基于还原/还现系列进行频率分析,推求了给定重现期条件下的洪水设计值。结果表明,还原系列的频率曲线要高于还现系列的频率曲线,即相同频率下,基于还原系列计算的设计值要明显高于基于还现系列的设计值,但随着频率的增大(即从稀遇洪水到常遇洪水),两者的差异减小。这与现状工程条件下,上游水库对大洪水的削峰、削量作用更显著相符合。武隆站基于还原/还现系列的频率曲线见图 7.3-5。

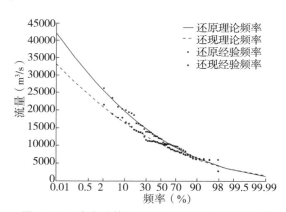

图 7.3-5　武隆站基于还原/还现系列的频率曲线

绘制屏山站、武隆站和北碚站基于还原系列和还现系列推求的设计频率为 0.01%、0.1%、1%、2% 和 5% 的设计值间关系图,发现设计值间相关性强,可采用线性回归函数模型描述两者之间的相关关系(图 7.3-6)。利用此相关关系,可以实现还原系列和还现系列设计值的转换。

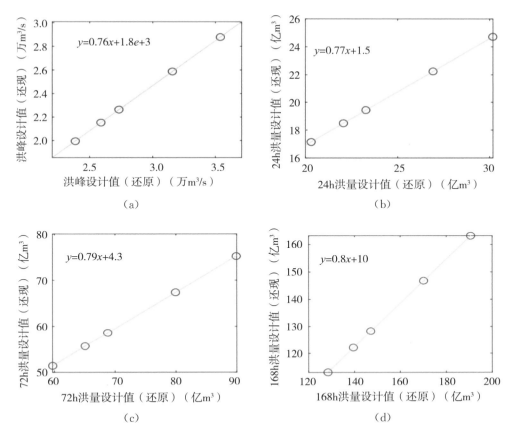

图 7.3-6 基于还原系列推求的设计值与基于还现系列推求的设计值间关系(屏山站)

(2)非平稳性动态变参数联合分布模型构建及多变量设计值计算

基于变参数 Copula 函数,构建了可综合考虑洪峰—洪量边缘分布非平稳性和相依结构非平稳性的变参数动态 Copula 多维联合分布模型,分析不同洪水变量及不同地区洪水联合分布规律随时间的非平稳性演变特征。

1)不同时段洪量组合设计值计算。

经模型优选,采用 P-Ⅲ(L)型变参数边际概率分布模型描述非平稳变量统计性质,各统计参数形式如下:

$$a_t = \exp(a_0 + a_1 t) \tag{7-1}$$

$$\beta_t = \exp(\beta) \tag{7-2}$$

$$\gamma_t = exp(\gamma) \tag{7-3}$$

现以变量 X 和 Y 分别表示洪峰和洪量,假定其对应的变参数分布函数分别为 $F_x(x \mid \theta_{xt})$ 和 $F_y(y \mid \theta_{yt})$,即

$$x_t \sim F_x(x \mid \theta_{xt}) \tag{7-4}$$

$$y_t \sim F_y(y \mid \theta_{yt}) \tag{7-5}$$

式中,θ_{xt} 和 θ_{yt} ——t 时刻变量 X 和 Y 边缘分布函数的参数集,其随协变量变化,如对于具

有 3 个参数的皮尔逊Ⅲ型(P-Ⅲ型)分布而言, $\theta_{xt}=\{\alpha_{xt},\beta_{xt},\gamma_{xt}\}$。

Copula 的结构 θ_c 假定随因子集 D(协变量)变化,即

$$\theta_{ct}=\theta D+\theta_0 \tag{7-6}$$

则变参数 Copula 函数模型可表示如下:

$$F_{xy}(x,y\mid\theta_{xt},\theta_{yt},\theta_{ct})=C(F_x(x\mid\theta_{xt}),F_y(y\mid\theta_{yt})\mid\theta_{ct})=C(\mu_t,v_t\mid\theta_{ct}) \tag{7-7}$$

$$\mu_t=F_x(x_t\mid\theta_{xt}) \tag{7-8}$$

$$v_t=F_y(y_t\mid\theta_{yt}) \tag{7-9}$$

式中,$C(\cdot)$——Copula 函数;

θ_{ct}——t 时刻的 Copula 结构参数;

μ_t 和 v_t——t 时刻变量 x_t 和 y_t 对应的概率值。

在阿基米德类 Copula 函数中,基于 Copula 函数中的结构参数与协变量 D 的不同驱动关系,经优选选择构建 Gumbel(N) Copula 联合分布模型,以分析非平稳性条件下多变量联合分布特征随时间的演变规律。

$$C(\mu_t,v_t)=\exp\{-[(-\log\mu_{ct})^{\theta_{ct}}+(-\log v_{ct})^{\theta_{ct}}]^{1/\theta_{ct}}\} \tag{7-10}$$

$$\theta_{ct}=\exp(\theta_{c0}D+\theta_1)+1,\theta_{ct}\geqslant1 \tag{7-11}$$

使用宜昌站 1946—2018 年年最大 1d 和年最大 15d 洪量资料,基于 P-Ⅲ型分布和广义极值分布函数(GEV),通过设定分布函数中的位置参数和尺度参数随时间变化,选取 P-Ⅲ(L)型变参数边际概率分布模型,根据 AIC/BIC 信息化准则选取 Gumbel(N)型非平稳性动态变参数 Copula 联合分布模型,采用了贝叶斯统计法进行参数估计,用于分析年最大 1d 和年最大 15d 洪量系列的联合分布规律随时间的演变特征。1946—2030 年年最大 1d 和 15d 洪量联合分布随时间的演变特征见图 7.3-7。

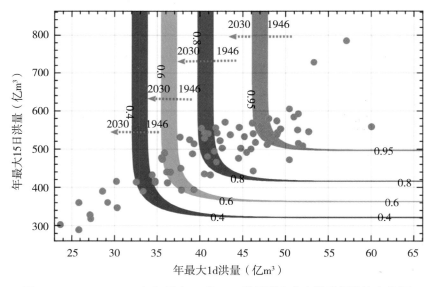

图 7.3-7　1946—2030 年年最大 1d 和 15d 洪量联合分布随时间的演变特征

研究结果表明,同一指定联合概率对应的年最大 1d 和 15d 洪量的联合分布特征随时间是变化的,如对于联合概率 0.95 而言,其对应的年最大 1d 和 15d 洪量的联合分布规律从1946 年开始随时间发生左移,这与年最大 1d 和 15d 洪量系列呈减少趋势吻合。

从 1950 年、1980 年、2010 年和 2030 年 4 个典型年不同联合概率条件下年最大 1d 和15d 洪量组合规律的演变特征图中可以看出(图 7.3-8),对于指定的联合概率(如 0.95),4个典型年份的年最大 1d 和 15d 洪量的联合分布是不同的,这就导致年最大 1d 和 15d 洪量的最可能组合在不同年份不同。

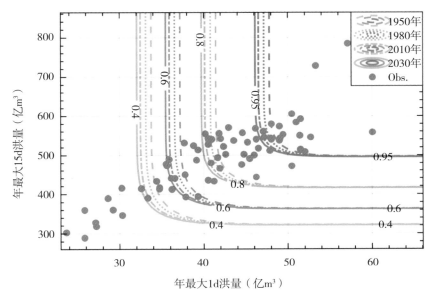

图 7.3-8　典型年份年最大 1d 和 15d 洪量联合分布特征

基于非平稳性年最大 15d 洪量系列对应的非平稳性边际分布函数 P-Ⅲ(L)型,计算了超出概率 0.05、0.02、0.01 和 0.005 对应的年最大 15d 洪量的分位数(2019—2118 年)。采用非平稳性变参数 Copula 函数模型 Gumbel(N)及条件期望值计算公式,计算了与年最大15d 洪量对应的年最大 1d 洪量大的条件期望值,进而获得了年最大 1d 洪量和年最大 15d 洪量的组合样本系列。基于组合样本系列,拟合了年最大 1d 洪量和年最大 15d 洪量之间的条件期望组合曲线,再以年最大 15d 洪量为主控变量,根据等可靠度方法计算不同重现期(20年、50 年、100 年和 200 年)条件下,不同工程设计寿命(从 10～100 年)对应的年最大 15d 洪量的设计值。在基于年最大 1d 和 15d 洪量的条件期望组合关系曲线,求出与年最大 15d 洪量设计值对应的年最大 1d 洪量设计值。不同设计寿命长度及不同重现期条件下年最大 1d 和 15d 洪量设计值见图 7.3-9。

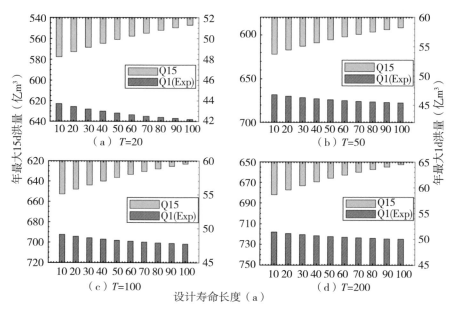

图 7.3-9　不同设计寿命长度及不同重现期条件下年最大 1d 和 15d 洪量设计值

　　将基于还原/还现方式得到的设计值与采用等可靠度方法直接基于非一致性年最大 15d 洪量系列的设计值计算结果进行了对比分析（数据资料 1946—2018 年）。由于等可靠度方法与工程设计寿命期长度有关，为此设定了 10～100 年不同长度的寿命期情景。

表 7.3-2　　　　　　　　　　　　　不同重现期对应设计值

重现期		不同重现期对应设计值（亿 m³）			
		20 年	50 年	100 年	200 年
Q15（还原）		667.7	723.4	762.2	798.9
Q15（还现）		593.3	633.5	661.4	687.8
Q15（等可靠度法）：不同工程设计寿命条件下的设计值。如工程设计寿命为 10 年时，对应的时期为 2019—2028 年	10 年	577.5	621.8	652.8	682.0
	20 年	572.8	617.1	648.1	677.4
	30 年	568.5	612.9	643.8	673.2
	40 年	564.6	609.0	640.0	669.4
	50 年	561.0	605.5	636.5	665.9
	60 年	557.8	602.3	633.4	662.8
	70 年	554.9	599.4	630.5	659.9
	80 年	552.1	596.7	627.8	657.3
	90 年	549.5	594.2	625.4	654.9
	100 年	547.2	591.9	623.1	652.6

结果表明,基于还原系列计算的设计值要大于基于还现系列计算的设计值。这主要是由于现状条件下,宜昌站来水受上游工程影响较大,上游的诸多水库工程对大洪水具有较大的削峰、削量影响,致使宜昌站现状条件下的极值洪水量值有所减少导致。采用等可靠度法计算了不同设计寿命(未来不同时期)情景下的设计值,在同一重现期条件下,设计值随着设计寿命的增加呈现减少趋势,这主要是由于年最大15d洪量系列呈现减少趋势导致。2019—2028年这一时期(最接近还现系列对应的2015年水平)的设计值,略小于基于还现系列计算的设计值。若年最大15d洪量系列的减少趋势在未来持续,则设计值将会进一步减少,如在2019—2028年这一时期,20年重现期对应的设计值是577.5;当在2019—2038年这一时期时,相同重现期对应的设计值则为568.5。

2)不同地区洪水组合设计值计算。

以寸滩站1946—2014年的年最大15d洪量和同时期的宜昌站年最大15d洪量系列为对象,基于P-Ⅲ,选取P-Ⅲ(L)型变参数边际概率分布模型,采用非平稳性变参数Copula函数模型Gumbel(N)及条件期望值计算公式,计算了与宜昌站年最大15d洪量对应的寸滩站年最大15d洪量条件期望值,获得了宜昌站年最大15d洪量和寸滩站年最大15d洪量的组合样本系列。基于组合样本系列,拟合了两站年最大15d洪量之间的条件期望组合曲线,以宜昌站年最大15d洪量为主控变量,根据等可靠度法计算不同重现期(50年和100年)条件下,不同工程设计寿命(10～100年)对应的宜昌站年最大15d洪量的设计值。基于宜昌站年最大15d洪量和寸滩站年最大15d洪量的条件期望组合关系曲线,求出与宜昌站年最大15d洪量设计值对应的寸滩站年最大15d洪量设计值。进而获得在宜昌站设计洪水已定条件下,上游寸滩站的设计洪水值,不同设计寿命长度及不同重现期条件下宜昌站、寸滩及区间的年最大15d洪量设计值见图7.3-10。

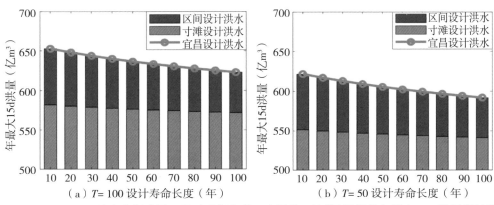

图 7.3-10　不同设计寿命长度及不同重现期条件下宜昌站、寸滩及区间的年最大15d洪量设计值

7.3.3　气候变化与水利工程综合作用下流域超标准洪水响应机理和发展趋势

气候变化和水利工程调度运用将同时影响流域极端洪水的特性,上述分别研究了气候变化和水利工程调度的影响,此处为寻求这两个最为重要的变化环境影响,基于洪水地区组成理论,开展了长江上游梯级水库群受气候变化叠加水利工程综合影响的超标准设计洪水

研究。主要研究内容为:选取 21 世纪初期 RCP4.5 排放情景,采用降水强度的变化来评估气候变化对未来降雨产生的影响,推求三峡水库受气候变化条件影响下的不同典型年洪水过程线,进而分析受气候变化和水利工程综合影响下的各支流设计洪水过程线以及三峡水库超标准设计洪水。

(1)三峡水库受上游梯级水库调度影响的设计洪水

如 C 为设计断面,其上游有 n 个水库 $A_1,A_2,\cdots,A_{n-1},A_n$;$n$ 个区间流域 $B_1,B_2,\cdots,B_{n-1},B_n$。随机变量 X、Y_i 和 Z 分别表示水库 A_1、区间流域 B_i 和断面 C 的天然来水量,取值依次为 x、$y_i(i=1,2,\cdots,n)$ 和 z。

受上游 $A_1,A_2,\cdots,A_{n-1},A_n$ 梯级水库的影响,分析断面 C 设计洪水的地区组成需要研究天然情况下水库 A_1 断面和 n 个 $B_1,B_2,\cdots,B_{n-1},B_n$ 区间共 $(n+1)$ 个部分洪水的组合。受河网调节等因素的影响,往往难以推求设计洪峰流量的地区组成,且对调洪能力大的水库,洪量起主要作用。因此,通常将断面 C 某一设计频率 p 的时段洪量 z_p 分配给上游 $(n+1)$ 个组成部分,以研究梯级水库的调洪作用。由水量平衡原理得:

$$x + \sum_{i=1}^{n} y_i = z_p \tag{7-12}$$

式中,z_p——断面 C 的天然设计洪量;

x、y_i——水库 A_1、区间 B_i 相应的天然洪量。

设计洪水的地区组成本质上是给定断面 C 的设计洪量 z_p,在满足上式约束条件下分配 z_p,得到组合 $(x, y_1, y_2, \cdots, y_{n-1}, y_n)$。得到洪量分配结果后,可以从实际系列中选择有代表性的典型年,放大该典型年各分区的洪水过程线可得到各分区相应的设计洪水过程线,然后输入 $A_1,A_2,\cdots,A_{n-1},A_n$ 梯级水库系统进行调洪演算,就可以推求出同一频率 p 断面 C 受上游梯级水库调度影响的设计洪水值。

采用 t-Copula 函数建立各分区年最大洪量的联合分布。参数估计方法采用极大似然法,假设检验方法采用 CramerVonMises 法。取检验显著性水平为 0.05。根据均方根误差(RMSE)和赤池信息准则(AIC)对 t-Copula 的自由度进行优选。

分析了金沙江屏山站、岷江高场站、嘉陵江北碚站、乌江武隆站之间年最大洪水间的秩相关关系,以 7d 时段为例,结果表明各站 7d 年最大洪量间的相关性均较低,有的呈现较弱的负相关关系,因此各站年最大洪水可以认为近似独立。从物理成因来看,原因在于各个支流属于不同暴雨区,具有不同的暴雨、洪水形成机制。因此,各个分区的洪水可以视为相互独立。由于宜昌洪水地区组成复杂,且各分区洪水无明显相关性,因此其地区组成不宜采用同频率法或最可能组成。采用 1954 年、1981 年、1982 年和 1998 年等典型年的地区组成,来表征三峡水库洪水的地区组成特性。

三峡水库洪水的地区组成较为复杂,不同年份之间各分区洪水的占比均有较大差异。所选取的 1954 年、1981 年、1982 年和 1998 年等典型年在洪水来源组成方面具有较强的代表性,包含了不同的防洪边界条件,能基本反映三峡水库洪水的地区组成规律。采用能够处理许多具有复杂因果关系和高维非线性映射问题的多输入单输出模型(MISO)方法模拟宜昌站的洪水过程。向家坝—三峡区间可视为一个系统。宜昌站流量为承纳上游向家坝出库流量、支流入流以及区间降雨径流的输出结果。

采用 2003—2016 年向家坝出库(视为屏山站)流量、高场、富顺、北碚、武隆、宜昌站的汛期 6h 洪水资料进行分析计算。其中宜昌站 2003—2016 年洪水序列由三峡同时段入库洪水资料(视为清溪场站流量资料)采用马斯京根法演进至宜昌站得到。由于需要模拟的重点是大洪水过程,因此采样了宜昌站 2003—2016 年流量超过 40000m³/s 共计 16 场洪水过程。前 11 场洪水用来率定模型,后 5 场洪水检验模拟效果。采用纳什效率系数(NSE)和水量平衡误差(RE)来衡量模型的模拟效果。模型在率定期和检验期的 NSE 分别为 0.94 和 0.90,RE 分别为 -0.4% 和 -1.4%,因而结果表明 MISO 模型的模拟结果较好。

采用以下步骤推求三峡水库受上游梯级水库调度影响的超标准洪水:①采用典型年法求解宜昌站地区组成,采用最可能地区组成法求解各分区(屏山、高场、北碚、武隆站)洪水地区组成。②推求各分区设计洪水过程线,并通过 MISO 模型将其演进到宜昌站,由水量平衡原理推求区间洪水过程线。③推求各分区受调度影响后设计洪水过程线,将其演进到宜昌站,并与区间洪水过程线叠加得到宜昌站受调度影响的设计洪水过程线。基于向家坝—三峡未控区间的洪水地区组成以及干支流梯级水库的洪水地区组成结果,按各支流子分区分配所得洪量同频率放大得到其 1954 年、1981 年、1982 年和 1998 年等典型年洪水过程线,并基于各支流梯级水库调度规则计算各分区经调蓄后的过程线(图 7.3-11 为 1998 年结果)。结果表明:各站洪水经联合调度后均有所削减。金沙江梯级水库防洪库容超过 200 亿 m³,对三峡设计洪水的影响最为显著。

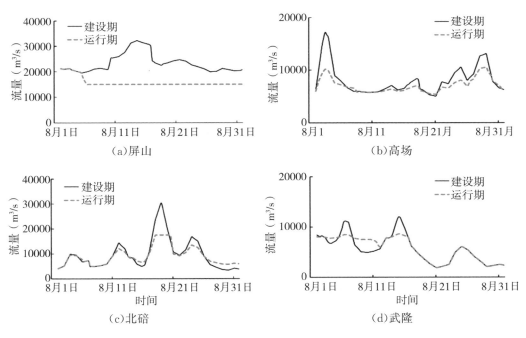

图 7.3-11　长江上游干支流运行期设计洪水过程线(1998 年)

最终计算出三峡水库受调度影响的 1000 年一遇设计洪水过程线(图 7.3-12)。可以看出,不同典型年洪峰和洪量均有一定削减。现有研究结果表明,在当前调度运行情况下,三峡水库设计洪水受联合调度影响显著,其运行期1000年一遇设计洪峰以及3d、7d、15d、30d洪量分别为83500m³/s、199.9亿m³、388.3亿m³、755.7亿m³和1326.8亿m³,相对于初设阶段成果分别减少了15.4%、19.1%、20.2%、17.1%和16.6%。

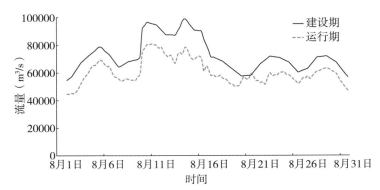

图7.3-12　三峡水库受调度影响1000年一遇设计洪水过程线(1998年)

（2）气候变化影响下的三峡水库设计洪水

对未来降水事件的预估选取21世纪初期(2021—2040年),浓度排放情景选择RCP4.5情景。采用分位数校正法,将1966—1985年作为控制时段,分别对1986—2005年(历史参考时段)、2021—2040年(21世纪初期)时段内每个格点的日降水量进行校正。未来气候变化状态取经动力降尺度模型校正后3套气候模式结果的平均。

采用降水强度(年总降水量/有雨天数)的变化来评估气候变化对未来降雨产生的影响。根据降雨强度的变化同倍比放大各分区的洪水过程线,并输入MISO模型中,可以得到气候变化条件下三峡水库的超标准设计洪水。以1000年一遇设计洪水为例,计算得到三峡水库受气候变化条件影响下的1954年、1981年、1982年和1998年等典型年洪水过程线(图7.3-13)。可以看出,1954年、1982年和1998年等典型年的设计洪水过程线受气候变化的影响相对较小。而1981年来水主要来源是嘉陵江,该典型年设计洪水过程线受气候变化的影响最大。

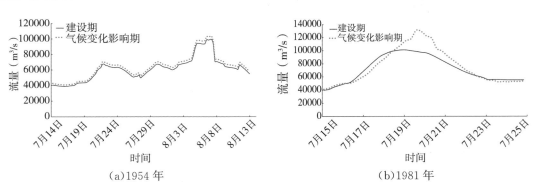

(a)1954年　　　　　　　　　　(b)1981年

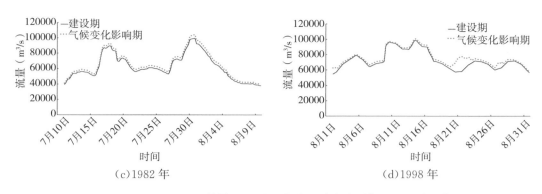

(c)1982 年　　　　　　　　　　　　　　(d)1998 年

图 7.3-13　RCP4.5 情景下 21 世纪初期三峡水库千年一遇设计洪水

（3）气候变化和水利工程综合影响下的三峡水库超标准设计洪水

分析计算不同典型年受气候变化和水利工程综合影响的各支流设计洪水过程线（图 7.3-14），结果表明干支流控制站受气候变化影响的设计洪水均略大于建设期设计洪水值，而经过梯级水库调蓄后均变得平缓。可以看出，气候变化后长江上游梯级水库群的调节作用仍能起到显著削减各分区设计洪水的作用。

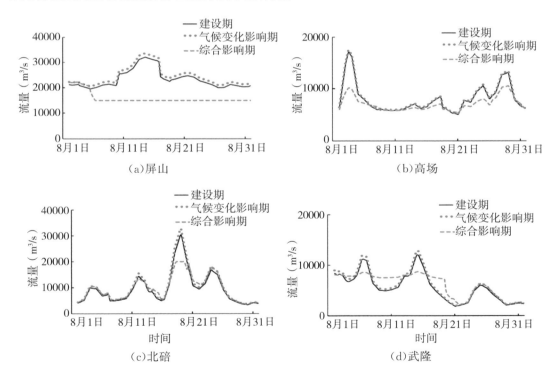

（a）屏山　　　　　　　　　　　　　　（b）高场

（c）北碚　　　　　　　　　　　　　　（d）武隆

图 7.3-14　长江上游干支流控制站受气候变化和

水利工程综合影响的 1000 年一遇设计洪水过程线（1998 年）

将干支流受气候变化和水利工程综合影响后的过程线和未控区间的降雨过程输入 MI-SO 模型，计算三峡受气候变化和水利工程综合影响的超标准设计洪水。屏山—宜昌未控区间的降雨过程亦按照降雨强度变化结果按同倍比放大输入 MISO 模型。三峡按不同典型年放大受气候变化和水利工程综合影响的 1000 年一遇设计洪水过程线(图 7.3-15),可以看出:①受综合影响的各典型年过程线均有所平缓;②各过程线受综合影响的变化程度差异较大。1981 年典型年过程线受综合影响后洪峰和洪量变化均较小,峰现时间有所滞后。

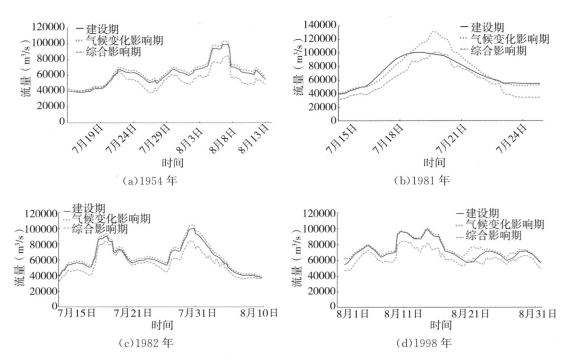

图 7.3-15　三峡水库按不同典型年放大受气候变化和水利工程综合影响的千年一遇设计洪水过程线

　　气候变化对三峡水库超标准设计洪水有增加作用,长江上游干支流大型水库群的调蓄对其有削减作用,梯级水库群的调蓄影响要显著大于气候变化影响。气候变化下的极端降雨对流域性洪水的影响不一定显著,但是对小区域的影响可能会很大。气候变化后长江上游梯级水库群的调节作用仍能起到显著削减各分区设计洪水的作用。

7.4　流域超标准洪水灾害多维风险及致灾机理

　　超标准洪水孕灾环境变化,主要体现在气候变化和人类活动两个方面,气候变化主要是极端暴雨的频率和强度发生了变化,人类活动主要有河湖围垦(加大洪水灾害风险)和水利工程建设(降低洪水灾害风险)。研究区气候变化规律在前述章节中已有详细研究,本节从历史超标准洪水特性分析着手,针对河湖围垦、水利工程建设运用以及土地利用变化引起的致灾机理变化等方面进行分析研究,剖析了超出标准不同程度下洪水灾害的发展和突变关系。此外,在对历史典型超标准洪水及灾害分析的基础上,采用灾害链理论,开展了超标准洪水致灾机理分析。

7.4.1　流域超标准洪水致灾特征分析

由于缺少研究区域历史典型洪水洪灾资料,以近年来发生的典型超标准洪水为例开展致灾机理研究。分析了长江流域(1998 年)、淮河流域(1957 年、1963 年、1974 年)、嫩江流域(1998 年)的超标准洪水特点、梳理了洪水灾情和成因。综上总结了超标准洪水的致灾特征。

7.4.1.1　典型超标准洪水灾害

(1)流域超标准洪水的暴雨特点

我国大部分地区为季风气候区,雨量年内分配极不均匀,最大一个月雨量占全年的25%～50%,流域重大灾害性洪水都是由大面积暴雨产生的,暴雨的时、面和量配置方式对洪水量级影响极大。从历史上曾发生过的流域超标准洪水暴雨资料来看,我国流域超标准洪水的暴雨覆盖面广、雨区相对稳定、强度大、历时长,尤以大面积、长历时累计雨量最为显著。

(2)流域超标准洪水的洪水特点

在上述暴雨条件下,我国流域超标准洪水往往具有上下游、干支流遭遇恶劣,峰高量大、超过河道安全宣泄能力的流量和洪量都很大,洪水位高、高水位持续时间长、水面比降平缓、泄水不畅等特点。

受上游、中下游雨季和暴雨发生时间不同的影响,洪水发生的时间上、中、下游往往错开,上游的大洪水与中下游大洪水一般不相遭遇。但遇到气候反常,形成范围广而又稳定的长历时降雨,上、中下游洪水时间重叠,造成干支流及区间洪水过程恶劣叠加,流域超标准洪水往往就是因此形成。

(3)流域超标准洪水的灾害特点

从防洪角度来说,暴雨洪水主要分布于大江大河的中下游,我国七大江河中下游和东南沿海平原约占国土面积 8%的地区居住着全国 40%的人口,分布着 35%的耕地,拥有 60%的工农业产值,历史上这些地区是中国财富集中的地区,但地面高程普遍在江河洪水位以下,主要依靠堤防束水,一遇流域超标准洪水,受灾将极为严重。其中,长江中下游受堤防保护的 11.81 万 km² 防洪保护区,是我国经济最发达的地区之一,分布有长江三角洲城市群、长江中游城市群,是长江经济带的精华所在,在国家总体战略布局中具有重要地位,但其地面高程一般低于洪水位 5～6m,部分达 10 余 m,洪灾频繁严重,一旦堤防溃决,淹没面积大、历时长、损失重。历史上曾发生过的 1860 年、1870 年流域超标准洪水,相继冲开荆江南岸藕池、松滋两口,至此形成了荆江四口分流格局,这种洪水一旦重现,将对荆江地区造成大量人口死亡的毁灭性灾害。

7.4.1.2　超标准洪水致灾特征

流域超标准洪水超过流域防洪能力,其致灾往往存在成灾范围大、损失极为严重等特点。然而,随着经济社会的发展和防洪体系的完善,洪涝灾害致使死亡人口大大降低,绝对经济损失不断增长,相对经济损失趋向减少。流域洪涝灾害多发频发,人口集中、经济增长、城镇化推进进一步增加了洪涝灾害的复杂性、衍生性、严重性,给人民的生产生活和经济社会发展带来的冲击和影响更加广泛和深远。在城镇化建设的大背景下,洪涝灾害威胁对象、致灾机理、成灾模式、损失构成与风险特性均在发生显著变化,由此带来洪涝灾害损失连锁性与突变性的持续上升。

在当代中国,超标准洪水在致灾除了具备直接淹没导致财产损失外,还会出现因生命线系统瘫痪、生产链或资产链中断而受损,孕灾环境被认为改良或恶化,致灾外力被人为放大或削弱;承灾体的暴露性与脆弱性成为灾情加重或减轻的要因,水质恶化成为加重洪涝威胁的要素。

在损失方面,主要表现为直接损失和间接损失,随着经济社会的发展,由于衍生灾害而导致的间接损失比例增大,生命线系统受损的连锁反应,信息产品的损失、景观与生态系统的损失增大。日益复杂的社会—经济—生态系统对超标准洪水灾害风险的传递和放大,由洪灾事件引发的灾害链式反应造成更大的影响和破坏性,导致重大人员伤亡和巨大经济损失。

7.4.1.3 超标准与标准以内洪水致灾对比分析

在实际中,标准以内的洪水也有可能导致洪涝灾害,但其灾害特点及致灾特点与超标准洪水均有明显的区别,具体表现在以下几个方面。

（1）超标准洪水灾害更严重

在工程条件达标和水利工程运用调度科学的前提下,标准以内洪水理论上不应导致洪涝灾害。然而,现实情况较为复杂,标准以内洪水也会出现致灾现象。

与标准以内的洪涝灾害相比,超标准洪水往往是流域性的,具有空间尺度大、淹没范围广、持续时间长、灾害种类多、灾害损失大、灾害恢复难度大、间接损失多等特点。相应地,标准以内的洪水灾害具有淹没范围小、持续时间短、灾害相对单一、恢复重建或补偿相对简单等特点。

此外,超标准洪水影响范围更大,且受土地覆盖(孕灾环境要素)改变的影响相对较小。相应地,标准以内的洪水,对孕灾环境要素改变响应更为明显和敏感,以城市化为例,常出现小水大灾的现象。

（2）超标准洪水影响持续时间更长

超标准洪水突破工程防洪能力,往往导致更为严重的洪涝灾害,在洪水淹没时间、致灾时间、救灾时间、灾区恢复重建等方面均需要更长的时间。而标准以内的洪涝灾害,由于洪水量级较小,因此洪水影响持续时间相对较短。

（3）超标准洪水灾害链更长

在超标准洪水致灾机理中,超标准洪水灾害链往往较长,存在灾害链串联及并联的现象,特别地,洪涝灾害可能会沿着生命线工程(供水、供电、供气、交通、网络等)传递,更可能导致严重的间接损失。标准内洪水灾害链相对单一和简单。

(4)标准以内洪水也有可能发生突发洪水

受地质条件、工程条件、材料条件和人类活动等影响,标准以内洪水也可能导致堤坝溃决等突发性洪水,并导致严重的洪涝灾害。此类事件,其致灾机理表现会与超标准洪水致灾机理较为接近。

(5)超标准洪水致灾后果难以控制

在实际中,超标准洪水发生时,部分水利工程防洪作用失效,超标准洪水致灾后果严重,经常形成巨灾,难以控制其后果。相应地,标准以内的洪水量级较小,洪灾级别小,可以通过其他工程措施与非工程措施的联合运用,将洪涝灾害控制在可接受的范围内。

7.4.2　流域超标准洪水风险传递规律与流域调控能力的强耦合的关联机制

分析了防洪工程系统结构及洪水风险传递路径,建立了防洪工程洪水风险传递的概念性事件树模型,揭示了流域超标准洪水风险传递规律与流域调控能力的强耦合的关联机制,阐明了与当前防洪工程体系防御能力及薄弱环节相关联的流域超标准洪水致灾机理。

从流域层面划分了洪水灾害发育基本单元,结合水工程联合调度实践经验建立防洪工程洪水风险传递的概念性事件树模型,分析了变化环境下流域超标准洪水风险传递结构,有以下几点特征:①洪水风险传递路径节点与防洪工程系统的组成要素对应;②洪水风险传递方向与防洪工程效用有关,与系统内洪水荷载的流动方向一致;③变化环境下流域超标准洪水风险具有明显的时变性;④洪水风险传递路径的关键环节是受损后引发严重次生事件的节点,如控制性水库、干流堤防等;⑤通过运用水库、堤防、排涝泵站、蓄滞洪区、洲滩民垸等防洪工程,可以干扰洪水荷载流动过程(时间、大小、方向),从而改变流域洪水风险传递路径。

根据变化环境下流域超标准洪水风险传递结构特征,洪水风险传递路径的关键环节是受损后引发严重次生事件的节点,如控制性水库、干流堤防等,通过运用控制性水库、堤防、排涝泵站、蓄滞洪区、洲滩民垸等防洪工程,可以干扰洪水荷载流动过程(时间、大小、方向),从而改变流域洪水风险传递路径,为调控洪水风险提供技术支撑。

变化环境下,防洪工程调度对洪水风险的时空分布和大小的影响愈发明显。因此,变化环境下流域超标准洪水风险需要关注防洪工程系统与洪水荷载的相互作用。图7.4-1反映了防洪工程系统组成元素和相互间的拓扑关系。对于简单的防洪工程系统,可以通过枚举系统元素失效模式和组合方式,分析灾害发育过程中洪水荷载的时空变化,从而得到洪水风险传递路径。但对于流域层面的系统,防洪工程体系庞大且复杂,"源"—"途径"—"受体"—"后果"的因果关系是多维且非线性的,难以尽述。

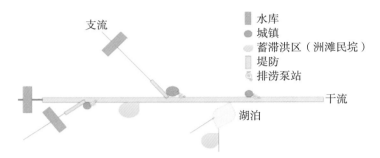

图 7.4-1　防洪工程系统示意图

　　宏观层面上,变化环境下流域超标准洪水灾害发育过程的基本单元可大致划分为 3 个环节。其中,环节 1 是水体从云层到河道形成洪水的过程,属于灾害源形成的过程,影响洪水荷载大小的因素主要由极端气候条件、河道槽蓄能力、下垫面蓄水能力、沿江城市排涝等,相应的风险管理措施以事前措施为主,如建设海绵城市、开展河道整治工程等。环节 2 是河道洪水途经防洪工程体系抵达最终灾害受体的过程,影响洪水触及受体概率的主要因素是防洪工程体系的可靠性,相应的风险管理措施以事中措施为主,即水工程联合防洪调度、堤防抢险措施、人工分洪等。环节 3 是洪水抵达受体后形成灾害损失的过程,影响损失大小的主要因素是承灾体的脆弱性与暴露程度,相应的风险管理措施较多,包括事前优化经济社会发展空间规划,事中对分洪区内居民开展紧急转移安置,事后对灾区开展物资、医疗救援等。

　　对于变化环境下流域层面的洪水灾害发育过程,历时长,面积广,上述基本单元内环节 1、环节 2 可能会沿着时间轴反复,环节 3 通常出现在环节 2 之后。根据不同类型防洪工程洪水风险传递路径分析,可以给出环节 2 中洪水风险传递的概念性事件树模型,防洪工程洪水风险传递的概念性事件树模型见图 7.4-2。根据流域防洪工程系统结构,选取可能发生的事件,经过排列组合与重复,即可描述基于调度的大尺度洪水风险传递路径。如洪水荷载河道演进→水库群调度(减轻下游防洪压力)→河道洪水演进→排涝泵站排水入江(河道洪水增大)→堤防拦洪(河道水位超保证)→蓄滞洪区分洪→产生淹没损失→洪水致灾。

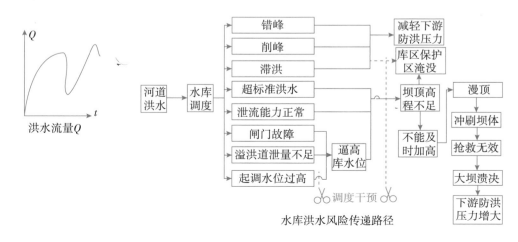

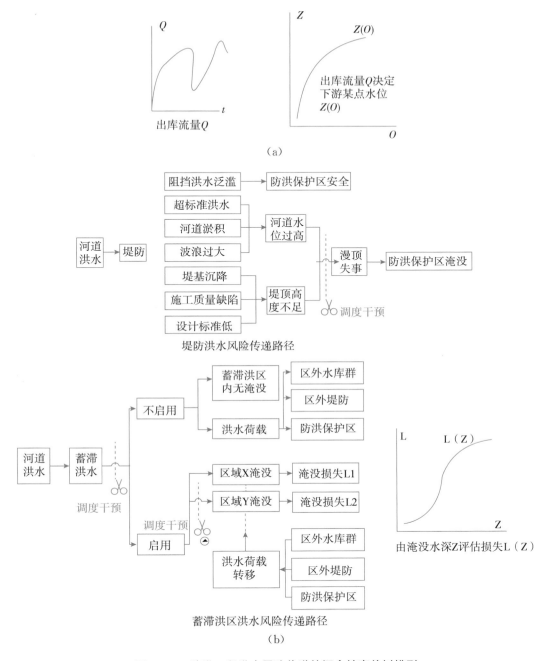

图 7.4-2 防洪工程洪水风险传递的概念性事件树模型

防洪工程系统与洪水荷载间的相互作用,是通过不同的水工建筑物联合运用实现的。水库、堤防、排涝泵站、蓄滞洪区、洲滩民垸等防洪工程的调度运用,是调控洪水风险的主要方式。洪水风险大小主要由洪水从"源"触及"受体"的"途径"和"受体"产生的"后果"共同决定。排涝泵站会对"源"的大小产生影响,水库、堤防是阻挡洪水从"源"触及"受体"的主要"途径",而蓄滞洪区和洲滩民垸运用则会影响"后果"的严重程度。防洪工程结构与失效模式如下：

（1）水库

水库调度的洪水风险调控作用的效果与库水位高程有关，水库调度超标准洪水风险传递路径见图 7.4-3。水库通过削峰拦量可削减、延滞向下游传递的洪水风险，但库水位随之升高，升至一定程度后会导致库区回水超过移民迁移线，产生库区淹没损失；若库水位超过坝顶高程，则将引发漫坝失事，甚至产生溃坝洪水，极大地增加向下游传递的洪水风险。

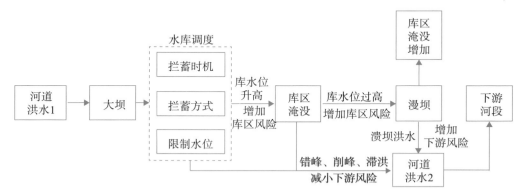

图 7.4-3　水库调度超标准洪水风险传递路径

发生超标准洪水时，水库调度需要考虑超蓄运用，超蓄的库容应分防洪高水位以内、超出为目标河段预留的防洪库容和防洪高水位以上库容两类。当水库库水位低于防洪高水位，防洪库容尚有剩余，若为目标河段预留防洪库容已用完，当其他河段防洪不紧张时，可利用其他河段预留防洪库容进一步拦蓄洪水，继续实施对目标河段防洪调度。此时水库调度占用了其他河段预留的防洪库容，实际是将目标河段的洪水风险转移至其他河段，存在其他河段发生标准内洪水但预留库容不足以导致淹没损失的风险。但水库调洪最高库水位未超过防洪高水位，尚未占用大坝安全预留的防洪库容，水库漫坝风险可控。此外，库区末端回水高程可能会超过移民迁移线高程，产生库区淹没损失，洪水风险向库区两岸内陆侧传递。当水库防洪库容已用完，考虑到目标河段防洪损失太大，在确保水库工程安全前提下，进一步抬升库水位至防洪高水位以上。此时水库调度将占用为大坝安全预留的防洪库容，水库漫坝风险明显增加。库区末端回水高程可能会超过移民迁移线高程，产生库区淹没损失，洪水风险向库区两岸内陆侧传递。若库水位达到坝顶高程，水库处于漫坝失事的临界状态，此时若来水超过泄流能力，水库水位上涨，发生漫坝，可能进而引发溃坝洪水，洪水风险陡增并向下游传递。

（2）堤防

堤防的洪水风险传递机制相对复杂。堤防失事模式主要有漫堤和溃堤，漫堤破坏常见于汛期，通常由于坝顶高度不足或洪水位过高而发生，高度不足的原因通常是堤防设计标准不足、地基沉降、施工质量不足等，洪水位过高的原因通常是河道淤积、超标准洪水或浪涌等。溃堤破坏更为复杂,主要有渗透破坏和失稳破坏,渗透破坏是堤防工程最普遍的失事模式,在堤防工程失事总数中占据很大比例,产生原因通常有3种情况:一是由于洪水渗透,冲刷堤坡;二是由于堤身存在漏洞;三是由于渗流冲刷,多发生在堤身与其他建筑物结合的地方。失稳破坏是由于多种因素共同作用,如堤脚空虚、堤基松软等,长期暴雨也会导致堤防滑坡,波浪动水压力则可能导致崩岸。大部分堤防工程失事时可能不是单一的失效模式,而是两种或者两种以上失效模式的组合。基于调度的堤防超标准洪水风险传递路径见图7.4-4。

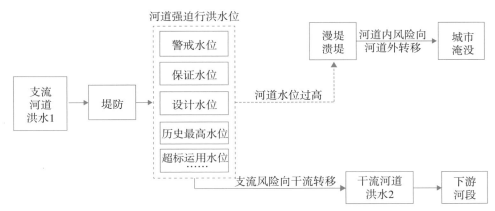

图 7.4-4　基于调度的堤防超标准洪水风险传递路径

若河道水位超过保证水位,部分河道洲滩将被淹没,并且蓄洪区可能被启用来保障关键城市的防洪安全,由于行蓄洪空间的使用,关键防洪控制断面堤防风险降低,经济发达地区的防洪风险将会向经济发展较为落后的区域转移。当堤防水位继续升高至接近堤顶高程时,堤防风险将显著增加,此时可能发生漫堤或溃堤事件,风险将会扩散至重要防洪保护对象,进而将造成巨大的社会经济损失。

(3)排涝泵站

涝区泵站对洪水风险的作用主要体现在排水入江对洪水荷载大小的影响。泵站江(湖)排涝能力取决于泵站排涝设计流量。一般采用如下规则计算:①当时段涝区来水小于等于涝区排涝能力时,来多少排多少;②当时段涝区来水大于涝区排涝能力时,按涝区排涝能力排水,减去排涝能力的剩余来水计入下一时段来水。对于河道洪水而言,排涝泵站增加了河道洪水流量;对于防洪保护区而言,排涝泵站可降低其暴露程度。当遭遇大洪水时,沿江涝区有大量涝水需要抽排入江,导致河道水位或洪量出现不同程度增加,加重防汛负担。随着近年经济社会的快速发展,沿江涝区排涝能力显著增加,排涝水量对防洪的影响不可忽视。基于调度的排涝泵站超标准洪水风险传递路径见图7.4-5,通过调度排涝泵站可以在需要时减少排入江的涝水,从而减小河道中的洪水荷载。

图 7.4-5　基于调度的排涝泵站超标准洪水风险传递路径

（4）蓄滞洪区

蓄滞洪区分洪增加了其暴露程度,将洪水风险从河道转移至蓄滞洪区;但对其他受益地区而言,蓄滞洪区分洪降低了受益地区的暴露程度,相当于将城市淹没风险转移至蓄滞洪区。蓄滞洪区调度对于洪水风险的调控主要体现在对灾害损失大小的影响方面。随着经济社会发展,蓄滞洪区内人口、资产不断累积,蓄滞洪区建设运用涉及的利益主体已由传统单一利益主体,即受蓄滞洪区保护的蓄滞洪区外的居民,变为蓄滞洪区内的居民、受蓄滞洪区保护的居民,以及受蓄滞洪区社会经济影响的区外居民等多个利益主体。当蓄滞洪区启用后,受蓄滞洪区保护地区的洪水风险直接转移到蓄滞洪区内部,区内人口将进行避险转移,洪水将对蓄滞洪区造成直接的淹没损失,并且由于现在蓄滞洪区经济建设程度较高,若蓄滞洪区内建有油田、公路、矿山、耕地、电厂、电信设施和轨道交通等设施,这些设施的淹没损坏不仅会对区内社会经济造成影响,还会将经济风险、社会风险辐射扩散至周边工农业影响区域,其风险传递路径见图 7.4-6。

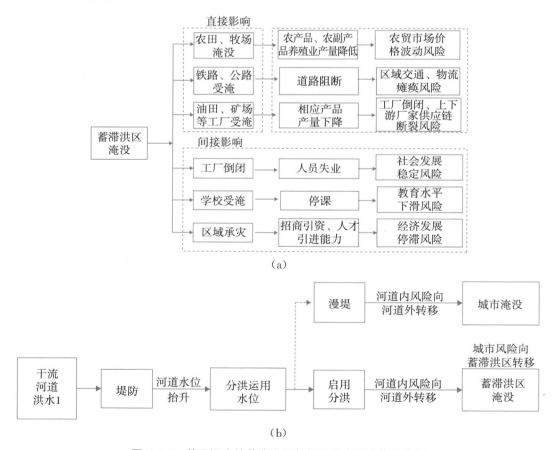

图 7.4-6　基于调度的蓄滞洪区超标准洪水风险传递路径

（5）防洪工程系统

流域防洪工程体系复杂，"源—途径—受体—后果"的因果关系是多维且非线性的，洪水到达受体的途径有很多，洪水风险传递路径不再是单一链式，可能呈现出网络式、超网络式结构，可以分别构建水库、堤防、蓄滞洪区的风险传递路径模块，通过枚举工程洪水风险传递路径和组合方式，从而得到流域整体的洪水风险传递路径。防洪工程示意单元由2段堤防、1座水库、1座泵站、1个蓄滞洪区组成，其洪水风险传递路径见图7.4-7。

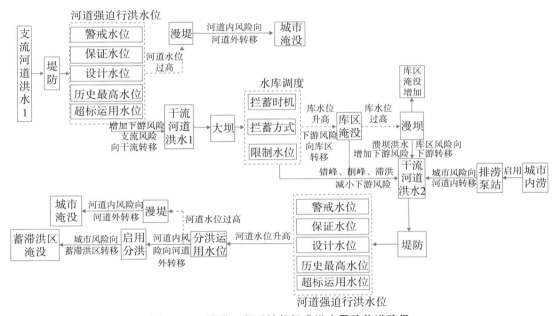

图 7.4-7　防洪工程系统超标准洪水风险传递路径

7.4.3　基于灾害链的流域超标准洪水致灾机理分析

在对典型流域超标准洪水灾害过程分析的基础上，结合近年来的流域超标准洪水致灾特点，分析提出基于灾害链的流域超标准洪水致灾机理。

（1）超标准洪水宏观灾害链

按照"源→路径→承灾体"灾害发生机制，揭示了超标准洪水宏微观灾害链的发展过程及致灾机理，为充分挖掘防洪工程体系的调度应用潜力提供了理论支撑。

根据近年来发生的超标准洪水，总结分析流域超标准洪水宏观灾害链，具体表现为：暴雨→（河道、水库）水位暴涨→漫溢/溃决→淹没/冲击承载体。在微观机制方面，洪涝灾害主要以淹没和冲击两种方式致使承载体受灾，其中，影响淹没致灾的敏感水力要素为淹没水深、淹没历时、淹没对象内外水位差；影响冲击致灾的敏感水力要素为洪水流速和历时。典型灾害链见图7.4-8。

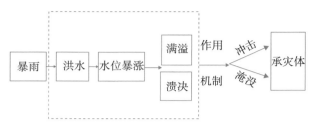

图 7.4-8　超标准洪水典型灾害链及致灾机理示意图

（2）堤防溃决机理

以堤防溃决为例。建立了同时模拟河道—堤防—分蓄（滞）洪区的大尺度堤防溃决试验系统,揭示了复杂水土条件下堤防溃决形成与发展机制。结果表明,堤防漫溢溃决过程一般包括初期较快发展期、中间快速增长期、后期缓慢增长期和稳定期,堤防溃决过程见图 7.4-9。溃决初期发展主要为陡坎溯源侵蚀,中间快速增长期冲刷下切和横向展宽均发展迅速,后期缓慢增长期以溃口两侧侵蚀为主,稳定期除了溃口底部推移质泥沙运动外,溃口基本不再发生变化。初期较快发展期,水流漫过初始挖槽底高程以后,在堤防背水侧冲蚀出冲沟,冲沟携带的泥沙在水流下游有部分淤积。随着河道水位不断上涨,通过初始挖槽的流量逐渐增加。由于堤防坡面抗冲能力、水流切应力分布不均,加上漫溢水流存在较强紊动,导致冲沟各处侵蚀程度不同,从而在局部位置形成小的陡坎,水流呈现类似瀑布状流动,形成溢流水舌。溢流水舌在陡坎底部施加垂直剪应力,并形成反向漩涡不断淘刷基础面,导致陡坎失稳坍塌,"陡坎"不断向上游发展。在陡坎侵蚀过程中,同时伴随着溃口两侧边坡的坍塌,坍塌土体延缓了陡坎侵蚀速度,但最终被流速不断增大的漫溢水流冲刷殆尽。在陡坎上溯到迎水面后,溃决进入了中间快速增长期,快速增长期冲刷下切、横向侵蚀和横向坍塌均十分迅速,同时或快速交替进行,溃口流量快速增加,河道水位迅速下降。后期缓慢增长期以溃口两侧侵蚀为主,随着蓄滞洪区水位上升,河道和蓄滞洪区水头减小,侧蚀逐渐减小。稳定期除了溃口底部推移质泥沙运动外,溃口基本不再发生变化。

图 7.4-9　堤防溃决过程

我国部分堤防顶部铺设混凝土或沥青作为日常交通道路或防汛应急抢险通道。另外发生超标准洪水时,为了防御短时间的水位超高,通常会修筑子堤临时加高堤防。这两种情况下堤顶结构较为复杂,发生漫溢后,其土体破坏形式和溃决机理与堤顶无结构情形有很大不同。复杂堤顶结构的漫溢溃决机理有一定不同,主要表现在初期堤顶的漫溢水流的形态发生改变,陡坎侵蚀过程中出现双重陡坎,减缓了陡坎侵蚀后退速度,当堤顶结构完全破坏以后溃决过程和特征与均质堤防基本一致。从风险角度分析,溃决过程中第一阶段是风险控制的关键时间节点,通过采取应急处置措施,可以延缓或终止堤防溃决的进一步发展。

7.4.4 超标准洪水风险特性及致灾机理

当超标准洪水对人的生命、财产构成威胁甚至造成损害时,即形成超标准洪水灾害。对比标准内洪水,由于超标准洪水的淹没范围更广、危险性更高,可能受影响的承灾体范围和类别更加广泛,其灾害严重程度、风险与标准内洪水有本质的区别(图 7.4-10)。

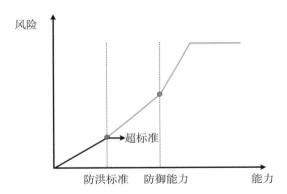

图 7.4-10 超标准洪水灾害风险变化

基于洪水风险理论,超标准洪水风险可以由超标准洪水危险性、承灾体暴露度和脆弱性进行表征(图 7.4-11)。

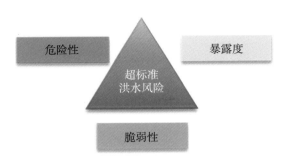

图 7.4-11 流域超标准洪水灾害特性

超标准洪水危险性可以由超标准洪水发生频率或超标准洪水的危险程度(淹没范围、持续时间、流速等)等来反映,相较于标准内洪水,超标准洪水淹没范围更广、淹没水更深、持续时间更长等。

承灾体暴露度是指位于易受超标准洪水影响区域的人员、基础设施、住房等情况。由于超标准洪水淹没范围更广、淹没水深更深、持续时间更长,因此可能受到影响的承灾体范围和类别更加广泛。例如,防洪工程作为防灾体系的一部分,在超标准洪水情况下,既是防灾力,也是承灾体。此外,超标准洪水对于自然保护区等生态环境敏感区也可能造成负面影响。

承灾体脆弱性是指由自然、社会、经济和环境等因素或过程决定的人员、资产等对超标准洪水的敏感性。现代社会由于防洪排涝设施的建设落后于城镇化发展的速度,通信、供电、供水等生命线工程自身的薄弱环节较多,因此一旦洪涝成灾,易出现灾害的连锁反应,导致洪水影响范围远大于淹没范围,间接损失所占比例大幅提高。

统筹考虑上述超标准洪水灾害特性,梳理并绘制了超标准洪水的灾害链(图7.4-12),灾害链中包含了超标准洪水流经人群活动区以及生态环境敏感区后,造成淹没范围内的房屋、农业、工商业、水利工程、交通、供水等损坏等直接影响,以及造成人员伤亡等社会影响和饮用水水源区被污染等生态环境影响,同时上述直接影响又会进一步导致地域范围以外或者超标准洪水结束后等波及性的间接影响。

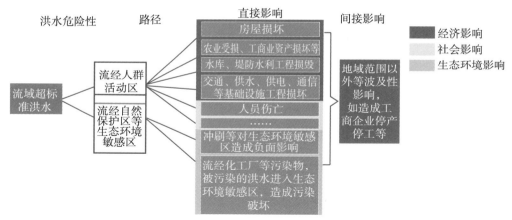

图 7.4-12 流域超标准洪水灾害链

由此可知,超标准洪水的灾害特征包括:①洪水淹没范围更广、淹没水深更深、持续时间更长等;②洪水影响范围更广、受影响的承灾体类别更多;③洪水的影响时间更长,受淹区域的恢复时间更长。

7.5 本章小结

围绕"变化环境下流域水文气象极端事件演变规律与发展趋势""流域超标准洪水响应机理与致灾机理"两个重大科学问题,使用示范流域内实测水文气象历史资料、超标准洪水资料、水利工程、社会经济等资料,采用流域水文模拟法、数理统计等方法开展气候变化下流域极端水文气象事件演变规律与发展趋势、变化环境非一致性条件下流域设计洪水、气候变化和水利工程综合作用下流域超标准洪水响应机理和发展趋势以及流域超标准洪水孕灾环境变化及致灾机理等方面开展了研究,取得了丰富的研究成果,获得了以下主要结论和认识。

1)基于气象站点历史气温、降水观测资料,应用多种极端降水指数,分析了流域极端降水事件强度和频次空间分布特征及其时间变化特征,系统开展了典型流域典型洪涝年极端降水特征及海温、大气环流特征分析,识别了流域超标准洪水的前兆信息。结论发现,长江监利以上流域发生典型洪涝年份 5—10 月极端连续 7d 面雨量事件出现频次和极端面雨量总量明显高于其他年份,其中乌江流域、上游干流区间极端面雨量事件出现频次最高,不同年份各子流域的极端降水事件组合或者遭遇特征对极端洪水能否出现影响大。长江监利以上流域典型洪涝年前期环流特征比较有共性特征,均处于厄尔尼诺的结束年,春季印度洋海温偏高、前冬青藏高原积雪和欧亚积雪偏多,夏季风强度偏弱,夏季副高异常偏强,中高纬呈"两脊一槽"。沂沭泗、嫩江流域出现超标准洪水的典型洪涝年份 7—8 月极端降水事件发生频次高、时间集中,流域上游为山地,河道坡降大,汇流迅速,综合影响导致易出现极端洪水。沂沭泗、嫩江流域典型洪涝年前期信号并无明显共同特征。

2)基于 LMDZ4 变网格大气环流模式分别单向嵌套 3 个全球模式(BCC_CSM1.1(m)、FGOALS-g2、IPSL-CM5A-MR)进行降尺度模拟,采用分位数调整法,拓展性研发了未来多模式降尺度模拟结果误差订正技术,显著提高了模拟精度,预估了 RCP4.5 下 3 个流域 21世纪初期(2021—2040 年)和中期(2041—2060 年)降水。结果表明长江监利以上流域平均降水量在 21 世纪初期和中期空间变化趋势基本一致,其中西部降水增加,超过 20%,东部降水减少,嘉陵江流域减少量达 20%。R90p 未来的变化程度与平均降水量变化程度接近,且空间分布也接近。沂沭泗流域降水量在 21 世纪中期增加幅度大于初期,流域西部增加幅度大于东部。R90p 未来变化程度大于平均降水量的变化程度,变化趋势的空间分布接近。嫩江流域降水量在 21 世纪初期和中期均表现为北部增加南部减少,中期流域整体降水量较初期有所增加。R90p 未来变化程度与平均降水量的变化程度接近,但变化趋势的空间分布与平均降水不同。在 1.5℃和 2℃不同升温阈值下,长江上游地区降水的极端性体现出增强的趋势,强降水事件发生的频率(如 R25)将会升高,极端降水事件的强度(如 R1d、R5d)也明显增加。2℃升温阈值和 1.5℃升温阈值变化的空间分布基本一致。嘉陵江上游、乌江流域和四川盆地南部等区域在所有极端降水指数中均表现为明显增加,95 百分位日极端降水量、极端降水贡献率、最大 1d 降水量和最大 5d 降水量在四川盆地北部呈现减少趋势。

3)基于长江上游宜昌站各历时最大洪量及上游主要支流多时段洪量,分析了长江上游洪水演变趋势及洪水区域组成规律。结论表明,宜昌站不同时段的极端洪水自 1890 年以来呈逐渐递减趋势。基于主成分分析法(PCA)和奇异值分解法(SVD),分析了宜昌站极端洪水与全球遥相关模式的关系,发现该站极端洪水与 Nino3.4,PDO 呈正相关关系,而与 IOD与 NAO 呈负相关关系。基于 SWAT 月尺度模型,构建了不同土地利用情形下沂沭泗流域水文模型,开展未来气候变化情景下极端洪水模拟预估。结论表明,当流域城镇等不透水面积占比较小时,由土地利用变化对洪峰流量的影响不显著;当降水量较大时,土地利用变化引起的径流变化较为剧烈,对径流有抑制作用也有促进作用,但总体上径流呈现增加趋势。以 CMIP5 在 RCP4.5 情景下的气候模式数据驱动 SWAT 模型,对未来极端洪水进行了预估,提示各模式预估的未来不同重现期下的极端洪水比例均比基准期高(1950—2017 年),在各模式平均情况下极端洪水发生频次增加,大概是基准期的 2 倍。

4)基于变参数 Copula 函数,构建了可综合考虑洪峰—洪量边缘分布非平稳性和相依结构非平稳性的变参数动态 Copula 多维联合分布模型,分析了不同历时(宜昌站 1946—2018 年年最大 1d 和年最大 15d 洪量)及不同地区(寸滩站年最大 15d 洪量和宜昌站年最大 15d 洪量)洪水联合分布规律随时间的非平稳性演变特征。采用等可靠度方法计算了不同设计寿命(未来不同时期)情景下的设计值,在同一重现期条件下,设计值随着设计寿命的增加呈现减少趋势,2019—2028 年这一时期(最接近还现系列对应的 2015 年水平)的设计值,略小于基于还现系列计算的设计值。若年最大 15d 洪量系列的减少趋势在未来持续,则设计值将会进一步减少。

5)基于最可能地区组成法,构建了长江上游各分区地区组成;再基于 MISO 模型,构建了宜昌站的洪水过程模拟模型,开展了长江上游梯级水库群受气候变化和水利工程综合影响的超标准设计洪水研究。结果表明,在当前调度运行情况下,三峡水库设计洪水受联合调度影响显著,洪峰和洪量均有一定削减。即使在 21 世纪初期 RCP4.5 排放情景下,气候变化后长江上游梯级水库群的调节作用仍能起到显著削减各分区设计洪水的作用。

6)基于"源→路径→承灾体"灾害发生机制,通过对超标准洪水致灾案例的分析,归纳出超标准洪水致灾具有灾害链长、多重要素互馈、风险转移叠加、社会效应放大、恢复重建难度大周期长等特点,结合灾害链理论,提出超标准洪水宏观灾害链和微观灾害链的发展过程,揭示了超标准洪水致灾机理。

第 8 章　流域超标准洪水
监测—预报—预警—评估—调度—避险
全链条综合应对技术体系

我国流域超标准洪水应对问题突出，在全球气候变化、人类活动等变化环境影响下，超标准洪水水情及灾情监测、预报预警、灾害实时动态评估、防洪工程联合超标准调度运用下的风险调控、应急避险等关键技术亟须提升，由于流域内人口众多，防洪压力大，超标准洪水应对难度和复杂程度世界少有。针对流域超标准洪水综合应对的世界级技术难题，围绕暴雨洪水立体监测与精细预报预警、流域超标准洪水灾害动态评估、流域超标准洪水调度与风险调控、基于人群属性的应急避险等 5 个方面进行了全面深入研究和实践应用。

8.1　流域超标准洪水应对技术需求分析

当前流域超标准洪水应对存在洪水灾害监测、洪水预报及预警、洪灾评估、风险调控、智慧避险等 5 个关键科技难题，亟待解决。

8.1.1　洪水灾害监测

超标准洪水具有极大的破坏性，往往会引起水情监测设施损毁、常规监测手段失效、信息传输不畅等问题。当其发生时，受高洪时期的流速急、流量大、持续时间长等条件限制，传统测流设备入水困难、水深无法测量；同时，受道路交通受阻等情况影响，现有测验手段（如流速仪）往往无法施测，常规手段监测失效、信息传输不畅，往往会导致超标准洪水时水文数据测不到、难测准、传输慢。

此外，大洪水期间，还容易发生堤防溃决或漫堤等，其位置和方式均无法完全控制，传统水文监测方法无法解决堤防溃决漫溢洪水等监测问题；以往洪灾监测以采用卫星影像资料进行灾后评估为主，鲜有实时监测。卫星、雷达、影像等非接触式监测技术的出现为解决这些难题提供了选择，但其准确性、环境适应性仍有待提高。其难点是如何解决现有卫星、遥感、地面终端等监测平台之间孤立、封闭、自治的问题；如何构建流域超标准洪水"空—天—地—水"一体化立体动态水情、灾情实时监测技术体系，并融合多源数据以及实现多平台之间的有效协同机制；如何解决现有洪水及灾情监测数据收集不及时、信息覆盖不全面、监测精度不高的问题等。其核心内容是构建不同空间尺度超标准洪水空—天—地—水协同监测体系,提出空—天—地—水协同洪水洪灾监测方案;研究不同监测对象监测指标实时智能提取方法,实现超标准洪水洪灾实时动态监测信息提取及传输。

8.1.2 洪水预报及预警

国内外在气象—水文—水动力学耦合预报模型的研究和应用均已取得丰硕成果,但极端降雨数值预报以及考虑堤防溃漫和防洪工程超标准调度运用影响的洪水预报精度仍有待提高。如前所述,流域超标准洪水预警指标和方法也缺乏针对性研究,往往在发生大洪水实施Ⅰ级响应预警后,针对超标准洪水预警指标与应急响应之间的关系和针对性均需要细化。

对此,亟待研发暴雨数值预报模式初始场多源实时观测数据同化技术,实现 $0\sim7d$ 无缝隙定量降水预报;研究揭示溃口形成与发展的主要影响因素及其影响规律,解决堤防溃口的形成和发展全过程模拟问题,实现基于溃口形成和发展全过程的流量过程精细模拟技术;构建基于复杂地形河道工况条件下超标准洪水演进一、二维耦合水动力学模型,实现复杂水力条件下的超标准洪水演进模拟,提高预报精度。

此外,还需要构建气象—水文—水力学耦合、流域关键节点相融合的流域超标准洪水预报技术;统筹考虑超标准洪水量级划分和流域防洪工程体系防御能力,按照气象预报和水文预报不同预见期和预报成果,细化流域超标准洪水预警指标体系,为流域超标准洪水应对提供针对性指导。

8.1.3 洪灾评估

洪灾评估理论及技术较为成熟,在荷兰、英国、瑞士等国家得到广泛应用,而在我国仍然欠缺其在实时调度层面的应用,亟须研究不同时间、空间尺度快速定量灾害评估方法和模型。具体表现在以下3个方面。

1)流域超标准洪水调度应对时需要从流域层面统筹上下游、左右岸等不同空间尺度的防洪风险分布,但是,目前在不同空间尺度超标准洪水灾害评估理论及方法上没有形成系统的技术体系。主要难点是如何定量反映超标准洪水影响范围广、危害性大的特点,流域、区域尺度灾害评估对于风险调控如何应用,局部尺度灾害评估如何支持流域性洪水的调度和风险调控以及发生淹没前受影响人群的转移安置等,流域、区域、局地三者之间风险和灾害关系如何协调,又如何相互衔接与转化,以支持实时超标准洪水调度及应对。因此,流域超标准洪水风险评估的核心内容是通过研究提出超标准洪水流域、区域、局部三种空间尺度洪水灾害评估理论与方法,实现不同空间尺度灾害评估:①流域尺度评估主要以流域为评估对象,以宏观的角度快速地、整体地评估超标准洪水灾害损失,为实施大尺度的洪水调度,如采用上游干流或支流水库拦蓄洪水避免使用下游分蓄洪区等,支持对调度效费的对比需求;②区域尺度评估是针对资料相对较少且范围较大的区域,较快地评估淹没区域内的洪水灾害损失,从而支持寻找更为准确的防洪工程运用,如河道超保证水位行洪、蓄滞洪区超标准运用调整运用等方案的对比决策;③局部评估则是针对范围较小的局部区域,分析超标准洪灾的影响因素,并进行精细灾害评估。

2)不同空间尺度超标准洪水灾害实时动态评估技术。其难点是如何实现灾害评估的实时性与动态性,进而解决调度决策、风险调控、应急预案制定等洪水应对措施的时效性问题。其核心内容是基于实时降雨、洪水信息,研发基于并行加速计算技术的不同空间尺度超标准洪水动态淹没模拟与灾害快速定量评估模型,快速分析计算洪水淹没影响要素,以及带来的社会经济损失情况,并通过与空—天—地一体化灾害监测平台实时提取的监测指标相互验证,实时动态修正洪水影响计算模型参数,辅助计算局部精细尺度涉及的多种风险指标,并支撑区域尺度与流域尺度的风险评估与决策。

3)面向超标准洪水演变全过程的时空态势图谱构建技术。其难点是如何构建超标准洪水演变过程中涉及的不同主题、不同情景、不同维度、不同尺度的时空态势图谱,以完整全面展现防洪形势、灾害损失等,为实时调度提供参考依据的关键信息;如何将水利专业模型模拟的数值结果进行仿真、空间分析及快速可视化等。其核心内容是研究"形(图形图像)—数(数值模拟)—模(专业模型)"一体化的时空态势图谱构建技术,实现流域(或河段)超标准洪水防洪形势分析、洪水灾害损失等的实时可视化展示及交互式推演。

8.1.4 风险调控

我国目前流域防洪调度方案和调度决策支持系统中,大规模复杂工程群组协同调度和风险调控技术短板突出,尚未对多类别工程的联合调度规则进行有机集成,无法支撑大规模工程集群调度和多区域防洪风险动态分析,难以满足防洪工程体系联合、智能、精准、快速调控需求,难以形成科学的调控与效果互馈关系。具体来看,流域超标准洪水调度与风险调控瓶颈问题及研发需求集中表现在富本底、强联合、精调控、智能寻等 4 个方面。

(1)富本底

针对流域超标准洪水样本少、系列性差、灾情本底散等问题,构建流域超标准洪水模拟发生器,建立灾损数据库,丰富超标准洪水样本。

(2)强联合

针对流域防洪工程体系联合性、协调性能力挖掘不足,提出流域防洪工程联合调度集成模型,挖掘工程超标准运用能力,实现有序、有机联合调度的强化。

(3)精调控

针对风险分析对调控指导性不够,效果无法及时反馈并促进优化调度方案等问题,建立风险效益与调控影响关系模型,提出防洪工程体系联合调度反馈修正策略,实现精准调控。

(4)智能寻

针对现有决策技术无法聚焦决策者与社会关切,推荐方案缺乏建设性等问题,建立洪灾评级体系,实现多方案差异对比明显的快速智能方案推选技术,以智慧化模拟辅助流域超标准洪水风险调度高效精准决策。

8.1.5 智慧避险

发生超标准洪水时往往需要提前疏散淹没风险区受影响人群,避免人员受淹。目前风险人群识别与通知响应短板突出,大多基于手工填报、传统通信预警等方式的防洪应急避险方案手段有限、技术落后,避险人群信息难以实时有效获取与全过程动态跟踪,受灾人群的精准性、避险预警的时效性难以保证。实时洪灾避险路径优化技术匮乏,亟须实现大规模流动人、财、物的多目标动态协调调度及转移路径空间优化,解决交通堵塞难题。信息化和智能化对应急避险的支撑力度不够,洪水风险、避险人群、安置场所、转移路径的动态互馈及其与应急指挥的结合不深入,亟待探索新技术,采用新理念,提出一种以应急指挥服务为需求目标的超标准洪水精准应急智慧避险决策支持技术,实现极端洪水条件下洪水风险信息的快速预判与通知响应、风险人群的精准识别与人口安全转移进展的动态反馈、安全撤离路径与撤离时间的自动优选、最优避险转移路径的实时推送,提高受灾区域人群应急避险效率。

综上所述,已有研究尚不能满足我国流域超标准洪水应对需求,亟须针对流域超标准洪水应对关键环节,突破流域超标准洪水立体监测、预报预警、灾害评估、风险调控、应急避险等关键技术瓶颈,提出流域超标准洪水综合应急技术架构与标准体系,提升我国防御大洪水的能力。

8.2 流域超标准洪水应急监测技术

随着突发水事件、流域超标准洪水等事件的日益频发,对水文应急监测的准确性和时效性提出了更高的要求。常规监测手段受环境影响较大,流域超标准洪水发生时,人员设备安全性低,且连续实时监测困难,亟须在现有监测手段的基础上引入新技术、新手段。本章主要梳理超标准洪水监测指标,针对超标准洪水监测难点提出非接触式水文监测方法,对各类非接触式监测方法进行分析、应用和比较验证,并对重点技术方法(如影像测流方法)从原理、方法、比测试验等多方面开展研究,综合提出流域超标准洪水监测技术方案体系;同时,提出了多源信息融合处理技术,综合制定超标准洪水多源数据融合技术解决方案。

8.2.1 超标准洪水监测指标

超标准洪水监测主要包括超标准洪水情况下高洪河道、堤防溃口、分蓄(滞)洪区进(退)洪口门等不同监测对象。

超标准洪水造成江河湖泊水量陡增、水位迅速增加,堤防长历时按照或超过设计水位运行,会严重威胁有关地区的安全,因此需要及时开展高洪河道水文监测,掌握河道行洪实时水位情况;流域超标准洪水发生时,堤防受洪水长期浸泡,堤身容易破坏形成溃口,口门附近的河床易不断刷深形成冲刷坑,冲刷坑的发展将进一步影响堤脚的安全,并可能导致更大范围的堤防溃决,同时亦有可能发生漫溃。因此,开展河道高洪、堤防溃口水文监测是江河防洪体系中的重要组成部分,相关监测要素的准确性、时效性对分蓄(滞)洪区进行分(蓄)洪运用具有重要的支撑作用。其中,非接触监测技术是传统站网监测体系的重要补充手段之一,视觉测流系统及雷达测流系统示意图分别见图 8.2-1 和图 8.2-2。

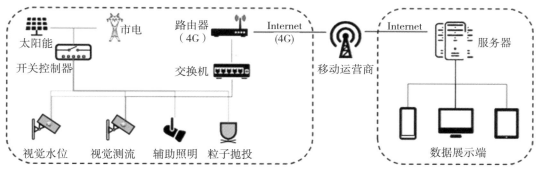

图 8.2-1 视频测流系统架构示意图

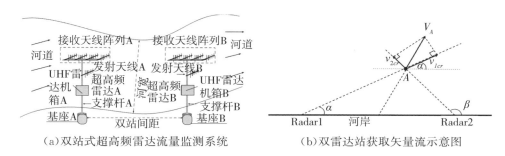

（a）双站式超高频雷达流量监测系统　（b）双雷达站获取矢量流示意图

图 8.2-2 雷达测流系统示意图

超标准洪水监测要素通常包括溃口上下断面的水位、流量监测、溃口形态及溃口流量监测、淹没区的水位及淹没范围监测等；针对高洪河道主要的监测要素包括水位、大断面及流量，针对分蓄（滞）洪区进洪口门主要的监测要素包括进洪流量、口门内外水位等。

水位是水体（河流、水库、湖泊、海洋等）的自由水面相对基面的高程，是水文观测中最基本的要素，也是防汛测报的重要指标，它直接反映各种自然水体的水情变化。水文基面分为冻结基面、测站基面和绝对基面，其中绝对基面如国家 85 高程基准、黄海 56 基面等。发生超标准洪水时，河道的水位涨落率较快，变幅较大，水面波浪起伏度大，水体含沙量较大，这些都给河道水位的监测带来困难。在溃口处监测水位，监测设备设施在溃口附近布设困难，监测人员现场的安全风险较高。

在超标准洪水发生时，流量是水情预报最重要的输入量，为防汛工作中最关注的水文要素。发生在河道的超标准洪水，流速快、流量大，洪水来得快去得快，监测时机把握难。由于按照常规测验手段去布置测点花费时间长，可能测不到洪峰，在监测大洪水时一般选用测验历时短的测验方案。监测时，由于流速快、流量大，仪器无法入水或入水后无法施测。此外，超标准洪水带来的大含沙量，超过测验仪器如 ADCP 的适用范围，也会影响流量测验。超标准洪水情况下一般监测现场环境恶劣，对人、财、物带来安全隐患，要在保证安全的前提下才能开始测验。

在堤防溃口或分蓄（滞）洪区进洪口监测流量，巡测道路交通不畅，人员设备无法到达测验断面，水力条件复杂，溃口流量测验水流变化、断面变化快，超标准洪水引发的溃口（溃坝）

的应急测量,溃口的出口流速急、流量大,溃口断面随时会扩大,水力条件极端复杂(图 8.2-3),给溃口或进洪口的流量监测带来困难。

(a)2016 年华容县新华垸溃口　　　　　(b)2020 年滁河全椒县荒草二圩泄洪口

图 8.2-3　堤防溃口实景

超标准洪水发生频率极低,测验人员有过特大洪水经历的人不多,技术储备不充分。突发状况多,测验负责人需要临场应变的情况多。仪器要面临恶劣的环境,要保证持续工作,也是难点之一。

总之,在应对超标准洪水中,水文测验人员面临着比标准内洪水监测更多的挑战。

8.2.2　超标准洪水"空—天—地—水"实时立体监测技术

针对上述超标准洪水监测指标的监测难点,采用视频、影像识别等非接触式监测技术,运用远程观测、无人机空中监测等手段,对水位进行无接触式监测研究;采用大尺度粒子图像测速、电波流速仪法、雷达侧扫、无人机多要素雷达监测系统对流量进行远程监测研究;采用无人机+回声测深仪对水深进行监测研究;并在实际应急监测和演练中进行了测试试验,结果可达到监测精度时效性要求。下面主要介绍视频测流试验及模拟溃坝试验场的非接触流速监测试验。

(1)视频测流试验

2019 年 9 月 19—20 日汉江秋汛期间,选取武汉市硚口区汉江入汇长江口上游 5km 附近,开展了无人机载视频测流速比测试验和无人机载影像测流的空间尺寸标定分析工作。在测船上采用流速仪法施测表面流速,无人机载摄像飞到流速仪测点上方同步比测表面流速。通过比测共收集到 6 组数据,采用影像测流 PTV 算法与 PIV 算法对试验数据进行分析,试验结果见表 8.2-1、表 8.2-2。试验结果表明:

1)影像测流速中 PTV 算法较 PIV 更稳定,但需要示踪剂。PIV 算法跟踪水面波纹的纹理,无需示踪剂,有进一步实现实时监测的潜力。但 PIV 算法需要有较高的摄像质量,对测验结果质量影响极大。

2)对于采用 PTV 算法无人机测验来讲,较好地完成无人机载多个示踪弹射或抛射,能较大提高测流效率。投放方式可参考乒乓球训练自动发球机,试制连续弹射装置,安装在无人机上,抛撒示踪剂。同时示踪剂需按照统一标准示踪,可提升流速系数的稳定性。

3)无人机载影像测流速,需要对空间尺寸做好标定。由表8.2-2可知,不同的飞行高度对监测精度影响较大,飞行高度低的测流流速多数要大于飞行高度高的测流流速。不同的飞行高度影像测流流速不同,空间尺寸标定存在系统性的误差。

表 8.2-1　　　　　　　　　无人机载影像测流速与流速仪法流速比测统计

时间	比测点	流速仪法	PTV 法	PIV 法	误差(%)	备注
2019-9-1913:07	1	1.29		1.28	−0.8	无示踪
2019-9-19 13:17	2	1.14		1.27	11.4	无示踪
2019-9-19 13:26	3	1.24		0.98	−21.0	无示踪
2019-9-20 13:50	4	2.32	2.36		1.7	
2019-9-20 13:54	5	2.98	2.97		−0.3	
2019-9-20 14:15	6	2.78	2.91		4.7	

表 8.2-2　　　　　　　　　不同飞行高度视频测流速统计　　　　　　　（单位:m/s）

时间	比测点	流速仪法	PTV 法		
			10m	20m	30m
2019-9-20 13:50	4	2.32	2.467	2.413	2.191
2019-9-20 13:54	5	2.98	2.927	3.112	2.870
2019-9-20 14:15	6	2.78	3.150	2.931	2.647

(2)模拟溃坝试验场的非接触流速监测

为研究溃坝洪水监测方法,验证该方法是否适用于远程非接触监测溃口处临界高流速的测验场景,选取沌口堤防溃口物理模型进行试验观测。试验观测区内布设 ABF2-3 二维自动地形仪开展断面监测,观测区尾上空约 4m 安装视频测流设备,开展 LSPIV 法流速监测。布设观测栈桥,采用电波流速仪、转子式流速仪开展流速监测。

试验从溃坝开始到溃坝结束,时长持续约 20min,采用 LSPIV 法(视频法)、电波流速仪、转子式流速仪同步开展流速监测,并对 3 种仪器的测量结果进行比较。以试验开始时间为零时刻,根据监测数据,对比 3 种方法的流速监测结果见图 8.2-4。

分析结果表明,测验过程中流速仪法的主要测验误差来源于试验中水深较浅(小于0.2m)时,此时流速仪旋桨易露出水面以及含沙量较大,若大颗粒的沙通过流速仪时,可能影响流速仪的转子正常旋转。根据多次试验发现,为尽量规避此类问题,应选择溃口主流进行测验。以转子式流速仪法测验结果为参照值,对试验结果进行分析。通过分析对比可以看出,在溃堤洪水流速变化过程监测上,视频法与转子式流速仪法比较接近,而电波流速仪在其量测范围内(大于 0.5m³/s)流速均偏大。

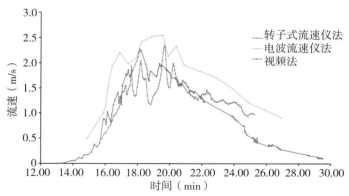

图 8.2-4 2020 年 7 月 8 日模拟溃坝洪水监测流速过程图

通过试验可以看出,视频法测流在溃堤监测中能够完整地监测洪水的变化过程,测验精度较高,且视频法测流安全、投入人力少,能够实现连续监测,是一种监测超标准洪水的经济、高效、安全的方法。

8.2.3 流域超标准洪水监测技术方案体系

(1)流域超标准洪水监测技术方案体系

基于上述试验的超标准洪水监测技术研究,研究提出了流域超标准洪水监测技术方案体系。超标准洪水监测技术方案适用性概略见表 8.2-3,当超标准洪水发生时,可选择常规手段及非接触式超常规手段共同进行监测;在不同的任务要求和适用场景下,可以根据测验方案、设备性能等综合选择合适的天—空—地立体监测方案。

表 8.2-3 超标准洪水监测技术方案适用性概略

观测要素	监测方案或设备选择	适用场景或施测要求	技术限制	实施难点
水位	人工观测水尺板	适用各类场景的水位观测	不能连续实时在线观测	需要人工提前布设、水尺易损毁
	固定标志	适应于上游地区水位涨幅大的涨水面的观测	不能连续实时在线观测	需要人工固定标志
	免棱镜全站仪人工观测	有固定观测平台,视野开阔、宽广	不能实时在线观测,精度稍差	需要人工提前进行高程标定
	压阻式水位计	可连续实时在线观测	测量范围有限	含沙量较大易被埋
	气泡式水位计	可连续实时在线观测	测量范围有限	含沙量较大易被埋
	远程视频水位识别	可连续实时在线观测	应用深度学习技术,算法复杂	受光线、水尺板外观影响大
	无人机水位监测(空基)	可连续实时在线观测	精度受无人机高度影响	受无人机载续航时间限制

续表

观测要素	监测方案或设备选择	适用场景或施测要求	技术限制	实施难点
流量	浮标法(地基)	适用各类场景的流量观测	存在浮标流速系数、断面估算等误差,无法连续观测	需要人工提前做好标定,受视线等影响
	GNSS浮标法(地基)	适用各类场景的流量观测	浮标跟随性影响测得流速代表性,存在浮标流速系数、断面估算等误差	浮标大小、形状要求较高,浮标需要回收
	走航式ADCP法(地基)	适用于水面漂浮物少、含沙量不大、能通船只或缆道可运行的断面流量测量	需要辅助定位设备,无法连续观测	需要渡河设备,含沙量较大无法使用
	水平ADCP(地基)	适用于含沙量不大,水面宽30~200m的连续实时监测	测得某一层流速,需要进行代表流速分析	需要在岸边安装在一定水深之下
	垂直ADCP(地基)	适用于含沙量不大,连续实时监测场景	测得某一垂线流速,需要进行代表垂线流速分析	需要在固定安装河底或水面
	声学时差法(地基)	适用于含沙量不大,水面宽20~2000m的连续实时监测	测得某一层流速,需要进行代表流速分析	仪器需要在岸边安装,组装调试复杂
流量	固定电波流速仪法(地基)	适用于快速流量测验,适用流速大于0.5m/s场景,对电源要求不高	小流速时误差较大,存在水面流速系数、断面估算等误差	需要桥梁、缆道等测量辅助设施
	移动电波流速仪法(地基)	适用流速大于0.5m/s场景,可快速进行多线测量	小流速时误差较大,存在水面流速系数、断面估算等误差	需要架设渡河缆道等,电源要求高
	无人机多要素雷达监测系统(空基)	可无人远程、同步实测水位、流速,无需桥梁、渡河设备等	存在水面流速系数、断面估算等误差	受无人机载续航时间限制,通信要求较高
	岸基雷达侧扫(地基)	可实时连续观测大范围(30~500m)的水面流速	存在水面流速系数、断面估算等误差	受强降雨、船只等影响
	固定影像测流法(地基)	可实时连续观测大范围的水面流速	存在水面流速系数、断面估算等误差	受光线等影响

观测要素	监测方案或设备选择	适用场景或施测要求	技术限制	实施难点
流量	无人机载影像测流法(空基)	可无人远程实测流速,无需桥梁、渡河设备等	存在水面流速系数、断面估算等误差	受无人机载续航时间限制、受光线影响
	岸基影像测流法(地基)	可实时连续观测大范围的水面流速	存在水面流速系数、断面估算等误差	受光线等影响
	卫星测流(天基)	在无人无资料的地区,利用大尺度的水位和地形,采用水力学公式推算,获得流域尺度的信息	卫星图像提取困难	处于研究阶段
岸上断面	激光扫描无人机航测	测量条件复杂,应急监测人员无法到达作业区域或需要测绘的范围较大	受地表覆盖物影响,高程精度受限	受无人机载续航时间限制
	GNSS RTK	适用测区范围较小	精度受卫星信号影响	需要人工到测验现场实测
水下断面	船载 GNSS＋超声波测深仪	适用多种场景水下断面测量	常规水下断面测量方式,GPS 与回深仪同步测量	受船只出航条件限制,无人船通信条件要求高
	无人机＋回声测深仪	回声深仪需要接触水面	技术不成熟	在流速较大时,回声仪难以稳定
	无人机载激光扫描仪 RIEGL BDF-12 或水深扫描激光雷达 ASTRALiTe	适用于较清澈水体	技术不成熟	仪器成本较高,应用不广

为开展超标准洪水水文监测,做好水文监测要素、技术、方法、装备和资料分析与成果整理各项工作,应坚持以下原则。

1)超标准洪水监测应提高监测时效性,在保证人员、装备安全的前提下,还应提高监测成果精度。

2)超标准洪水监测应严格遵守安全生产规章规程,应急监测人员应具备良好的身体与业务素质。

3)超标准洪水监测应分级建立组织机构,组建监测队伍,制定各类洪水监测预案,建立洪水响应机制,并加强培训与演练。

4)超标准洪水监测预案应根据可能出现洪水及监测工作的可能需求进行编制,内容应包括总则、组织指挥体系及职责、预警和预防机制、洪水响应、洪水监测、保障措施、安全措施、后期处置、附则及附录。

5)超标准洪水监测装备应包括仪器设备、通信与网络、应用软件、安全、交通、生活等工作装备,并应满足性能优良、操作简单、运行可靠、适应野外操作环境等要求,仪器设备应选用合格产品。

6)超标准洪水监测保障应包括后勤生活保障、工作保障、交通保障、通信保障、技术保障、应急支援保障、安全保障及培训演练保障等。

7)超标准洪水监测成果精度指标可参照国家现行有关标准执行;在特殊情况下,可适当放宽,并备注说明。

8)超标准洪水监测除应符合本标准规定外,还应符合国家现行有关标准的规定。

(2)典型洪水监测案例分析

以"长江2020年第4、5号洪水"为例进行流域超标准洪水监测技术方案体系应用案例分析。受上游强降雨影响,2020年8月10—15日相继发生岷江"8·13"洪水,沱江"8·14"洪水和嘉陵江第1号洪水,导致长江第4号洪水在上游形成,寸滩站8月14日20时20分出现最高水位183.90m,超保证水位0.40m,相应流量57800m³/s。8月15日起,在上轮洪水未完全消退的情况下,陆续发生岷江"8·18"洪水,沱江"8·18"洪水和嘉陵江第2号洪水,与干流洪水一起形成了长江第5号洪水。长江第5号洪水过程中,寸滩站8月20日6时35分出现洪峰流量77400m³/s,相应水位191.56m,8月31日8时15分出现洪峰水位191.62m,超保证水位8.12m,相应流量77300m³/s。

1)常规法监测。

长江干流朱沱站在长江第4、5号洪水过程中,共实测流量5次,其中采用走航式ADCP施测1次,其余为流速仪法施测。寸滩站在长江第4号洪水过程中,采用走航式ADCP施测流量8次;在长江第5号洪水过程中,采用走航式ADCP施测流量7次,简测法2次。

岷江"8·13"洪水,高场站共实测流量13次,其中流速仪常测法8次,简测法4次,浮标法1次。以流速仪常测法为主,并结合简测法施测;"8·18"洪水,高场站共实测流量17次,均为流速仪法。其中常测法7次,简测法9次,多线多点法1次。

沱江"8·14"洪水,富顺站共实测流量16次,常测法为主,结合简测法施测;沱江"8·18"洪水,富顺站共实测流量18次,常测法为主,结合简测法施测。

嘉陵江第1号洪水,北碚站共实测流量6次,其中常测法4次,简测法2次;嘉陵江第2号洪水,北碚站共实测流量13次,其中常测法2次,简测法11次。

2)非接触式监测。

采用Ridar-800型在线雷达测流系统进行寸滩断面流量监测,Ridar-800型在线测流系统计算流量采用的断面方位角172—01—55,寸滩水文站测验断面方位角170—24—49。两断面基本平行,侧扫雷达断面线位于寸滩站测验断面下游,左岸间距89.9m,右岸间距

78.3m,平均间距约84m。

对侧扫雷达断面进行大断面施测,在侧扫雷达数据中找到与寸滩站流量施测时间(开始、结束)最接近时刻的两组数据,采用侧扫雷达流速数据,计算侧扫雷达断面开始流量、结束流量,取平均值与寸滩站实测流量进行相关分析,分析结果表明系统误差为0.06%,随机不确定度为12.6%。

3)实测流量结果。

干流朱沱站长江第4、5号洪水过程中实测最大洪峰流量46400m³/s;寸滩站长江第4号洪水实测最大洪峰流量57900m³/s,长江第5号洪水实测最大洪峰流量77400m³/s。

支流岷江高场站"8·13"洪水实测最大洪峰流量23300m³/s,"8·18"洪水实测最大洪峰流量37500m³/s;沱江富顺站"8·14"洪水实测最大洪峰流量9050m³/s,"8·18"洪水实测最大洪峰流量10600m³/s;嘉陵江第1号洪水,北碚站实测最大洪峰流量22500m³/s;嘉陵江第2号洪水,北碚站实测最大洪峰流量32800m³/s。

点绘各站水位过程线及流量过程线(图8.2-5至图8.2-9)可以看出,各站水位过程与流量过程基本相应,涨落趋势基本一致,无明显的突变或不相应处,实测流量整体合理。

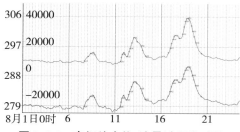

图8.2-5　高场站水位、流量过程线对照

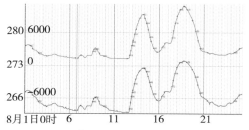

图8.2-6　富顺站水位、流量过程线对照

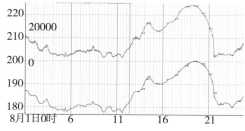

图8.2-7　北碚站水位、流量过程线对照

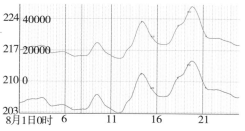

图8.2-8　朱沱站水位、流量过程线对照

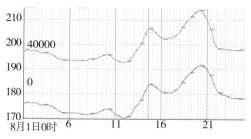

图8.2-9　寸滩站水位、流量过程线对照

8.2.4　超标准洪水监测多源数据融合技术

（1）多源信息融合技术路线

多源信息融合技术分数据层、特征层、决策层3个层面融合，源于军事信息技术的运用，出发点是为事件做决策而开展的信息融合。对于水文监测领域内，主要是为收集基础信息，融合层面主要在数据层融合，是同类型的物理量的融合，目标是提高数据的准确性、完整性、一致性。特征层融合对特征的提取，不应该认为是对常规水文资料中的最大、最小特征值，而是对某种趋势的确认和对数据层的精简，同时可看作不同物理量之间关系的判断。数据层、特征层、决策层3个层面的随机变量、不确定的因素越来越多，融合的效果依赖于概率统计。在水文信息融合层面，由于主要涉及的是数据层，因此主要技术集中在将冗余和互补的数据更好地融合起来，确保数据的准确、完整、一致。

在水文监测领域多源数据融合，面临着空间位置转换方式复杂、同一要素空间同步难度大、将同要素多种监测方法数据相融合等难题。同时，要研发多要素监测数据汇集与整编信息平台，以汇集和融合立体实时监测多源数据。与已建采集系统的接口、原始采集数据管理、泥沙监测采集过程辅助、视频监控接口动态实时地连接起来，实现缆道般测流速仪、AD-CP、水平式 ADCP、雷达侧扫、视频测流等测流数据的汇集，对接实时水雨情信息系统，利用在线整编系统的即时整编技术，实时开展相应流量水情报汛、水资源监测管理等工作（图 8.2-10 至图 8.2-11）。

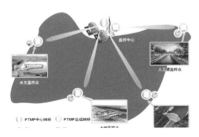

（a）多源数据预处理

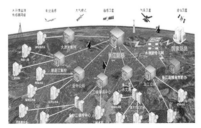

（b）多源信息同化、融合

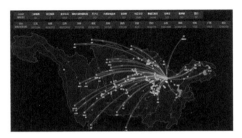

（c）多源数据汇集

图 8.2-10　多源数据汇集平台示意图

143

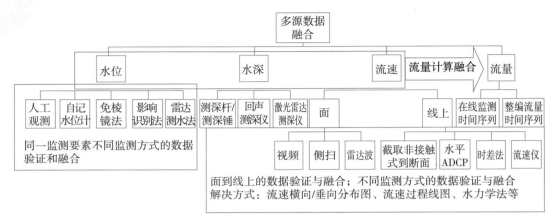

图 8.2-11 同要素、不同要素融合层次

1)多源信息的聚合。

针对各种要素不同的传感器、数据存储方式、通信格式等,将所有监测信息汇集在一个平台中,供下一步的数据融合使用。

水文测验业务主要存在的问题:测验业务阶段割据,缺乏共享协同的服务机制,各阶段应用系统或工具独立运行;缺乏共享协同的服务架构体系(应用支撑平台);缺乏综合性信息服务系统(门户)。解决问题的主要思路是:

按照"一数一源"的原则,水文测验业务每个维度的数据应该只有一个"正源"。产生于某业务或阶段,其他业务应用或阶段需要使用该数据时,应通过共享方式引用。因此,在不同业务和政务应用之间需要共享的数据,应统一存储于水文测验核心数据库。采用微服务体系架构,配合机制创新、制度创新、技术创新,建立"谁生成,谁负责""谁使用,谁负责""谁流转、谁负责"的机制,明晰数据在共享交换过程中数据的归属权、使用权、管理权,信息聚合方式见图 8.2-12。

图 8.2-12 信息聚合方式

对已建应用或工具进行数据库层面的改造,构建网络中间库及数据入库功能,实现已建应用或工具成果数据的实时导入水文测验核心数据库中,数据处理流程见图 8.2-13。

图 8.2-13　数据处理流程

整合已建应用或工具的核心功能,将其模块化,并集成到愿景系统中,形成统一的应用,完成功能全面整合,水文数据汇集平台建设框架见图 8.2-14。

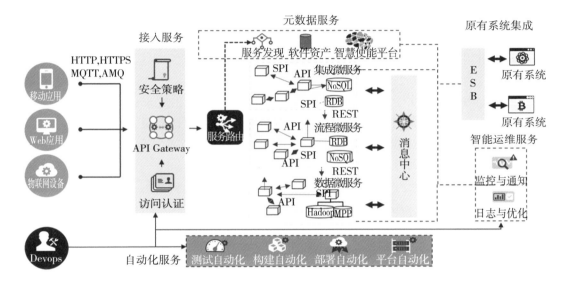

图 8.2-14　水文数据汇集平台建设框架

2)对冗余数据的处理。

同一要素多种测量仪器得到的结果,首先需要将测量对象进行匹配,对于随时随地都处于变化的物理量,如水位、流速等,必须将多种测量结果换算到同一时间、同一空间位置上,然后再做冗余量处理。对于在某段时间、某个空间范围内不变的物理量,如堤宽、岸上地形等,可以不局限于时间、空间的变化,直接取得数据进行融合处理。

针对水文监测的各项要素,具有测量对象变化快、瞬时要素不可重现等特点,采用多种监测方法时,不同的测量结果难以确认为同一个测验的对象,在融合处理时极为不便。在空间和时间匹配过程中,可以采用插补的方式进行,将同一要素进行相应的匹配。

在对冗余数据处理时,应当按照精度等级的不同,取用可靠数据。如在流速匹配时,一般应将流速仪数据作为最高精度的数据,其他方法应将其作为重要的参考尺度。当测验中无流速仪数据时,应该参考重复性高的资料作为首要选择。当测验过程可以进行回溯检查时,应该进行必要的回溯检查,以判定最接近真值的测量成果。如视频法测得的流速,具备可回看资料的特点,可以充分利用该特性进行资料精度检查。

3）对互补数据的处理。

通过时间和空间上的联系，补充水文要素的完整过程。对同一要素的观测，多种传感器之间的数据互补，可以补充完整观测要素在某一段时间、某一个空间的数据，使数据更全面更完整。这一互补技术要求，应该以保证观测精度的一致性为前提，可以在多种观测设备重复阶段的误差分析，来差别两者或多种观测之间的一致性差异，应确定其转换关系，保证一致性后进行资料的互补。如水位基面的换算，水面流速与垂线平均流速转换系数，是常见的一致性问题。

不同要素之间的关联性的互补，可直观地判断，进行互补，如水位和水深的关联，可以通过其中一个要素推断出另外一个要素的过程，进而补充信息。水文监测信息中存在不同观测要素进行组合计算后，得到另一种要素的结果。即多种传感器的信息提取相关特征层，再进行互补互校。如上游水库库容的变化过程与下游断面流量过程的互补互校，断面水位与断面数据计算得到的面积与实测水深计算的面积的互补互校等。

4）对过程合理性判断。

采用水动力学和水文学对过程进行合理性判断，即从理论出发来指导试验观测。如断面的横向分面与断面形状相关，垂线流速分布符号幂指数函数分布，最大比降、最大流速、最大流量、最高水位的顺序出现，洪水波的传播速度大于断面平均流速等水文学水力学规律，可帮助对多源信息融合的过程进行判断、检验。

（2）多源融合推流

基于大量研究和实验的基础上，制定超标准洪水多源数据融合的技术解决方案。该方案在特性分析软件设计、在线监测数据库表设计、多源融合推流等方面进行了创新性的设计和研发。超标准洪水多源融合推流技术框架见图8.2-15。

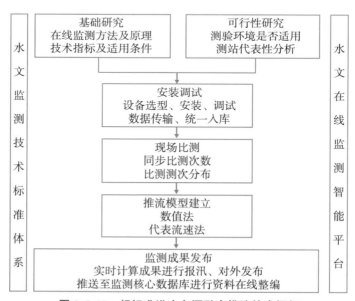

图 8.2-15　超标准洪水多源融合推流技术框架

1)流量在线监测特性分析。

河流流量在线监测是水文现代化的重要支撑。针对测站在线测流适应性,分别从监测方法、监测地点、精度指标等方面开展了定量分析。分析测站的代表性流速区域,并据此开展在线监测方式方法设备选定。

为开展测站监测特性分析,本研究从施测断面的代表垂线、代表水平层、表面流域代表性、代表测点以及多测况组合等方面开展了系统分析。基于长序列水文资料,按照施测断面,选择部分监测样本与垂线、水平尺、表面流域、代表测点进行关联,形成监督学习的样本,选择逻辑回归等机器学习算法,对上述施测方式与测验流量要素之间组合对应方式进行分类,通过该方法可实现历史数据的批量导入,对测站测验的代表性的智能分析,推荐代表性最好的方案,并给出相应误差指标。

根据代表性分析结果选择流量在线监测方案,确定仪器类型及布设方式,可有效提高在线监测的成功率,保证测验精度。

2)在线监测数据存储方式。

目前传统的在线监测设备在出场时,仅给出测验区域的平均流速或者厂商自定义的简易算法计算推流,其输出成果,往往精度难以达到规范要求。为了提升在线测流精度,需要对多类型的在线测验设备数据进行标准化、统一管理,实现原始测点数据的规范化存储,为比测率定、算法部署、实时推流提供基础数据支撑。

通过数据链路优选和资源分组优配,针对仪器设备的特性,通过数据格式自适应算法,将超高频雷达、侧向视频测流等主流表面流速测验设备监测流场数据自动存储至二维流场数据库表,将点雷达、点视频测速、超声波时差法、固定式 ADCP 等设备的监测数据,实时存储至专用数据库表。并通过数据转换器(内置推流模型),实现数据的实时融合。

3)多源融合推流实现。

在线测流多为代表流速的在线监测,监测到流速后还需要将实时流速转换为实时流量。流量计算的常用方法有数值法和代表流速法两类,其中代表流速法可分为回归分析和机器学习两类。基于规范化的在线数据存储,通过数据格式转化(包括基面、单位、测量系统等要素),实现不同源数据的同化,可以支撑非接触式、接触式等不同原理的设备数据融合进行流量推算。多源融合数据存储、转化、平台集成、展示示意图见图 8.2-16。

其中,针对水文测验的特性(断面类型、测验方式等),分别就流域主要测站(寸滩、仙桃等防洪关键控制节点),提出了适用性较好的模型及损失函数,有效提高了模型精度;提出了基于代表流速的不同监测设备的融合推流方法,试验研究证明能较大幅度提高在线测流精度。

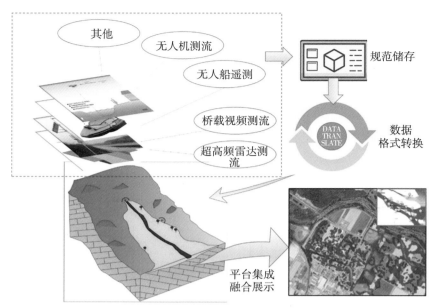

图 8.2-16　多源融合数据存储、转化、平台集成、展示示意图

8.2.5　小结

本节主要提出了流域超标准洪水监测技术方案体系及多源信息融合技术。研究了视频测流、超高频雷达测流、无人机多要素雷达监测系统等非接触式测流技术,攻克了极端洪水及分洪溃口"测不到、测不准"的难题,提出了超标准洪水多源信息融合方案,提升了超标准洪水监测敏捷性、时效性、准确性,实现了多维度信息互融互嵌互补的立体动态监测机制及海量异构信息源数据的汇集传送。

8.3　超标准洪水灾害天—空—地多平台协同动态监测技术

对于超标准洪水重特大灾害,及时、准确、可靠地采集和反馈信息是洪涝灾害的评估和救灾及灾后重建的基础和依据。然而,现有卫星、遥感、地面终端等监测平台之间孤立、封闭、自治,缺乏有效协同机制,且现有灾害监测数据存在收集不及时、信息覆盖不全面等问题。研究超标准洪水灾情监测指标,统筹天—空—地多平台对地观测资源,构建面向超标准洪水"天—空—地"多平台协同监测体系,并在此基础上研究基于超标准洪灾监测多源数据融合技术,提出不同时空尺度超标准洪水监测指标综合监测方案,从而快速、准确、灵活、可靠地提供监测及分析灾害应急技术支撑。

8.3.1　超标准洪水灾情监测指标体系

为了能够有效地监测评估洪涝灾害,本研究构建描述洪灾属性统一的指标集。在综合考虑洪灾的自然、社会经济和环境影响 3 个方面因素的前提下,针对遥感监测实际情况,提出超标准洪水遥感监测指标体系(图 8.3-1)。

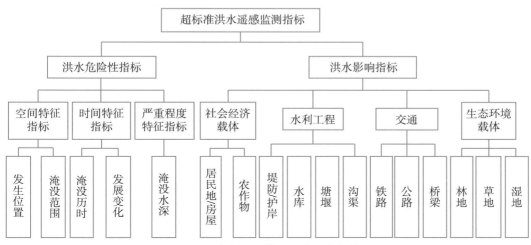

图 8.3-1 超标准洪水遥感监测指标体系

超标准洪水灾害遥感监测指标,一方面包括通过反映洪涝灾害自然特征提炼出的洪水危险性监测指标,另一方面洪水影响指标的变化也是遥感监测的重要指标。

(1)洪水危险性指标

洪灾水体及其相关属性包括洪水过程强度或规模(如洪水水位、淹没水深)、洪水灾害影响区域及其影响程度(洪水淹没范围)、洪水灾害危害强度等指标,用于刻画洪水危险性。淹没范围指发生洪水时地势低洼地区被洪水浸没在水面以下的受淹范围和区域,目前利用遥感信息来提取水体信息的方法有单波段法、多波段法以及水体指数法;淹没水深是评价洪涝灾害的重要指标之一,随着遥感技术和地理信息系统的发展,基于高精度的 DEM,通过遥感的方法测出水面高程,从而计算出淹没水深;淹没历时是指受淹区域的积水时间,在已知水深的过程的前提下,可定义临界水深(Δd),超过临界水深的时间定义为淹没历时。

(2)洪灾影响指标

超标准洪水遥感监测洪灾影响指标包括洪灾受淹房屋面积、受淹耕地面积、受淹工矿企业个数、受淹道路长度等,主要通过基于遥感影像的承灾体信息提取。在卫星影像或无人机影像上,通过解译的方法,基于解译标志或者实践经验知识,识别目标,并定性、定量地提取出目标的分布、结构、类型等指标数据。

8.3.2 超标准洪水天—空—地协同监测技术体系

充分应用卫星遥感、低空遥感及地面移动监测等天—空—地多层次高精度数据采集、处理、监测手段的特征和关键性能指标,针对多样化的超标准洪水应急监测需求,提出了超标准洪水天—空—地协同监测体系架构(图 8.3-2)。主要内容包括:以天基卫星遥感所采集的多分辨率、多时相、多波段、多层次遥感影像作为监测的主要信息源,进行流域、区域超标准洪水为主、局部超标准洪水为辅的遥感远程监测,全天时、全天候监控洪灾变化趋势;以低空无人机遥感技术开展区域及局部超标准洪水相关监测指标观测,配合地基手段完成精细尺度的监测目标动态跟踪,并应对突发事件的数据应急采集;以地面移动监测作为天基和空基遥感监测的配合和补充手段,实现流域、区域和局部不同级别超标准洪水的精准监测。以上天—空—地不同层次的观测手段相辅相成、互相补充配合,形成立体多维的对地综合观测体系,实现面向超标准洪水的全天候、全天时、全要素的监测。

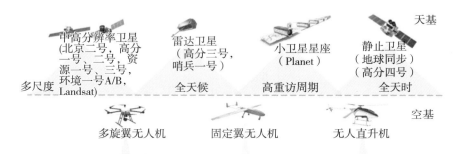

图 8.3-2　超标准洪水天—空—地协同监测体系

8.3.3　超标准洪水天—空—地协同监测方案

8.3.3.1　不同空间尺度超标准洪水

超标准洪水监测按照超标准洪水的发生及影响范围,分为流域级、区域级和局部超标准洪水 3 个级别。不同级别的超标准洪水监测方案不尽相同。针对以上 3 个级别的超标准洪水,在提出的超标准洪水天—空—地协同监测体系框架下,结合监测指标的空间及属性特征,提出如下超标准洪水天—空—地协同监测方案。

(1)流域尺度超标准洪水监测方案

流域尺度超标准洪水监测是从宏观的角度进行快速、整体的数据采集。因此需要以卫星遥感监测手段为主,充分利用中分辨率卫星覆盖范围广、重访周期短的特点,快速动态采集流域超标准洪水空间数据;同时以空基、地基监测手段作为配合和补充,满足多种灾害应急情况下的监测需求。

1)受灾区域天气晴好。

对时效性要求较高的应急监测,紧急调度地球静止轨道卫星高分四号,采用凝视模式对受灾区域开展持续性观测。在此模式下,可实现对受灾区域 20s 一次的动态观测;另外空间分辨率 50m,可实现对流域级超标准洪水相关监测指标的提取。为了实现中小尺度对象的监测,如水利工程、房屋、铁路、公路等,采集中分辨率卫星数据如 Planet、资源一号、资源三号、高分一号等,这些数据时效性稍差,访问周期从天到周不等,实际操作时根据具体需求选择使用。与此同时,配合使用地面移动监测手段,提高空基数据的精度。表 8.3-1 列出了在不同天气状况、时效性要求情况下,流域尺度超标准洪水,监测平台的调度方案。

表 8.3-1　　　　　　　　　　　流域尺度超标准洪水监测方案

天气状况	时效性要求	监测平台			监测指标	
		天基	空基	地基	致灾因子	承灾体
天气晴好	<1d	静止卫星(GF-1)	—	地面测量	发生位置、淹没范围、淹没历时、淹没水深、发展变化	居民地、农作物、水库、林地、草地、湿地
	>1d	中分辨率卫星(Landsat、Planet、GF-2、ZY01/03)	—			同上
多云多雾有雨	>1d	雷达卫星(GF-3、Sentinel-1、Radasat2、ALOS2、TerraSAR-X)	—	地面测量	同上	同上
	<1d	—	无人直升机			居民地、房屋、农作物、堤防、护岸、水库、渠道、塘堰、铁路、公路、桥梁、林地、草地、湿地

2)受灾区域多云多雾有雨。

受灾区域存在多云多雾等恶劣天气状况而导致光学遥感卫星无法对地面进行观测,此时采用微波遥感卫星进行补充,满足洪灾全天时、全天候的监测需要。若高分辨率雷达数据难以获取,可使用无人直升机搭载航摄像机进行洪灾监测数据获取。

(2)区域尺度超标准洪水监测方案

对于发生及影响范围较大的区域尺度超标准洪水,以中高分辨率卫星为主、低空无人机为辅对受灾区域进行多层次观测。当受灾区域处于多雨多雾有雨等恶劣天气状况而导致光学遥感卫星无法观测的情况,采用雷达卫星进行补充。

1)受灾区域天气晴好。

对时效性要求较高的区域超标准洪水应急监测,采用小卫星星座 Planet 实现对灾区灾情每天更新,包括耕地、园地、林地、住宅、工矿用地等;对于时效性要求为 1~3d 的动态监测,采用北京二号、高分二号等高分辨率卫星,实现多层住宅、农村住宅、城市道路绿化设施、一般道路、商业休闲设施用地、公共基础设施用地精细地物的识别监测；对于时效性要求小于 1d 的紧急应急监测，采用无人机作为主要手段。

2）受灾区域多云多雾有雨。

恶劣天气条件下采用微波遥感卫星高分三号进行补充，经影像处理分析，可实现淹没范围提取。若高分辨率雷达数据难以获取，可以考虑使用无人直升机搭载航摄像机进行洪灾监测数据获取。表 8.3-2 列出了区域尺度超标准洪水天—空—地监测平台的调度方案。

表 8.3-2　　　　　　　　　　　　区域尺度超标准洪水监测方案

天气状况	时效性要求	监测平台			监测指标	
		天基	空基	地基	致灾因子	承灾体
天气晴好	1d	小卫星星座（Planet）	—	地面测量	发生位置、淹没范围、淹没历时、淹没水深、发展变化	居民地、农作物、水库、林地、草地、湿地
	1～3d	高分辨率卫星（BJ-2、GF-2、GJ-1）	—			居民地、房屋、农作物、堤防、护岸、水库、渠道、塘堰、铁路、公路、桥梁、林地、草地、湿地
	<1d	—	无人直升机			同上
多云多雾有雨	>1d	雷达卫星（GF-3、Sentinel-1、Radasat2、ALOS2、TerraSAR-X）	—	地面测量	同上	居民地、农作物、水库、林地、草地、湿地
	<1d	—	无人直升机			居民地、房屋、农作物、堤防、护岸、水库、渠道、塘堰、铁路、公路、桥梁、林地、草地、湿地

（3）局部尺度超标准洪水监测方案

对于发生及影响范围较小的局部尺度超标准洪水，利用高分辨率光学或雷达卫星、低空无人机采集受灾区域高时效性影像，配合地面高精度测量手段，实现局部空间尺度的超标准洪水监测。

1）受灾区域天气晴好。

对时效性要求较高的区域超标准洪水应急监测，采用北京二号、高分二号实现对灾区灾情动态监测，包括耕地、园地、林地、多层住宅、农村住宅、城市道路绿化设施、一般道路、商业休闲设施用地、公共基础设施用地等；对于时效性要求小于 1d 的紧急应急监测，采用无人机作为主要手段。

2）受灾区域多云多雾有雨。

恶劣天气条件下采用微波遥感卫星高分三号进行补充，经影像处理分析，可实现淹没范围及耕地、园地、林地、住宅、道路、工矿用地等承灾体信息提取。若高分辨率雷达数据难以获取，可以考虑使用无人直升机搭载航摄像机进行洪灾监测数据获取。

局部尺度超标准洪水监测方案见表 8.3-3。

表 8.3-3　　　　　　　　　　　　局部尺度超标准洪水监测方案

天气状况	时效性要求	监测平台			监测指标	
		天基	空基	地基	致灾因子	承灾体
天气晴好	>1d	高分辨率卫星（BJ-2、GF-2、GJ-1）	—	地面测量	发生位置、淹没范围、淹没历时、淹没水深、发展变化	居民地、房屋、农作物、堤防、护岸、水库、渠道、塘堰、铁路、公路、桥梁、林地、草地、湿地
	<1d	—	旋翼无人机/固定翼无人机			同上
多云多雾有雨	>1d	雷达卫星（GF-3、Radasat2、ALOS2、TerraSAR-X）	—	地面测量	同上	居民地、农作物、水库、林地、草地、湿地
	<1d	—	旋翼无人机/固定翼无人机（小雨）	—	—	居民地、房屋、农作物、堤防、护岸、水库、渠道、塘堰、铁路、公路、桥梁、林地、草地、湿地

8.3.3.2　不同阶段监测对象

针对超标准洪水发生的不同阶段，即洪灾发生前、洪灾发生中、洪灾发生后所采用的遥感协同监测手段也不尽相同。

（1）灾前数据库建设与更新

洪水灾害基础地理数据库的建设是进行洪灾预警、灾情评估和救灾的基础。主要包括自然数据和社会经济数据两个方面，具体包括社会经济数据库、本底水体数据库、地形数据库和其他数据库。通过卫星遥感监测平台，可以实现对洪灾背景数据的准确可靠更新。

（2）灾中监测

在洪涝灾害减灾过程中，遥感监测平台可实现对水情、工情、灾情的实时监测。利用静止轨道卫星对洪水进行实时监测，叠合洪水多期影像，确定淹没范围；机载 SAR 用于全天候地监测洪水，近红外遥感可确定河流行洪的障碍物分布以及堤防决口的位置等。工情监测即对重点水利工程的监测，可利用无人机获取实时的高分辨率影像，迅速提取洪灾发生期间大部分工情信息，根据其趋势做出预警。

（3）灾后评估

灾后评估包括洪水危险性评估和洪灾影响评估,即通过上文的洪水危险性指标和洪灾影响指标对洪水灾害进行评估,通过卫星、无人机及地面多监测平台配合,实现灾害评估指标提取。表 8.3-4 列出了不同阶段超标准洪水的遥感监测方案。

表 8.3-4　　　　　　　　　不同阶段超标准洪水遥感监测方案

洪灾发生阶段	监测平台			监测数据及指标		
	天基	空基	地基	基础地理数据	洪水危险性指标	洪水影响指标
灾前	中/高分辨率卫星	—	地面测量	居民地、交通设施、工业及商服用地、水利工程、自然保护区、饮用水水源区	—	—
灾中	—	无人直升机/旋翼无人机/固定翼无人机	地面测量	—	淹没水深、淹没范围、淹没历时	受淹房屋面积、受淹耕地面积、受淹工矿企业个数、受淹道路长度
灾后	静止卫星(高分四号)、雷达卫星(高分三号)、中/高分辨率卫星	—	地面测量	—	淹没水深、淹没范围、淹没历时	受淹房屋面积、受淹耕地面积、受淹工矿企业个数、受淹道路长度

8.3.4　超标准洪灾监测多源数据融合技术

以天—空—地一体化感知体系所获取的遥感监测数据为数据源,利用遥感大数据优势和影像智能识别技术,将人工智能赋能超标准洪水监测,研究海量多源异构数据融合处理技术路线,实现超标准洪水灾害监测指标智能提取。

8.3.4.1　超标准洪水灾害监测指标提取

超标准洪水遥感监测指标包括通过反映洪涝灾害自然特征提炼出的洪水危险性指标监测指标和洪水影响指标两大类。超标准洪水遥感监测指标提取技术流程见图 8.3-3。

（1）超标准洪水发生的地理位置或区域

用经纬度或平面坐标、所属行政区划、所属水系等形式表示。经纬度或平面坐标可从遥感影像上直接提取坐标信息得到,所属行政区划、所属水系等可通过与行政区域矢量、水系矢量叠加分析得到。监测结果在遥感监测背景图上标注洪灾发生位置。

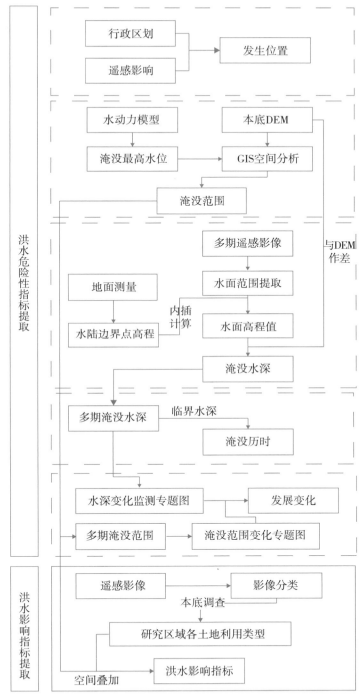

图 8.3-3　超标准洪水遥感监测指标提取技术流程

　　超标准洪水淹没范围的提取根据洪灾发生的不同阶段可分为淹没前预测与淹没后监测。淹没预测需要运用水力学模型确定洪水发生时的最高水位,在此基础上结合研究区域的数字高程模型,基于空间分析提取淹没范围因子。淹没后监测是通过对比淹没前后遥感影像水体范围提取淹没范围,实际上是遥感影像变化检测技术的实现,可以通过分类后比较法和光谱直接比较法两种方法来实现。其中,光谱直接比较法需要先对不同时相的遥感影像进行几何配准和辐射校正,再通过逐像元比较,提取变化区域,进而得到洪水灾害淹没范围。

（2）超标准洪水淹没水深

超标准洪水淹没水深指受淹地区的积水深度,是评估洪水灾害损失的一个重要因子。超标准洪水淹没水深计算以数字高程模型为基础,利用 GIS 空间分析功能,通过与淹没范围叠加来提取淹没水深数据,即水深由淹没区水面高程与地形共同决定。

（3）超标准洪水淹没历时

超标准洪水淹没历时是反映洪水危险性时间特征的重要指标。在已知洪灾发生过程中水深序列值的前提下,通过定义临界水深,将超过临界水深的时间定义为淹没历时。

（4）超标准洪水发展变化

采用遥感手段监测超标准洪水影像范围的变化、监测淹没水深等随时间的变化,可以反映洪灾的发展变化,以洪涝灾害遥感水深变化监测专题图及淹没范围变化专题图来综合表达。

8.3.4.2　洪水危险性指标提取

首先对洪水危险性指标的遥感提取手段进行分析,根据洪涝灾害所反映的不同自然特征,可分为空间特征指标、时间特征指标和严重程度特征指标。其中,空间特征指标包括洪灾发生位置和淹没范围,时间特征指标包括淹没历时和发展变化,严重程度特征指标主要是指洪灾的淹没水深。这些反映洪灾不同方面特征的指标是洪涝灾害遥感监测的对象,同时也是进行灾情评估的基础。

（1）基于光学影像的水体提取

在超标准洪水灾害监测中,淹没范围的获取是各项工作的基础,具体包括洪水水体提取和淹没面积的计算。本研究基于遥感数据提取水体的主要方法包括神经网络法、波段运算法和综合法 3 种。

1）神经网络法。

采用多尺度特征金字塔结构的卷积神经网络模型,在多种尺度上提取影像的局部特征和全局特征;利用遥感影像历史解译结果构建数据库,并采用迁移学习思路,及时补充洪水区域最新解译结果到训练库中进一步提高模型解译精度,实现水体的快速准确解译。总体流程及水体智能解译结果见图 8.3-4 和图 8.3-5。

ANN 相比于其他传统的遥感图像分类方法,具有自学习、自适应、自组织能力,其可以根据影像的各种先验知识,自动进行学习,提炼出规则,以此进行分类,因此该方法的分类精度往往高于传统的基于统计的分类法。

2)波段运算法。

基于遥感影像波段运算的水体提取方法主要有单波段阈值法、谱间关系法和水体指数法3种。下面重点介绍单波段阈值法和水体指数法。

单波段阈值法是通过选择水体特征最明显的某一单波段数值作为判识参数,由阈值法来确定水体信息,即选择一个合适的临界阈值,将图像二值化(0—非水,1—水)。该方法主要是利用水体在近红外和中红外波段的强吸收特性,以及植被和土壤在这两个波段较高的反射特性。

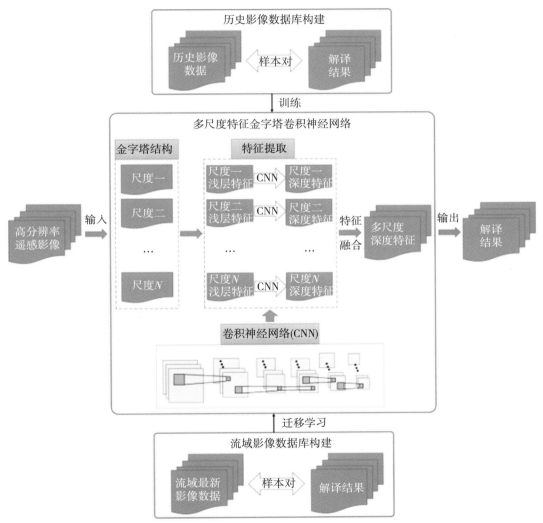

图8.3-4 结合多尺度深度特征与迁移学习的智能解译流程

图 8.3-5 水面解译结果(红色线条为矢量边界)

水体指数法是利用水体在遥感影像不同波段的光谱特性,通过一定的多谱段运行来增强影像中的水体信息,使得在增强图上水体指数高于非水体地物值,从而设定下限阈值来提取水体。目前,常用的水体指数有 NDWI、MNDW 等。本次提出了改进的水体指数法 MNDWI,利用的是裸地、建筑物和城市等地物的反射率从绿波段到中红外波段逐渐增强,水体的反射率逐渐降低。采用中红外波段代替近红外波段,水体的指数将增大,裸地、建筑物和城市等指数将降低,从而突出水体信息和抑制以裸地为代表的地物信息。采用改进后的归一化差异水体指数(MNDWI)进行水体提取,计算公式如下:

$$MNDWI = (R_g - R_m)/(R_g + R_m) < T \qquad (8-1)$$

式中,R_m——中红外波段反射率。

另外,由于水体在红光和近红外波段的辐射变化量最小,所呈现的颜色比较暗,与其他地物相比有比较明显的灰度差异,所以可以对植被指数影像设置阈值将水体提取出来,采取归一化植被指数(NDVI)进行水体提取,计算公式如下:

$$NDVI = (R_n - R_r)/(R_n + R_r) < T \qquad (8-2)$$

式中,R_r——红光波段反射率。

具体使用中,需要针对不同水体的实际情况进行选择。对于深度较浅的水体,采用水体指数法效果最佳,单波段阈值法效果较差;对于较深的水体,效果较好的是植被指数法;对于含沙量加大,且有细小水体的水域,植被指数法和单波段阈值法效果差,水体指数法相对效果更好,尤其是对于细小水体的提取。

3)综合法。

上述各种水体提取方法均受其适用条件和限制条件的制约,往往只用一种方法很难将水体完全、准确地提取出来,需要几种方法综合使用,以得到满意的水体提取结果。

(2)基于雷达影像的水体提取

相对于可见光/红外遥感,雷达遥感具有全天候、全天时的数据获取能力和对一些地物穿透的能力,这使其成为监测洪水灾害最为有效的遥感技术之一。多颗在轨运行的航天雷达卫星在时相上可以相互补充,从而对同一地区形成连续观测;灵活、机动的机载雷达系统可用于特殊情况下的快速监测,这些都从技术层面上保证了采用雷达监测洪灾的可能性与有效性。

对于雷达影像的水体提取,主要是基于微波范围内水体较低的后向散射系数。平坦水面在测视雷达影像上通常表现为黑色,与其他地物有着较为明显的区别。从图像处理的角度看,雷达影像水体提取过程,实际上就是图像分割中的"二值化"过程。因此,图像分割中的常用算法,即阈值法常常被用在雷达影像的水体提取上,而且全局最优阈值的确定,在很大程度上也提高了目前计算机水体识别的自动化水平。当前,微波遥感水体提取中阈值的确定,主要有经验法、试验法、双峰法、数理统计法等。

(3)洪灾发生位置提取

洪灾发生的地理位置或区域,用经纬度/平面坐标、所属行政区划、所属水系等形式表示。经纬度/平面坐标可从遥感影像上直接提取坐标信息得到,所属行政区划、所属水系等可通过与行政区域矢量、水系矢量叠加分析得到。监测结果在遥感监测背景图上标注洪灾发生位置,洪水发生位置效果示意图见图8.3-6。

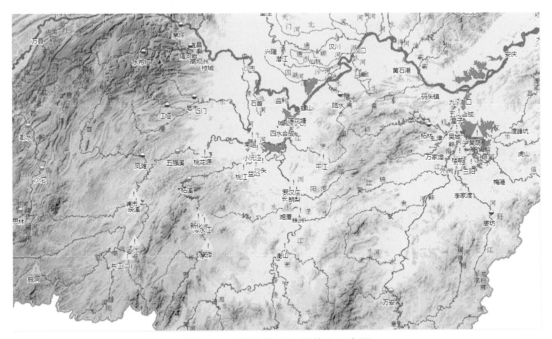

图 8.3-6 洪水发生位置效果示意图

(4)洪水淹没范围提取

超标准洪水淹没范围的提取,实际上是遥感图像变化检测技术的实现。目前,基于遥感

159

图像的变化检测方法主要有分类后比较法和光谱直接比较法两大类。

1)分类后比较法。

分类后比较法主要是对经过几何配准的两个(或多个)不同时相遥感图像分别做分类处理后,获得两个(或多个)分类图像,并逐个像元进行比较,生成变化图像。根据变化检测矩阵确定各变化像元的变化类型。超标准洪水淹没范围提取,就是对洪水前后遥感图像进行分类提取水体范围,然后进行洪水前后水面对比,提取洪水淹没区范围,洪水前后水体范围对比见图8.3-7。

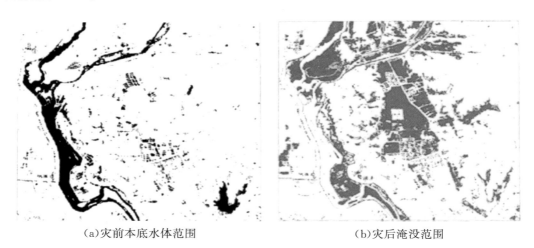

(a)灾前本底水体范围   (b)灾后淹没范围

图 8.3-7 洪水前后水体范围对比

2)光谱直接比较法。

光谱直接比较法主要是对经过几何配准和辐射校正后的两个不同时相遥感图像,逐个像元进行比较,生成变化图像,进而提取洪水灾害淹没区范围。其主要有图像代数法、波段融合法和变化向量分析法等多种方法。

(5)洪水淹没水深计算

洪水淹没水深指受淹地区的积水深度,是度量洪灾严重程度的一个重要指标,是评估洪水灾害损失的一个重要因子。

洪水淹没水深计算通常以数字高程模型(DEM)为基础,利用 GIS 空间分析功能,通过与淹没范围叠加以获取淹没水深分布图,即水深由淹没区水面高程与地面高程共同决定。

水面高程的获取有多种方式,可以通过激光测高仪来直接测定,或通过水文观测。这两种方法容易受天气条件和仪器自身条件的限制,同时数据计算的精确度不高。另外,还可以通过水文水力学的模型来模拟计算,该方法的计算量较大,算法复杂,很难适应于实时掌握灾情信息的情况。因此,多借助网络 RTK(如 CORS 等)实现水陆边界点高程采集提取。

作业区域条件不允许时,则需要在观测区域附近用网络 RTK 做高程基准点,采集其WGS84 高程,通过内业处理将高程值引测得水陆边界水面高程,减去区域高程异常值。

（6）洪水淹没历时计算

洪水淹没历时指受淹区域的积水时间，是反映洪水危险性指标时间特征的重要指标。在已知水深过程的前提下，可定义临界水深（Δd），超过临界水深的时间定义为淹没历时。对于不同种类的受灾体需设定不同的临界水深。临界水深与淹没历时见图8.3-8。

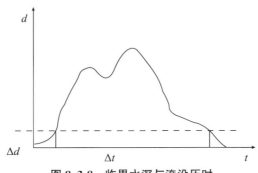

图 8.3-8 临界水深与淹没历时

淹没历时的获取方法主要有现场调查法、水文分析法、遥感监测法和模拟计算法等。遥感监测法获取淹没历时主要是运用高时间分辨率的卫星资料，配合实时水情、工情指标，获取多时段的淹没状况，计算淹没历时。

（7）洪水及洪灾发展变化监测

采用遥感手段监测超标准洪水影响范围、淹没水深随时间的变化，来反映洪灾的发展变化，成果以洪涝灾害遥感水深变化监测专题图及淹没范围变化专题图来表达（图8.3-9）。

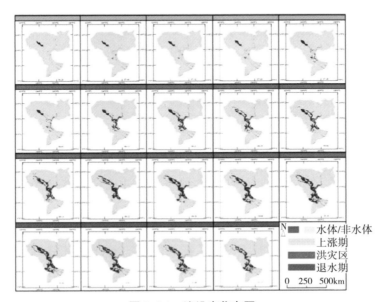

图 8.3-9 淹没变化专题

8.3.4.3 洪水影响遥感监测指标提取

对洪水影响指标的监测包括对水利工程设施的监测,包括对受到影响的社会经济载体、生态环境载体、水利工程、基础设施的监测,遥感监测可实现的承灾体监测指标见表8.3-5。承灾体遥感监测指标的提取分为本底调查和动态监测。

表 8.3-5　　　　　　　　　　　　　洪灾承灾体监测指标

监测对象	监测类别	监测指标
承灾体	社会经济载体	居民地
		房屋
		农作物
	水利工程	堤防
		护岸
		水库
		渠道
		塘堰
	基础设施	铁路
		公路
		桥梁
	生态环境载体	林地
		草地
		湿地

(1)洪水影响遥感监测指标本底调查

洪水影响遥感监测指标本底调查是洪灾遥感监测图像的处理、分析和信息提取的基础和依据。若洪灾本底数据库中的数据现势性好、内容齐备,从灾中的遥感数据得到洪灾的淹没范围后,在 GIS 系统进行多个数据层的空间叠加操作即可进行洪水影响指标的快速提取。

当前,洪灾本底调查的常用遥感数据有高分一号、高分二号、高分七号、高景系列、北京系列、资源一号、资源三号、Landsat、MODIS、SPOT 等数据。另外,航空遥感由于分辨率高、灵活性高,且不受时间限制,也是建设和更新洪灾背景数据库的一个重要途径。其中,MODIS 数据时间分辨率高达 6h,但其空间分辨率较低,主要用于流域级别的超标准洪水的常规监测,进行大面积、粗分辨率的洪灾监测。资源系列、高分七号分辨率较高(优于 5m),且具有立体观测能力,可应用于更详细的地面资料的采集和更新,一般对应专题地图的比例尺可为 1∶2.5 万～1∶5 万。另外,更有潜力的数据源是高景系列、北京系列、IKONOS、Quickbird 和 Worldview 等卫星数据,这些高分辨率的遥感数据为采集更加详细和准确的洪涝灾害提供背景数据,尤其是对重点保护对象的实时工情数据提供了可能。

洪灾本底调查的主要依据包括监测区域的地理要素图、遥感影像图、土地利用图等栅格和矢量数据以及经济、人口等社会统计数据。

洪水影响遥感监测指标包括洪灾淹没区内的各种地物及其属性,如农田、工矿、居民地、道路、水库、堤岸、闸、行洪区、桥梁、铁路、公路、港口、机场等重点保护对象。在洪灾发生过程中,洪水影响遥感监测指标的信息提取是进行灾害损失动态评估和安排救灾、减灾方案的前提。洪水影响遥感监测指标的提取以前主要依靠专题地图和现场调查。但是专题地图数据往往不具有较好的现势性,因为现场调查的方法费时费工,加上在洪灾中也无法及时进行实地的现场调查。

遥感手段具有覆盖面大、更新速度快、现势性好等优势,利用遥感数据进行承灾体本底信息调查是有效手段。承灾体的识别和提取方法,主要包括目视解译法、图像分类法,其中目视解译法精度高,但是需要专家经验和较长时间。图像分类法包括监督分类、非监督分类、人工神经网络法等。其中人工神经网络法具有解决线性问题和非线性问题的包容性,是一种非参数方法,已被应用于灾中承灾体的快速识别和提取,此处采用多尺度特征金字塔卷积神经网络进行本底调查,实现居民地、工矿、农田、水库等多种地物类型的提取,以居民地为例的提取结果见图 7.4-10。

图 8.3-10　居民地智能提取结果(红色线条为矢量边界)

（2）洪水影响遥感监测指标动态监测

相对于洪水影响遥感监测指标本底调查,洪水影响遥感监测指标动态监测是在灾中或灾后阶段中,对洪水影响遥感监测指标进行动态的分析和提取。因此,提取方法与本底监测类似。而其所基于的遥感数据源需要有高时效性,以满足超标准洪灾动态监测的需求。当前,满足洪灾快速动态监测要求的卫星分为以下几类:中、高分辨率光学卫星有高分系列、高景一号、北京二号等,时间更新频次 1～5d;为满足恶劣天气状况下的洪灾动态监测,主动式雷达卫星包括高分三号、哨兵一号、Radasat2 和 ALOS2 等,更新频次从几天到十几天不等,可根据实际情况选择;国产高分四号为静止轨道卫星,具有监测范围大、响应速度快、观测频次高、成像模式多样等特点,该卫星机动成像能力强,单景图像覆盖范围广,完全能够满足区域性、流域性的超标准洪水灾害监测需要,其重复观测能力对于及时监测洪水变化能发挥重要作用。根据需要调配使用时,高分四号卫星最快能在 1.5h 内实现从观测需求提出端到减灾应用产品端的全链路数据产品服务。受空间分辨率等因素影响,高分四号卫星对居民区、道路、桥梁等承灾体细节及其变化状态的识别能力不强。因此,在充分利用高分四号卫星成像频次高优势的基础上实时动态提取淹没范围,并将其与低轨高分辨率光学卫星和雷达卫星相互结合,对超标准洪水开展多种探测手段的组合观测,可以满足灾害实时动态监测评估业务需求,洪灾动态监测数据源见表 8.3-6。

表 8.3-6 　　　　　　　　　　　　洪灾动态监测数据源

类别	卫星	光谱类型	空间分辨率(m)	重访时间	幅宽(km)
静止卫星	高分四号	光学	50	20s	400
雷达卫星	高分三号	C 波段	1～500	1.5d	10～650
	哨兵一号	C 波段	5～40	12d	80～400
	Radasat2	C 波段	3～100	1～24d	10～500
	ALOS2	L 波段	3～100	2d	25～489.5
中分辨率光学卫星	高分一号	光学	2	4d	60～800
	高分六号	光学	2	2d	90～800
高分辨率光学卫星	高分二号	光学	0.8	5d	45
	高分七号	光学	0.8	—	20
	高景一号	光学	0.5	2d	12
	北京二号	光学	0.8	1d	24

8.3.4.4　超标准洪水遥感监测指标提取方案

由于超标准洪水具有突发性和风险不确定性,亟须对超标准洪水发生后分蓄(滞)洪区、保留区等淹没情况进行全面及时掌握,针对超标准洪水监测各项指标,基于天—空—地协同监测平台与智能提取技术提出各项指标提取的最佳解决方案,超标准洪水指标提取方案见表 8.3-7。

表 8.3-7 　　　　　　　　　　　　超标准洪水指标提取方案

监测对象	监测类别	监测指标	监测平台	提取方法	监测精度	监测效率
水体	空间特征	发生位置	高分系列卫星	遥感制图	优于 1m	<1h
		淹没范围	RADARSAT-2、GF4、Planet、BJ2/ 无人机	深度学习智能识别	正确率 88%	<24h
	严重程度特征	淹没水深	Jason-2、Jason-3、Saral/RTK	卫星测高、地面测量	优于亚米	<24h
	时间特征	淹没历时	无人机+5G	智能识别	厘米级	实时
		发展变化	无人机+5G	智能识别	厘米级	实时

续表

监测对象	监测类别	监测指标	监测平台	提取方法	监测精度	监测效率
承灾体	社会经济载体	居民地	中高分辨率卫星（GF1、GF2、GF6、GF7、BJ2、ZY3 等）	深度学习智能识别	正确率93%	＜24h
		农作物			正确率75%	
	水利工程	堤防			正确率85%	
		护岸			正确率85%	
		水库			正确率88%	
		塘堰			正确率85%	
	基础设施	铁路				
		公路			正确率85%	
		桥梁				
	生态环境载体	林地				
		草地			正确率80%	
		湿地				

8.3.5　小结

针对超标准洪水遥感监测指标提取的需求,分别建立了不同天气状况下的流域、区域、局部尺度超标准洪水天—空—地协同监测方案以及超标准洪水发生前、发生中、发生后天—空—地协同监测方案,结合研发的多源多时相数据深度学习智能提取技术,提出了基于多源信息融合处理技术的洪水危险性指标和洪水影响指标实时动态提取方案,研究形成的监测方案与技术体系对于流域超标准洪水监测及其他突发灾害的应急调查、预警、分析评估、决策咨询等具有指导意义。

8.4　流域超标准洪水精细预报技术

目前,流域机构成熟应用的洪水预报技术大多限于可预见、可观测的标准内暴雨洪水,而在面临超标准洪水发生时,致洪暴雨预报有效预见期、超标准洪水产汇流模拟以及考虑分蓄(滞)洪区分洪退洪、洲滩民垸主被动行洪、突发崩岸溃口等临时突发节点的预报等关键性问题难以有效解决。基于上述背景,本节以流域致洪暴雨综合预报技术、超标准洪水精细模拟技术、流域及关键节点相融合的流域超标准洪水预报技术研究为基础,构建面向实时预报的气象水文水动力学耦合流域超标准洪水预报模型,实现超标准洪水精细预报,为流域超标准洪水应对决策部署提供技术支撑。

8.4.1　流域致洪暴雨综合预报技术

本节主要通过全球数值天气预报模式、区域中尺度数值预报模式,基于变分同化技术和云分析技术,实现多源实时观测资料(如雷达、卫星、探空、自动站资料等)同化改善数值模式的初始场,搭建流域中尺度数值预报系统和快速更新循环同化系统,形成致洪暴雨的中期、短期和短临预警技术,建立一套流域致洪暴雨的定量降水 0～7d 无缝隙预报预警系统,实现流域致洪暴雨 0～7d 无缝隙定量预报,为流域洪水预报延长预见期,提高预报水平。多模式集合降水预报实时运行技术路线见图 8.4-1。

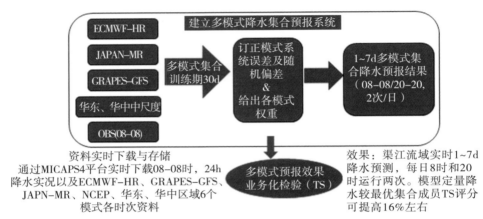

图 8.4-1　多模式集合降水预报实时运行技术路线

(1)多模式集合预报技术

1)多种模式预报质量评估。

以长江上游支流渠江为例,采用 TIGGE 全球集合预报系统 4 个中心(ECMWF、CMA、UKMO、JMA)模式资料的预报产品,基于 ETS(the Equitable Threat Scores)定量降水评分方法,对各预报产品在渠江流域的降水预报效果进行评估。

渠江流域 2016—2018 年 6—8 月 1～7d 预报时效四个中心≥10mm 以及≥25mm 降水预报 ETS 评分见图 8.4-2。由分析结果可以看出,随着预报时效延长 1～7d,模式预报质量基本呈下降趋势。对于≥10mm 降水量级,2017 年四个中心预报质量一致最高,2018 年质量最低,分析可能与当年天气系统的复杂性相关,导致了模式预报质量的一致偏低或偏高;对于短期 1～3d,ETS 评分为 0.2～0.4,中期 4～7d,ETS 评分为 0.05～0.3;对于≥25mm 强降水量级,2016 年 4 个中心预报质量一致最高,这是由于 2016 年强降水过程较其他两年偏多导致;对于短期 1～3d,ETS 评分为 0.2～0.4,与≥10mm 降水量级相似,中期 4～7d,ETS 评分为 0～0.25。

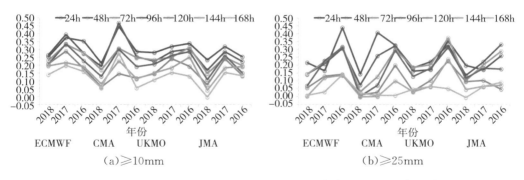

图 8.4-2　渠江流域 2016—2018 年 6—8 月四个中心 1～7d 预报评分

渠江流域 2016—2018 年三年平均 6—8 月 4 个中心 1～7d 预报时效≥10mm、≥25mm 降水预报 ETS 评分见图 8.4-3。结果表明，对于≥10mm 降水量级，对于短期 1～3d，目前 ECMWF 预报效果较其他模式要好，其次为 CMA 以及 UKMO，JMA 预报质量稍差，说明在短期渠江流域预报参考以 ECMWF、CMA 为主，目前 ETS 评分在 0.3 左右，中期 4～7d，CMA 预报质量变差，ECMWF 以及 UKMO 预报效果较好，值得在预报业务中作为参考，ETS 评分在 0.2 左右；对于≥25mm 强降水量级，1～7d 预报时效，ECMWF 以及 UKMO 预报参考性均较强。对于短期 1～3d，ETS 评分在 0.2 左右，中期 4～7d，ETS 评分在 0.1 左右。

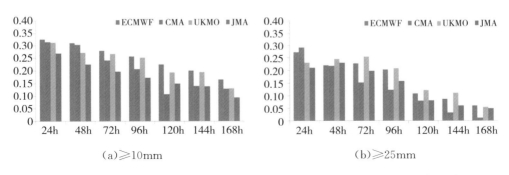

图 8.4-3　渠江流域 2016—2018 年三年平均 6—8 月 4 个中心 1～7d 预报评分

综上所述，在盆地性质的渠江流域短中期预报中，对于中雨等级预报，可参考 ECMWF 以及 CMA 预报结果，而对于大雨以上量级降水，ECMWF 以及 UKM 参考性较强，而 JMA 模式在此流域预报效果不是很理想。

2）多模式集合方法比较分析。

针对渠江流域夏季 1～7d 预报时效，选用 2014—2018 年 5 年挑选不同训练期长度进行敏感性试验。通过 MAE 和 RPS 分别对两种模型固定验证期 7 月 18 日至 8 月 31 日预报结果进行评估对比结果表明，BMA 模型 2 年训练期长度具有最佳预报效果，LR 模型训练期长度 5 年预报效果最优。综合两个模型敏感性试验结果，对 BMA 和 LR 模型，分别采用最优的 2 年和 5 年作为其训练期长度率定模型参数并进行预报。

选取 7 月 21 日至 8 月 31 日作为验证期,利用 FPOF 指标检验和评估 BMA、LR 以及 LAW 等 3 种模型预报效果,各项检验指标取验证期间所有站点的均值。

图 8.4-4 给出了 BMA、LR 以及 LAW 日降水量级≥10mm 以及≥25mm 的 1d 和 5d 概率预报 FPOF 评分,三种模型均表现出随着预报时效延长以及降水量级增大,预报偏差增大现象。LAW 在四个检验中均高估了降水发生概率。LR 对于≥10mm 量级 1d 和 5d 预报时效,预报效果优于 LAW,但是对于≥25mm 降水量级,预报效果不稳定且低于 LAW。BMA 模型在两个量级以及两个时次中预报技巧是最高的,但是对于 5d 预报时效≥25mm 降水量级,预报的概率值基本在 0.3 以下,也说明随着时效延长,模式预报效果变差,对强降水解释适用能力也相应受到了限制。

综上所述,多模式集合的 BMA 以及 LR 较原始集合预报的 LAW 对于中雨、大雨以上暴雨量级预报能力均有一定提高,但是对于大雨以及暴雨强降水预报,BMA 并没有体现出较好的预报效果,LR 却对强降水具有很好的偏差订正作用,方法简洁、效果显著的 LR 方法可对业务预报工作提供一定的技术支撑。

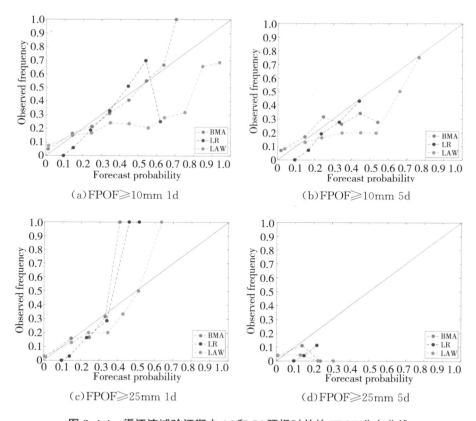

(a)FPOF≥10mm 1d (b)FPOF≥10mm 5d

(c)FPOF≥25mm 1d (d)FPOF≥25mm 5d

图 8.4-4 渠江流域验证期内 1d 和 5d 预报时效的 FPOF 分布曲线

图 8.4-5 给出 2018 年 7 月 25 日一般性降水站(开江站)以及暴雨站点(平昌站)24h 预报时效 BMA 预报降水的 PDF。对于开江站,BMA 确定性预报较集合平均与实况更为接

近,≥1mm 降水发生概率为69%,预报出了此量级降水发生的高概率值。对于平昌站,实况降水超出了模式集合平均以及 BMA 确定性预报结果,但是 BMA 预报的 PDF 曲线却能很好地将其包含在内,预报结果虽然接近90百分位,预报的≥50mm 的概率值为16%,虽然预测暴雨发生概率较小,但是对强降水发生还是给出了一定的信息,未出现漏报现象。

以上分析表明,采用 BMA 法产生的概率密度函数 PDF 能控制天气预报的不确定性范围,可以通过分析其全概率结果利用百分位预报数据,对其不确定性给出定量的预估。对于强降水预报(尤其预报可能出现暴雨以上量级降水),建议参考75～90较大百分位数预报结果更为合理,且不能忽视预报概率较小但是可能出现极端事件的预测信息,而对于一般性降水预报,BMA 确定性预报结果或50百分位数预报结果的参考性比较强。

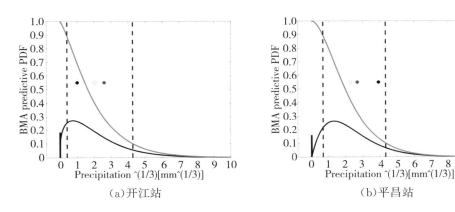

(a)开江站　　　　　　　　(b)平昌站

图 8.4-5　2018 年 7 月 25 日 24h 预报时效 BMA 预报降水 PDF

(2)中尺度模式与快速更新循环同化系统建设

1)中尺度模式系统。

通过全球基于国内外广泛使用的区域中尺度数值模式 WRFV4.1 和 WRFDA 同化系统,搭建中尺度模式预报系统。模式区域为3层嵌套,其分辨率分别为27km(370×214)、9km(250×190)和3km(400×265),垂直方向分为45层。区域 d01 涵盖全国范围,d02 范围为24°～38°N,100°～122°E。模式的中心位于(30.617°N,114.133°E),模式层顶为30hPa。同化的观测资料主要包括:常规探空、常规地面、船舶/浮标、航空、小球探空飞机报、卫星测厚等全球观测资料。系统主要物理过程设置如下:WSM6 显式微物理方案、Kain-Fritsch(new Eta)积云参数化方案(3km 区域无积云参数化方案)、YSU 边界层方案、RRTM 长波辐射方案、Goddard 短波辐射方案、辐射方案每15min 计算一次、Noah LSM 陆面模式。近地层参数化(sf_sfclay_physics)是 MM5 相似理论非迭代方案。

驱动区域中尺度模式的全球预报场决定了区域模式系统的预报性能,前期中尺度模式系统的背景场和边界由 NCEP GFS 提供。而欧洲中心中期预报模式(EC)在降水和环流形势上都优于 NCEP GFS。因此,为了改善背景场,本研究试验了将欧洲中心中期预报模式(EC)的基本要素预报场作为一种替代探空进行同化,用以改善 NCEP GFS 的背景场,同时也能有效融合二者模式的优势。中尺度模式系统预报区域见图 8.4-6。

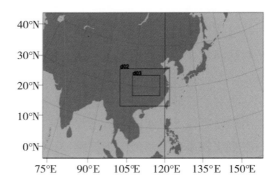

图 8.4-6 中尺度模式系统预报区域

对 2021 年 8 月 8 日降水过程开展同化研究。设计了两个同化试验：一个为控制试验，其基于 2020 模式系统版本，开展常规观测资料的同化，其背景场由 NCEP GFS 在 2021 年 8 月 7 日 20 时起报提供；另外一个为改进试验，在控制试验的基础，将 EC 的前 12h 启报的 12h 预报场作为探空进行同化。其中同化的 EC 要素包括了温度、水平风、气压、湿度。水平方向上，将 EC 预报场由 0.25°稀疏化为 1.0°，而垂直层包括了 925～70hPa 共计 14 层。

降水预报结果见图 8.4-7，本次降水主要集中在贵州、重庆、四川的东部、陕西的南部、湖北的西部和河南的西南地区。控制试验相对于观测降水，整个降水落区略偏东，而改进试验的降水落区有所改善。特别是对重庆的中部、湖北西部和河南西南的降水落区改进明显。在降水强度上，控制试验降水在四川东部和湖北西部相对实况偏强，改进试验明显改善这两个区域降水强度而更接近实况。

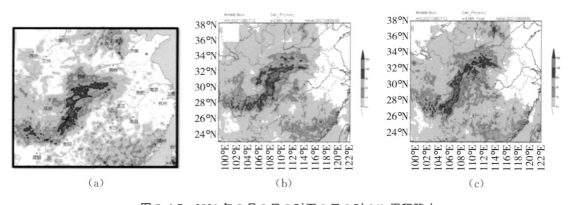

(a)　　　　　　　　　　(b)　　　　　　　　　　(c)

图 8.4-7 2021 年 8 月 8 日 8 时至 9 日 8 时 24h 累积降水

为进一步研究融合 EC 预报场对预报降水落区和强度的改善，针对 2021 年 8 月开展了批量同化试验，每日在 8 时和 20 时启动，预报未来 3d。图 8.4-8 为 2021 年 8 月批量反算试验降水的 TS 评分结果。结果表明，同化 EC 预报场，明显提高了大雨、暴雨的 3d 预报 TS 评分，特别是在 20 时，控制试验明显逊色于华东区域模式，而同化 EC 后，其 TS 超过华东模式。

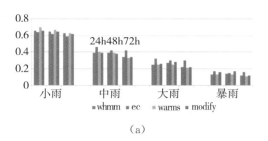
（a）

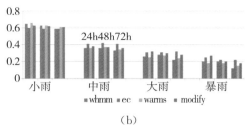
（b）

图 8.4-8　2021 年 8 月批量反算试验 TS 评分

综上所述,利用更优的 EC 全球模式预报场作为探空资料,改善以 NCEP GFS 为背景场的区域模式,能有效提升模式的 1～3d 降水能力。两个全球模式预报场的有效融合,也可以降低单一模式预报的不确定性,从而使得中尺度预报能力更为稳定。

2)华中区域高分辨率快速同化循环更新预报系统。

基于 WRF 和 GSI 同化系统,搭建华中区域高分辨率快速同化循环更新预报系统(WH-HRRR)。主要包括:资料同化系统、13km 逐时循环同化系统、3km 逐 3h 循环同化系统、后处理系统和模式监控系统。快速循环同化系统的区域覆盖如下:13km 水平分辨率的 WH-RAP 覆盖整个亚洲地区,其中网格数约为 631×451;3km 水平分辨率的 WH-HRRR 覆盖 $20°\sim40°N,100°\sim122°E$,网格数约为 901×802。本系统充分利用现有各类常规和非常规观测数据(地面、探空、雷达、自动站、风廓线仪和卫星观测等)、模型输出的数字化产品,使用变分资料同化技术,为气象业务人员可以提供不同层次短临预测和典型突发性气象灾害的信息化支持。

2021 年 7 月 9—11 日,受持续性强降雨影响,渠江流域连续 3d 面雨量达到 30mm 以上,面雨量分别为 91.7mm、50.6mm 和 45mm。基于中尺度模式 WHMM 提前 1d、2d 和 3d 对 2021 年 7 月 10 日 8 时至 11 日 8 时的 24h 累积降水预报情况的对比分析。结果表明,不同起报时刻预报的降水对渠江都有较好的预报能力,但中尺度模式预报强度偏强、范围偏大。挑选快速更新循环同化预报系统的 4 个逐时起报的 12h 累积降水对本次过程进行检验。结果表明,强降水主要发生在重庆、四川和陕西交会处,9 日 21 时起报 10 日 9 时降水,RAP-HRRR 预报落区和实况较为一致,略偏北偏西,强度偏弱,9 日 22 时、23 时和 10 日 24 时起报的降水强度偏弱,存在一定的空报和漏报。

WH-HRRR 系统不同时刻预报的 12h 累积降水及其对应的观测见图 8.4-9。

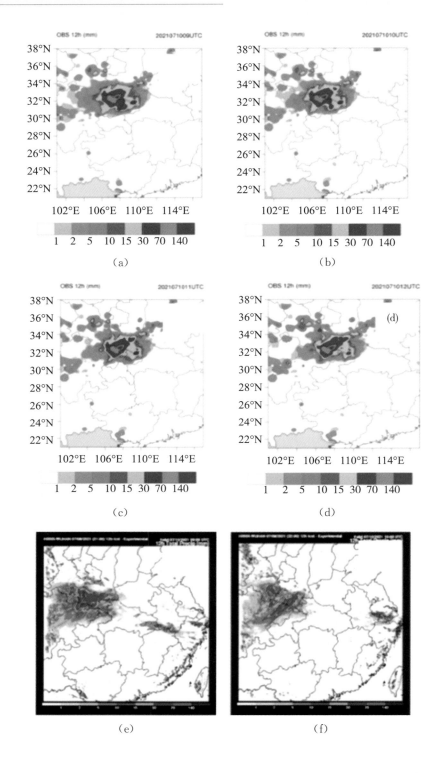

(a)

(b)

(c)

(d)

(e)

(f)

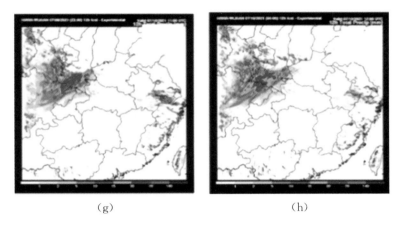

（g）　　　　　　　　　　　（h）

图 8.4-9　WH-HRRR 系统不同时刻预报的 12h 累积降水及其对应的观测

（3）典型流域暴雨预报技术应用与分析

基于上述研究,集成开发不同尺度模式的流域暴雨数值预报模型及集成系统,完成了中尺度模式和多全球模式的预报降水集合(成)预报系统的研发,并在长江流域开展应用,效果分析如下:

受强降雨影响,2020 年 8 月 14 日,长江上游形成"长江 2020 年第 4 号洪水"。由图 8.4-10 的长江流域 10—14 日逐日降水实况看出,此次洪水过程主要由前期 11—12 日两次强降水过程累积而成,13—14 日降水有所间歇。对于此次洪水,多模式集合降水预报分别给出 11—13 日提前 3d 及 7d 的预报结果(图 8.4-11)。总体来看,这次强降水对于 11 日降水各时效预报强度偏弱,落区预报较好。12 日和 13 日预报效果相对较好,但是强降水中心的范围较实况略偏小。对于长时效 7d 预报效果较差。

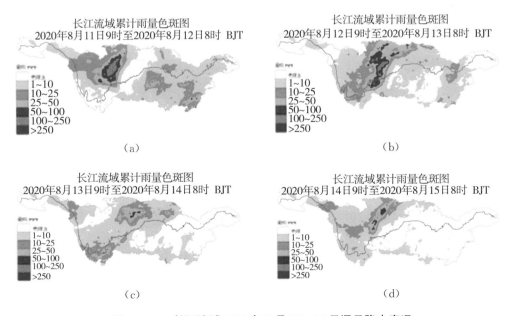

图 8.4-10　长江流域 2020 年 8 月 10—14 日逐日降水实况

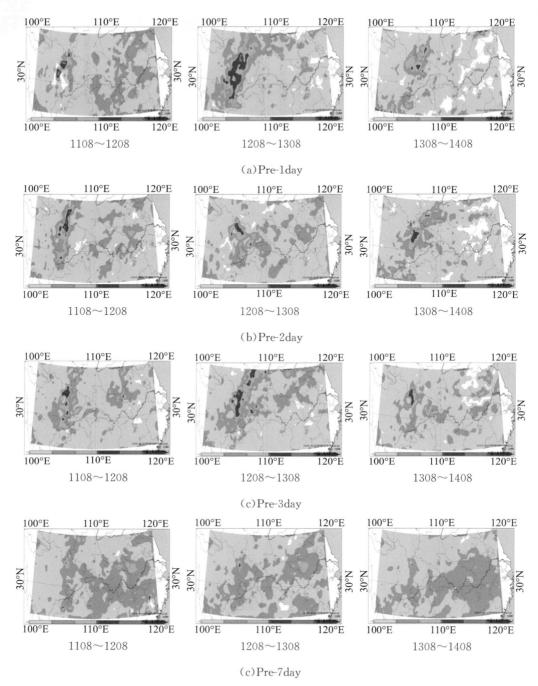

（a）Pre-1day

（b）Pre-2day

（c）Pre-3day

（c）Pre-7day

图 8.4-11　长江流域 2020 年 8 月 11—13 日多模式集合提前 1～3d 及 7d 预报结果

（4）定量降水预报业务化水平分析

从示范区模型定量降水预报效果评分来看，基于上述研究，定量降水较最优集合成员的 TS 评分可提高 16％左右；从多模式集合预报来看，多模式集合的 BMA 以及 LR 方法较原始集合预报对于中雨、大雨以上暴雨量级预报能力均有一定提高，且 LR 方法对强降水具有很好的偏差订正作用,方法简洁、效果显著的 LR 方法可以对业务预报工作提供一定的技术支撑;从中尺度模式研究来看,利用更优的 EC 全球模式预报场作为探空资料,能有效提升模式的 1～3d 降水预报能力;中尺度模式中加入快速同化循环更新系统,可有效提高中尺度模式对降水的预报精度。

面向大洪水预报调度业务化需求,将上述改进后的降雨预报技术应用于日常定量降水预报作业中,由于洪水预报的精细化分区需求,以流域为单元的定量降雨分区得到进一步细化,预报预见期得到进一步延长,预报精度也得到了一定的提高。以长江流域为例,其业务化定量降水预报服务,在保证降雨预报精度的前提下,将定量降雨预报分区由原来 26 个分区进一步细化为 39 个分区,提高了降雨单元与洪水单元的响应关系,提升了洪水空间组成预报精度,逐日预报由 3d 延长为 7d,根据防洪需求必要时可进一步延长至 10d(图 8.4-12)。此外,考虑到防洪形势研判、水工程调度需求,需要进一步把握未来水雨情发展态势,因此,在 7d 定量降水预报的基础上,创新性地拓展了 8～20d 延伸期降雨预报,可为决策者研判未来雨情情势提供支撑(表 8.4-1)。

长江流域短中期定量降水预报

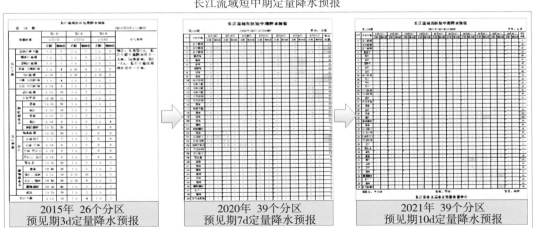

| 2015年 26个分区 预见期3d定量降水预报 | 2020年 39个分区 预见期7d定量降水预报 | 2021年 39个分区 预见期10d定量降水预报 |

图 8.4-12 长江流域短中期定量降水预报业务发展演变

表 8.4-1 2020 年 8 月 17 日长江流域延伸期降雨试验预报

第89期	雨量单位(mm)												
	第8天	第9天	第10天	第11天	第12天	第13天	第14天	第15天	第16天	第17天	第18天	第19天	第20天
预报区	8月24日	8月25日	8月26日	8月27日	8月28日	8月29日	8月30日	8月31日	9月1日	9月2日	9月3日	9月4日	9月5日
金沙江上游	6	4	5	5	7	6	4	4	4	5	5	7	7
金沙江中下游	5	6	6	8	9	7	4	4	3	6	4	6	6
岷沱江流域	10	10	5	6	9	7	9	9	10	10	9	9	5

第89期	雨量单位(mm)												
预报区	第8天 8月24日	第9天 8月25日	第10天 8月26日	第11天 8月27日	第12天 8月28日	第13天 8月29日	第14天 8月30日	第15天 8月31日	第16天 9月1日	第17天 9月2日	第18天 9月3日	第19天 9月4日	第20天 9月5日
嘉陵江流域	8	10	2	8	6	6	4	5	10	9	9	3	2
向家坝—寸滩区间	10	8	8	7	9	5	3	3	4	8	5	5	7
乌江流域	5	4	6	3	4	6	2	1	2	1	6	5	7
三峡、清江	8	6	8	6	8	4	2	4	5	10	8	8	5
长江中游干流区间	8	6	6	6	6	5	2	5	3	5	3	9	5
汉江上游	5	10	4	6	6	6	4	5	4	5	7	4	0
汉江中下游	6	8	8	7	3	5	4	5	3	4	3	10	0
洞庭湖水系	3	4	4	4	5	7	5	4	3	4	6	5	5
鄱阳湖水系	1	6	4	5	4	6	4	5	4	4	5	3	4	5
长江下游干流区间	9	7	5	7	7	8	3	4	1	1	2	3	10
武汉地区	10	6	3	8	6	5	2	5	2	2	1	10	5

8.4.2 超标准洪水精细模拟技术

针对流域超标准洪水发生过程中分蓄(滞)洪区分洪退洪、洲滩民垸主被动行洪、低标准保护区破堤纳洪、堤防超设计运用漫决、突发崩岸溃口等工况导致洪水过程无法精确模拟的问题,研究复杂水土条件下的堤防溃决机理和模拟技术、复杂水力条件的洪水演进模拟技术,实现堤防溃决过程中溃口流量过程的模拟、河道水位和分蓄(滞)洪区水位过程的模拟、超标准洪水河道演进规律及模拟等,为流域及关键节点相融合的流域超标准洪水预报技术提供研究基础。

8.4.2.1 复杂水土条件下的堤防溃决机理和模拟技术

当前堤防溃决溃口发展过程中的水土耦合作用机制尚不明晰,制约了堤防溃决机理及模拟技术的研究。水槽试验是揭示堤防溃决机理的重要手段,现有研究通常因其试验系统河道槽蓄能力过小导致水位下降过快,不能充分反映实际溃决过程中的特征现象。因此,本研究建立了大尺度堤防溃决试验系统,开展了系列堤防溃决机理试验,对均质堤防以及堤顶有复杂结构堤防溃决的发生发展过程以及各种土体侵蚀现象和规律进行研究,揭示了堤防溃决机理,构建堤防溃决水土耦合动力学模型,实现堤防溃决过程精细模拟。

(1)堤防溃决机理和溃决过程

漫溢溃堤试验平面布置见图8.4-13。试验区域主要分为河道与分蓄(滞)洪区域两个部分,河道区域一侧岸坡固定,另一侧修筑堤防。堤防另一侧为分蓄(滞)洪区。

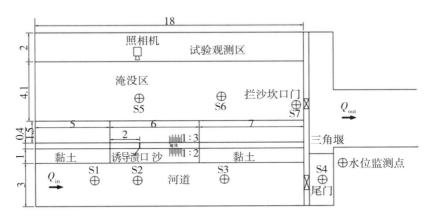

图8.4-13 漫溢溃堤试验平面布置(单位:m)

考虑河道来流量、堤高、诱导溃口宽度以及堤防型式4个影响因素,试验工况汇总见表8.4-2。各工况的诱导溃口深度均为0.1m。

表8.4-2 试验工况汇总

工况	堤防材料及型式	堤高(m)	诱导溃口宽度(m)	流量(m³/s)
1	青沙均质			0.030
2	青沙均质	0.5		0.045
3	青沙均质		0.2	0.060
4	青沙均质			
5	青沙均质			
6	青沙+堤顶子堤(横向宽度0.3m)	0.4		0.045
7	青沙+堤顶子堤(横向宽度0.6m)		1.0	
8	青沙+堤顶公路宽0.5m			

1)溃决机理和溃决过程。

从试验结果看,溃口发展包括初期较快发展期、中间快速增长期、后期缓慢增长期和稳定期4个阶段。溃决初期较快发展期主要为陡坎溯源侵蚀,中间快速增长期冲刷下切和横向展宽均发展迅速,后期缓慢增长期以溃口两侧侵蚀为主,稳定期除了溃口底部推移质泥沙运动外,溃口基本不再发生变化。

实际情况下,堤顶修有公路作为交通道路,在防御超标准洪水时,堤顶还会临时修建子堤以增加河道过流能力,这形成了复杂的堤顶结构。研究复杂堤顶结构条件下的溃决过程和溃决机理有助于指导堤防溃决防范与处置。堤顶加子堤以后(工况6和工况7),与工况5相比,堤顶水流形态发生了变化,堤顶漫溢水流挑射角度减小,其跌落点位于背水坡偏上部位,由此在跌落点以上形成了一个小陡坎,跌落点以下形成了一个大的陡坎,溃口形态类似于台阶状并不断被冲刷后退。随着溃决流量的增大,下部陡坎高程逐渐降低直至消失。堤顶子堤宽度增大后(工况7),堤顶漫溢水流挑射角度进一步减小,上层陡坎以下的部分土体在溃决开始后相当长时间内未被水流冲刷,减缓了溃决的速度。

　　堤顶铺设公路以后(工况8),与加子堤的情况类似,由于堤顶公路改变了水流结构,长时间保护堤顶不受冲刷,堤防背水侧也形成了上、下两个陡坎,且由于水流挑射角度更小,堤顶漫溢水流的跌落点位置更高。当上部陡坎后退至公路边缘时,水流继续淘刷公路下面的土体,公路因其下部失去支撑而断裂,同时下部陡坎与上部陡坎合并为一个。随着侵蚀的发展,公路不断碎裂,最后全部跌落。堤防溃决过程见图8.4-14。

(a)工况1

(b)工况6

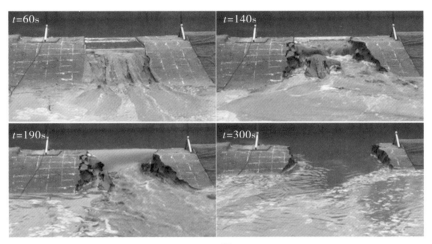

（c）工况 7

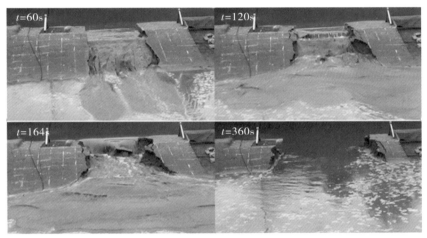

（d）工况 8

图 8.4-14　堤防溃决过程

2)河道来流量和堤防型式对溃决过程的影响。

在堤防土体组成、堤防高度以及堤防初始溃口宽度等均相同的情况下,改变来流的流量,分别为 $0.030m^3/s$、$0.045m^3/s$ 和 $0.060m^3/s$。不同来流条件下溃决流量以及溃口宽度变化过程见图 8.4-15。由图 8.4-15 可知,来流量越大,峰值溃决流量也越大,3 个来流量条件下的峰值溃决流量分别为 $0.23m^3/s$、$0.26m^3/s$、$0.30m^3/s$。溃口发展稳定后的最终宽度受来流量大小的影响不明显,但是来流量越大,初期通过溃口的流量越大,导致溃口扩宽速度越快,从而导致溃决流量越大。

不同堤防高度条件下溃决流量与溃口宽度变化对比图 8.4-16,堤防较高时,溃决流量增大以及峰值出现时间较早,且峰值流量较大,堤防高度为 50cm 和 40cm 的溃决流量开始增大时间分别为 86s 和 99s,溃决峰值流量出现时刻分别为 161s 和 178s,溃决峰值流量分别为

$0.26m^3/s$ 和 $0.21m^3/s$。溃口扩宽速度差别不大,堤防较低情况下稳定溃口宽度略宽,稳定溃口宽度分别为 $1.51m$ 和 $1.7m$。

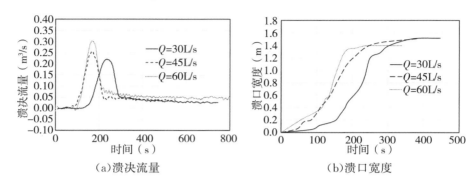

图 8.4-15　不同来流量条件下溃决流量与溃口宽度变化对比

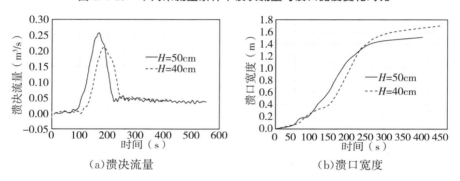

图 8.4-16　不同堤防高度条件下溃决流量与溃口宽度变化对比

初始溃口宽度不同,分别为 $0.2m$ 和 $1.0m$。不同初始溃口宽度条件下溃决流量与溃口宽度变化过程见图 8.4-17。由图 8.4-17 可看出,初始溃口宽度较宽时,溃决流量增大以及峰值出现时间较晚,且峰值流量较小,两个工况的溃决流量开始增大时间分别为 $125s$ 和 $152s$,溃决峰值流量出现时刻分别为 $178s$ 和 $235s$,溃决峰值流量分别为 $0.21m^3/s$ 和 $0.20m^3/s$。

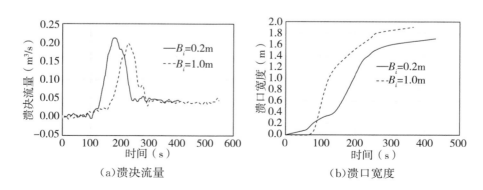

图 8.4-17　不同初始溃口宽度条件下溃决流量与溃口宽度变化对比

初始溃口宽度为 1m 条件下,漫溢开始 124s 后,背水侧宽度冲刷宽度发展至其初始溃口宽度 1m,此后,溃口宽度又经过了 139s 的快速增长阶段,平均溃口扩宽速度约为 0.0058m/s,稳定溃口宽度约为 1.8m;初始溃口宽度为 0.2m 条件下,溃决发生 82s 以后,背水侧冲沟的宽度就发展至初始溃口宽度 0.2m,此后,溃口宽度又经过了 177s 的快速增长阶段,平均扩宽速度约为 0.007m/s,稳定溃口宽度约为 1.7m。

3)堤防顶部复杂结构对溃决过程的影响。

堤防顶部复杂结构包括临时加筑子堤和堤顶具有公路两种情形,其中子堤还研究了不同子堤的宽度影响,无子堤与有子堤条件下溃决流量与溃口宽度变化对比见图 8.4-18。

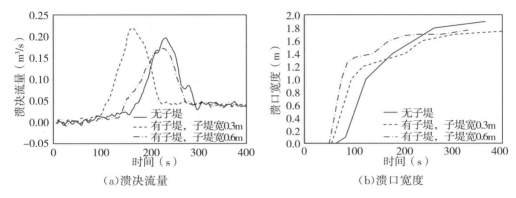

(a)溃决流量　　　　　　　　(b)溃口宽度

图 8.4-18　无子堤与有子堤条件下溃决流量与溃口宽度变化对比

堤顶加筑子堤以后,一方面诱导溃口高程增大,溃口发展有加快的趋势,溃决流量有增大的趋势;另一方面漫溢水流的形态有所改变,陡坎侵蚀过程中出现双重陡坎,陡坎侵蚀后退速度有减缓的趋势,且子堤宽度越宽,这种趋势越明显。从试验结果可以看出,子堤能够延缓冲刷,但同时会增加水位高度。二者对于溃口发展的效果是相反的,因此,子堤对于溃决过程的影响与子堤的宽度密切相关。在实际抢险过程中,应尽量增加子堤的宽度。3 个工况条件下,背水侧冲蚀宽度达到诱导溃口宽度 1m 的时间分别为 124s、95s 和 75s,工况 6 和工况 7 两个工况的溃口扩宽速度相近,工况 5 溃口扩宽速度最快。

工况 5 和工况 8 两个工况条件下的溃决流量以及溃口宽度变化过程见图 8.4-19。堤顶加公路以后,陡坎侵蚀过程中出现双重陡坎,陡坎侵蚀后退速度有减缓的趋势,因此,工况 8 的最大溃决流量比工况 5 条件下小,且溃决流量洪峰上涨也较工况 5 慢。工况 5 和工况 8 条件下最大溃决流量分别为 0.20m³/s 和 0.18m³/s。在有公路条件下溃口背水侧冲刷宽度达到其诱导溃口宽度的时刻要比无公路条件下要早,此后,无公路条件下溃口扩宽速度要大于有公路条件下的溃口扩宽速度。

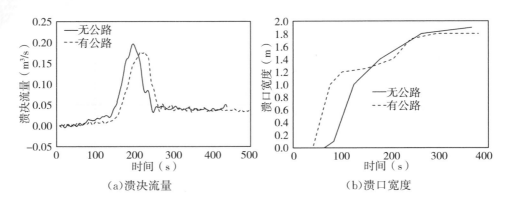

（a）溃决流量　　　　　　　　　　　（b）溃口宽度

图 8.4-19　无公路与有公路条件下溃决流量与溃口宽度变化对比

（2）溃口发展过程参数表达关系式

鉴于常用的溃口几何参数发展关系中的切应力求解较为困难，寻求溃口扩宽速度与溃决流量的相关性是目前试验测量条件下最为可行的方式。本次试验溃口扩宽速率与溃决流量的相关关系见图 8.4-20。由图 8.4-20 可知，溃口扩宽速率与溃决流量有较好的相关性（$R^2＝0.65$），其相关关系式可用二次多项式拟合。

在同一个试验中溃口流量相同的情况下，不同阶段的溃口下切速率有所不同，流量上升阶段的下切速率明显大于流量回落阶段的下切速率。

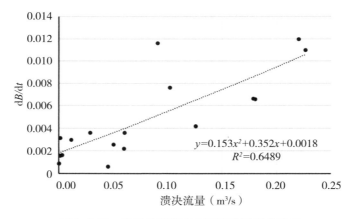

图 8.4-20　溃口扩宽速率与溃决流量相关关系

利用试验的多个时刻地形数据和对应的溃口流量数据，进行整理和回归分析，得到流量上涨阶段的下切速率与流量呈线性关系，表达式为：

$$V_z=0.0801Q-0.0002, r^2=0.8995 \tag{8-3}$$

流量下降阶段下切速率与流量的呈线性关系（图 8.5-22(a)），表达式为：

$$V_z=0.0655Q-0.0011, r^2=0.7483 \tag{8-4}$$

流量上涨阶段溃口展宽速率与流量的关系为二次多项式，表达式为：

$$V_b = -72.271Q^2 + 2.674Q - 0.0008, r^2 = 0.9811 \tag{8-5}$$

流量下降阶段,溃口展宽速率与流量呈线性相关(图 8.5-21(b)),表达式为:

$$V_b = 0.5469Q - 0.0103, r^2 = 0.6632 \tag{8-6}$$

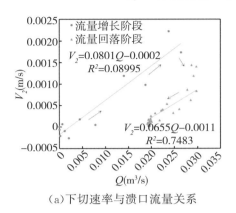
（a）下切速率与溃口流量关系

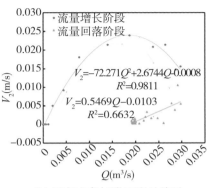
（b）展宽速率与溃口流量关系

图 8.4-21　溃口下切速率、展宽速率与溃口流量关系

溃口展宽速率结果表明,现有简化模型中认为溃口展宽速率与下切速率成比例,即$(\Delta b = \lambda E)$的假设并不总是成立。因此,需要在今后的研究中进行修正。

上述以溃口流量 Q 为主要变量建立其与溃口下切速率、展宽速率的关系。从结果可以看出,在不同溃决发展阶段溃口发展速率与溃口流量表达式的形式和参数不同。在流量增长阶段,溃口下切速率与溃口流量呈线性关系,溃口展宽速率与溃口流量呈二次抛物线关系;在流量回落阶段,溃口下切速率与溃口流量呈线性关系,溃口展宽速率与溃口流量也呈线性关系。

为了建立适用于整个溃决过程的溃口发展参数表达式,进一步提出以单宽流量 q 为变量,建立其与溃口下切速率、展宽速率的关系。由图 8.4-22 可以看出,溃口下切速率随着单宽流量增大而增大,且增长速率呈现指数型函数形式,溃口展宽速率规律基本一致,即下切速率、展宽速率与溃口单宽流量均为指数型函数关系。不同工况的相关系数 R^2 均能达到 0.70 以上,部分工况可达 0.90。溃口单宽流量相同时,溃口的展宽速率大于下切速率,再次表明对于堤防溃决而言,横向展宽是溃决的主要形式。

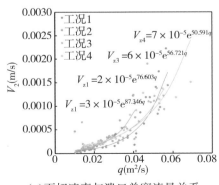

（a）下切速率与溃口单宽流量关系

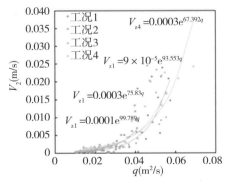
（b）展宽速率与溃口单宽流量关系

图 8.4-22　溃口下切速率、展宽速率与单宽流量关系

从图 8.4-23 可以看出,采用所有工况的实验数据集合进行拟合时,得到其溃口下切速率与单宽流量的表达式形式仍然为指数型,只是在系数上有所变化,结合考虑单宽流量 q 前的系数对函数值的影响较小,指数型函数系数可看作近似相等。

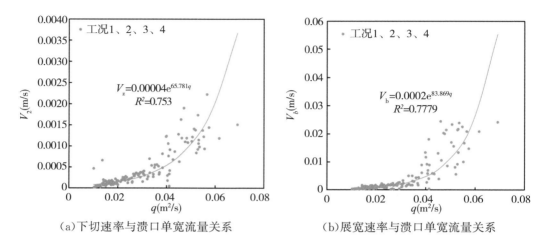

(a)下切速率与溃口单宽流量关系　　　　　　(b)展宽速率与溃口单宽流量关系

图 8.4-23　下切速率、展宽速率与溃口单宽流量关系

（3）堤防溃决水土耦合动力学模型研究

1）水土耦合堤防溃决动力学模型研发。

针对堤防溃口形成和发展过程中急缓流交替、地形不规则、底坡大和水—土耦合作用复杂等特点,基于和谐型(well-balanced)的完整二维浅水动力学控制方程,结合水—土耦合作用机理(冲刷、展宽、坍塌),提出了基于和谐型的完整二维浅水—土耦合动力学控制方程,采用高精度数值格式求解控制方程,建立堤防溃口形成与发展过程的水—土耦合高精度数学模型,提出溃口流量过程模拟技术,为河道和堤外洪泛区洪水演进提供技术支撑。

建立在流体力学基本守恒定律基础上的二维浅水动力学控制方程包括质量守恒方程和动量守恒方程。为了能够适应天然河道中存在的复杂水流状态和不规则地形,基本控制方程整理成和谐型的守恒形式:

$$\frac{\partial U}{\partial t}+\frac{\partial F}{\partial x}+\frac{\partial G}{\partial y}=S \tag{8-7}$$

式中,U——守恒变量;

$\quad$ $F(U)$、$G(U)$——通量变量;

$\quad$ $S(U)$——源项向量。

$$\boldsymbol{U}=\begin{bmatrix} h \\ hu \\ hv \\ hc \end{bmatrix}, \boldsymbol{F}=\begin{bmatrix} hu \\ hu^2+gh^2/2 \\ huv \\ huc \end{bmatrix}, \boldsymbol{G}=\begin{bmatrix} hv \\ huv \\ hv^2+gh^2/2 \\ hvc \end{bmatrix} \tag{8-8}$$

$$S = \begin{bmatrix} (E-D)/(1-p_0) \\ gh(S_{bx}-S_{fx}) - \dfrac{(\rho_s-\rho_w)gh^2}{2\rho}\dfrac{\partial c}{\partial x} - \dfrac{(\rho_0-\rho)(E-D)u}{\rho(1-p_0)} \\ gh(S_{by}-S_{fy}) - \dfrac{(\rho_s-\rho_w)gh^2}{2\rho}\dfrac{\partial c}{\partial y} - \dfrac{(\rho_0-\rho)(E-D)v}{\rho(1-p_0)} \\ E-D \end{bmatrix} \qquad (8\text{-}9)$$

河床变形方程:

$$\frac{\partial z}{\partial t} = \frac{D-E}{1-p_0} \qquad (8\text{-}10)$$

式中,U——守恒量向量;

$\quad$ F 和 G——x 和 y 方向的对流通量向量;

$\quad$ S——源项向量;

$\quad$ t——时间;

$\quad$ x 和 y——空间坐标;

$\quad$ η——水面高程;

$\quad$ h——水深;

$\quad$ u 和 v——x 和 y 方向的水流速度;

$\quad$ z——河床高程;

$\quad$ c——泥沙的深度平均体积含沙量;

$\quad$ g——重力加速度,取 $9.8\mathrm{m/s}^2$;

$\quad$ ε_c——在 x 和 $\varepsilon_c=\varepsilon/\sigma_c$ 方向的河床坡度,$\varepsilon_c=\varepsilon/\sigma_c$;

$\quad$ S_{fx},S_{fy}——在 x 和 $\varepsilon_c=\varepsilon/\sigma_c$ 方向的阻力,$S_{fx}=-\tau_{bx}/\rho$ 和 $S_{fy}=-\tau_{by}/\rho$;

$\quad$ C——泥沙孔隙率,$C=\sum c_k$;

$\quad$ E——上扬通量;

$\quad$ D——沉降通量总量;

$\quad$ ρ_w 和 ρ_s——清水和泥沙的密度,$\rho=\rho_w(1-c)+\rho_s c$ 为水沙混合体密度;

$\quad$ ρ_0——床沙饱和湿密度,$\rho_0=\rho_w p_0+\rho_s(1-p_0)$。

对于以砂质材料为主的堤防溃决过程,主要为非黏性沙,其泥沙起动和输移可以用河流动力学中的推移质泥沙基本公式进行模拟,采用梅耶彼得—穆勒公式其计算推移质饱和输沙率,上扬通量计算公式为:

$$E = \alpha w c_e, \quad c_e = q_b/h\sqrt{u^2+v^2}, \quad q_b = 8\sqrt{sgd^3}(\theta-\theta_c)^{1.5} \qquad (8\text{-}11)$$

式中,q_b——饱和推移质输沙率;

$\quad$ θ——希尔兹参数,也称相对拖曳力,$\theta=\dfrac{\tau_b}{(\rho_s-\rho)gd}$;

$\quad$ θ_c——临界希尔兹参数,梅耶彼得—穆勒公式取 0.047。

对于以黏土为主的堤防材料,黏性在其破坏过程中起到重要作用,因此,采用土壤侵蚀破坏公式进行溃决过程模拟更为合适,采用冲刷率公式计算冲刷速率,进而得到上扬通量计算表达式。

$$E = \varepsilon(1-p) + D, \varepsilon = k_d(\tau - \tau_c) \tag{8-12}$$

针对不同堤防材质采取不同的上扬通量计算方法,实现了堤防溃决过程模拟的方程和数值算法一致性。同时,传统冲刷率公式只能计算溃决过程中的冲刷过程,而不能计算溃口形成阶段的淤积过程,本研究构建的模型采用通量方法能够克服这个缺点。

2)堤防溃决过程模拟研究。

选取长江科学院非黏性均质土堤溃堤试验案例(工况3),河道上游为恒定来流,流量为 $0.06\text{m}^3/\text{s}$。出口边界条件为河道下边界实测水位过程和分蓄(滞)洪区下边界实测水位过程。泥沙输移公式采用适于非黏性沙输移的梅耶彼得—穆勒公式。图8.4-24为溃口流量过程,从图中可以看出,计算的流量上涨过程和下降过程都较好地与实测值符合。计算峰值流量为 $0.317\text{m}^3/\text{s}$,实测峰值流量为 $0.307\text{m}^3/\text{s}$,相对误差为3%。典型位置水位过程比较见图8.4-25。从图8.4-25中可以看出,计算的河道内水位过程与实测值符合良好,计算的分蓄(滞)洪区水位过程整体上与实测过程符合良好。细微的差异体现在分蓄(滞)洪区水位初期上涨阶段,计算水位上涨过程比实测过程要慢,这可能是由于溃口的展宽过程比模拟过程慢造成的。计算溃口展宽过程与实测过程的比较见图8.4-26。从图8.4-26中可以看出,计算的初期溃口发展过程与实测值符合良好,而在中后期溃口宽度比实测值偏小。稳定后计算溃口宽度为1.4m,实测值为1.5m,相对误差为6.7%,整体而言符合良好。

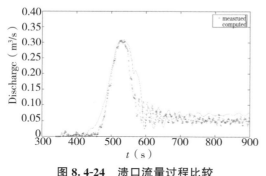

图8.4-24 溃口流量过程比较

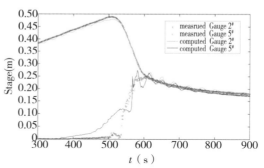

图8.4-25 典型位置水位过程比较

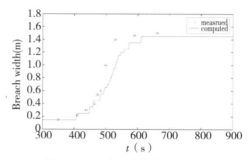

图8.4-26 溃口宽度发展过程比较

不同时刻溃口地形和流速分布情况见图 8.4-27。当 $t=360s$ 时,水流刚刚漫过初始挖槽底部,到达堤防背水侧坡面。从图 8.2-27 中可以看出,水流从初始挖槽流出后,两侧约束消失,水流呈现扇形分布。当 $t=480s$ 时,初始挖槽发生严重冲刷,溃口发展到堤防迎水侧。该时间段内,溃口发展以冲刷下切为主,横向展宽相对较弱。水流较大区域在溃口处及其紧邻的下游分蓄(滞)洪区,较大流速区同样呈现出典型的扇形分布。此外,在扇形区域有泥沙淤积。当 $t=600s$ 时,溃口在 $t=480s$ 基础上进一步扩大,除堤防迎水侧还有部分堤防没有被冲走外,堤防已经全部冲刷到底部。该阶段溃口展宽和冲刷都很迅速。由于水流整体上由左边河道上边界进入,从右边河道下边界和分蓄(滞)洪区右侧出,因此溃口出流在分蓄(滞)洪区主流分布为先沿着溃口方向,然后偏转向右。河道内,溃口上游的水流流速较大,来流基本从溃口流出。在分蓄(滞)洪区内溃口左侧的水流呈现明显的环流结构。当 $t=720s$ 时,溃决较上一时刻进一步展宽,溃口发展基本完成。水流流速减小,分蓄(滞)洪区内溃口左侧的环流明显减弱。

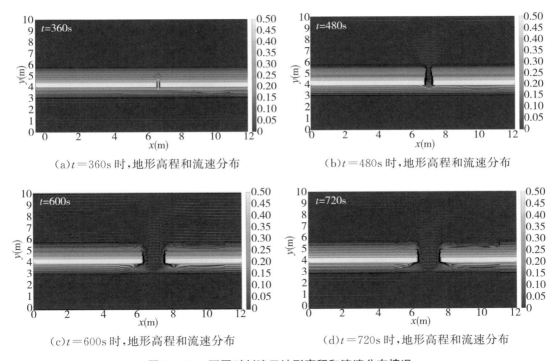

(a)$t=360s$ 时,地形高程和流速分布　　　　　(b)$t=480s$ 时,地形高程和流速分布

(c)$t=600s$ 时,地形高程和流速分布　　　　　(d)$t=720s$ 时,地形高程和流速分布

图 8.4-27　不同时刻溃口地形高程和流速分布情况

8.4.2.2　复杂水力条件的洪水演进模拟技术

聚焦研发精度相当的自主知识产权洪水演进模型,为流域超标准洪水决策支持系统构建提供技术支持,本节基于显式、隐式两种技术路线,自主研发了一、二维耦合水动力模型,并对模型进行了封装、验证;以荆江干流和荆江分洪区为典型区域进行了不同类型超标准洪水的演进过程模拟,并对不同分洪方式对河道内外超标准洪水传播的影响进行了分析。

（1）一、二维耦合水动力模型研发

一、二维水力学模型耦合主要问题是交界面的衔接,包括水位、流速、输沙量。一、二维模型界面衔接的方法主要有两种：①重叠耦合，将一、二维模型区域延长一段重叠段求解；②边界搭接，在耦合模型连接断面处，根据水位、流量相同的条件求解。后一种方法理论上更严格。但是，因求解方式不同，一、二维很难在界面同时求解。

本模型采用边界搭接的方法进行一、二维耦合，以充分满足守恒性（图 8.4-28）。边界搭接时，边界两侧的流量、水位相同。每个二维单元界面的流量通过求解 Reimann 问题得到，各个二维单元界面的流量之和即为一维单元界面的流量。而界面的水位的求解，需要根据流向，求解下风向单元的水位。

$$Q_i = \sum_{k=1}^{3} Q_{jk} \tag{8-13}$$

$$Z_i = Z_{jk} \qquad (k=1,\cdots,3) \tag{8-14}$$

式中，i——一维模型的边界网格编号；

j——二维模型的网格编号。

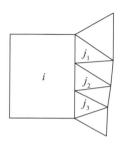

图 8.4-28　一、二维耦合界面示意图

一、二维嵌套水动力模型研发中，两种不同维度水动力模型之间的衔接方式（水流信息交互方式）与同步计算方法是一、二维耦合的关键技术问题。主要需要解决如下 3 个方面的具体问题：①一、二维水动力模型之间的衔接方式；②跨越一、二维水动力模型交界面的干湿判断与模拟方法；③为溃堤实体模型试验成果（溃口漫顶冲刷展宽模式与发展过程）预留应用接口。

针对以上关键技术具体问题①，本研究采用互相提供水位边界条件的方式实现 1D、2D 水动力模型间的衔接（两模型进行水位交互）。将跨越 1D、2D 水动力模型的交界面，定义为第三类水位开边界。在两种不同维度水动力模型交界面处，1D、2D 模型可通过互相提供水位作为彼此求解时所需要的边界条件，来进行同步计算。一、二维水动力模型的衔接技术原理见图 8.4-29，将 2D 单元队列合成为一个大的虚拟单元，并让 1D 断面与这个虚拟 2D 大单元进行水位交换。同时，成对定义第三类水位开边界指向变量，用于储存一个模型的某开边界所指向的另一个模型的同类开边界的索引。然后，进行信息交互。在第三类水位开边界两侧，1D 模型侧为单个单元，可直接使用 1D 模型计算结果与 2D 模型进行信息交互；2D 模型侧为由一排平行单元形成的单元队列（2D 虚拟单元），可采用单元平均的方式获取 2D 虚拟单元信息，实现不同维度模型数据交换。

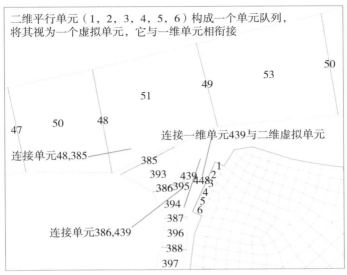

图 8.4-29　一、二维水动力模型的衔接技术原理

针对以上关键技术具体问题②,采用跨越一、二维水动力模型交界面的干湿判断与模拟。选定一临界水深(h_0一般取为0.1m),当某时刻某湿单元的实际水深(水位减去河底高程)小于h_0时,认为该单元"干出",它在本时步末退出模型计算;干单元的水位值由附近湿单元的水位插值得到,当某时刻某干单元实际水深大于临界水深且有流入的动量通量时,则让其变湿,并恢复该单元的模型计算。在分洪之前,一般认为仅江河处于过流状态,计算单元为湿;与此同时,分蓄洪区未发生过流,计算单元为干。当打开分洪闸时,江河水流越过闸门进入分蓄洪区,即产生了"1D湿单元使2D干单元变湿过程"的现象,同时也引出了这个关键技术具体问题②。由此可见,解决这一技术问题对于准确模拟分蓄(滞)洪区分洪十分关键。

针对以上关键技术具体问题③,本研究拟采用如下方式为溃堤实体模型试验成果(溃口漫顶冲刷展宽模式与发展过程)预留应用接口。一方面,分蓄(滞)洪区应用多侧向破堤将江河水流引出,此时破堤水流流向与江河走向(一维计算单元布置的纵向法向)接近垂直。此时,可在破堤水流发生点附近定义一个与江河走向平行的内插断面,并由它构成一个河段,来承接破堤水流。另一方面,如前所述,在进行2D计算网格剖分时,将第三类水位开边界附近的2D计算区域剖分为一排平行的四边形单元,并让它们形成一个连续的2D单元队列。当这个2D单元队列使用溃堤实体模型试验得到的断面地形变化过程开展计算时,也可为溃堤实体模型试验成果提供一个应用接口。

在解决关键技术问题的基础上使用C++从底层研发了一、二维嵌套水动力模型。

(2)荆江及分洪区一、二维嵌套水动力模型构建

1)荆江及部分三口分流洪道一维建模。

一维计算区域包括长江干流宜都—螺山长约365km的河段和部分三口分流洪道河段

共计 127km。在长江干流、三口分流洪道河段,分别采用尺度约为 2km、500m 的计算网格对计算区域进行剖分。所得到的一维计算网格包含 11 个河段,440 个计算断面,计算区域各河段断面数量及长度见表 8.4-3。其中,riv10 为荆江分洪区北闸处的破堤水流导流明渠河段,它只有一个断面,即 CS439,该断面与太平口分流洪道(虎渡河)走向平行。并采用长江 2011—2013 年实测的 1/5000、1/10000 河道地形图进行插值,得到各个计算断面的地形。

表 8.4-3 计算区域各河段断面数量及长度

河段名称	断面数量	河段名称	断面数量
riv0	109	riv6	8
riv1	52	riv7	3
riv2	40	riv8	11
riv3	42	riv9	54
riv4	95	riv10	1
riv5	25		

1D 水动力模型可使用高达 1200s 的计算时间步长。在进行一、二维嵌套水动力模型计算时,为了兼顾 2D 水动力模型的计算精度,1D 水动力模型也使用 60s 的计算时间步长。

2)荆江及分蓄洪区二维建模。

二维计算区域包括整个荆江分蓄洪区,计算区域面积约 920km²。为确保计算精度,采用约为 400m 尺度的计算网格对计算区域进行剖分。特别是,在北闸入流口附近,采用约 180m 尺度的四边形计算网格进行局部加密,以提高计算网格的分辨率和模型计算精度。所得到的二维计算网格包含 6370 个节点、6111 个四边形单元。并采用荆江分蓄洪区 DEM 地形散点来塑制模型计算的地形。2D 水动力模型稳定和准确计算的计算时间步长可达 120s。由于荆江分洪区在刚过流时单元干湿变换十分频繁,为了保证 2D 水动力模型的计算精度以及不同维度水动力模型衔接处的计算精度,在进行一、二维嵌套水动力模型计算时,2D 水动力模型使用 60s 的计算时间步长。

1D 模型共有宜都、七里山 2 个入流开边界和新江口、沙道观、弥陀寺、康家岗、管家铺、螺山共计 8 个出流开边界。为了便于数学模型使用水文测站的实测资料,将出流开边界均尽量设置在水文站断面处。对于太平口分流洪道处的开边界,由弥陀寺水文站向南推移一段距离,以尽量减小边界截断效应所带来的影响。此时,采用弥陀寺水文站与二者水位之间的相关关系,由前者水位过程推求得到后者的水位过程。在进行一、二维嵌套水动力模型计算时,将 CS439 处产生的新的开边界定义为第三类水位开边界,并使用这个开边界实现 1D、2D 模型之间的水流信息的交互。

（3）典型流域超标准洪水演进模拟及规律分析

1）不同类型超标准洪水的干流河道演进规律。

选取防洪问题突出、水流边界复杂的荆江河段为研究区域,模拟范围包括长江干流枝城—螺山河段、洞庭湖出口段,三口分流作为旁侧出入流。由于缺少资料,1954年型不同大小洪水过程模拟中均未考虑三口分洪,而1998年型不同大小洪水过程模拟时均采用相同的三口分洪过程。

考虑到荆江河段的历史数据,分别以1954年、1998年6月15日至9月15日的洪水过程为基础,设计超标准洪水过程,同时对标准内洪水也进行对比研究。洪水模拟工况见表8.4-4。模拟地形采用2011年河道地形、2020年洪水率定的河段糙率,螺山站水位流量关系采用在55000m³/s以下区间基于2020年汛期实测数据拟合,方程为 $Z = 0.5212 \times Q^{0.3764}$;55000m³/s以上区间,采用基于1998年洪水实测资料拟合的指数0.285(图8.4-30),同时考虑平顺衔接,最终方程为 $Z = 1.413 \times Q^{0.285}$。

表8.4-4 洪水模拟工况

工况编号	洪水工况	工况编号	洪水工况
test1-1	1954年洪水过程×0.9	test2-1	1998年洪水过程×0.8
test1-2	1954年宜昌洪水流量过程	test2-2	1998年枝城流量过程
test1-3	1954年宜昌洪水流量过程×1.1	test2-3	1998年枝城流量过程×1.1

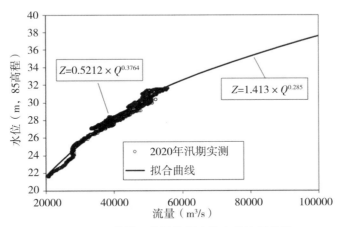

图8.4-30 模型下边界的螺山站水位流量关系

1954年型洪水和1998年型洪水条件下沿程各断面洪峰流量模拟见图8.4-31。结果表明,①在不考虑三口分洪的情况下,洪峰流量沿程基本没有衰减。这与堰塞湖溃决洪水演进中洪峰流量迅速衰减的规律大相径庭,其原因是洪水过程较长,洪峰形态不尖锐;②荆江现峰时间间隔受三口分洪、枝城流量、洞庭湖出流过程的多重影响;③莲花塘—螺山段现峰时间受荆江来流和洞庭湖出流的双重影响,流量越大,螺山现峰时间滞后莲花塘越短。

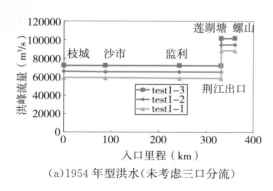 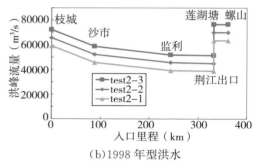

（a）1954 年型洪水（未考虑三口分流）　　　　（b）1998 年型洪水

图 8.4-31　各断面洪峰流量模拟

沿程各断面洪峰水位模拟见图 8.4-32。结果表明，①从水面比降来看，荆江河段沿程逐渐减小，沙市以下比降小于莲花塘—螺山段，这体现了洞庭湖出流对下荆江水位的顶托作用；②荆江河段各站之间的现峰时间间隔受枝城流量和洞庭湖出流过程的双重影响，且时间间隔与流量大小并不单调相关；③莲花塘—螺山段洪峰水位现峰时间受荆江来流和洞庭湖出流的双重影响。

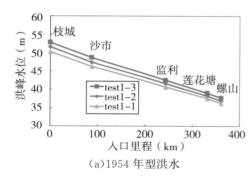 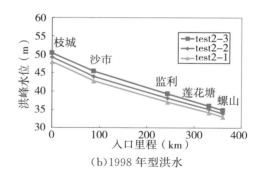

（a）1954 年型洪水　　　　　　　　　　（b）1998 年型洪水

图 8.4-32　各断面洪峰水位模拟

2）不同分洪运用条件下的超标准洪水演进规律。

在上节计算的基础上，基于 1998 年型超标准洪水，考虑荆江分洪区分洪。荆江分洪区地形为卫星地形提取。本次计算的分洪运用计算工况见表 8.4-5。假设闸门完全开启后，并不关闭，以观察吐洪入江过程。根据不分洪时沙市水位变化过程，按照沙市水位达到 45m（吴淞）并仍有上涨的趋势，确定了分洪时间为 8 月 3 日 15 时 30 分。这比沙市站的现峰时间 8 月 17 日 10 时提前了近 14d。

表 8.4-5　　　　　　　　　　　　　　　分洪运用计算工况

工况编号	分洪运用计算工况	工况编号	分洪运用计算工况
test3-1	不分洪（test2-3）	test3-4	1h 口门开度 1000m
test3-2	1h 口门开度 300m	test3-5	3h 口门开度 1000m
test3-3	1h 口门开度 500m	test3-6	10h 口门开度 1000m

分洪口门流量过程见图 7.5-31(a)。由图 7.5-31(a)可知,①设计的超标准洪水工况下,分洪过程主要受口门开度的影响,而与开闸用时基本没有关系;②口门开度越大,初始分洪阶段分洪流量越大,分洪流量最大时达到约 7500m³/s,约为原干流流量的 15%;③口门开度越大,分蓄(滞)洪区蓄满越快,水流从分蓄(滞)洪区回吐入江也越早。

分洪运用过程中,沙市水位变化过程见图 8.4-33(b)。分析结果分洪口门开度是影响分洪效果的决定性因素,口门开度越大,分洪越快、分洪历时越短、短期分洪效果越显著。分洪直接效果统计见表 8.4-6。

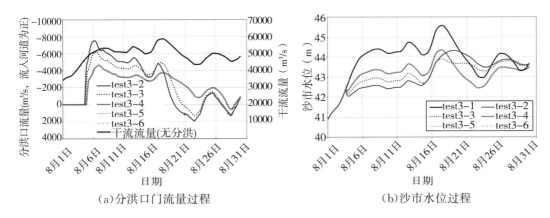

（a）分洪口门流量过程 　　　　　　（b）沙市水位过程

图 8.4-33　不同工况下的分洪口门流量过程和沙市水位过程

表 8.4-6　　　　　　　　　　　　分洪直接效果统计

工况	最大分洪流量 （m³/s）	累积最大分洪量 （亿 m³）	分洪历时	沙市水位 最大降幅(m)	分洪期间沙市水位 平均降幅(m)
test3-2	4636	9.639	24d+4h	1.252	0.876
test3-3	6197	9.773	16d+22h	1.683	1.259
test3-4	7516	10.14	15d+5h	1.933	1.467
test3-5	7535	10.13	15d+5h	1.934	1.466
test3-6	7587	10.12	15d+5h	1.935	1.465

分蓄(滞)洪区分洪,对于长江干流而言,其影响不仅限于分洪口门附近。图 8.4-34 是不同工况下沙市、监利、莲花塘、螺山 4 个断面的流量过程。由图 8.4-34 可见,①由于洞庭湖流量的汇入,莲花塘和螺山断面的流量显著大于沙市和监利,变幅则反之;②4 个断面的流量过程均受到分洪的影响,且分洪影响衰减不明显;③分洪开始时沙市断面流量出现陡降,其他断面流量降幅不明显;④工况 test3-2 中,分蓄(滞)洪区分洪基本不改变干流洪水的峰谷形态和时间,直到 8 月 28 日由蓄纳洪水转为吐洪入江;⑤受分蓄(滞)洪区回吐入江的影响,工况 test3-3、test3-4 条件下,8 月 16—26 日各站的洪水过程出现了的削峰填谷的现象;同时沙市、监利站的峰谷时间也被推迟,莲花塘、螺山站的洪水流量波谷甚至因坦化而消失;可见分蓄(滞)洪区起到了良好的调节洪水的效果。

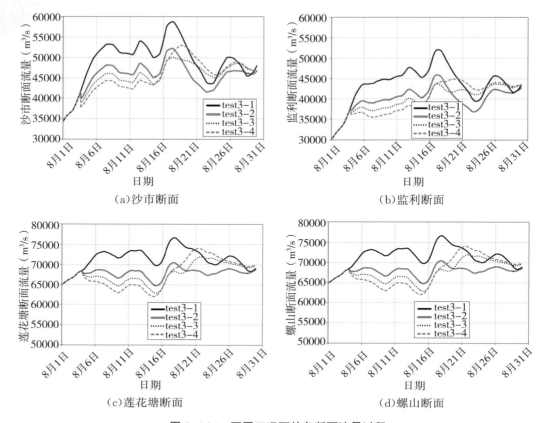

图 8.4-34　不同工况下的各断面流量过程

图 8.4-35 对比了不同工况下荆江出口流量过程与洞庭湖出口流量过程。由图 8.4-35 可见,①对于荆江河段而言,在所计算的超标准洪水工况下,分蓄(滞)洪区的削峰效应与口门开度呈正相关关系,而与开口时长呈负相关关系;②对于城陵矶以下河段而言,分蓄(滞)洪区的洪峰调度,不仅需要考虑荆江洪水过程,还需要将洞庭湖出流过程纳入统一考虑,尤其是当分蓄(滞)洪区吐洪入江时。

不同工况下荆江分蓄(滞)洪区累积分洪总量变化见图 8.4-36。由图 8.4-36 可见,随着口门开度的增加,累积分洪量峰值增大、蓄满时间提前。

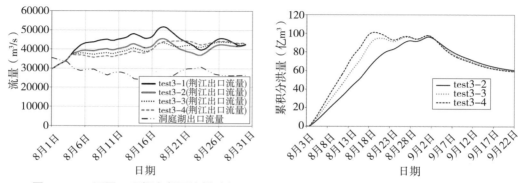

图 8.4-35　不同工况螺山断面流量过程　　图 8.4-36　不同工况荆江分蓄(滞)洪区分洪总量变化

8.4.3 流域及关键节点相融合的流域超标准洪水预报技术

针对当前单一洪水预报模型方法在流域超标准洪水发生时不完全适用、流域洪水预报方案体系与超标准洪水防御需求不适应等问题进行研究,构建超标准洪水多参数预报模型库,提出气象水文、水文水动力学模型耦合技术,集成0~7d无缝隙降水数值预报系统、堤防溃决水土耦合动力学模型以及一、二维耦合水动力模型,构建气象水文水力学耦合流域超标准洪水预报模型,基于"河道—分蓄(滞)洪区—溃口"建立考虑重要水文站点、控制性水库群、分蓄(滞)洪区等关键节点,洲滩民垸、溃口等临时性节点的超标准洪水预报方案体系,提升流域超标准洪水精细预报关键技术。

8.4.3.1 超标准洪水预报关键技术

(1)适应流域超标准洪水预报的水文监测体系

流域超标准洪水预报的数据支撑,一方面是流域准确的实时雨水情、水工程运行情况、卫星影像遥感、河道断面形态等基础信息,另一方面是破坏河道洪水常规演进规律的突发事件的水文应急监测要素等信息。常规监测要素与应急监测要素形成的海量异构信息源需要通过多源信息融合技术进行汇集、甄选、融合处理后,才能作为驱动流域超标准洪水预报模型的基础。

当前,提升流域实时雨水情覆盖面、信息量、报汛频次的主要手段,除设站、建站外,当超标准洪水发生时最主要的方式是实现相关信息共享,特别是跨区域、多主体的大流域。基于共商、共享的原则,兼顾各区主体利益,推动流域各成员单位构建信息共享平台,建立有序稳定的信息共享机制;构建基本满足流域洪水预报的需求、覆盖流域的雨水情、水利工程、卫星遥感、天气雷达、模式预报等监测体系。与此同时,洲滩民垸行洪、分蓄洪区分洪退洪、堤防决口、泵站抽排等改变河道洪水演进的超标准洪水调度运用或突发事件,则需超前部署,通过前期调查收集各类薄弱节点的基础信息,制定流域超标准洪水监测预案,配备各类智能化监测设备,明确监测范围和要素,监测时根据洪水演进、变化及发展情况,适时调整监测对象、要素、方法、手段,机动调配各类技术,分析技术支撑能力,保障应急监测数据及时准确测报,为流域超标准洪水预报提供数据支持。

(2)满足流域超标准洪水的预报模型方法库建设

面对流域超标准洪水时,除常规洪水预报所采用的降雨径流(水文)、洪水演进(水力)模型外,更多超标准洪水特有的复杂水文水力学现象则需要通过临时搭建模型概化描述和模拟。例如,分蓄(滞)洪区的分洪退洪运用或岸堤溃口会将原先河道干堤和分蓄(滞)洪区(河道外区域)两者各体联结成整体,形成"河道—分蓄(滞)洪区—溃口"系统,实现河道内外的水位流量相互作用和联系;洲滩民垸的破口运用将扩大河道行洪能力,将改变附近河道地形和水力条件,进一步影响洪水演进模拟和精度;堤防沿江沿河的泵站对江排涝,排出的涝水直接叠加在洪水过程上,将破坏原有模拟系统的水量平衡,增加洪水演进模拟的不确定性等。

因此,为尽可能满足流域超标准洪水预报精度及预见期需求,需通过运用卫星遥感技术、地理信息技术、多尺度定量降水预报技术,结合实地调研摸底、工程设计资料调查,探索水文气象分区耦合模式,构建适应不同下垫面的分布式水文模型以及复杂水力条件下的洪水演进模型。对可能影响流域超标准洪水预报的因素进行摸查厘清、建模概化,对洪水标准、预报节点、工程对象、模型类别、预报要素等进行等级或类别划分,并构建相应的模型方法库,为流域超标准洪水发生时临时调用做好准备,实现常用洪水预报模型与突发临时节点预报模型的快速调用衔接。

(3)考虑流域关键节点及复杂水力要素的洪水预报方案体系构建

采用数字孪生流域技术,构建可灵活增加分洪溃口等超标准洪水发生时可能发生的现象的预报方案体系是流域超标准洪水预报的关键。常规预报方案一般依托预报节点进行构建,各单元节点之间存在符合江河湖库洪水演进传播规律的拓扑关系,节点与节点之间以链接方式确定。在面临超标准洪水时,依据常规预报方案下流域拓扑关系划分的节点体系难以完全涵盖流域内的关键节点,如防洪调度对象、防洪控制对象、防洪保障对象等,因此在流域划分及预报方案体系构建时,需要充分兼顾区域内可能运用到的关键控制性节点。此外,确定各类对象节点所形成的预报方案体系一般为静态关系,而在流域超标准洪水发生时,一些改变河道内常规洪水演进规律的突发水事件构成的动态节点具有临时性、随机性和不可预测性,因此在构建可用于流域超标准洪水预报的预报方案体系时,需在流域拓扑关系的基础上,充分考虑流域超标准洪水调度运用工程措施的关键控制节点,构建流域主体洪水预报方案体系,同时,根据流域实时雨情、水情、工情、险情发展情况,在主体洪水预报方案体系的基础上,依托模型方法库和临时节点的空间拓扑关系,根据流域超标准洪水实时调度情况或模拟需要,动态调整预报方案体系,以适应流域超标准洪水预报需求。流域超标准洪水预报思路、体系及流程见图8.4-37。

该方法充分运用了数字孪生流域及时映射物理变化的理念和技术,是数字孪生流域技术的重要组成部分。

图 8.4-37　流域超标准洪水预报思路、体系及流程

8.4.3.2　气象水文水力学模型耦合

本节主要以长江流域为例,耦合流域致洪暴雨综合预报技术、多参数洪水预报模型库,集成堤防溃决水土耦合动力学模型以及一、二维耦合水动力模型,构建长江流域气象水文水力学耦合流域超标准洪水预报模型。

(1)模型耦合技术

1)水文气象模式与水文模型的耦合机制。

水文气象耦合通常采用单向耦合的方法耦合模式预报产品与水文模型,即用模式的输出驱动水文模型,水文气象耦合示意图见图 8.4-38。若多模式降水集合预报产品的输出格点空间分辨率较细,可直接筛选出研究流域或水文模型格网内的模式输出格点,统一处理后作为水文模型的输入;若多模式降水集合预报产品的输出格点空间分辨率较粗,则选取优化插值方法将降水产品格点的气象要素插值到面雨量站网中的各站点,采用面雨量计算方案即可得到面均气象要素预报值,做时段统一处理后作为水文模型的输入。

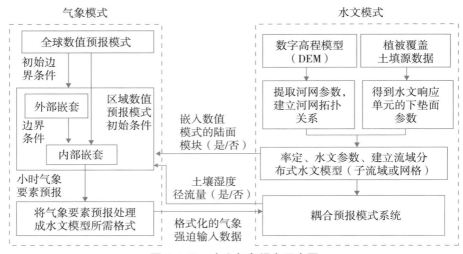

图 8.4-38　水文气象耦合示意图

2）模式校正预报与水文模型的耦合机制。

该方法的出发点是引入人工业务预报，以期改善模式预报在降雨预报方面的不足。首先将模式的预报输出数据插值到水文模型子流域或网格，然后取各子流域的人工业务预报面雨量与数值模式预报面雨量的比值为校正系数，各子流域或网格的数值模式降雨预报值乘以校正系数，即得到校正后各子流域或网格的降雨输入。

3）水文水动力学模型耦合方法。

水文水动力学模型耦合方法主要采用连接的方式进行耦合，将水文模型的计算结果当作上边界条件直接输入水动力学模型中。水文水动力学模型耦合示意图见图 8.4-39。

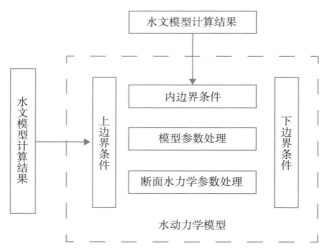

图 8.4-39　水文水动力学模型耦合示意图

（2）长江流域气象水文水力学耦合模型构建

根据《长江流域综合规划（2012—2030 年）》《长江流域防洪规划》《长江防御洪水方案》

《长江洪水调度方案》《2020 年长江流域水工程联合调度运用计划》等指导文件,结合相关防洪工程调度规程,对流域内 41 座控制性水库群、42 座分蓄(滞)洪区、34 个主要控制站的基础信息进行梳理。考虑长江流域水文气象特性、水系分布、水文站网布设及水利工程、防洪工程情况,以重要水文站、控制性水库群、分蓄(滞)洪区为关键性节点,洲滩民垸、堤防溃口等为临时性节点,构建覆盖整个长江流域干支流洪水预报方案体系。长江流域洪水预报方案体系见图 8.4-40。

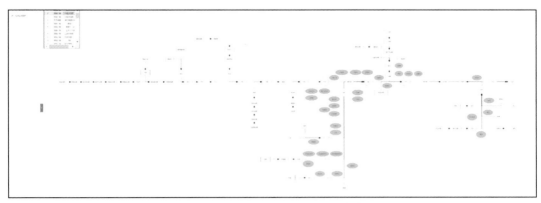

图 8.4-40　长江流域洪水预报方案体系

构建长江流域气象水文水力学耦合模型,其中长江上游及中下游各支流采用多参数预报模型库进行预报计算,中下游干流采用一、二维耦合水动力学模型,并耦合分洪溃口模型。水动力学模型构建范围主要为宜昌—江阴,其间考虑荆江三口分流,主要支流来水包括清江、沮漳河、洞庭湖"四水"及湖区、陆水、汉江、东荆河分流、鄂东北各支流、鄱阳湖"五河"及湖区,以及无控区间来水。水动力学模型构建范围及河网概化见图 8.4-41。

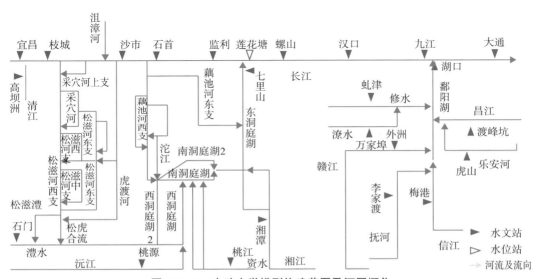

图 8.4-41　水动力学模型构建范围及河网概化

采用长江流域 2016—2019 年数据资料对模型进行分析率定。以莲花塘站、汉口站、湖口站、大通站为例,模拟对比结果见图 8.4-42,结果表明,长江中下游各站模型模拟效果均较好。

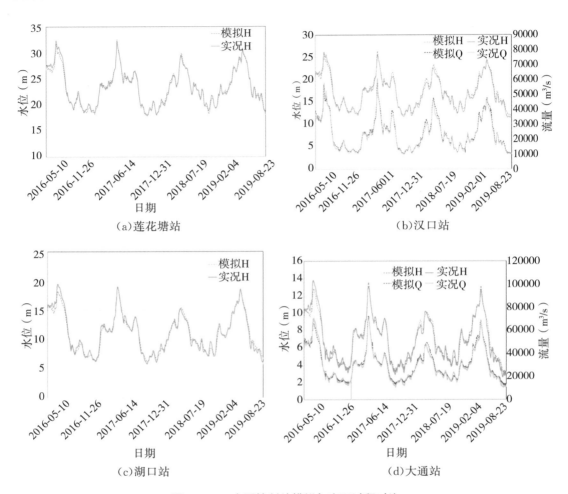

图 8.4-42　主要控制站模拟与实况过程对比

8.4.3.3　超标准洪水预报技术实践应用

(1)长江流域洪水预报技术水平分析

近年来,根据长江流域气象水文地貌特性及防洪控制对象节点等要素,通过长期的科学探索、实践应用、优化调整,已形成了一套适用的洪水预报方案体系。该技术体系可基本满足河道、水库一般性洪水预报需求,但无法覆盖超标准洪水发生时的临时突发性节点,往往需要借助其他模型或工具进行计算后,以数据结果的形式输入模型进行计算,无法实时快速应用,存在明显短板。其预报精度往往难以满足洪水防御的需求,无法更有效地提供流域防洪调度决策支撑。

长江流域气象水文水力学耦合模型逐步应用后,长江流域主要控制站洪水预报技术水平有了一定幅度的提升,对比分析长江流域气象水文水力学耦合模型使用前后,长江流域主要控制站洪水预报技术水平如下:

1)三峡水库。

统计分析 2009—2020 年三峡水库预见期内入库流量预报平均误差,见表 8.4-7。由表 8.4-7 可知,超标准洪水预报技术应用前,三峡水库预见期 1～3d 入库平均误差分别为 4.55%、7.31%、9.94%,合格率分别为 69.1%、73.9%、76.4%;超标准洪水预报技术应用后,平均误差分别为 3.94%、5.82%、7.89%,较应用前平均误差减少了 0.61%～2.05%,合格率分别为 93.5%、93.8%、95.0%,较应用前合格率提升了 18.6%～24.4%。

表 8.4-7 三峡水库入库流量平均误差统计分析

时间		预见期 1d		预见期 2d		预见期 3d	
		平均误差(%)	合格率(%)	平均误差(%)	合格率(%)	平均误差(%)	合格率(%)
应用前	2009	4.43	64.4	7.75	66.7	9.92	75.6
	2010	5.2	61.8	7.92	69.7	11	66.3
	2011	6.2	55.6	8.7	64.4	10.6	71.1
	2012	3.9	75.5	6.1	83.0	9.8	79.8
	2013	4.9	73.9	7.6	69.6	10.9	73.9
	2014	3.7	77.1	7.3	68.8	10.7	75.0
	2015	4.9	71.0	7.7	77.4	8.7	80.6
	2016	4.17	66.7	7.21	73.8	11.19	73.8
	2017	4.63	65.7	7.21	77.9	9.52	79.3
	2018	3.51	79.6	5.6	87.7	7.09	88.7
	均值	4.55	69.1	7.31	73.9	9.94	76.4
应用后	2019	4.16	91.9	6.1	92.5	8.22	94.6
	2020	3.71	95.1	5.53	95.1	7.56	95.4
	均值	3.94	93.5	5.82	93.8	7.89	95.0

2)莲花塘站。

统计分析 2011—2020 年莲花塘站预见期内水位预报平均误差,见表 8.4-8。由表 8.4-8 可知,超标准洪水预报技术应用前,莲花塘站预见期 1～5d 预报水位平均误差分别为 0.06m、0.12m、0.18m、0.24m、0.31m,合格率分别为 98.3%、94.6%、86.4%、79.9%、73.2%;超标准洪水预报技术应用后,平均误差分别为 0.05m、0.11m、0.16m、0.22m、0.29m,较应用前平均减少了 0.01m～0.02m,合格率分别为 100.0%、98.9%、93.8%、87.2%、80.7%,较应用前合格率提升了 1.7%～7.5%。

表 8.4-8   莲花塘站水位平均误差统计分析

时间		预见期 1d		预见期 2d		预见期 3d		预见期 4d		预见期 5d	
		平均误差(m)	合格率(%)	平均误差(m)	合格率(%)	平均误差(m)	合格率(%)	平均误差(m)	合格率(%)	平均误差(m)	合格率(%)
应用前	2011	0.06	97.7	0.12	95.3	0.18	86.0	0.23	79.1	0.31	73.8
	2012	0.06	96.8	0.11	90.3	0.15	84.8	0.20	81.7	0.26	80.0
	2013	0.06	100.0	0.11	100.0	0.15	92.5	0.21	90.0	0.26	82.5
	2014	0.06	91.5	0.12	76.3	0.19	66.1	0.26	62.7	0.35	55.9
	2015	0.06	100.0	0.13	97.1	0.19	88.4	0.25	79.7	0.30	68.1
	2016	0.05	100.0	0.10	99.0	0.19	92.8	0.25	84.0	0.33	77.4
	2017	0.06	100.0	0.12	98.6	0.18	89.0	0.26	82.2	0.34	72.6
	2018	0.07	100.0	0.12	100.0	0.18	91.7	0.23	80.0	0.29	75.4
	均值	0.06	98.3	0.12	94.6	0.18	86.4	0.24	79.9	0.31	73.2
应用后	2019	0.05	100.0	0.12	97.7	0.18	90.7	0.24	81.4	0.31	76.7
	2020	0.05	100.0	0.09	100.0	0.14	96.8	0.20	93.0	0.26	84.7
	均值	0.05	100.0	0.11	98.9	0.16	93.8	0.22	87.2	0.29	80.7

（2）1998 年洪水推演计算

采用构建的长江流域超标准洪水预报调度一体化模型对 1998 年典型大水进行模拟预报,各站洪峰水位误差评定见表 8.4-9。由表 8.4-9 可知,各站模拟预报的洪水过程与实测过程较为吻合,过程确定性系数均在 0.9 以上,峰现时间基本一致,均在 4h 以内,洪峰水位较实测水位均偏高,平均误差在 0.5m 左右。分析误差原因主要为模型采用最新断面资料,与1998 年相比沿程河势发生了一定的变化,造成率定的河道综合分层糙率与 1998 年相比存在一定差异。

表 8.4-9   1998 年洪水水位误差评定

站名	实测值		模拟值		洪峰水位误差(m)	峰现时差(h)	过程确定性系数
	洪峰水位(m)	峰现时间	洪峰水位(m)	峰现时间			
枝城	50.62	8-17 4:00	51.42	8-17 4:00	0.80	0	0.950
沙市	45.22	8-17 9:00	45.24	8-17 8:00	0.02	−1	0.943
石首	40.94	8-17 11:00	41.29	8-17 15:00	0.35	4	0.949
监利	38.31	8-17 22:00	39.21	8-17 18:00	0.90	−4	0.907
莲花塘	35.8	8-20 14:00	36.47	8-20 12:00	0.67	−2	0.938
螺山	34.95	8-20 18:00	35.30	8-20 14:00	0.35	−4	0.966
汉口	29.43	8-19 22:00	30.28	8-20 1:00	0.85	3	0.905
七里山	35.94	8-20 14:00	36.55	8-20 15:00	0.61	1	0.946

（3）2020年洪水实际应用

2020年长江发生流域性大洪水,此次洪水应对中,采用水文气象结合、预报调度结合等构建的气象水文水动力学,基于长江流域超标准洪水预报方案体系,保证了水文气象预报精度和延长了预见期,及时制作了洪水预报预警、科学调度了长江流域水库群,为长江洪水的防御发挥重要作用。以"长江2020年第1号洪水""长江2020年第2号洪水"为例,介绍气象水文水力学相结合、流域及关键节点相融合的超标准洪水预报技术在长江流域实践应用情况。

1）长江2020年第1号洪水。

7月1—3日,受高空槽、暖湿气流及冷空气的影响,长江流域自西向东有1次大—暴雨的强降雨过程,强降雨区位于洞庭湖水系西北部及长江中下游干流附近。此次降雨过程的发生导致了长江2020年第1号洪水的形成。6月23日,基于多模式集合定量降水预报技术发布的延伸期定量降雨预报提前8d预报出7月1—3日,长江流域自长江上游开始自西向东有1次移动性的降雨过程,在随后的5期短中期滚动预报中对此轮降雨过程进行了进一步确认。

受强降雨影响,三峡水库入库洪峰流量53000m³/s,长江中下游干流主要控制站陆续突破警戒水位并接近保证水位。基于气象水文水动力学耦合模型,此次洪水过程长江中下游莲花塘站、汉口站、湖口站整体预报趋势把握均较好。提前7d准确预报洪峰出现时间,提前5d预报莲花塘站水位将超警戒水位,超警戒时间和峰现时间与实况基本一致,预见期3d内水位流量预报达到准确,关键性的预报能提前3~5d准确预报。通过挖掘流域水工程的防洪潜力,成功实现了此次过程中城陵矶（莲花塘）站不超保证水位34.9m（最高水位34.59m）、汉口站不超保证水位29.73m（最高水位28.77m）、湖口站不超保证水位22.50m（最高水位22.49m）的防洪目标。

长江2020年第1号洪水期间（7月1—13日）,三峡水库1~3d预见期入库流量预报平均误差分别为6.32%、8.21%、13.85%,莲花塘站1~3d预见期水位预报平均误差0.08~0.17m,汉口站1~3d预见期水位预报平均误差0.09~0.19m,湖口站1~3d预见期水位预报平均误差0.11~0.49m,大通站1~3d预见期水位预报平均误差0.11~0.26m。

2）长江2020年第2号洪水。

长江2020年第2号洪水的主要致洪暴雨过程出现在7月14—20日。6月26日,长江水利委员会水文局发布的延伸期定量降雨预报提前18d预报7月14日前后长江上游、汉江上游有一次中等强度降水过程,在随后的短中期滚动预报中对此轮降雨过程进一步确认。

受强降雨影响,长江上游干流及三峡区间来水明显增加,三峡水库7月18日8时出现入库洪峰流量61000m³/s,其间长江中下游干流汉口以上江段水位复涨,马鞍山—镇江江段最高潮位超历史。长江2020年第2号洪水期间（7月14日—21日）,三峡水库1d、2d、3d预见期入库流量预报平均误差分别为4.49%、10.15%、13.16%,莲花塘站1~3d预见期水位预报误差 0.06～0.21m,汉口站 1～3d 预见期水位预报误差 0.08～0.26m,湖口站 1～3d 预见期水位预报误差 0.06～0.18m,大通站 1～3d 预见期水位预报误差 0.06～0.21m。

3)预报水平对比分析。

自 2018 年 12 月正式开始研究起,伴随着行业整体技术水平的进步。以长江流域为例,为解决预见期与精度的矛盾,通过采用短中长期相结合、水文气象相耦合,进行逐日滚动、实时修正的渐进式预报模式,预见期和预报精度有了较为明显的提升。其中,8～20d 延伸期预报可对雨洪过程进行定性预报,提早发现暴雨洪水过程,支撑决策部门适时采取相应的调度准备措施;通过无缝定量降雨预报技术,结合气象水文水力学耦合模型,4～7d 预报能较好把握降雨落区、过程雨量并初步把握涨水过程、洪峰量级以及过程洪量等要素;3d 以内预报,能准确地预测洪峰、过程洪量以及洪水过程,可直接为调度决策提供依据。无缝隙渐进式预报业务体系框架见图 8.4-43。

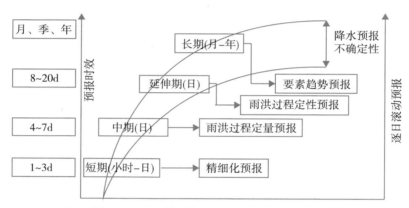

图 8.4-43　无缝隙渐进式预报业务体系框架

以 2020 年长江流域性大洪水期间,结合本研究成果,在洪水预报实践中,有效提高预报精度的同时延长了预见期。5 次编号洪水基本能够提前 5～10d 预报流域将发生明显的涨水过程。尤其是第 4、5 号复式洪水期间,提前 6d 预报将发生第 4 号洪水,提前 7d 预报将发生第 5 号洪水,精准预报出三峡入库洪峰流量,预报误差仅为 3.3%、1.3%;提前 2～5d 预报中下游各关键防洪控制节点超警时间,提前 2～4d 预报莲花塘站(长江干流与洞庭湖交汇处防洪控制节点)超保证时间,其中莲花塘站洪水水位预报误差在 0.01～0.07m,有力支撑了精细化预报调度,显著减轻了流域防洪压力,避免了荆江分洪区的启用。

8.4.4　小结

本节提出了基于不同尺度模式的流域暴雨数值预报模型及集成方案,构建了 0～7d 流域定量降水无缝隙预报系统;揭示了复杂水土条件下堤防溃决机理,创新了物理试验与数学模型互馈的研究方法,自主研发了基于水土耦合的堤防溃决过程水动力学数学模型及复杂河网一、二维耦合水动力模型,实现了超标准洪水堤防溃口、分蓄(滞)洪区、洲滩民垸运用等临时突发事件的复杂河网下多防洪调度目标的预报方案体系敏捷搭建。通过新技术、新方法的应用,洪水预报制作时间可缩短到 2h 以内,预见期增长至 72h(3d)以上(长江示范区域预见期达 5～7d,根据防洪需求兼顾后期洪水发展趋势,预见期可适时延长至 10d),通过实时校正、滚动预测等综合预报方式,预报精度提高了 5% 以上。研究成果为长江流域成功应对 2020 年流域性大洪水提供了重要技术支撑,社会效益、经济效益显著。

8.5　流域超标准洪水预警指标及预警技术

本节主要基于现场调研、理论分析、数理统计等方法,分析了研究区水文气候条件、水文气象预报现状水平、标准内洪水预报预警办法,定义了示范区超标准洪水水文气象预警指标和判别方法,提出多层次超标准洪水预警指标触发机制,构建了示范区水文气象耦合的超标准洪水动态预警体系,实现了时间上由远及近,涵盖长期(1 个月以上)、中期(7d 以内)、短期(3d 以内)水文气象耦合的动态渐进式流域超标准洪水预警。

8.5.1　超标准洪水气象预警指标研究

流域水文机构现行预警发布管理办法中预警指标均为水文指标,水文预警指标通常更为精确,但在面临超标准洪水时,涉及蓄滞洪区等工程运用需提前对人群进行搬离安置等决策需求,往往预见期时效性不够。为解决流域超标准洪水实时调度应急响应和提前准备等不同阶段的应对需求,本节拟从长期气候、短期气象等两个方面提出气象预警指标,以期延长流域超标准洪水预警预见期,为超标准洪水调度决策提供更长的应对时间。

8.5.1.1　流域超标准洪水长期气候预警指标

以长江流域荆江河段、淮河流域沂沭泗流域河段、嫩江流域齐齐哈尔河段为例,研究提取了示范流域的流域超标准洪水长期气候预警指标。

(1)长江流域荆江河段

选取荆江河段监利站(资料年限较长)的最高水位排名前六名的年份洪水,分别是 1998 年、1999 年、2002 年、1996 年、1983 年、1954 年,对这些年份重要气候因子如海温、冬季青藏高原积雪、夏季风、太阳黑子、副高及台风等异常信号的相似特征进行分析,尝试找出荆江河段超标准洪水气候指标。

研究发现,荆江河段超标准洪水气候背景呈现如下特征(图 8.5-1):赤道中东太平洋海温一般处于"厄尔尼诺"或中性偏暖状态,因此海温总体呈现暖的特征,冬季青藏高原积雪以偏多为主,东亚夏季风大部分处于偏弱状态,夏季副高强度以及面积大小特征不明显,但脊线位置以偏南为主,西伸脊点以偏西为主,太阳黑子一般处于极值年份(可以是极大值,也可以是极小值)或者极值年份附近,而夏季台风也存在明显异常的特征,生成台风以偏少为主,生成时间以偏晚为主,登陆台风也以偏少为主,登陆时间也以偏晚为主。

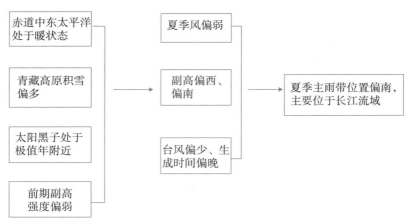

图 8.5-1　长江流域超标准洪水气候因子预警指标

此外,还发现这些典型大洪水年的气候背景存在一定共性:当长期降水预报距平在 5 成及以上时表示该区域降水较多年均值异常偏多,同时考虑降雨时空分布不均匀性显著,这种条件下可能会发生极端暴雨洪水。

因此,当前期气候因子具备上述气候因子特征,且国家气候中心、水利部信息中心、长江水利委员会水文局 3 家任意长期预报产品预报长江流域 6—8 月的降雨异常偏多,且荆江河段附近预计较多年均值有偏多 5 成区域,即在行业内部发布该河段的超标准洪水气候预警。

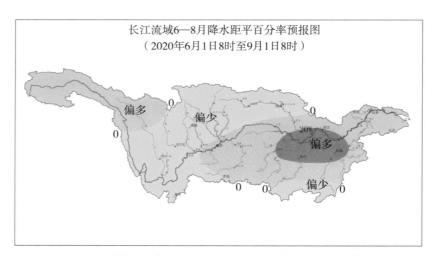

图 8.5-2　长江流域汛期降水产品说明及趋势预测产品示意图

（2）淮河流域沂沭泗流域河段

以沂沭泗流域为例研究淮河流域超标准洪水气候预警指标。

淮河水利委员会水文局在每年汛前提供当年的汛期降水趋势预测,预测产品包括降水趋势预测图和降水距平预测表(图 8.5-3),并参加水利部和气象部门的长期预测会商。

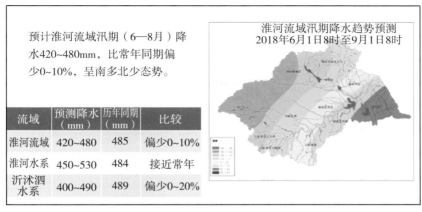

图 8.5-3 淮河流域 2018 年汛期降水趋势预测产品示意图

因此,沂沭泗流域超标准洪水气候预警可直接以国家气候中心、水利部信息中心、淮河水利委员会水文局每年汛期发布的汛期旱涝趋势预测为依据,若上述三家部门任何一家汛期预测沂沭泗流域有落在降雨偏多 5 成趋势线范围以内,即可在行业内部发布超标准洪水气候预警。

（3）嫩江流域齐齐哈尔河段

目前,嫩江尼尔基水库—齐齐哈尔段干流堤防(约 450km)基本达到 50 年一遇的规划防洪标准;齐齐哈尔城区段干流堤防已达到 100 年一遇的规划防洪标准。嫩江流域齐齐哈尔河段超标准洪水气候预警可以直接以国家气候中心、水利部信息中心、松辽水利委员会水文局每年汛期发布的汛期旱涝趋势预测为依据,当上述三家部门任何一家汛期预测嫩江齐齐哈尔以上河段有落在降雨偏多 5 成趋势线范围以内,即在行业内部发布超标准洪水气候预警。

8.5.1.2 流域超标准洪水短中期气象预警指标

分析不同流域示范区大洪水年前期不同时段流域面雨量特征,构建流域超标准洪水短中期气象预警指标,结合流域现有短中期降雨预报现状和精度,提出基于现有预报条件下的典型流域超标准洪水短中期气象预警指标和预警触发机制。综合考虑流域机构预报水平评估 3d 以内降雨预报的可靠性高、7d 以内比较可靠,提取了大洪水年前期不同时段面雨量特征共性,提出了典型流域短中期气象预警指标。

同样以长江流域荆江河段、淮河流域沂沭泗流域河段和嫩江齐齐哈尔河段对短中期气象预警指标进行了分析研究。

（1）长江流域荆江河段

选取 1954 年荆江分洪区两次分洪(7 月 22 日、7 月 29 日),以及 1998 年沙市水位超过防洪设计标准(8 月 17 日)作为荆江河段发生超标准洪水典型洪水,同时,根据沙市历年最高水位排序,选取了 19 个对照典型洪水时间节点,分别对这些典型洪水的海温、青藏高原积雪、夏季风、副高、太阳黑子、台风情况等进行统计(表 8.5-1)。

表 8.5-1 长江流域大洪水年气候因子统计分析

年份	海温	青藏高原积雪	夏季风	副高	太阳黑子	台风
1998	1997 年 5 月至 1998 年 5 月发生了新中国成立以来最强的一次厄尔尼诺事件,事件时长为 13 个月	1998 年冬季,青藏高原积雪异常偏多	1998 年夏季风偏弱	面积偏大、强度偏强、西伸脊点偏西、脊线位置偏南	m+2 年	1998 年热带地区台风生成少,生成时间晚,登陆台风偏少,初次台风登陆时间亦晚
1999	1998 年 8 月至 2001 年 2 月发生了一次强拉尼娜事件,事件时长为 31 个月	1999 年冬季,青藏高原积雪偏多	1999 年夏季风略偏弱	面积偏小、强度偏弱、西伸脊点偏东、脊线位置偏北	M—1 年	1999 年热带地区台风生成偏少,生成时间偏早,登陆台风偏少,初次台风登陆时间偏早
2002	2002 年赤道中东太平洋处于正常偏暖状态,但并未形成"厄尔尼诺"事件	2002 年冬季,青藏高原积雪偏少	2002 年夏季风偏强	面积偏小、强度偏弱、西伸脊点偏东、脊线位置偏南	M+2 年	2002 年热带地区台风生成略偏多,生成时间早,登陆台风略偏少,初次台风登陆时间亦晚
1996	1995 年 8 月至 1996 年 6 月发生了一次弱拉尼娜事件,事件时长为 11 个月	1996 年冬季,青藏高原积雪偏多	1996 年夏季风偏强	面积偏小、强度偏弱、西伸脊点偏西、脊线位置偏北	m 年	1996 年热带地区台风生成略偏少,生成时间略偏晚,登陆台风略偏少,初次台风登陆时间亦偏晚
1983	1982 年 5 月至 1983 年 8 月发生了一次极强厄尔尼诺事件,事件时长为 16 个月 1983 年为 ENSO 事件次年	1983 年冬季,青藏高原积雪偏多	1983 年夏季风偏弱	面积偏大、强度偏强、西伸脊点偏西、脊线位置偏南	M+2 年	1983 年热带地区台风生成少,生成时间晚,登陆台风偏少,初次台风登陆时间亦晚
1954	1953 年底至 1954 年 3 月赤道中东太平洋进入"弱厄尔尼诺"状态,并未形成"弱厄尔尼诺"事件	1954 年青藏高原积雪偏多	1954 年夏季风总体偏弱	面积偏小、强度偏弱、西伸脊点偏西、脊线位置偏南	m 年	1954 年热带地区台风生成少,生成时间偏晚,登陆台风偏少,初次台风登陆时间偏早

计算长江流域荆江河段莲花塘面平均雨量,并分别统计 19 个典型洪水时间节点的前 3d、前 5d、前 7d、前 10d、前 15d、前 20d 累积面雨量;根据该区域 22 个分区的日面雨量,统计日面雨量大于 10mm、20mm 的区数,然后统计 19 个个例前 3d、前 5d、前 7d、前 10d、前 15d、前 20d 累计日雨量大于 10mm、20mm 的区数。按照同样的规则对江汉平原以上 17 个分区进行分析(表 8.5-2)。

表 8.5-2   荆江河段超标准洪水历史个例以及对照分析个例

序号	日期	沙市水位(m)	序号	日期	沙市水位(m)
1	1954-07-22	44.30	10	1968-07-18	44.13
2	1954-07-29	44.20	11	1982-08-01	44.13
3	1998-08-17	45.22	12	1968-07-08	43.97
4	1998-08-08	44.95	13	1964-07-02	43.93
5	1998-08-13	44.85	14	1966-08-10	43.93
6	1999-07-21	44.74	15	1987-07-24	43.89
7	1981-07-19	44.47	16	1954-07-08	43.71
8	1962-07-11	44.35	17	1954-07-11	43.14
9	1989-07-14	44.20			

综合分析选取的各个指标,超标准洪水个例 1、2、3 仅有 3 个降雨指标比较突出:

①江汉平原以上区域 20d 累计面雨量≥155mm。

②江汉平原以上区域日面雨量大于 10mm 分区数 10d 累计≥59mm。

③江汉平原以上区域日面雨量大于 20mm 分区数 15d 累计≥38mm。

对荆江河段超标准 3 个降雨指标进行普查,查看降雨达到上述标准发生的所有次数,连续日期达到标准算为一次时间,结果见表 8.5-3。符合指标①江汉平原以上区域 20d 累计面雨量≥155mm,共有 11 次;符合指标②江汉平原以上区域日面雨量大于 10mm 分区数 10d 累计≥59mm,共有 19 次;符合指标③江汉平原以上区域日面雨量大于 20mm 分区数 15d 累计≥38mm,共有 23 次。考虑指标②、③空报次数太高,最终确定荆江河段超标准洪水短中期气象预警指标为江汉平原以上区域 20d 累计雨量达到 155mm 以上。

(2)淮河流域沂沭泗流域河段

淮河水利委员会水文局在每年汛期提供淮河流域短中期降雨预报,预报产品包括淮河流域短期天气文字预测,淮河流域 1～3d 逐日雨量预报图,淮河流域 1～7d 逐日分区面雨量预报表。

表 8.5-3　　　　　　　　　　荆江河段累计雨量历史达标次数普查

累计雨量≥155mm			20mm 分区数 15d 累计≥38mm			10mm 分区数 10d 累计≥59mm		
事件次数	日期	20d 雨量	事件次数	日期	分区数	事件次数	日期	分区数
1	1954-07-29	155.5	1	1952-08-16	39	1	1952-08-17	59
2	1961-07-13	156.8	2	1954-07-29	38	2	1954-07-29	59
3	1987-07-11	159.6	3	1955-07-01	39	3	1963-07-09	59
4	1991-07-17	158.9	4	1956-07-13	38	4	1963-08-24	60
5	1998-07-06	164.4	5	1967-07-01	38	5	1968-07-20	61
6	1998-08-16	155.4	6	1968-07-16	40	6	1968-08-11	62
7	2010-07-26	162.2	7	1969-07-15	38	7	1970-07-12	63
8	2012-07-22	159.2	8	1973-09-19	38	8	1973-09-17	64
9	2016-07-08	159.4	9	1974-08-09	40	9	1974-08-09	59
10	2016-07-14	155.0	10	1980-08-11	40	10	1976-07-22	59
11	2016-07-20	157.2	11	1982-07-29	38	11	1987-07-05	60
			12	1983-07-07	38	12	1987-07-12	60
			13	1983-07-14	39	13	1991-07-08	60
			14	1991-07-11	39	14	1996-07-10	61
			15	1996-07-09	38	15	1998-07-02	65
			16	1998-07-07	38	16	1998-08-16	62
			17	1998-08-04	38	17	2002-08-14	59
			18	1998-08-12	38	18	2007-07-25	61
			19	1998-08-28	38	19	2010-07-18	63
			20	1999-07-01	38			
			21	2007-07-24	42			
			22	2007-07-29	40			
			23	2010-07-19	38			

　　通过调研分析,当以下 4 个条件中满足两个以上时,作为沂沭泗流域性洪水预警条件:①沂河临沂站年最大流量超过 10000m³/s;②沭河重沟站年最大流量超过 8150m³/s;③南四湖南阳站年最高水位超过 36m;④骆马湖洋河滩站年最高水位超过 25m。普查了沂沭泗流域各分区预警站有资料以来历史最高水位(表 8.5-4,重沟站 2011 年以后才有资料,表中未列出),1957 年临沂站年最大流量和南阳站年最高水位两项满足要求,1974 年临沂站年最大流量和洋河滩站年最高水位两项满足要求。因此,根据 1957 年和 1974 年降雨实况确定沂沭泗流域超标准洪水降雨预警指标。

表 8.5-4　　　　　　　　　沂沭泗流域洪水预警代表站年最大流量(最高水位)前十排序

排序	临沂站		南阳站		洋河滩站	
	年最大流量 (m³/s)	发生日期	年最高水位 (m)	发生日期	最高水位(m)	发生日期
1	15400	1957-07-19	36.48	1957-07-25	25.47	1974-08-16
2	12100	1960-08-17	36.08	1963-08-09	23.87	1963-08-03
3	10600	1974-08-14	35.89	1964-09-05	23.72	2019-08-13
4	9090	1963-07-20	35.61	2018-08-22	23.67	1975-04-28
5	8140	1993-08-05	35.58	1971-07-11	23.66	2001-08-04
6	8050	2012-07-10	35.54	1970-08-08	23.66	1987-10-18
7	7590	1991-07-25	35.35	2005-09-22	23.65	2012-09-07
8	7300	2019-08-11	35.33	1973-07-31	23.64	2000-11-26
9	6510	1997-08-20	35.28	2003-09-07	23.64	1995-11-07
10	6200	1955-07-11	35.26	1975-09-22	23.63	2011-12-08

分析 1951—2019 年沂沭泗流域逐日面平均雨量(资料由武汉市区域气候中心提供, 1951 年为 8 个代表站,后逐渐增加,至 2019 年共有 73 个代表站),普查流域单日面平均雨量、2 日累计面雨量、3 日累计面雨量,直到 7 日累计面雨量(淮河水利委员会水文局提供 7d 面雨量预报),分析各种时长面雨量累计与年度大洪水发生的相关性。经分析,发现 1974 年、1957 年 3 日累计雨量排序最靠前,1974 年 8 月 11—13 日沂沭泗流域累计面雨量 139.7mm,排历史第三,1957 年 7 月 13—15 日累计面雨量 139.3mm,排历史第四。由此暂定沂沭泗流域超标准洪水短中期降雨预警指标为连续 3d 累计面雨量 140mm(可以是预报、实况或预报加实况)。

综上所述,最终确定沂沭泗流域超标准洪水短中期气象预警指标为沂沭泗流域 3d 累计雨量达到 140mm 以上。由于历史流域性超标准洪水个例有限,且沂沭泗流域的大洪水资料不够丰富,随着时间推移,资料积累更丰富,沂沭泗流域短中期降雨预警指标研究可作进一步深入研究。

(3)嫩江齐齐哈尔河段

嫩江齐齐哈尔河段同盟站设计防洪标准为 50 年一遇洪水,设计行洪能力为 8200m³/s,现状防洪标准及行洪能力与设计一致。齐齐哈尔设计防洪标准为 100 年一遇洪水,设计行洪能力为 12000m³/s,现状防洪标准及行洪能力与设计一致。齐齐哈尔站 50 年一遇行洪能力为 8850m³/s。查阅已有资料记录的同盟站、齐齐哈尔站历史年最高水位前十(表 8.5-5),同盟站流量超过 8200 m³/s 有 1998 年、1988 年、1969 年,齐齐哈尔流量超过 8850m³/s 仅有 1998 年,确定嫩江齐齐哈尔河段超标准洪水代表年为 1998 年、1988 年、1969 年。

表 8.5-5 嫩江齐齐哈尔江段洪水预警代表站年最大流量(最高水位)前十排序

排序	同盟		齐齐哈尔			
	年最大流量 (m^3/s)	发生日期	年最 高水位(m)	发生日期	最大流量 (m^3/s)	发生日期
1	12300	1998-08-12	149.30	1998-08-13		
2	10000	1988-08-15	148.68	2013-08-16	8080	2013-08-16
3	9810	1969-08-30	148.61	1969-09-03		
4	8180	1955-07-09	148.48	1988-08-17		
5	7610	1989-07-29	148.35	1989-07-30		
6	7420	2013-08-14	147.95	2020-09-13	5250	2020-09-11
7	6290	1956-07-22	147.65	2003-08-01		
8	5270	2003-07-30	147.64	1984-08-19		
9	5020	2020-09-09	147.61	1991-07-25		
10	4930	1991-07-09	147.36	2019-09-02	4360	2019-09-02

分析 1951—2019 年嫩江流域逐日面平均雨量(资料由武汉市区域气候中心提供,1951年为 10 个代表站,后逐渐增加,至 2019 年共有 64 个代表站),普查流域单日面平均雨量,2 日、3 日、4 日、5 日、6 日、7 日、10 日、15 日、20 日累计面雨量,由大到小列出累计雨量以及发生日期,分析各种时长面雨量累计与年度大洪水发生的相关性。经分析,发现累计 6 日以后,累计雨量前十已经能包含嫩江齐齐哈尔河段超标准洪水代表年 1998 年、1988 年、1969年。根据超标准洪水代表年在多日雨量累计序列中的排名,15d 累计雨量排名中 1998 年、1988 年、1969 年最突出,分别排在第 1 位、第 5 位、第 2 位,确定超标准洪水预警指标 15d 累计雨量达到 130mm,符合该标准的总共有 7 次过程,分别发生在 1998 年 8 月、1969 年 8 月、1962 年 7 月、1991 年 7 月、1988 年 7 月、1996 年 8 月、2017 年 8 月;7d 累计雨量排名中 1998年、1988 年、1969 年分别排在第 1 位、第 4 位、第 8 位,确定超标准洪水预警指标 7d 累计雨量达到 80mm,符合该标准的总共有 8 次过程,分别发生在 1998 年 8 月、1997 年 7 月、1962年 7 月、1988 年 7 月、1991 年 7 月、2011 年 8 月、1963 年 7 月、1969 年 8 月。

综合考虑计算便捷以及预警触发标准,确定嫩江超标准洪水位预警指标为 7d 预报或实况累计雨量达到或超过 80mm。

上述指标的确定方法较为直接且简单可靠。但是由于历史流域性超标准洪水个例有限,资料不够丰富,所确定的气象预警指标有一定的不确定性。随着时间推移,资料积累更加丰富,可进一步深入研究流域超标准洪水短中期降雨预警指标,提升预警指标的准确性。

8.5.2 流域超标准洪水水文预警指标

传统的洪水预警级别在红色预警之上不再划分等级,采取的治理措施也没有进行细分,但在实际应用中若洪水达到红色预警之后继续上涨,根据防洪工程体系的调度运用和设计标准、防御能力等不同,流域超标准洪水风险和可能出现的灾情有较大不同,应采取不同的应对措施,因此,应根据工情设计标准等指标,进一步细化红色预警分级。根据前序研究,超标准洪水防御的对象是重点防洪保护对象,而堤防对应的河道行洪水位与堤防超标准运用潜力和洪水量级划分密切相关,考虑对应不同洪水量级超标准洪水防洪风险和灾害以及对防洪工程体系调度运用具有明显的阶段特点,统筹考虑洪水量级、防洪工程体系防御潜力、能力,将流域超标准洪水应对划分为三级。

1)超过防洪工程防御标准但是还在防洪工程能力范围内时,防洪风险基本可控,灾害比较明确的洪水为超标准洪水三级预警和响应。

2)超过防洪工程防御标准但是通过防洪工程体系超标准运用仍然可控的为超标准洪水二级预警和响应。

3)超过防洪工程体系防御能力、控制站水位达到或超过防洪控制站堤顶高程的洪水为超标准洪水一级预警和响应。

反映在控制断面上预警指标上,一般对应防洪控制断面(设计洪水位(保证水位))、历史最高水位和堤顶高程等指标,其指标确定除反映流域/河段防洪标准外,重点应反映防洪工程体系运用后防洪控制站的水位(或流量)。

以下分别对 3 个示范流域采用上述原则对预警指标进行研究和细化。

(1)荆江河段超标准洪水水文预警指标

防洪标准是反映流域内各工程总体防御洪水设计标准的指标,与流域的具体情况及流域内工农业发展状况、要求及国民经济可承受的灾害能力密切相关。根据《长江防御洪水方案》,荆江河段防洪标准为 100 年一遇,同时对遭遇 1000 年一遇或类似 1870 年洪水,应有可靠措施保证荆江两岸干堤防洪安全,防止发生毁灭性灾害。因此,理论上超过 100 年一遇的洪水即为超标准洪水。但是,由于实时预报时受预见期短、上游水库调度等影响,无法采用判断洪水频率的方式判断是否为超标准,因此,从可操作层面考虑,应采取水位(或流量)等指标对流域超标准洪水进行分级判断和预警。衔接 2013 年版长江流域荆江河段洪水预警指标,荆江河段超标准洪水预警仍以枝城站、沙市站水位为参考站。

1)超标准洪水三级预警指标界定。

考虑与最新修订的《长江水情预警发布管理办法(试行)》衔接,荆江河段超标准洪水三级长江水情红色预警,即超标准洪水三级预警(超标准洪水红色预警),表示某指标站 3d 预见期预报将要达到保证水位。因此,实际操作中,当枝城站预报水位将超过 50.75m,沙市站预报水位将超过 45m(保证水位)时,可发布荆江河段超标准洪水三级预警(红色预警)。

2)超标准洪水二级预警指标界定。

根据前序流域超标准洪水防御目标的确定原则,流域超标准洪水二级预警指标确定与洪水超过设计防洪水位但是调度后尚在堤防安全运行范围内。堤防安全运行高度与堤防超高密切相关。根据《堤防工程设计规范》(GB 50286—2013),长江流域拟定中下游干流1级堤防堤顶超高为2.0m,2级及3级堤防堤顶超高为1.5m,其他堤防超高1.0m。但是,实际上堤防的超高并未严格按照此进行建设,如为了增强其抗洪能力和洪水调度的灵活性,城陵矶附近河段的设计堤顶高程比上述超高多0.50m。枝城站实测最高水位为1981年50.74m,低于枝城站设计洪水位(即保证水位)51.75m,高于枝城超标准三级预警水位(50.75m)1m,因此,可设定枝城站超标准二级预警指标为51.75m。沙市站、监利站、莲花塘站实测最高水位均超过堤防设计标准,均发生在1998年,当时荆江分洪区没有实施分洪,三峡等上游水电站也未建成。因此,可采用实测最高水位作为超标准洪水预警二级指标,即沙市站水位预计达到或超过45.22m(拟采用紫色预警)。

3)超标准洪水一级预警指标界定。

当低等级堤防已发生溃决,水位继续上涨,预报接近或将超过河段重要保护对象堤顶高程时,可发布超标准洪水一级预警,预警颜色拟采用黑色。①枝城站右堤高程51.80m,预报(预见期3d内)枝城站水位将超过51.80m,发布超标准洪水一级黑色预警。②沙市站堤顶高程为46.50m,预报(预见期3d内)沙市站水位将超过46.50m,发布超标准洪水一级黑色预警。

荆江河段控制站超标准洪水预警发布标准见表8.5-6。

表8.5-6 　　　　　荆江河段控制站超标准洪水预警发布标准 　　　　　(单位:m)

预警河段	预警依据站	三级(红色预警)	二级(紫色预警)	一级(黑色预警)
荆江枝城河段	枝城	$50.75 \leqslant H < 51.75$	$51.75 \leqslant H < 51.80$	$H \geqslant 51.80$
荆江沙市河段	沙市	$45 \leqslant H < 45.22$	$45.22 \leqslant H < 46.50$	$H \geqslant 46.50$

注:枝城站、沙市站预见期3d。

(2)淮河沂沭泗流域超标准洪水水文预警指标

研究对比发现,上述预警等级指标确定原则也可应用在淮河沂沭泗流域预警指标划分上,但是,考虑其有效预报预见期不长,预警指标运用时需考虑指标与预见期的组合,因此沂沭泗流域预警标准确定的原则为历史最高水位或最大流量没有超过设计标准的,以2d预见期将达到设计标准为三级预警,1d预见期将达到设计标准为二级预警;历史最高水位或最大流量超过设计标准的,以预报将达到设计标准为三级预警,预报将达到历史最高水位或最大流量的为二级预警。当低等级堤防已发生溃决,水位继续上涨,预报接近或将超过河段重要保护对象堤顶高程时,发布超标准洪水一级预警。

沂沭泗流域超标准洪水一级预警指标控制站位于沂河临沂站和骆马湖的洋河滩闸站。沂沭泗水系控制站超标准洪水预警发布标准见表8.5-7。

表8.5-7　　　　　　　沂沭泗水系控制站超标准洪水预警发布标准　　　　（水位：m，流量：m³/s）

预警河段	预警依据站	三级（红色预警）	二级（紫色预警）	一级（黑色预警）
沂河	临沂	$Q\geqslant16000(2d)$	$Q\geqslant16000(1d)$	$H\geqslant71.29$
沭河	重沟	$8150\leqslant Q<8500$	$Q\geqslant8500$	
南四湖	南阳	$H\geqslant36.00$	$H\geqslant37.00$	
骆马湖	洋河滩	$25.00\leqslant H<25.50$	$H\geqslant25.50$	$H\geqslant28.00$

注：表中(2d)表示预见期2d，(1d)表示预见期1d，未标注表示预见期2d之内。

（3）嫩江齐齐哈尔河段超标准洪水水文预警指标

嫩江齐齐哈尔河段超标准洪水水文预警指标设为三个等级，分别为超标准洪水三级（红色）预警、超标准洪水二级（紫色）预警、超标准洪水一级（黑色）预警。预警标准确定的一般原则为历史最高水位或最大流量没有超过设计标准的，以2d预见期将达到设计标准为三级预警；1d预见期将达到设计标准为二级预警；历史最高水位或最大流量超过设计标准，以预报将达到设计标准为三级预警，预报将达到历史最高水位或最大流量为二级预警。当低等级堤防已发生溃决，水位继续上涨，预报接近或将超过河段重要保护对象堤顶高程时，发布超标准洪水一级预警。同盟站设计防御洪水标准为50年一遇8200m³/s，作为三级（红色）预警指标；1998年8月12日实际发生最大流量12300m³/s，取12000m³/s作为二级（紫色）预警指标；当预报同盟站水位将达到172.26m且继续上涨时，发布一级（黑色）预警。齐齐哈尔站对照上游河段50年一遇防洪标准流量为8850m³/s，作为三级（红色）预警指标；对照齐齐哈尔市防洪标准100年一遇洪水为12000m³/s，作为二级（紫色）预警指标；当预报齐齐哈尔站水位将达到151.38m时，发布一级（黑色）预警。嫩江齐齐哈尔河段超标准洪水预警发布标准见表8.5-8。

表8.5-8　　　　　嫩江齐齐哈尔河段超标准洪水预警发布标准　　　　（水位：m，流量：m³/s）

预警依据站	三级（红色）预警	二级（紫色）预警	一级（黑色）预警
同盟	$Q\geqslant8200$	$Q\geqslant12000$	$H\geqslant172.26$
齐齐哈尔	$Q\geqslant8850$	$Q\geqslant12000$	$H\geqslant151.38$

注：预警依据为松辽水利委员会水文局发布的短期水情预报。

8.5.3　流域超标准洪水预警指标体系构建

综合上述，研究构建流域超标准洪水预警指标体系，提出超标准洪水预警指标通用判别标准，流域超标准洪水预警指标体系见表8.5-9。预警时间大概分为长期、7d以内中期、3d以内，具体内容如下：

表 8.5-9　　　　　　　　　　　　　流域超标准洪水预警指标体系

预警级别（时效）	类别	指标	说明
行业内部预警 （长期）	气候预警指标	气候因子	流域机构长期预测
		预计流域汛期降雨偏多且流域全部或局部预计偏多 5 成以上	
行业内部预警 （7d 以内）	短中期降雨预警指标	一般为全流域多日累计面雨量达到某一量级	实况雨量、流域机构短中期降雨预报
超标准洪水三级（红色）预警 （3d 以内）	水文预警指标	预计指标站水位或流量将超过防洪标准	水利部流域机构预报
超标准洪水二级（紫色）预警 （3d 以内）	水文预警指标	指标站水位或流量超过历史纪录	水利部流域机构预报，对应超 1 级应急响应
超标准洪水一级（黑色）预警 （3d 以内）	水文预警指标	指标站水位将超过堤顶高程	水利部流域机构预报，对应超 3 级应急响应

（1）第一类，气候预警指标

预警时效为长期，预警范围为行业内部。当流域具备气候预报能力时，可以选择一些典型前期气候因子特征作为指标，一般关注的气候因子为：赤道中东太平洋海温、前冬季青藏高原积雪状况、太阳黑子、冬季副高等，一般流域可以根据国家气候中心、水利部水利信息中心或者水利部流域机构发布的汛期旱涝趋势预测。当上述权威预测机构长期预测本流域汛期降雨异常偏多，流域全部或局部预计较多年均值偏多 5 成以上时，应在行业内部发布超标准洪水预警。

（2）第二类，短中期降雨预警指标

根据流域机构发布的 7d 以内降雨预报，跟踪流域指标站点控制的集水面多日累计面雨量，达到某一量级时，应在行业内部发布超标准洪水预警。累计面雨量空间上一般不需要考虑分区面雨量，将预警流域作为一个整体，计算面雨量。考虑预报的可靠性，一般计算累计雨量时预报雨量不应超过 7d，总累计雨量天数不应超过 20d。

$$R_n = RO_1 + RO_2 + \cdots + RO_{(n-i)} + P_1 + P_2 + \cdots + P_i \qquad (8\text{-}11)$$

式中，R_n——需要计算的 n 天累计雨量；

RO——实况已经发生的观测雨量；

P——预报未来雨量；

i——天数。

（3）第三类，超标准洪水三级（红色）预警

当流域水文部门预计指标站水位或流量将超过流域防洪标准时，发布超标准洪水三级预警（超标准洪水红色预警）。超标准洪水三级（红色）预警一般与流域洪水一级（红色）预警衔接，大部分指标站为该站保证水位或对应的保证流量。

（4）第四类，超标准洪水二级（紫色）预警

当流域水文部门预计指标站水位或流量将超过历史最高纪录时，发布超标准洪水二级预警（超标准洪水紫色预警）。与超标准洪水超 1 级应急响应匹配，当充分发挥防洪工程体系防御能力后，河道控制站水位超过保证水位，且将达到河道强迫行洪最高水位（或历史最高水位）。

当流域指标站记录时间较长，如超过 50 年，仍没有出现红色预警记录（超过保证水位）时，可以考虑将历史最高纪录作为超标准洪水（红色）预警，上述第三类红色预警做为二级（紫色）预警。当流域指标站记录时间较短，而且没有发生过红色预警记录（超过保证水位）时，可以考虑不设置洪水二级（紫色）预警。

（5）第五类，超标准洪水一级（黑色）预警

当流域内低等级堤坝出现溃决，水文部门预计指标站水位将达到堤顶高程时，发布超标准洪水一级（黑色）预警。与超标准洪水超三级应急响应匹配，低等级堤防发生溃决，河道重要控制站水位接近或将要超过重要保护对象堤顶高程，重要防洪保护对象受到严重威胁。

8.5.4 小结

本节主要提出了水文气象耦合的动态渐进式流域超标准洪水预警指标体系。解析了水文气象要素、工程调控能力、应急响应规则等多要素与超标准洪水之间的关系，创新性提出了流域多尺度超标准洪水气象预警指标，显著提高了流域超标准洪水预警时效性；衔接标准内预警指标体系，综合考虑防洪压力、成灾程度、工程总体及实时防御能力的超标准洪水分级，创立了红色预警以上紫色和黑色预警指标，提出了流域超标准洪水气候、天气、水文及社会影响的多层次分级预警指标体系和通用原则。

8.6 流域超标准洪水灾害实时动态定量评估技术

超标准洪水影响范围广、持续时间长，致灾风险易突破流域防洪工程体系防御能力后发生突变，需要统筹上下游、左右岸风险对流域内防洪工程体系进行调度运用。作为工程调度、应急预案与措施决策的重要依据与基础支撑工作，需要对流域、区域、局部超标准洪水灾害进行实时动态评估，其中，流域、区域性超标准洪水灾害评估可为分蓄洪区启用、水工程调度提供决策参考，局部超标准洪水灾害评估可为避险转移安置等方案的制定提供依据。

传统的洪水灾害评估大多是在灾害发生后由地方进行数据统计和上报，缺乏洪水事件发生前的预评估、洪水灾害发生过程中的实时动态评估。国内外尚未有针对不同空间尺度（流域、区域）的超标准洪水灾害评估理论方法，大多数是针对局部精度尺度的洪水灾害评估局限在针对特定洪水事件、特定洪水频率的静态的灾害经济损失后果评估方面。此外，传统的洪水灾害评估成果的展示以二维的洪水风险图为主要表达手段，缺少面向（超标准）洪水演变全过程的时间与空间相结合的态势图谱技术体系，无法将超标准洪水动态特性和影响等全面展示，对决策支持能力较弱。因此，需要针对超标准洪水特性，依据流域、区域、局部不同空间尺度、数据详简程度以及应用场景等，一方面考虑全面的防洪措施联合运用场景，

另一方面考虑大范围模拟计算需要的高计算资源消耗等问题,开展不同空间尺度的流域超标准洪水灾害实时动态快速评估研究。

8.6.1 不同空间尺度超标准洪水灾害评估理论及方法

8.6.1.1 考虑韧性的超标准洪水灾害评估理论

本研究将超标准洪水灾害定义为超过防洪工程体系防洪标准的洪水对生命、财产、基础设施、生态环境敏感区等构成的威胁或造成的损害。考虑到超标准洪水的影响更加持久且受淹地区的恢复时间可能更长,在传统灾害指标的基础上新增加承灾体的韧性考量。洪水韧性是指承灾体、社区或者社会系统在遭受洪水冲击时,能够及时有效地抵御洪水、适应洪水并从洪灾破坏的影响中恢复过来的能力。洪水韧性可细分为狭义和广义洪水韧性两种。狭义的洪水韧性是针对单一承灾体而言的,如排水管网、泵站、住房、供电设施等承灾体在遭受洪水时先受损再恢复的过程,若承灾体受损程度小且恢复过程快,则该承灾体韧性较强,反之,则韧性较弱。广义的洪水韧性则是针对系统整体而言的,如以城市作为一个系统,则其洪水韧性体现在城市应对洪涝的预防、准备、响应、应急、重建等各个阶段。若城市的洪水韧性强,则其在应对洪水灾害时,恢复到原状态或者更优状态所需的时间更短,承灾体/系统受损程度及恢复过程示意图见图8.6-1。

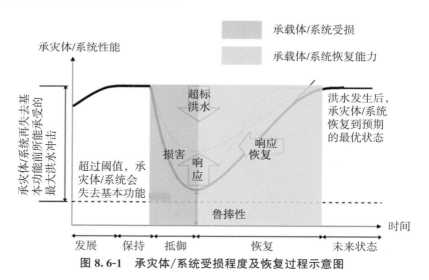

图 8.6-1　承灾体/系统受损程度及恢复过程示意图

本研究,一方面考虑了超标准洪水的淹没范围等洪水危险性,另一方面不仅考虑了超标准洪水对于经济、社会和生态环境等各类承灾体的损害程度,同时也考虑了受淹区域在应对超标准洪水时的恢复能力。即从超标准洪水的危险性与各类承灾体在面对超标准洪水的受损程度及其恢复能力等方面,全过程综合评估从超标准洪水形成至灾后恢复的各个阶段,有效地为不同尺度超标准洪水调度决策提供了重要的技术支撑。

8.6.1.2 不同空间尺度超标准洪水灾害评估指标体系构建

采用检查表法、头脑风暴法和事件树等方法,从危险性、后果影响、恢复力3个方面识别超标准洪水灾害的评估指标。

1）危险性。

危险性包含洪水或降雨发生频率、淹没水深、淹没历时、到达时间、洪水流速等指标，是表征超标准洪水在淹没区域的危险程度的重要指标。

2）后果影响。

后果影响包括社会影响、生态环境影响和经济影响。其中，社会影响为超标准洪水造成的人员伤亡以及人员转移等；生态环境影响为超标准洪水冲毁化工厂等污染源导致水体被污染从而影响洪水淹没范围内受保护的自然保护区等受保护对象，或者是由于超标准洪水直接冲刷导致受保护对象被破坏；经济影响则反映的是洪水对当地经济造成的损失或者影响，一方面可以通过统计受洪水淹没的实物量来表示，如受淹居民地面积、受淹耕地面积、受淹道路长度以及受淹厂矿个数等；另一方面也可以用各类受淹资产的价值以及其脆弱性后折算出的洪灾经济损失来表示。

3）恢复力。

恢复力反映灾后受超标准洪水影响的各类承灾体或者社会系统从超标准洪水灾害中恢复的能力。

根据评估的目的、资料的详细程度以及时效性等具体情况，构建了局部、区域和流域 3 种不同空间尺度的超标准洪水灾害评估指标体系。

（1）局部尺度超标准洪水灾害评估指标体系

图 8.6-2 为构建的局部尺度超标准洪水灾害评估指标体系。指标体系综合考虑了洪水危险性、后果影响、恢复力等 3 方面指标共包含了 33 个评估指标。表 8.6-1 中明确了不同指标的评估方法，根据实际情况，可以采用数学模型模拟、基于遥感的监测手段、数据统计等方法进行评估。表 8.6-1 仅列示了比较常用的基本指标，实际工作中也有经过公式推导得到的其他表征指标。在具体应用过程中，部分指标可能会有更具体、更细致的分类。

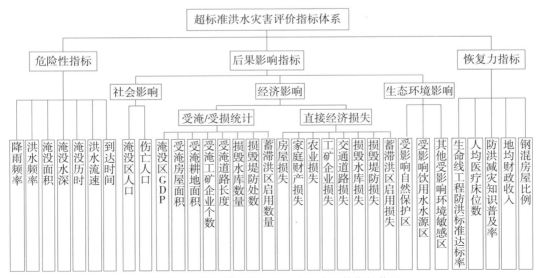

图 8.6-2 局部尺度超标准洪水灾害评估指标体系

表 8.6-1   局部尺度超标准洪水灾害风险评估指标体系

序号	1级指标			2级指标	单位	确定方法
1	危险性			降雨频率	—	水文统计
2				洪水频率	—	水文统计
3				淹没面积	km²	数值模型模拟/基于遥感的监测手段
4				淹没水深	m	数值模型模拟/基于遥感的监测手段
5				淹没历时	h	数值模型模拟
6				洪水流速	m/s	数值模型模拟
7				到达时间	h	数值模型模拟
8	后果影响	社会影响		淹没区人口	人	空间叠加,数据统计
9				伤亡人口	人	空间叠加,数据统计
10		经济影响	受淹/受损统计	淹没区 GDP	亿元	空间叠加,数据统计
11				受淹房屋面积	km²	空间叠加,数据统计
12				受淹耕地面积	km²	空间叠加,数据统计
13				受淹工矿企业个数	个/座	空间叠加,数据统计
14				受淹道路长度	km	空间叠加,数据统计
15				损毁水库数量	座	空间叠加,数据统计
16				损毁堤防处数	处	空间叠加,数据统计
17				蓄滞洪区启用数量	座	数据统计
18			直接经济损失	房屋损失	亿元	承灾体损失率曲线
19				家庭财产损失	亿元	承灾体损失率曲线
20				农业损失	亿元	承灾体损失率曲线
21				工矿企业损失	亿元	承灾体损失率曲线
22				交通道路损失	亿元	承灾体损失率曲线
23				损毁水库损失	万元	承灾体损失率曲线
24				损毁堤防损失	万元	承灾体损失率曲线
25				蓄滞洪区启用损失	亿元	数据统计
26		生态环境影响		受影响自然保护区	—	洪水的生态环境影响评估法
27				受影响饮用水水源区	—	
28				其他受影响环境敏感区	—	
29	恢复力			生命线工程防洪标准达标率	%	数据统计
30				人均医疗床位数	张/万	数据统计
31				防洪减灾知识普及率	%	数据统计
32				地均财政收入	亿元	数据统计
33				钢混房屋比例	%	数据统计

（2）区域尺度超标准洪水灾害评估指标体系

图 8.6-3 为区域尺度超标准洪水灾害评估指标体系,共包含洪水危险性、后果影响、恢复力等 3 方面 30 个评估指标。表 8.6-2 中明确了不同指标的评估方法,根据实际情况,可以采用数学模型模拟、基于遥感的监测手段、数据统计等方法进行评估。

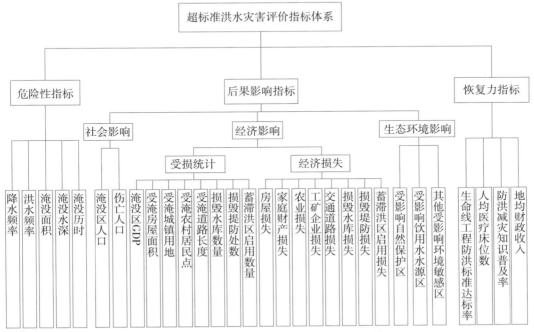

图 8.6-3　区域尺度超标准洪水灾害评估指标体系

表 8.6-2　　　　　　　　　　区域尺度超标准洪水灾害风险评估指标体系

序号	1级指标			2级指标	单位	确定方法
1	危险性			降雨频率	—	水文统计
2				洪水频率	—	水文统计
3				淹没面积	km²	数值模型模拟/基于遥感的监测手段
4				淹没水深	m	数值模型模拟/基于遥感的监测手段
5				淹没历时	h	数值模型模拟
6	后果影响	社会影响		淹没区人口	人	空间叠加,数据统计
7				伤亡人口	人	空间叠加,数据统计
8		经济影响	受淹/受损统计	淹没区GDP	亿元	空间叠加,数据统计
9				受淹房屋面积	km²	空间叠加,数据统计
10				受淹城镇用地	km²	空间叠加,数据统计
11				受淹农村居民点	km²	空间叠加,数据统计
12				受淹道路长度	km	空间叠加,数据统计

续表

序号	1级指标		2级指标	单位	确定方法
13	后果影响	经济影响 受淹/受损统计	损毁水库数量	座	空间叠加,数据统计
14			损毁堤防处数	处	空间叠加,数据统计
15			蓄滞洪区启用数量	座	数据统计
16			房屋损失	亿元	各类土地利用类型损失率曲线
17			家庭财产损失	亿元	各类土地利用类型损失率曲线
18		经济损失	农业损失	亿元	各类土地利用类型损失率曲线
19			工矿企业损失	亿元	各类土地利用类型损失率曲线
20			交通道路损失	亿元	各类土地利用类型损失率曲线
21			损毁水库损失	万元	承灾体损失率曲线
22			损毁堤防损失	万元	承灾体损失率曲线
23		生态环境影响	蓄滞洪区启用损失	亿元	数据统计
24			受影响自然保护区	—	空间叠加,数据统计
25			受影响饮用水源区	—	
26			其他受影响环境敏感区	—	
27	恢复力		生命线工程防洪标准达标率	%	数据统计
28			人均医疗床位数	张/万	数据统计
29			防洪减灾知识普及率	%	数据统计
30			地均财政收入	亿元	数据统计

（3）流域尺度超标准洪水灾害评估指标体系

图 8.6-4 为流域尺度超标准洪水灾害评估指标体系,综合考虑了洪水危险性、后果影响、恢复力等 3 方面指标共 10 个评估指标。表 8.6-3 中明确了不同指标的评估方法,根据实际情况,可采用数学模型模拟、基于遥感的监测手段、数据统计等方法进行评估。

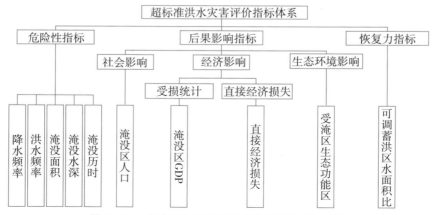

图 8.6-4 流域尺度超标准洪水灾害评估指标体系

表 8.6-3　　　　　　　　　　　流域尺度超标准洪水灾害风险评估指标体系

序号	1级指标			2级指标	单位	确定方法
1	危险性			降雨频率	—	水文统计
2				洪水频率	—	水文统计
3				淹没面积	km²	数值模型模拟/基于遥感的监测手段/基于历史数据统计分析
4				淹没水深	m	数值模型模拟/基于遥感的监测手段/基于历史数据统计分析
5				淹没历时	h	数值模型模拟
6	后果影响	社会影响		淹没区人口	人	空间叠加,数据统计
7		经济影响	淹没区经济影响统计	淹没区 GDP	亿元	空间叠加,数据统计
8						
9			直接经济损失	直接经济损失	亿元	面上综合损失法
		生态环境影响		受淹区生态功能区	km²	空间叠加,数据统计
10	恢复力			可调蓄洪水面积比	%	数据统计

8.6.1.3　不同空间尺度超标准洪水灾害评估方法

(1)局部尺度评估方法

局部尺度的超标准洪水灾害损失评估是指能够较为细致地分析洪涝损失影响因素的一种评估模式,洪水影响分析及损失评估技术流程见图 8.6-5。

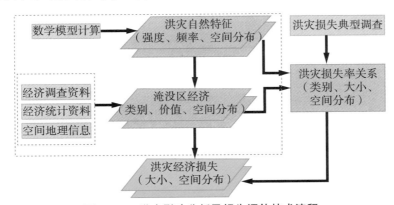

图 8.6-5　洪水影响分析及损失评估技术流程

根据数学模型模拟计算确定洪水淹没范围、淹没水深、淹没历时等致灾特性指标,若遥感监测手段可以提供精细的洪水淹没数据,也可以基于遥感的监测手段来获取相关洪水危险性数据。

搜集社会经济调查资料、社会经济统计资料以及空间地理信息资料,并将社会经济统计数据与相应的空间图层建立关联,如将家庭财产定位在居民地上,将农业产值定位在耕地上等,反映社会经济指标在空间上的分布差异。

洪水淹没特征分布与社会经济特征分布通过空间地理关系进行拓扑叠加,获取洪水影响范围内不同淹没水深下社会经济不同财产类型的价值及分布。

选取具有代表性的典型地区、典型单元、典型部门等分类作为洪灾损失调查统计,根据调查资料估算不同淹没水深(历时)条件下,各类财产洪灾损失率,建立淹没水深(历时)与各类财产洪灾损失率关系表或关系曲线。

根据影响区内各类经济类型和洪灾损失率关系,按式(8-14)计算洪灾经济损失:

$$D = \sum_i \sum_j W_{ij} \eta(i,j) \tag{8-14}$$

式中,W_{ij}——评估单元在第 j 级水深的第 i 类财产的价值;

$\eta(i,j)$——第 i 类财产在第 j 级水深条件下的损失率。

洪水影响分析是对洪水淹没范围和各洪水淹没要素(淹没水深、淹没历时、洪水流速、洪峰达到时间)等级区域内社会经济指标进行的统计分析,包括社会经济数据的空间展布和淹没区社会经济指标统计等内容。洪水影响分析与损失评估以不同级别的行政区域(市/县/区、乡镇/街道、行政村等)为统计单元进行。

(2)区域尺度评估方法

区域尺度评估流程如下:收集经济统计资料,通过统计分析推算以一定行政区为统计单元的资产经济价值;基于 GIS 平台将资产经济价值展布在土地利用类型(主要二级土地类型分为城镇居民地、农村居民地、水田、旱田、林地、草地、水域等),得到各种土地利用类型资产价值;根据分类资产损失率关系按照加权或算术平均的方法建立各土地利用类型平均损失率与淹没特征对应关系;根据区域具体的淹没范围通过空间叠加运算确定淹没区各土地利用类型资产价值;根据区域淹没水深查出相应的土地利用类型的平均洪灾损失率;将各土地利用类型上的资产价值与相应的损失率相乘加总得到区域的洪灾损失及分布,区域尺度评估技术流程见图 8.6-6。

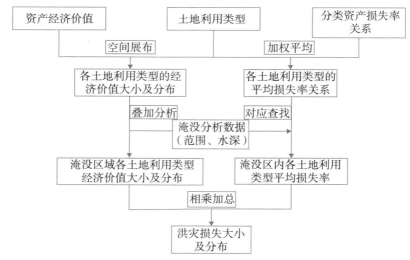

图 8.6-6 区域尺度评估技术流程

　　当难以获取诸如矢量点、线、面图层表征地物分布的空间数据,不可能进行细致的社会经济信息空间分析时可采用土地利用数据来代替空间分布矢量数据。土地利用数据相对于研究区域详细的较易获取,但精度上也要相对粗一些。土地利用数据多是通过影像分类,简单区分地块类型及其分布,一般分为城镇建成区、农业用地、农村居民点、林地、草地、水域及未利用土地等地块类型。通常选取与损失评估相关的主要土地利用类型(如城镇建成区、农业用地、农村居民点)进行社会经济数据的空间展布,即将社会经济价值做部分加总后展布在不同的土地利用类型上。

　　例如,若以县、市为评估单元,则将县农业人口、农村住房和财产分布在对应县域内的农村居民点上、农业产值分布在水旱田上,将城镇人口、城镇住房和家庭财产、工商企业资产分布在城镇建成区上(图 8.6-7)。同一县域内上述各指标在相应地块类型上的密度假设是相同的。如此,将社会经济统计数据展布到相应的土地利用图斑上得到各种土地利用类型资产价值。

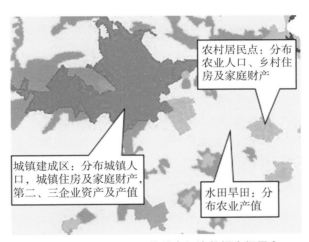

图 8.6-7　区域尺度评估社会经济数据空间展布

　　同一种土地利用类型上分布的各种资产的洪灾脆弱性在一定程度上是相似的,因此认为同一种土地类型的损失率采用均化处理是可以近似表达该土地利用类型的承灾脆弱性。与土地利用类型项相对应,亦按照建成区用地、农业用地、农村居民点等土地利用类型计算在一定洪水淹没深度下其相应的平均经济损失率。对于建成区用地而言,在一定洪水淹没深度下其平均经济损失率是该用地类型内城镇家庭财产即住房、工业固定资产、工业存货、商业固定资产、商业存货等多项社会经济类型在相应洪水淹没深度下的经济损失率平均值,可以是简单的算术平均,在资料条件较好时也可以是加权平均,权重依区域具体情况而定,如该区域三产结构中工业比重较大,在求取建成区平均损失率时工业损失率的权重则比较大。

$$\eta_u = \frac{1}{n} \sum_{i=1}^{n} \eta_{ui} \tag{8-15}$$

式中,η_u——建成区某水深等级下平均损失率;

η_{ui}——建成区分布的第i种财产类别某水深等级下损失率;

n——建成区分布财产类别总数。

$$\eta_u = \sum_{i=1}^{n} w_i \eta_{ui}$$ (8-16)

式中,η_u——建成区某水深等级下平均损失率;

η_{u_i}——建成区分布的第i种财产类别某水深等级下损失率;

n——建成区分布财产类别总数;

w_i——建成区第i种财产类别损失率权重。

同样地,对于农村居民点而言,在一定洪水淹没深度下其平均经济损失率是该用地类型内农村居住房屋、室内财产、生产资料等社会经济类型在相应洪水淹没水深下的损失率算术平均值或加权平均值。

上述方法是在具有细类损失率关系(局部尺度模式)基础的区域,根据细类损失率平均值建立区域土地利用类型平均损失率与水深关系。在没有细类损失率关系的区域,也可以沿用其他类似区域的成果,或者根据历史灾情用回归分析方法等建立土地利用类型与淹没水深的关系。

土地利用数据通常以栅格数据存储,每个栅格具有土地利用类型信息,通过洪水分析得到淹没区内每个栅格的淹没水深,通过经济价值展布得到该土地利用类型以栅格为计量单位的资产经济价值,通过土地利用类型平均经济损失率与和洪水淹没深度之间的关系确定该栅格上的损失率,评估洪灾经济损失。

(3)流域尺度评估方法

流域是复杂的综合体系,覆盖面积广阔,水系交错、河湖横亘,经济门类繁多,经济结构错综,发展水平不均,如果从较细尺度的角度来分析,要考虑的因素非常多。流域尺度评估是在洪水灾害初期或资料不完备的情况下快速地预判灾害总体影响程度的一种评估模式,其评估结果多是为宏观决策分析服务的。因此,抓住关键性因素,进行合理概化,是流域评估模式的主要思路。流域尺度评估技术流程见图 8.6-8。

根据历史洪灾资料建立气象水文要素与淹没面积(范围)之间的关系,并考虑历史洪灾发生时间到现状防洪体系建设等因素进行修正。

获取要评估的洪水事件的水文要素,查找求取该洪水事件可能造成的淹没面积(范围)。

根据历史洪灾资料计算历史洪水的综合地均/人均损失值,考虑资产增长因素、损失率变化以及物价等因素进行修正调整得到现状综合人均/地均损失值。

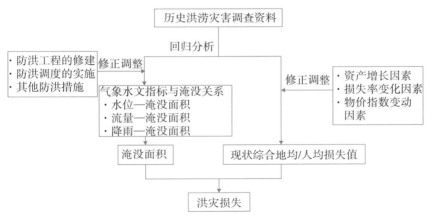

图 8.6-8 流域尺度评估技术流程

通过淹没面积和综合地均/人均损失计算得到总的洪灾经济损失,如下式所示:

$$洪灾损失 = 淹没面积 \times 综合地均损失 \tag{8-17}$$

$$洪灾损失 = 受灾人口 \times 综合人均损失 \tag{8-18}$$

1)历史综合平均损失。

综合平均损失指标有综合地均损失和综合人均损失两种,综合地均损失是指洪灾对个人、工农商生产以及基础设施造成的直接经济损失折合到淹没区内每个单位受灾面积上的损失值。通过洪灾范围内的所有直接经济损失之和除以受淹总面积得到。综合人均损失则是直接经济损失除以受灾总人口得到。对综合平均损失的影响因素很多,但主要是受经济发展水平和洪水淹没严重程度的影响,前者决定资产价值,后者决定损失率。另外,对同一地区来说,综合平均损失指标还取决于生产水平及价格水平,需要根据一定调查统计资料进行推估。

获取历史洪灾综合地均/人均综合损失值通常比较可靠的办法就是对洪水泛滥后造成的损失进行全面的调查。流域超标准洪水的淹没范围往往比较大,要进行全面的调查是相当困难的,因此往往是先对可能泛滥的地区选取一些典型进行调查,或者对历史数据进行统计分析求出综合平均损失指标,并在整个流域内通过调整计算选用。

2)洪灾损失增长影响因素。

通常考虑洪灾损失的增长因素对历史某个水平年的洪灾综合平均损失值进行修正来推求现状综合平均损失值。洪水所造成的灾害损失是随时间而变化的,这主要取决于两个方面的原因:由于经济社会的发展,受灾区域人口资产密度提高;社会网状结构的增强使得灾害影响的范围扩大;伴随经济实力的提高,用于防、抗、救灾的投入增加,承灾体防御洪水灾害的能力得以增强,使灾害的损失率相对降低。一般而言,防灾能力的提高,往往滞后于经济的发展,因此洪灾的绝对经济损失总是呈增长的趋势,其增长的速度取决于经济的增长速度和承灾体承灾能力的增长速度。在经济加速发展的初期,洪灾损失增长较快。发展到一定水平后,随着生产效益和管理水平的提高,人们对水患意识的增强,防洪减灾投入的增加,防洪减灾设施的兴建和防洪措施的完善,承灾能力的提高,将能抑制住洪灾损失急剧增长的趋势。

3）现状综合平均损失。

随着经济的发展,资产种类、结构、布局以及抗御洪水的能力都发生了变化,根据前面对洪灾损失增长因素的分析,洪水对其影响程度随之也发生了变化,可以基于历史综合地均/人均值计算得到现状资产综合地均/人均损失值。公式如下:

$$SU_{xzh} = SU_{jb}fka \tag{8-19}$$

式中,SU_{xzh}——现状年综合地均损失值;

SU_{jb}——历史基准年综合地均损失值;

f——资产损失率变化影响系数;

k——物价指数折算系数;

a——各类资产增长折算因子,$a = (1+i)^n$;

i——各类资产年平均增长率;

n——基准年到现状年的相隔年数。

如果用洪灾损失年均增长率 j 综合表征资产损失率变化影响系数及各类资产年均增长率,现状综合平均损失由上式可变换为用下式表示:

$$SU_{xzh} = SU_{jb}k(1+j)^n \tag{8-20}$$

8.6.2　面向超标准洪水演变全过程的时空态势图谱构建技术

面向超标准洪水演变全过程的时空态势图谱技术,可根据洪水自然和社会空间对象地理分布和发展过程两条线索,把反映洪水时空特征及其变化特性以图谱贯穿、交织起来,形成图谱,借助时空态势图谱反演和模拟超标准洪水时空变化,反演过去、预测未来;利用图谱的形象表达能力,将复杂的洪水现象进行简洁表达,减小模型模拟的复杂性,辅助专业人员透彻了解和分析洪水要素的分解与合成关系。

本研究采取"图—数—模"一体化的时空态势图谱信息表达及可视化技术,聚焦流域洪水时间和事态数据的融合和快速直观可视化和模拟仿真,将传统地图可视化技术与地图引擎、虚幻引擎与大数据可视化引擎、图表引擎等相结合,通过使用三维模型、颜色、透明度、夸张比、动态文字、图表、三维动画等方式对洪水演进态势进行增强表达,从宏观至微观尺度展示河道、库区和重点区域、城镇的洪水演进态势和淹没损失情况。

（1）流域超标准洪水演变的态势图谱构建技术

流域超标准洪水时空态势图谱是按照一定主题、应用场景和分类规律排列的一组能够反映流域洪水自然属性、社会属性、承灾体易损性,以及反映洪水时空演变规律的数字形式的地图、数值、图表、曲线或图像,由"图（图形图像）—数（描述性参数、数值模拟）—模（专业模型）"有序组合。洪水时空态势图谱由图谱（图、数、模组合）、图谱数据库、图谱可视化引擎（地理信息平台）3 部分组成（图 8.6-9）。

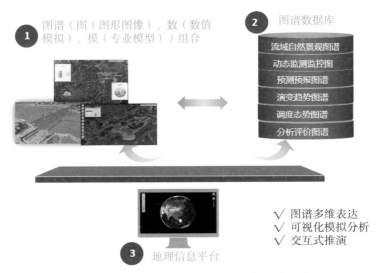

图 8.6-9 流域超标准洪水时空态势图谱构成

1）图、数、模组合为时空态势图谱的实体部分，包括系列基础图、专题图、图形图像，描述性参数（数字、代号等）、数值模拟和数学模型（水利专业模型、空间分析模型）。

2）时空态势图谱数据库为流域超标准洪水时空数据组织和存储。结合洪水时空态势表达以及提升超标准洪水灾害动态评估与风险调控模型动态分析与实时反馈能力需求，在分析比较了几种时空数据模型的基础上，采用了时空栅格结合面向对象的时空数据模型作为洪水演进时空态势研究的数据存储和组织方式。

3）图谱可视化引擎为基于地理信息平台、仿真引擎，直观、形象、动态展示超标准洪水演变时空态势信息，实现图谱的多维表达、可视化模拟分析及交互式推演。重点研究了动态地图表达法、大数据显示法、微观场景特效及三维动态地图表达法等，开发了洪水态势展示可视化引擎。在此基础上，针对超标准洪水的预报、预警、预演、预案应用场景，实现了流域自然景观（基础地理信息）、动态监测信息、现场监视信息、预测预报信息、演变趋势信息、调度效果评价信息的图谱多维表达、可视化模拟及交互式推演。

流域超标准洪水演变时空态势图谱构建流程见图 8.6-10。

主要包括如下步骤：

1）图谱关键因子确定及分解。

根据超标准洪水灾害动态评估分析中对要素、现象、区域和景观表达及分析需求，进行图谱的主题、场景（情景）、维度、尺度、抽象度等关键因子分解（图 8.6-11）。

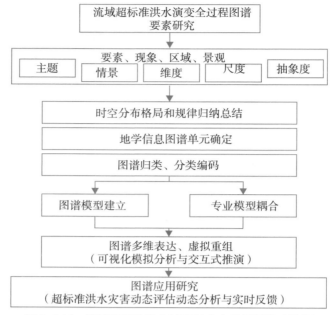

图 8.6-10　流域超标准洪水演变时空态势图谱构建流程

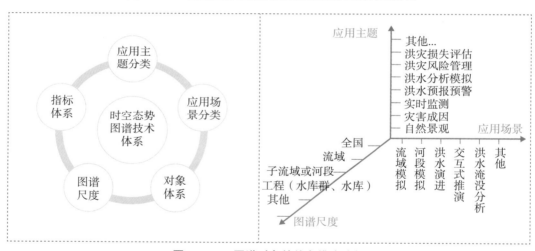

图 8.6-11　图谱对象的信息维度分析

2）系列图（图谱单元、图谱归类、分类编码）确定及图谱数据库构建。

根据超标准洪水灾害动态评估分析需求，分析洪水要素和事件的时空分布规律和特点，根据应用主题和应用场景，确定地学信息图谱单位、图谱的归类、分类编码等。制定相应的分类、分层及图谱系列指标体系。构建图谱数据库，完成信息提取、定义，及抽象、概括，实现图谱定义及信息化存储。

3）数学模型库建立及模型耦合。

根据超标准洪水灾害动态评估分析可视化表达、模拟展示、反演、预演要求，建立空间分析模型及专业数学模型库，实现数学模型与地理信息系统的集成（专业模型耦合）。

4)图谱多维、动态表达。

完成时空态势图谱＋交互式推演应用场景及原型系统开发。通过图谱的多维表达及虚拟重组,进行动态模拟分析、演变过程分析,反演过去,预测未来。借助空间分析进行洪灾损失快速计算与可视化展示,提升地理信息技术对洪水灾害动态评估与分析的实时反馈能力。

(2)时空态势图谱技术在洪水灾害动态评估分析中的应用研究

研究"图(图形图像)—数(描述性参数、数值模拟)—模(专业模型)"一体化的时空态势图谱技术应用。

1)时空态势图谱的图(图形图像)表达。

通过对水利空间数据的集成处理,利用序列化、动态化的专题矢量图、栅格图、晕渲图、动态流场图、动态热力图、动态流向图,结合二、三维动态图表(饼图、柱状图、动态表单等)、三维动画、视频等,并结合传统的地图符号、专题图制作和定制,基于二、三维一体化地理信息平台,直观、形象、动态地展示了超标准洪水演变时空态势信息。

2)时空态势图谱的数(描述性参数、数值模拟)表达。

研究基于二、三维地理信息平台,融合专业数学模型和空间分析模型的数值模拟成果,实现快速计算和可视化,重点研究数值模拟成果的二、三维可视化技术,包括水面生成模拟、水流态三维模拟、库区回水形态的模拟、淹没范围及洪灾损失的动态模拟等。

3)时空态势图谱的模型(专业模型)表达。

通过标准的服务和数据接口,实现专业分析数学模型及模型参数的集成,利用时空态势图谱技术实现专业模型计算成果的可视化表达。

4)时空态势图谱的"图—数—模"一体化表达。

通过洪水要素及事件的空间分布规律和历史发展过程两条线索,以时空态势图谱数据库为基础,提取出的一系列图形图像、数值模拟、模型计算的组合,把反映时空特征及其变化特性以二、三维地图和动态化、系列化专题要素表达贯穿、交织起来,构成反映流域全貌和区域特征的图谱,借助图谱反演和模拟洪水时空变化,利用图谱的形象表达能力,对复杂现象进行简洁的表达,以多维图解来描述现状,并通过建立时空模型来重建过去和虚拟未来。

5)时空态势图谱＋交互式推演应用及原型系统开发。

以长江2020年流域性大洪水仿真推演为应用案例,通过建立洪水演变全过程时空态势图谱,研究"图—数—模"一体化的时空态势图谱表达技术,基于二、三维一体化地理信息平台开发了原型系统,实现流域洪水时间和事态的快速可视化展示技术,实现了流域宏微观一体化可视化展示,完成了重点库区、沿江重点城镇、重点河段和重点分蓄(滞)洪区模拟和洪水演变交互式推演,提升了地理信息技术对洪水灾害动态评估与分析的实时反馈能力。

(3)洪水态势图谱展示方法研究

洪水风险图等采用定点符号法、线状符号法,辅助图表、统计图法等方式实现洪水态势的展示,展示方式主要以静态地图为主。而时空态势图谱需要采用动态地图技术,以表现数据源与现实世界同步,通过跟踪、模拟监控等手段将洪水态势及其演变过程在地图中表达出来,包括动态流场图、动态热力图、流向动态图等技术。

1)动态流场图。

通过流场地图,可以直观地表现出洪水在特定时刻的流速和流向情况,结合动态地图技术,可以将洪水的流动态势进行连续的表达(图8.6-12)。

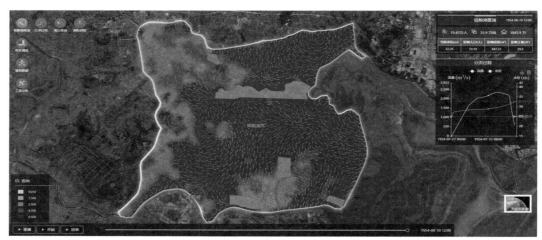

图 8.6-12　带方向箭头的流场

2)动态热力图。

动态热力图可以表示各个区域中指标的高低分布情况(图8.6-13)。在超标准洪水态势表达中,利用动态热力图分析功能,将淹没区的人口分布转化为不同颜色的图形,直观地表现出不同时刻,淹没区域的人口分布信息。

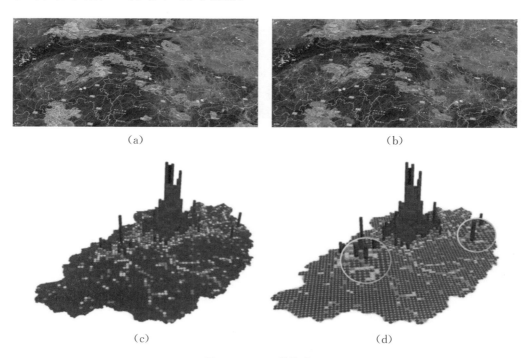

（a）　　　　　　　　　　　　　　　（b）

（c）　　　　　　　　　　　　　　　（d）

图 8.6-13　三维热力图

3)流向动态图。

流向动态图可动态显示实体的运行轨迹。在表达洪水态势演进场景中,可直观地展示出流域尺度下洪水在一维河道内的流速、流向情况(图8.6-14)。在洪水预报预警场景中,可以突出显示受灾群众安全转移路线,并可标示出人员转移动向。

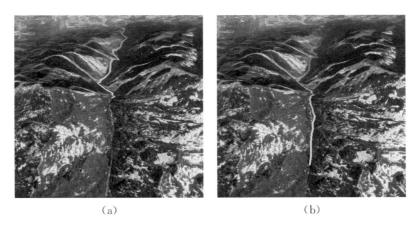

| （a） | （b） |

图 8.6-14　河道内水流动线

（4）重点区域淹没场景动态展示

针对重点区域、城镇进行洪水淹没场景动态展示。通过洪水风险动态演示形象直观地描述方案中洪水的演进情况,为决策提供重要技术支持。洪水风险动态演示包括淹没范围、淹没水深、达到时刻、淹没历史等内容,结合洪水灾害评估相关研究成果,可以动态展示出不同调度方案下洪水灾害损失情况(图8.6-15)。

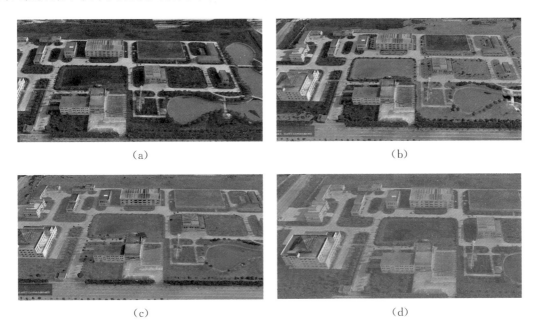

图 8.6-15　淹没场景动态展示

（5）大数据显示方法

超标准洪水还可以采用各种大数据辅助分析洪水特性及其影响情况，主要包括热力图、迁徙图、网格图等方法。

1）热力图。

热力图图层随地图放大或缩小而发生更改，是一种动态栅格表面，适合直观展示人群分布、密度和变化趋势等。

2）迁徙图

用"地图＋单向迁移线路图"的可视化呈现方式，来动态显示人员的流向情况。具有动态展现数据流向的轨迹与特征，可用于展示受灾区的人口转移。

3）网格图

使用空间聚合方法，表现空间数据的分布特征和统计特征。基于网格聚合算法，将空间区域划分为规则形状的网格单元，每个多层次网格单元都具有统计信息。可基于网格图统计展示省、市、县、乡、村、组不同层级的淹没指标信息。

（6）微观场景特效

基于快速傅氏变换（FFT）算法，模拟水体运动；基于三维粒子效果，模拟水体流动。针对水面数据，基于仿真引擎支持创建水面符号，支持设置水波大小、水面颜色等参数，可以制作出具有实时倒影、动态波纹的水面符号。利用三维仿真技术，对水利工程进行三维建模，展示工程运用信息，包括闸门的开度，下泄流量、控制站的水位等信息（图 8.6-16）。基于三维粒子效果，模拟开闸放水。

（a） （b）

图 8.6-16　不同水位淹没范围展示

（7）三维仿真引擎研究

三维仿真引擎为流域超标准洪水调度推演提供实时渲染和可视化呈现，为物理流域提供多维度、多时空尺度的高保真数字化映射，提供实时的交互响应、低延迟和稳定的图像质量和逼真的场景效果。三维仿真引擎技术的研究主要实现以下功能及仿真服务。

其中，三维仿真引擎技术的研究主要功能包括对三维实体的可视化渲染（根据物理实体的几何、颜色、纹理、材质等本体属性,以及光照、温度、湿度等环境属性)、应用场景可视化渲染(超大场景动态缩放和加载渲染、自然现象的效果渲染等)、业务数据可视化渲染(基于数字底座,将水情、雨情、工情、险情等业务数据定位、叠加在统一的三维的空间中,对管理对象的各种属性信息、业务状态信息进行多维集成显示)。

仿真服务的研发则包括一、二维洪水演进仿真、应急避险仿真、工情仿真、微观场景特效、专题图特效表达、洪水淹没范围的快速提取、淹没损失快速估算、视频融合服务等仿真引擎服务的开发。

(8)超标准洪水时空数据组织设计研究

由于洪水演进是一个连续的变化过程,在数据存储和管理中,需要将每一个时刻的模拟结果分别存储,同时洪水演进模拟过程存在空间场景大、时间密度高的特点,对于数据的查询效率要求较高,需要合适的时空知识来表示模型描述其结构和计算特征。在比较分析时空数据模型时,采用的分类方法不尽相同,但普遍关注时空数据模型的实现机制,尤其是从时空数据管理角度出发,对各个模型在时空数据结构、存储与更新机制以及时空推理等方面进行分类。时空数据模型对比分析见表 8.6-4。

表 8.6-4 时空数据模型对比分析

	核心思想	特点	不足之处
时空立方体模型	由空间两个维度和时间一个维度组成,描述了二维空间沿第三个时间维度演变的过程	形象直观地运用时间维度的几何特性,表达了空间实体是时空体的概念,对地理变化的描述简单明了,易于接受	随着数据量的增大,对立方体的操作会变得复杂;建立在文件存储方式下,存在时间标记本身的冗余
序列快照模型	有矢量快照和栅格快照,将一系列时间片断的快照保存起来,各个切片分别对应不同时刻的状态图层,反映地理现象的时空演化过程,根据需要制定时间片断进行时空变换重现	可直接在当前 GIS 软件中实现。具有传统制图和类似缓慢动作的 Video 特点	产生大量数据冗余,且无法表示单一的时空对象,较难处理时空对象间的时空关系,不能进行时间分析,无法通过计算方法来检测空间目标的变化
基态修正模型	矢量和栅格 GIS 均可完成。在时间序列变化的基础上,只存储某个时间点的数据状态(基态)和相对于基态的变化量	时态分辨率刻度值与事件或对象发生变化的时刻完全对应。节约存储空间,查询变化方便。可通过归档数据,跟踪变化的空间目标	对于事件的整体,不能存贮空间随时间变化的空间拓扑关系,较难处理给定时刻时空对象间的空间关系,对较远的过去状态进行检索时,几乎对整个历史状态进行阅读操作,效率很低

	核心思想	特点	不足之处
面向对象的时空数据模型	利用OOP技术，将目标抽象为对象，空间对象的属性和操作封装，并将时间维引入对象中。在节点、弧段、多边形等几何要素的表达上增加时间信息、考虑空间拓扑结构和时态拓扑结构	一个地理实体，总能够作为对象来建模。打破了关系型范式的限制，直接支持对象的嵌套和变长记录	目前纯面向对象的GIS比较少，基于几何要素、地理分层使图层之间有明显的边界，没有考虑地理现象的时空特性和内在联系，缺少对地理实体或现象的显式定义和基础关系描述

通过梳理时空数据模型的研究成果，分析各种时空数据模型的特点和不足，结合当前的研究现状和进展情况，时空数据模型存在提出的模型多、实现的原型少，理论研究多、应用研究少，学术门派多、应用开发商少，面向矢量数据格式的模型多、面向栅格数据格式的模型少等特点。当前主要应用的时空数据模型有时空序列快照模型、时空立方体模型、基态修正模型、面向对象的时空数据模型等，在实际使用过程中，需要结合实际的应用场景，合理选型。

（9）时空数据模型选型

在洪水演变的时空态势研究中，洪水三维模拟推演计算是其重要的组成部分，相关的模块的研究思路如下：划定研究区域→构建研究区域计算格网→输入模拟计算参数及边界条件→调用计算模型计算→输出计算结果并保存→向用户展示模拟结果→后续研究分析。

致力提升超标准洪水灾害动态评估与风险调控模型动态分析与实时反馈能力，洪水推演结果数据主要服务于洪水演变过程的交互式展示、洪水灾害动态评估分析、洪水风险调控分析等应用，对于时空数据模型应用偏重指定时刻洪水淹没范围的影响，考虑将空间作为模型的基础维度，扩展时间维度。

通过分析洪水推演的研究过程，时空相关的数据包括研究区域的计算格网以及用于模拟展示的计算结果数据。其中研究区域的计算格网数据在存储上表现为矢量形式，在应用中表现为栅格形式。具体来讲，计算格网以矢量方式进行存储，但在计算和结果展示时，通过为某一模拟时刻的格网设置不同的水深值，并根据该水深值设置不同的颜色来进行洪水态势的表达。

结合洪水推演业务的数据特征，在实际应用过程中，针对洪水推演时空数据模式的存储设计，结合当前主流的时空数据模型，提出了3种组织存储方案，其对比分析见表8.6-5。

表 8.6-5   时空模型方案对比

	设计思想	优点	存在问题
序列快照模型	将计算格网视为栅格模型,记录每个格网随时间变化的淹没水深	数据无需转换和处理,应用和实现简单	1. 数据冗余量大; 2. 前端渲染压力大
面向对象的时空模型	1. 将洪水看做是一个对象,洪水经历一个成长→成熟→衰老→死亡的过程; 2. 存储每个时刻的水位信息,每一个格网的淹没水深＝水位－高程	数据冗余小	1. 在 Web 浏览器中渲染较为复杂; 2. 增加了数据计算、处理过程
改进后的时空序列快照模型	1. 获取到每个单元格在指定时间内的淹没水深; 2. 计算在某一时刻,按照淹没水深对单元格分组,然后将相同水深的单元分组; 3. 将同一分组内的单元格合并,以时空对象进行存储	1. 数据冗余量小; 2. 减轻前端渲染压力	增加了数据计算、处理过程

通过对比分析上述 3 种时空数据模型在数据组织和存储上的特点,并结合网络系统对于数据和性能的要求,考虑采用改进后的时空序列快照数据模型作为洪水演进时空态势研究的数据存储和组织方式。

8.6.3　流域超标准洪水灾害动态定量评估技术

8.6.3.1　不同空间尺度洪水影响计算方法

(1)流域超标准洪水不同空间尺度洪水影响计算方法

1)局部尺度。

在重点河段和分蓄(滞)洪区等局部尺度,充分考虑地形的复杂性,利用二维精细化模型计算超标准洪水灾害影响范围以及洪水淹没水深、淹没历时等全要素信息,模拟采用基于非结构网格系统下的有限体积法,能够进行复杂地形条件以及大梯度或者间断水流条件的洪水计算。

2)区域、流域尺度。

在区域和流域尺度,长河道采用一维数学模型,重点河段与分蓄洪区采用较低分辨率网格,对完全水动力模型进行离散简化,构建快速计算模型进行区域洪灾影响快速模拟,其中一、二维模型实现河道纵向以及与分蓄洪区侧向的耦合,二维模型要进一步建立基于多线程异构并行优化的模型加速算法,提高流域超标准洪水的计算速度。

网格系统采用面向多空间尺度超标准洪水灾害评估理论的网格分区与网格剖分。充分考虑计算区内河流水系、堤防工程、公路铁路等局部特征以及土地利用方式、县乡区划等区域、流域洪水灾害统计特性,对研究对象进行网格分区和编码;在网格分区内,分别针对局部、区域、流域等不同空间尺度建立高、中、低等不同分辨率的网格系统,形成网格拓扑数据集(图 8.6-17),为不同空间尺度超标准洪水影响计算提供计算基础,也为不同尺度超标准洪水灾害评估提供了统计依据。

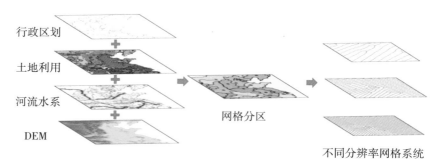

图 8.6-17 面向多空间尺度超标准洪水灾害评估理论的网格分区与剖分示意图

(2)区域、流域尺度超标准洪水影响计算

在流域尺度,河道采用加一编码,通过对河道分级分区进一步提高流域大尺度洪水模拟计算的效率。加一算法是一种可并行计算的洪水演进河网分级方式。通过分析水流的演进过程可知,一条河段是否能参与当前时刻的计算,完全取决于它的所有上游河段是否在当前时刻都已计算完成。因为洪水演进依赖于交汇点的流量、水位传递,并依据流量守恒和能量平衡的相容关系进行。换言之,一条河段必须等待它的上游段都已完成计算才能参与到计算中。计算过程中,在同一时刻会出现较多的同级河段处于等待状态,级别越低越是如此。加一算法认为每个河段的级别数等于它的所有后继河段的最大级别数加一,分级方式的实现依赖于树型河段数据结构(图 8.6-18)。

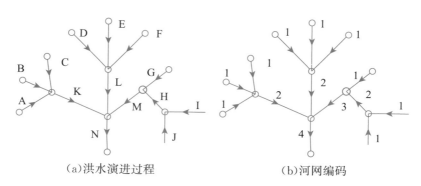

(a)洪水演进过程   (b)河网编码

图 8.6-18 加一算法示意图

构建一、二维水动力耦合模型,在局部河段和分蓄洪区段分别实现一、二维纵向与横向耦合,构建耦合模型,为不同尺度洪水影响计算提供模型基础。建立的耦合模型的计算误差来源主要有两个方面:一方面是模型误差,需采用典型超标准洪水资料对模型进行率定和验证,考虑到超标准洪水样本数据的不足,在率定和验证过程中需要充分论证模型的有效性;另一方面是输入误差,主要来自超标准洪水监测的不确定性,在极端天气条件下进行洪水监测,可能呈现碎片化的数据序列,甚至产生噪声数据,因此需对不连续的数据集通过与历史数据比对分析减小误差,保证实时计算精度。

一、二维模型纵向耦合:对于河道洪水模拟的一、二维模型耦合计算,采用水力要素在耦合界面位置要保持一致,如采用重叠区域法(图 8.6-19)等,一般条件下,水位条件可以直接分布在二维计算单元上;而在进行流速分布时,如果耦合区域底高程的横比降较大,则需要根据水深值按照权重比例分配;如果横比降很小,则均匀分配即可。

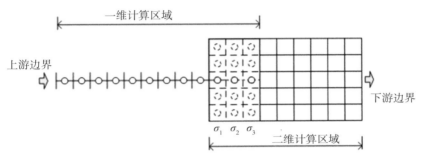

图 8.6-19　一、二维模型纵向耦合示意图

一、二维模型横向耦合:对于规模较大的堤防,溃堤洪水的水流特性与宽顶堰很相似,溃口流量可采用宽顶堰流公式,计算的流量 Q 与口门位置的水位作为二维模型的计算件。一、二维模型横向耦合示意图见图 8.6-20。

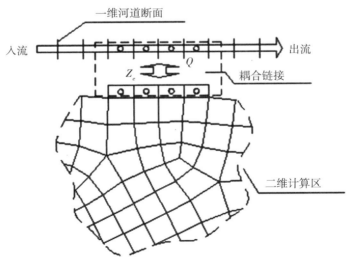

图 8.6-20　一、二维模型横向耦合示意图

基于非结构网格系统,进行二维快速模型的搭建。为了达到既能简化计算的方法,提高模型运算速度,又能保证基本控制方程的守恒性、稳定性和较高的计算精度,模型在基本状态变量的离散化布置方式上,在网格的形心计算水深,在网格周边通道上计算法向单宽流量,同时水深与流量在时间轴上分层布置,交替求解,变量关系示意图见图 8.6-21。物理意义清晰,并且有利于提高计算的稳定性。针对基本方程的离散化求解,模型仍采用有限体积法。

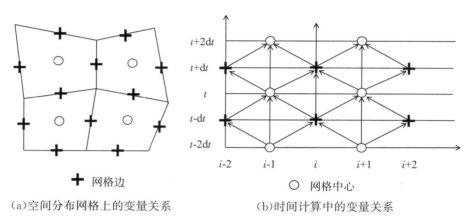

（a）空间分布网格上的变量关系　　　　（b）时间计算中的变量关系

图 8.6-21　变量关系示意图

以嫩江胖头泡分洪为例,对模型进行了验证。胖头泡分蓄(滞)洪区位于黑龙江省肇源县西北部,嫩江与松花江干流的左岸,是松花江流域防洪工程体系的重要组成部分。1998年嫩江、松花江大洪水造成多处堤防决口,嫩江右岸泰来大堤与左岸胖头泡溃堤洪水规模较大,其中胖头泡堤段分洪高达 64.3 亿 m³,从而一定程度上降低了下游水位,缓解了哈尔滨市的防洪压力。胖头泡分蓄(滞)洪区的淹没过程见图 8.6-22。可以看出,洪水决口后,洪水迅速流入东北低洼处,形成巨大的淹没区,随着时间的推移,洪水向东北和东南方向传播,320h 后洪水到达分蓄(滞)洪区的东南角松花江干流处,此时扒水回归松花江。模型计算的淹没过程、淹没范围与实际观测的淹没过程及淹没范围相一致,其中模型计算的洪水淹没面积为 1201km²,与洪水调查测量的淹没面积 1160km² 较为接近,因此模型可以为分蓄(滞)洪区的防洪规划、预报预警提供技术支持。

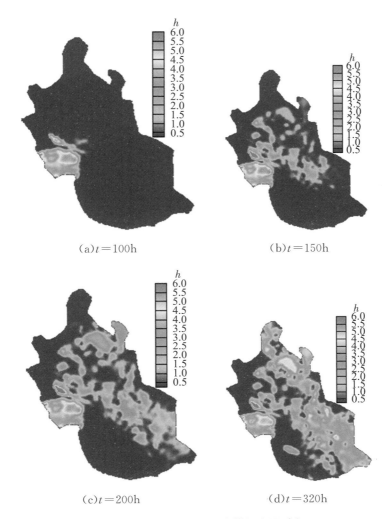

(a)$t=100$h   (b)$t=150$h

(c)$t=200$h   (d)$t=320$h

图 8.6-22   胖头泡溃堤洪水模拟淹没过程

(3)GPU、CPU 并行加速计算技术

为提高超标准洪水灾害实时动态定量评估模型的计算速度,特别是流域尺度和局部尺度模型运算,采用当前比较流行的 GPU 异构并行加速方法对超标准洪水灾害实时动态定量评估模型进行重构。模型将在 CPU 上对数据进行读取,并对变量定义及初始化,初始化后的数组变量将被拷贝至 GPU 显存进行存储而后进行并行计算。计算内容将按照矩阵方式被分配至每个 GPU 计算线程,对通量及源项等进行并行计算,计算完毕后将计算结果重新拷贝至显存 CPU 中,因此大量数据的传输将大大降低计算效率,减少 GPU 与 CPU 之间数据的传输次数将有效减缓数据交换所产生的损耗。

1)并行计算系统。

采用机群系统搭建策略,并行计算系统组成见图 8.6-23。

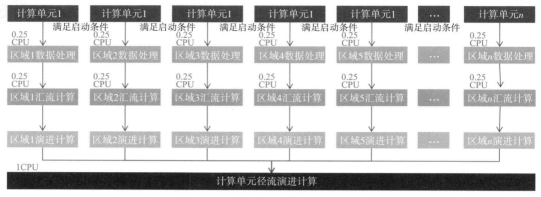

图 8.6-23　并行计算机系统组成

将计算任务封装为单一计算线程的可执行程序,并预先布置在所有计算节点上;在各节点设置节点监控模块,采用进程动态分配技术,并行调用多个计算程序工作。

2)并行计算配置。

构建实现洪水计算内核的并行模拟和并行调度,有效地降低洪水分析计算时间和提高海量数据交互的效率。

①并行模拟。

实现从空间、时间和子过程的并行模拟。空间可并行:模型含有多个流域,很多模拟单元(坡面、栅格),在考虑模拟单元之间计算依赖关系的基础上,将不同模拟单元的计算任务分配到多个计算单元上进行空间分解方式的并行计算。时间可并行:从时间角度看,洪水模拟在一个连续时间序列的多个时刻进行,上一时刻的输出作为下一时刻的输入。

②并行调度。

并行调度算法需要以"资源消耗小、计算效率高"为目标,设计有效的、稳定的并行调度算法,满足实时连续模拟的需求。服务器端与客户端异步 TCP/IP 实现技术。

3)洪水分析并行计算。

流域洪水并行模拟是一个动态多元化的复杂过程,各计算节点配置和状态互补相同,随着时间的推进,计算节点的性能及状态也随之发生变化。通过并行计算机制确保通信效率、计算效率、可操作性强、可对计算过程中的所有进程的运行状况实时监控、方法具有通用性。

8.6.3.2　不同空间尺度超标准洪水灾害实时动态定量评估模型

(1)技术路线与模型特点

1)技术路线。

基于实时降雨、洪水信息,研发基于并行加速计算技术的不同空间尺度(局部、区域、流域)超标准洪水灾害快速定量评估模型,实现淹没范围、淹没水深、淹没历时等主要洪水影响要素,以及农作物、家庭财产、工业资产、商业资产等经济损失的实时动态快速模拟计算。通过与空—天—地一体化灾害监测平台实时提取的监测指标相互验证,实时动态修正洪水影响计算模型参数。流域、区域性超标准洪水灾害评估为分蓄洪区启用、水库工程调度提供决策参考,局部超标准洪水灾害评估提供水动力、灾害损失等全要素信息支撑为避险转移安置等方案的制定提供依据。技术路线见图 8.6-24。

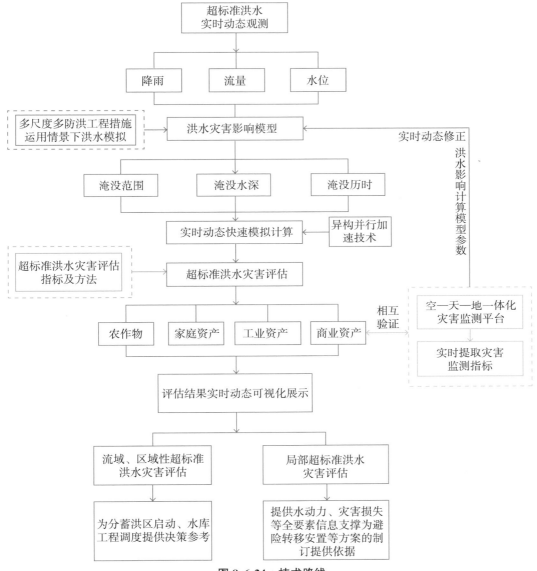

图 8.6-24 技术路线

2)模型特点。

超标准洪水灾害实时动态定量评估模型其主要特点包括实时性、快速性和动态性。

本模型的实时性主要体现在输入信息的实时性,超标准洪水灾害实时动态定量评估模型根据实时的输入信息进行实时的灾害评估,得到实时的评估结果。

快速性主要体现在计算速度上,为提高超标准洪水灾害实时动态定量评估模型的计算速度,特别是流域尺度和局部尺度模型运算,采用当前比较流行的 GPU 异构并行加速方法对超标准洪水灾害实时动态定量评估模型进行重构。模型将在 CPU 上对数据进行读取,并对变量定义及初始化,初始化后的数组变量将拷贝至 GPU 显存进行存储而后进行并行计算。计算内容将按照矩阵方式被分配至每个 GPU 计算线程,对通量及源项等进行并行计算,计算完毕后将计算结果重新拷贝至显存 CPU 中,因此大量数据的传输将大大降低计算效率,减少 GPU 与 CPU 之间数据的传输次数将有效减缓数据交换所产生的损耗。

动态性主要体现在评估计算实时进行,评估结果可以进行全过程的动态展示,根据灾害监测结果进行动态修正。

(2)局部尺度评估模型

局部尺度评估模型是针对范围较小的局部区域,基于详细且精细的降雨、洪水观测、社会经济统计与调查的数据,采用二维水动力学模型对超标准洪水进行实时动态精细化模拟并对超标准洪水进行精细化灾害评估,是一种能够较为细致、透彻地分析洪水灾害损失的评估模型,适用于资料丰富且需要精细化洪灾分析结果的灾害评估,可为决策者提供精细的灾损评估结果,为启动应急响应,组织群众避险转移、安置、灾后重建等方面提供重要的技术支撑。

1)模型技术流程(图 8.6-25)。

①将超标准洪水实时动态观测的降雨、洪水等信息作为模型的输入数据。

②利用二维水动力学模型进行超标准洪水实时动态模拟,用于局部重点河段洪水模拟,采用非结构网格系统下的有限体积法构建模型,计算超标准洪水灾害淹没范围以及洪水淹没水深、淹没历时等全要素信息。

③根据搜集的社会经济调查资料、社会经济统计资料以及空间地理信息资料,将社会经济统计数据与相应的空间图层建立关联。

④将洪水淹没特征分布与社会经济特征分布通过空间地理关系进行拓扑叠加,获取洪水影响范围内不同淹没水深下社会经济不同财产类型的价值及分布。

⑤选取具有代表性的典型地区、典型单元、典型部门等分类作洪灾损失调查统计,根据调查资料估算不同淹没水深(历时)条件下,各类财产洪灾损失率,建立淹没水深(历时)与各类财产洪灾损失率关系表或关系曲线。

⑥根据影响区内各类经济类型和洪灾损失率关系,计算洪灾经济损失。

⑦通过与空—天—地一体化灾害监测平台实时提取的监测指标相互验证,实时动态修正步骤②中的洪水影响计算模型参数。

⑧灾害损失评估结果实时动态可视化展示。

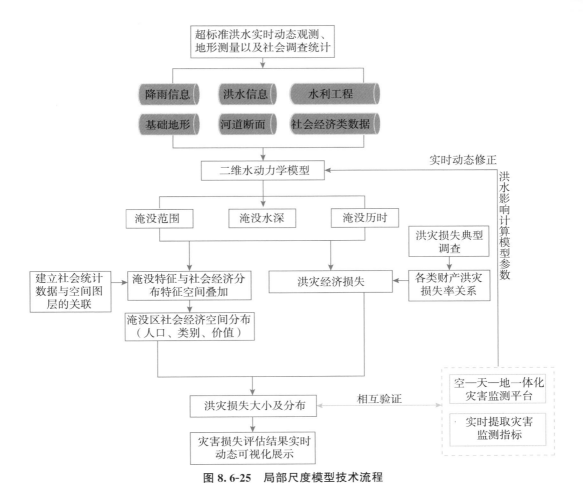

图 8.6-25　局部尺度模型技术流程

2) 模型计算方法。

① 超标准洪水实时动态模拟。

采用局部尺度超标准洪水模拟模型触发二维水动力模型计算,用于局部重点河段洪水模拟,考虑堤防、分蓄洪等工程影响,基于高分辨率网格采用非结构网格系统下的有限体积法构建模型,能够进行复杂地形条件以及大梯度或者间断水流条件的洪水计算,对局部河段或者重要分蓄洪区的影响范围以及洪水淹没水深、淹没历时等水动力学特征进行计算分析,为局部尺度超标准洪水灾害评估提供全要素信息支撑。

② 超标准洪水灾害实时动态评估。

采用局部尺度超标准洪水灾害评估方法,进行灾害评估。评估指标包括洪水危险性指标和后果影响指标,其中后果影响指标又包括社会影响指标和经济影响指标。洪水危险性指标评估结果通过水文统计和二维水动力模型模拟获得,后果影响指标评估结果通过空间叠加、数据统计、承灾体损失率曲线方法获得。

3)模型输入与输出。

①模型输入。

模型的输入数据类型主要包括13类,输入数据类型如气象资料、水文资料、基础地形图资料、河道断面资料、水利工程资料等主要用于超标准洪水实时动态模拟;通过超标准洪水实时监测获得的淹没面积、淹没水深、水面高程用于超标准洪水实时动态模拟结果的验证,同时可用于超标准洪水灾害的评估,承灾体数据用于超标准洪水灾害的评估;通过社会调查统计获得的社会经济类数据用于超标准洪水灾害的评估。

表 8.6-6 局部尺度模型输入类型

序号	输入数据类型	具体数据类型	单位	来源	用途
1	气象资料	降雨和蒸发数据	—	气象局、水文局或者实际测量	用于超标准洪水实时动态模拟
2	水文资料	包括水文、水位站点分布和实测水文资料	—		
3	基础地形图资料	包括高程、居民地、交通、流域水系、植被等图层在内的全要素 DLG 矢量图层和 DEM 数据	—		
4	河道断面资料	现状河道纵、横断面实测资料	—		
5	水利工程资料	包括水库、堤防、闸坝等资料	—		
6	水体	淹没面积	km^2	超标准洪水实时监测的数据	用于超标准洪水实时动态模拟结果的验证以及超标准洪水灾害的评估
		淹没水深	m		
		水面高程	m		
7	承灾体	耕地、园地、林地、住宅、道路、工矿用地;水利工程、多层住宅、农村住宅、城市道路绿化设施、一般道路、商业休闲设施用地、公共基础设施用地	—		用于超标准洪水灾害的评估
8	社会经济类数据	人口	人	社会调查统计	用于超标准洪水灾害的评估
9		GDP	亿元		
10		房屋面积	km^2		
11		耕地面积	km^2		
12		工矿企业个数	个/座		
13		道路长度	km		
14		水利工程设施数量	个/座		
15		房屋价值	亿元		
16		家庭财产	亿元		

续表

序号	输入数据类型	具体数据类型	单位	来源	用途
17	社会经济类数据	农业产值	亿元	社会调查统计	用于超标准洪水灾害的评估
18		工矿企业固定资产与流动资产	亿元		
19		交通道路修复费用	亿元		
20		水利工程设施修复费用	亿元		

②模型输出。

模型的输出主要包括两大类,局部尺度模型输出结果类型见表 8.6-7。一类是危险性指标结果的输出,其中降雨频率和洪水频率利用水文统计方法得到,淹没面积、淹没水深、淹没历时、洪水流速、到达时间等根据二维水动力学模型计算结果得到;另一类是后果影响指标结果的输出,包括社会影响和经济影响,通过空间叠加、数据统计和承灾体损失率曲线方法得到。

表 8.6-7 局部尺度模型输出结果类型

序号	输出结果类型			具体结果	单位	确定方法
1	危险性			降雨频率	—	水文统计
2				洪水频率	—	水文统计
3				淹没面积	km²	数值模型模拟
4				淹没水深	m	数值模型模拟
5				淹没历时	h	数值模型模拟
6				洪水流速	m/s	数值模型模拟
7				到达时间	h	数值模型模拟
8	后果影响	社会影响		淹没区人口	人	空间叠加,数据统计
9				伤亡人口	人	空间叠加,数据统计
10		经济影响	受淹统计	淹没区 GDP	亿元	空间叠加,数据统计
11				受淹房屋面积	km²	空间叠加,数据统计
12				受淹耕地面积	km²	空间叠加,数据统计
13				受淹工矿企业个数	个/座	空间叠加,数据统计
14				受淹道路长度	km	空间叠加,数据统计
15				水库损毁数量	个/座	数据统计
16				堤防损毁数量	个/座	数据统计
17				分蓄(滞)洪区启用数量	个/座	数据统计
18			经济损失	房屋损失	亿元	承灾体损失率曲线
19				家庭财产损失	亿元	承灾体损失率曲线
20				农业损失	亿元	承灾体损失率曲线

序号	输出结果类型			具体结果	单位	确定方法
21	后果影响	经济影响	经济损失	工矿企业损失	亿元	承灾体损失率曲线
22				交通道路损失	亿元	承灾体损失率曲线
23				水利工程设施直接经济损失	亿元	数据统计

（3）区域尺度评估模型

区域尺度评估模型是针对范围较大区域,快速评估淹没区域内的灾害情况。相较于局部尺度需要的精细化数据,区域尺度主要是以土地利用类型为承灾体分类,建立包括农田、城市、建设用地、水域等土地利用类型与洪水特征之间的关系,结合洪水特征,评估洪水造成的影响和损失。适用于资料相对较少且范围较大的灾害评估,可让决策者对于区域内的整体洪水情况和可能的灾损评估时空分布有整体预判,为整体统筹区域内水利工程的运用提供重要依据。

1）模型技术流程（图 8.6-26）。

①通过超标准洪水实时动态观测的降雨、洪水等信息作为模型的输入数据。

②利用一维水动力学模型进行长河道洪水模拟,启用二维快速模型用于局部重点河段与分蓄洪区域的洪水模拟,计算超标准洪水灾害淹没范围以及洪水淹没水深、淹没历时等。

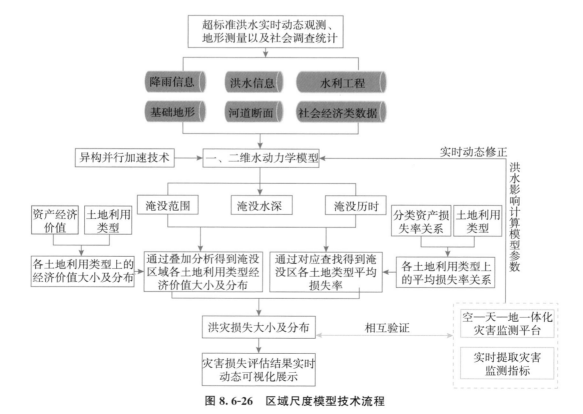

图 8.6-26　区域尺度模型技术流程

③根据经济统计资料,统计分析推算以一定行政区为统计单元的资产经济价值。

④基于 GIS 平台将资产经济价值展布在土地利用类型(主要二级土地类型分类为城镇居民地、农村居民地、水田、旱田、林地、草地、水域等),得到各种土地利用类型资产价值。

⑤根据分类资产损失率关系按照加权或算术平均的方法建立各土地利用类型平均损失率与淹没特征对应关系。

⑥根据区域具体的淹没范围通过空间叠加运算确定淹没区各土地利用类型资产价值;根据区域淹没水深查出相应的土地利用类型的平均洪灾损失率。

⑦将各土地利用类型上的资产价值与相应的损失率相乘并加总得到区域的洪灾损失及分布。

⑧通过与空—天—地一体化灾害监测平台实时提取的监测指标相互验证,实时动态修正步骤②中的洪水影响计算模型参数。

⑨灾害损失评估结果实时动态可视化展示。

2)模型计算方法。

①超标准洪水实时动态模拟。

采用区域尺度超标准洪水模拟模型触发一、二维水动力耦合模型计算:一维模型用于长河道洪水模拟,且具备模拟河道闸、坝等工程运用的能力,提升河道模型实用性;二维快速模型用于局部重点河段与分蓄洪区域的洪水模拟,采用非结构网格系统下的有限体积简化模型及其加速算法,能够进行复杂地形条件以及大梯度或者间断水流条件的快速洪水计算;考虑各模型的边界关系,在局部河段和分蓄洪区段分别实现一、二维纵向与横向耦合。

②超标准洪水灾害实时动态评估。

评估的指标包括洪水危险性指标和后果影响指标,其中后果影响指标又包括社会影响指标和经济影响指标。洪水危险性指标评估结果通过水文统计和一、二维水动力模型模拟获得,后果影响指标评估结果通过空间叠加、数据统计、各类土地利用类型损失率曲线法获得。

3)模型输入与输出。

①模型输入。

模型的输入数据类型主要包括 13 类,输入数据类型包括气象资料、水文资料、基础地形图资料、河道断面资料、水利工程资料,主要用于超标准洪水实时动态模拟;通过超标准洪水实时监测获得的淹没面积、淹没水深、水面高程用于超标准洪水实时动态模拟结果的验证,同时用于超标准洪水灾害的评估,承灾体数据用于超标准洪水灾害的评估;通过社会调查统计获得的社会经济类数据用于超标准洪水灾害的评估。

表 8.6-8　　　　　　　　　　　　区域尺度模型输入类型

序号	输入数据类型	具体数据类型	单位	来源	用途
1	气象资料	降雨和蒸发数据	—	气象局、水文局或者实际测量	用于超标准洪水实时动态模拟
2	水文资料	包括水文、水位站点分布和实测水文资料	—		
3	基础地形图资料	包含高程、居民地、交通、流域水系、植被等图层在内的全要素 DLG 矢量图层和 DEM 数据	—		
4	河道断面资料	现状河道纵、横断面实测资料	—		
5	水利工程资料	包括水库、堤防、闸坝等资料	—		
6	水体	淹没面积	km²	超标准洪水实时监测的数据	用于超标准洪水实时动态模拟结果的验证以及超标准洪水灾害的评估
		淹没水深	m		
		水面高程	m		
7	承灾体	耕地、园地、林地、住宅、道路、工矿用地水利工程、多层住宅、农村住宅、城市道路绿化设施、一般道路、商业休闲设施用地、公共基础设施用地	—		用于超标准洪水灾害的评估
8	社会经济类数据	人口	人	社会调查统计	用于超标准洪水灾害的评估
9		GDP	亿元		
10		耕地面积	km²		
11		城镇用地	km²		
12		农村居民点	km²		
13		道路长度	km		
14		工矿企业个数	个/座		
15		水利工程设施数量	个/座		
16		房屋价值	亿元		
17		家庭财产	亿元		
18		农业产值	亿元		
19		工矿企业固定资产与流动资产	亿元		
20		交通道路修复费用	亿元		
21		水利工程设施修复费用	亿元		

②模型输出。

模型的输出主要包括两大类,输出结果类型见表 8.6-9。一类是危险性指标结果的输出,其中降雨频率和洪水频率利用水文统计方法得到,淹没面积、淹没水深、淹没历时、水位、流速等根据一、二维水动力学模型计算结果得到;另一类是后果影响指标结果的输出,包括社会影响和经济影响,通过水文统计、空间叠加、数据统计、各类土地利用类型损失率曲线方法得到。

表 8.6-9　　　　　　　　　　　　　　　区域尺度模型输出结果类型

序号	输出结果类型			具体结果	单位	确定方法
1	危险性			降雨频率	—	水文统计
2				洪水频率	—	水文统计
3				淹没面积	km²	数值模型模拟
4				淹没水深	m	数值模型模拟
5				淹没历时	h	数值模型模拟
6				水位	m	数值模型模拟
7				流速	m/s	数值模型模拟
8	后果影响	社会影响		淹没区人口	人	空间叠加,数据统计
9				伤亡人口	人	空间叠加,数据统计
10		经济影响	受淹统计	淹没区 GDP	亿元	空间叠加,数据统计
11				受淹耕地面积	km²	空间叠加,数据统计
12				受淹城镇用地	km²	空间叠加,数据统计
13				受淹农村居民点	km²	空间叠加,数据统计
14				受淹道路长度	km	空间叠加,数据统计
15				水库损毁数量	个/座	数据统计
16				堤防损毁数量	个/座	数据统计
17				分蓄(滞)洪区启用数量	个/座	数据统计
18			经济损失	房屋损失	亿元	各类土地利用类型损失率曲线
19				家庭财产损失	亿元	各类土地利用类型损失率曲线
20				农业损失	亿元	各类土地利用类型损失率曲线
21				工矿企业损失	亿元	各类土地利用类型损失率曲线
22				交通道路损失	亿元	各类土地利用类型损失率曲线
23				水利工程设施直接经济损失	亿元	数据统计

(4)流域尺度评估模型

流域尺度评估模型是一种更为概化的评估模式。流域尺度是以流域为评估对象,从宏观的角度评估洪水灾害的模式,通过面上综合损失等进行快速整体评估超标准洪水灾害损失,面上综合损失指标(人均、地均指标)的取值则根据历史洪水灾害及与现状经济发展状况综合分析确定。适用于灾中流域调度决策支持、宏观决策分析以及战略研究等场景,可让决策者对于流域内的整体洪水情况和可能的灾损评估时空分布有一整体的预判,为分蓄洪区启用、水库工程调度提供决策参考。

1)模型技术流程。

流域尺度模型技术流程见图8.6-27。

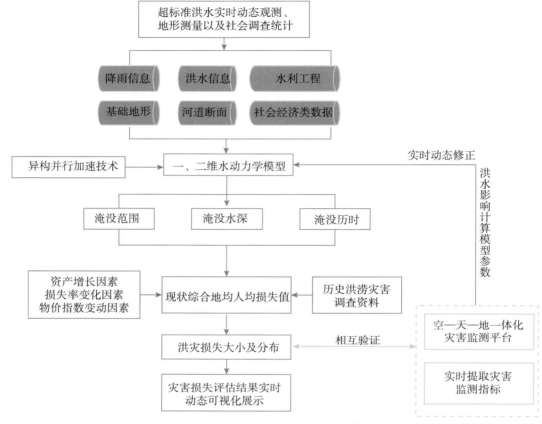

图8.6-27 流域尺度模型技术流程图

①通过超标准洪水实时动态观测的降雨、洪水等信息作为模型的输入数据。

②利用一维水动力学模型进行长河道洪水模拟,且具备模拟河道闸、坝等工程运用的能力;二维快速模型用于局部重点河段与分蓄洪区域的洪水模拟,计算超标准洪水灾害淹没范围以及洪水淹没水深、淹没历时等。

③根据历史洪灾资料计算历史洪水的综合地均/人均损失值,考虑资产增长因素、损失率变化以及物价等因素进行修正调整得到现状综合人均/地均损失值,计算洪水灾害损失。

④通过与空—天—地一体化灾害监测平台实时提取的监测指标相互验证,实时动态修正步骤②中的洪水影响计算模型参数。

⑤灾害损失评估结果实时动态可视化展示。

2)模型计算方法。

①超标准洪水实时动态模拟。

触发大尺度一、二维水动力耦合模型:一维模型用于长河道洪水模拟;二维快速模型用于重点河段与分蓄洪区域的洪水模拟,宜采用非结构网格系统下的有限体积简化模型及其加速算法;考虑各模型的边界关系,在局部河段和分蓄洪区段采用一、二维纵向与横向耦合。

②超标准洪水灾害实时动态评估。

评估的指标包括洪水危险性指标和后果影响指标,其中后果影响指标又包括社会影响指标和经济影响指标。洪水危险性指标评估结果通过水文统计和一、二维水动力模型模拟获得,后果影响指标评估结果通过空间叠加、数据统计、面上综合损失法获得。

3)模型输入与输出。

①模型输入。

模型的输入数据类型主要包括 8 类,输入数据类型包括气象资料、水文资料、基础地形图资料、河道断面资料、水利工程资料,主要用于超标准洪水实时动态模拟;通过超标准洪水实时监测获得的淹没面积、淹没水深、水面高程用于超标准洪水实时动态模拟结果的验证,同时用于超标准洪水灾害的评估,承灾体数据用于超标准洪水灾害的评估;通过社会调查统计获得的社会经济类数据主要是 GDP 用于超标准洪水灾害的评估。

表 8.6-10　　　　　　　　　　　流域尺度模型输入类型

序号	输入数据类型	具体数据类型	单位	来源	用途
1	气象资料	降雨和蒸发数据	—	气象局、水文局或者实际测量	用于超标准洪水实时动态模拟
2	水文资料	包括水文、水位站点和实测水文资料	—		
3	基础地形图资料	包含高程、居民地、交通、流域水系、植被等图层在内的全要素 DLG 矢量图层和 DEM 数据	—		
4	河道断面资料	现状河道纵、横断面实测资料	—		
5	水利工程资料	包括水库、堤防、闸坝等资料	—		
6	水体	淹没面积	km²	超标准洪水实时监测的数据	用于超标准洪水实时动态模拟结果的验证以及超标准洪水灾害的评估
		淹没水深	m		
		水面高程	m		
7	承灾体	耕地、园地、林地、住宅、道路、工矿用地水利工程、多层住宅、农村住宅、城市道路绿化设施、一般道路、商业休闲设施用地、公共基础设施用地	—		用于超标准洪水灾害的评估
8	社会经济类数据	人口	人	社会调查统计	用于超标准洪水灾害的评估
		GDP	亿元		

②模型输出。

模型的输出主要包括两大类,输出结果类型见表 8.6-11。一类是危险性指标结果的输出,其中降雨频率和洪水频率利用水文统计方法得到,淹没面积、淹没水深、淹没历时、水位、洪水流速等根据一、二维水动力学模型计算结果得到;另一类是后果影响指标结果的输出,包括社会影响和经济影响,通过水文统计、空间叠加、数据统计、面上综合损失法得到。

表 8.6-11　　　　　　　　　　流域尺度模型输出结果类型

序号	输出结果类型			具体结果	单位	确定方法
1	危险性			降雨频率	—	水文统计
2				洪水频率	—	水文统计
3				淹没面积	km^2	数值模型模拟
4				淹没水深	m	数值模型模拟
5				淹没历时	h	数值模型模拟
6				水位	m	数值模型模拟
7				流速	m/s	数值模型模拟
8	后果影响	社会影响		淹没区人口	人	空间叠加、数据统计
9		经济影响	淹没区经济影响统计	淹没区 GDP	亿元	空间叠加、数据统计
10			经济损失	直接经济损失	亿元	面上综合损失法

8.6.4　小结

针对不同空间尺度超标准洪水灾害评估在时效性、动态性及可视化展示等方面的问题,开展了不同空间尺度超标准洪水灾害损失实时动态评估、时空态势图谱可视化展示等方面的研究与应用,主要结论如下:

1)将韧性理念纳入超标准洪水灾害评估,完善了洪水风险评估理论体系;构建了局部、区域、流域三种空间尺度的超标准洪水灾害评估指标体系;发展了适用于多种评估目标、不同空间尺度的超标准洪水灾害评估方法。

2)提出了不同空间尺度多防洪工程措施运用情景下超标准洪水影响模拟计算方法。在区域、流域尺度,长河段采用考虑闸、坝等多工程运用的一维水动力模型,在局部河段和分蓄洪区段分别与二维水动力模型耦合,利用超大规模并行计算加速技术,提高流域、区域超标准洪水的计算速度,为灾害评估提供多尺度要素信息支撑。

3)构建了不同空间尺度超标准洪水灾害实时动态快速定量评估模型。基于实时降雨、洪水信息,研发了基于并行加速计算技术的不同空间尺度超标准洪水灾害快速定量评估模型,实现了淹没范围、淹没水深、淹没历时等主要洪水影响要素,以及农作物、家庭财产、工业资产、商业资产等经济损失的实时动态快速模拟计算。通过与空—天—地一体化灾害监测平台实时提取的监测指标相互验证,实时动态修正洪水影响计算模型参数。

4)构建了面向流域超标准洪水演变全过程的时空态势图谱技术体系,实现了洪水灾害动态评估分析可视化。研究了面向流域超标准演变全过程的不同主题、不同情景、不同维度、不同尺度、不同抽象度的时空态势图谱技术体系,构建了超标准洪水演变、淹没等全过程的实时动态图谱;通过"形(图形图像)—数(描述性参数、数值模拟及可视化)—模(专业模型分析及可视化模拟)"一体化可视化、三维模拟仿真技术,实时空间分析及快速展示技术,实现了基于时空态势图谱技术的流域模拟和洪水演变交互式推演,提升了超标准洪水灾害动态评估与风险调控模型动态分析与实时反馈能力。

8.7   流域超标准洪水调度与风险调控技术

防洪工程体系运用作为防御超标准洪水的主要手段,相比于标准内洪水,防御超标准洪水时面临诸多挑战。①超标准洪水样本稀少,地区组成量化难,现有方法无法为工程调控提供较好的数据支撑。②超标准洪水风险特性发生变化,如何辨识新形势下洪水灾害链发展演化过程、评估潜在洪灾损失,及时调整方案有效遏制灾害放大效应,目前尚缺乏系统分析,亟须强化相关研究,以增强应对灵活性。③超标准洪水防御涉及工程规模庞大,现有模型难以有效支撑。亟须在现有洪水调度模型的基础上,结合流域与区域防洪形势、风险转移与灾损大小,从尽可能减少洪灾损失角度辅助决策者提升优选工程调度方案的能力,这是应对流域超标准洪水亟待解决的科学问题,也是筑牢流域防洪底线的关键问题。④超标准洪水调控在态势预判和效果评估能力方面有待提升。如何做好对预见期已知洪水防洪的科学调控并对预见期更长的未来洪水应对预留或获取防御空间是实时调度决策难点,迫切需要强化对流域整体态势提前预判,对流域整体防御能力的科学评估。即在剩余调蓄能力下,清晰构建流域防洪形势,厘清哪些区域可确保标准内安全,哪些标准内安全无法确保,哪些地区仍有防御能力富裕,实现流域超标准洪水风险精准调控。因此,提升流域防洪态势研判和防御能力评估能力,对提升超标准洪水至关重要。

基于上述分析,本章围绕流域超标准洪水调度与风险调控开展技术攻关研究,通过研究流域大洪水特征、现状流域防洪态势与工程体系调控极限能力分析、防洪压力传导与灾害链演化等机理,并在此基础上重点开展基于逐层嵌套结构的流域超标准洪水模拟发生器、基于知识图谱和调度规则库的大规模工程群组智能调度技术、基于风险与效益互馈耦合的流域超标准洪水风险调控技术和流域超标准洪水调控方案智能优选技术等 4 个方面研究,形成流域超标准洪水调度决策、减轻洪水灾害影响的核心技术支撑。

8.7.1 基于逐层嵌套结构的流域超标准洪水模拟发生器

洪水过程是调度的根本,要提高流域超标准洪水调度水平,建设流域超标准洪水数据样本是首要任务。历史数据可反映对已有情景洪灾的调控效果,但受气候变化和人类活动影响,流域极端水文气象事件演变机理发生变化,对洪水的属性需求从自然单一属性发展为耦合自然、社会和工程的复杂属性。国家防汛抗旱指挥系统数据库中涵盖了有记录以来的多次流域大洪水,但关于流域超标准洪水数据量样本依然很少。流域超标准洪水具有点多面广、峰高量大、区域差异性、风险突变点、相关性强等特点,现有洪水数据样本主要以单站形式孤立存在,无法与点多面广的流域控制站匹配;同时模拟方法较为粗放,多以峰、量控制进行随机模拟,较少考虑复杂的洪水地区组成和遭遇组合等特性。

围绕上述问题开展研究,构建了基于逐层嵌套结构的流域超标准洪水模拟发生器,解决流域超标准洪水历史样本少,无法为流域防洪工程体系防御超标准洪水提供数据支撑的难题。研究涉及两个主要技术问题:一是如何解决流域超标准洪水模拟过程中出现的多区域、多站点洪水组合在时空关联性上概率组合问题;二是如何深度学习已有流域历史大洪水中地区组成、遭遇规律等物理信息并加以有效利用,克服纯随机模拟造成的结果失真问题。

8.7.1.1 模型结构

流域中干支流众多,上游站点流量是下游站点流量的重要来源。在模拟流域超标准洪水时,可根据逐层嵌套的思想,将流域大系统(以三级划分为例,按水流方向,从上到下依次命名为"节点""从站""主站")看成是由一个"主站—从站"子系统和多个节点控制站组成,而将"主站—从站"子系统又看成是由一个主站和多个从站组成。经过如此逐层分解处理,模拟大尺度、多区域、多站点流域超标准洪水的基本思路为:假定超标准洪水频率 P,先研究流域主站的以典型年为基础的超标准洪水模拟过程(该过程视为层级1),以从站与主站在洪峰、洪量上的联合分布规律为基础,根据不同从站在主站洪水形成过程中发挥的不同作用(基流、造峰),分类进行模拟,以此推算上一级控制站(从站)相应的超标准洪水模拟过程(该过程视为层级2)。其中对于模拟难度大的从站"造峰"洪水,引入基于历史相似信息的迁移学习机制,通过深度学习,已有流域历史大洪水中地区组成、遭遇规律等物理信息并加以迁移利用,克服纯随机模拟造成的结果失真问题。将从站视为最末级,以此类推,推算获取各节点相应的超标准洪水模拟过程(该过程视为层级3)。若节点以下还有控制站,按照类似方法进行处理。由此,将一个复杂的大系统整合为具有嵌套结构特征的多层级子系统,每次只需进行子系统中少数站点洪水模拟问题的求解,就实现了该类问题在时空关联性上的概率组合处理。基于逐层嵌套结构的流域超标准洪水模拟发生器模型结构见图8.7-1。

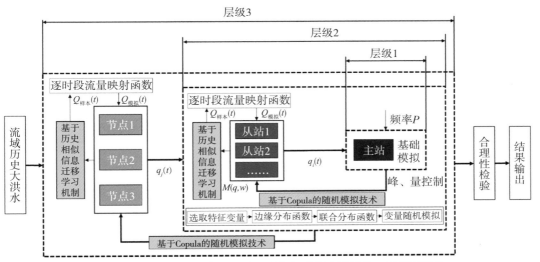

图 8.7-1　基于逐层嵌套结构的流域超标准洪水模拟发生器模型结构

8.7.1.2　模型构建

步骤 1:提取流域控制站点,根据拓扑结构和水流关系依次确定发生器主要构件,即"节点""从站""主站"。定义干流最末一级控制站为主站,洪水直接汇入主站的为从站,洪水直接汇入从站的为节点。

步骤 2:运用数理统计法,分析不同区域洪水地区组成。

步骤 3:利用基于时变梯度系数的流域洪水分区功能识别,明确各从站在主站洪水形成中的作用(基流或造峰),以及各节点在从站洪水形成中的作用(基流或造峰),不同区域洪水功能作用见图 8.7-2。主要包括:

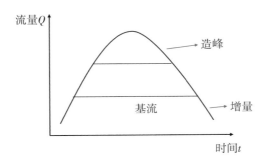

图 8.7-2　不同区域洪水功能作用示意图

步骤 3.1:计算从站 k 在时间尺度 l 的洪量 $W_{k,l}$ 占主站洪量 $W_{主,l}$ 的比例系数:

$$m_l = W_{k,l}/W_{主,l} \tag{8-21}$$

步骤 3.2:获取从站 k 相邻时间尺度比例系数差值 $\Delta \alpha$:

$$\Delta\alpha_{k,l} = m_{l+1} - m_l \tag{8-22}$$

步骤 3.3：确定从站 k 的时变梯度系数 $\Delta\beta$：

$$\Delta\beta_{k,l} = \Delta\alpha_{k,l+1} - \Delta\alpha_{k,l} \tag{8-23}$$

同理，可得不同节点在从站洪水形成中发挥的作用。可以看出，方法的关键在于时变梯度系数 $\Delta\beta$ 划分标准的确定，需结合不同流域实际情况进行分析。

步骤 4：利用成熟的单站点洪水模拟技术，设定某一超标准洪水频率 P，获取流域主站以典型年为基础的超标准洪水模拟过程。

步骤 5：对于"基流"作用显著的从站，采用从站与主站洪水同频率方法，获取以典型年为基础的从站相应洪水过程。

步骤 6：对于"造峰"作用显著的从站，利用基于历史相似信息的迁移学习机制对历史洪水资料库的洪峰、洪量及洪水过程进行优化学习，基于时序上的关联性、地区上的组合遭遇规律相似原则，从已知悉的洪水资料库中找到与之相匹配的历史信息，将历史信息对应的知识迁移到区域控制站的峰型选择及遭遇组合求解中，获取从站的样本洪水过程 $Q_{样本}$，以此反映洪水形成的物理特性规律。主要包括：

步骤 6.1：记第 j 年的历史洪水数据序列为 d_j，由此建立的历史场景洪水资料库为 $D=f(d_j)$；记在模拟场景 i 中的洪水数据为 Q_i。

步骤 6.2：分析历史洪水数据 d_j 的时空分布特性 x_1、洪水遭遇规律 x_2 等重要信息指标，建立历史信息库 $X=\{x_r \mid n=1,2,\cdots,R\}$，$d_j$ 与 x 存在映射关系 $f_1:d_j \to X$。

步骤 6.3：基于模拟场景给定的信息指标 $Y=\{y_m \mid m=1,2,\cdots,M\}$，建立 Y 与 X 的匹配学习模型 $f_2=\mathrm{diff}(Y,X)$，用于评估 Y 与 X 在信息指标上的差异度。

步骤 6.4：对 f_2 进行寻优处理，找到综合差异度最小时对应的历史洪水样本 d^*，将其迁移为模拟 Q_i 的典型样本（记为 $Q_{样本}$），并输出。

步骤 6.5：利用 Copula 函数构建主站和从站间的洪峰—洪量联合分布函数，获取从站对应的洪峰 q、洪量 w 模拟参数集合 $Z(q,w)$。以 $Z(q,w)$ 为控制，对选择的样本洪水过程 $Q_{样本}$，采用变倍比方法构建逐时段流量映射函数，得到从站的模拟洪水过程：

$$\begin{cases} Q_i(t) = \dfrac{(Q_{样本}(t) - Q_{样本,\max}) \times (\overline{Q} - q)}{\overline{Q}_{样本} - Q_{样本,\max}} + q \\[2mm] \overline{Q} = w/T \\[2mm] \overline{Q}_{样本} = W_{样本}/T \end{cases} \tag{8-24}$$

式中，$Q_i(t)$——从站 i 在 t 时刻的模拟洪水流量；

$Q_{样本}(t)$——样本洪水在 t 时刻的流量；

$Q_{样本,\max}$——样本洪水的洪峰流量；

$W_{样本}$——样本洪水在历时 T 内的洪量;

$\overline{Q}_{样本}$——样本洪水在历时 T 内的平均流量;

$\overline{Q}$——模拟洪水在历时 T 内的平均流量。

基于历史相似信息的迁移学习机制模型原理见图8.7-3,其本质是一个多指标的匹配优化问题。不可能存在两场一样的大洪水过程,因此此在对历史样本的迁移学习上,可以将某个洪水特性指标(如暴雨时空规律、地区洪水遭遇规律等)的差异度最小作为主目标进行多样本的选择,不同的样本迁移将生成不同洪水模拟过程。

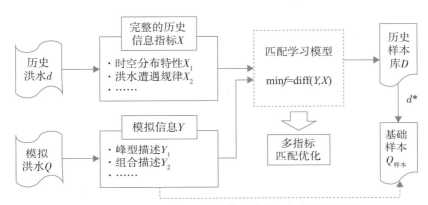

图 8.7-3 基于历史相似信息的迁移学习机制模型原理

步骤7:对于无控区间,采用"区间相应"方法,获取无控区间洪水过程。

$$K_Y = (W_{主,P} - \Delta t \cdot \sum_{i=1}^{n} Q_i)/Y_C \qquad (8\text{-}25)$$

式中,K_Y——流量缩放系数;

$W_{主,P}$——主站指定频率 P 的洪量;

Δt——时间;

Q_i——前述求得的各从站模拟洪水流量;

n——从站个数;

Y_c——主站所选典型年相应的无控区间洪量。

步骤8:重复步骤5～7,获取不同从站的若干条随机模拟洪水过程。

步骤9:"主站—从站"子系统置换为"从站—节点"子系统,重复步骤5～8,获取不同节点的若干条随机模拟洪水过程。

步骤10:运用数理统计法,对节点→从站→主站多组合洪水模拟过程进行地区组成等方面的合理性检验,剔除失真情形,输出多站点流域超标准洪水模拟结果。

基于逐层嵌套结构的流域超标准洪水模拟发生器技术路线见图8.7-4。

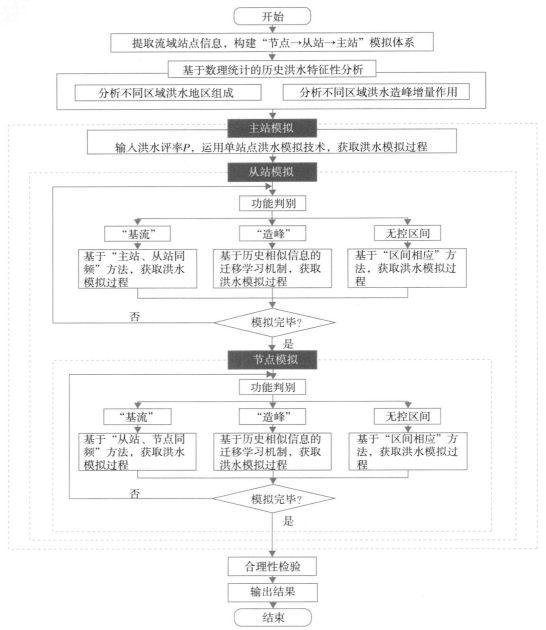

图 8.7-4　基于逐层嵌套结构的流域超标准洪水模拟发生器技术路线

8.7.1.3　应用案例

以长江上游为例,构建物理世界镜像与所建"发生器"模型世界镜像的孪生场景,长江上游应用时的孪生场景映射关系见图 8.7-5。1870 年洪水是荆江河段典型的超标准洪水,历史洪水灾害严重。大洪水是上游各支流及区间洪水相互遭遇而形成的区域性特大洪水,造成长江上游、荆江两岸、汉江中下游、洞庭湖湖区遭受空前罕见的灾害,宜昌出现了自 1153

年以来数百年未有的特大洪水,荆江河段南岸堤防溃决,汉江宜城以下江堤尽溃,两湖平原一片汪洋,宜昌—汉口的平原地区受灾范围为 3 万余 km²,损失惨重。但 1870 年洪水实测资料匮乏,三峡工程初步设计阶段采用洪水调查资料对宜昌站洪水过程进行了分析计算,但无上游金沙江及支流控制站洪水成果。此处在以往调查分析成果的基础上,运用所建模型模拟分析长江上游主要控制站洪水过程。长江上游干支流主要控制站模拟结果见图 8.7-6。

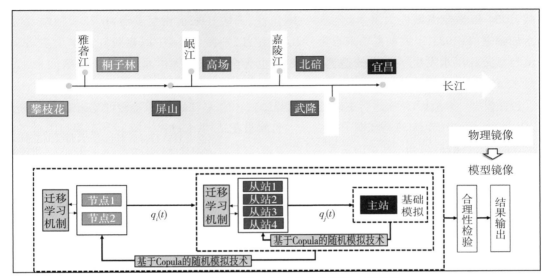

图 8.7-5 长江上游应用时的孪生场景映射关系

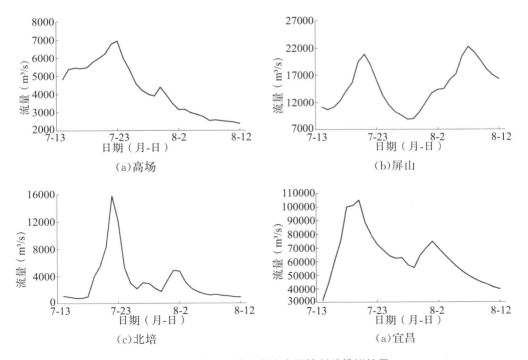

图 8.7-6 长江上游干支流主要控制站模拟结果

从模拟结果可以看出,在三峡工程设计阶段对 1870 年进行了大量分析研究工作,宜昌站洪峰流量用水文学和水力学方法多次计算,其数值大多在 100000～120000m³/s,本次模拟宜昌站洪峰流量为 105000m³/s,与文献分析结果相近;进一步获取枝城洪水模拟过程(宜昌站加上清江长阳站),根据枝城与宜昌多年平均峰量关系为 1.04 倍,本次推求枝城与宜昌峰量为 1.05 倍,结果基本一致。

应用所建模型进一步开展不同地区组成及遭遇类型的超标准洪水模拟。例如,据史料记载,1954 年是全流域性大洪水,金沙江、岷沱江、嘉陵江来水相互遭遇,乌江武隆站、区间来水加帽造峰;1981 年洪水主要来自金沙江、岷沱江、嘉陵江,其中以嘉陵江来水为主,长江干流与嘉陵江洪水发生了恶劣的遭遇;1998 年也为全流域性大洪水,金沙江和区间来水占宜昌水量比例较多年均值明显偏大。

遵循模型计算流程,依次进行主站(长江宜昌站)、从站(乌江武隆站、嘉陵江北碚站、岷江高场站、金沙江屏山站)、节点(雅砻江桐子林站、金沙江攀枝花站)洪水过程模拟。受篇幅所限,此处仅列出宜昌站、北碚站、高场站和屏山站等 4 个主要站点模拟结果(图 8.7-7 至图 8.7-9)。

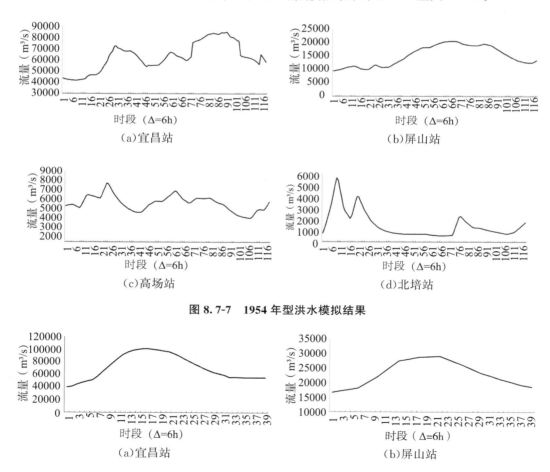

图 8.7-7　1954 年型洪水模拟结果

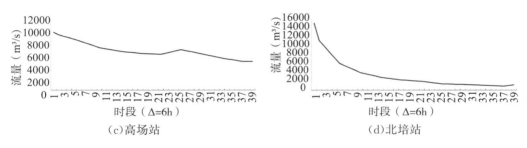

(c)高场站　　　　　　　　(d)北培站

图 8.7-8　1981 年型洪水模拟结果

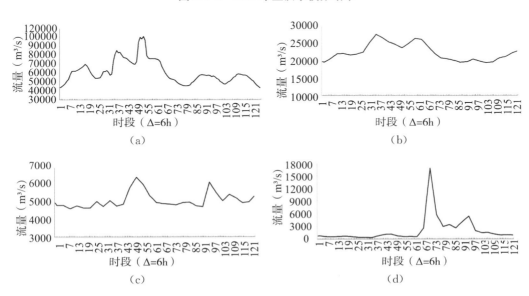

（a）　　　　　　　　　　（b）

（c）　　　　　　　　　　（d）

图 8.7-9　1998 年型洪水模拟结果

由此可知,洪水发生器能够准确模拟大洪水组成,可以为流域超标准洪水调度提供各种洪水样本。

8.7.2　基于知识图谱的大规模工程群组智能调度技术

现有综合调度模型在处理简单工程组合和应对标准内洪水能力建设方面取得了长足进步,但仍无法对多类别工程的联合调度规则进行有机集成,在处理复杂工程群组和应对大洪水时,难以动态协调防洪工程体系的拦、分、蓄、排能力。在此背景下,力求通过知识图谱技术体系,提出一套满足普适性与通用性的流域防洪工程联合智能调度技术方法,以期进一步完善现有系统功能,进一步提高调度系统综合应对流域超标准洪水的能力。

8.7.2.1　知识图谱驱动的防洪智能调度模型总体构架

知识图谱技术是人工智能技术的重要组成部分,其应用价值在于,它能够改变现有的信息检索方式,以结构化的方式描述客观世界中的概念、实体关系,从而提供一种更好的组织、管理和理解海量信息的能力,将散乱的知识有效组织起来,将其表达成更接近于人类认知世界的形式,使人们更快捷、精准地查询到所需要的知识。本研究通过结合知识图谱技术对海量防洪领域基础数据信息与调度经验知识进行整合、组织与重构,构建防洪领域知识图谱。进一步结合不同业务应用需求,充分利用知识图谱具有的快速索引、精准预测的能力优势,构建知识图谱驱动的防洪智能调度模型,实现态势分析、方案调控与互馈、风险决策、评估校正四大功能模块的智能应用。

本模型总共包含三个部分内容,分别是基础数据模型构建、防洪知识图谱构建及其衍生出的功能应用模块建设,总体流程见附图。

8.7.2.2 基础数据模型构建

防洪领域知识图谱的构建需要海量知识进行支撑,其中包含历史、实时水雨情、工情等质量较高的结构化知识,但也包含调度规划报告、险情上报资料等文件中文字、图片、网页数据等半结构化或非结构化知识。基础数据模型是融合防洪领域结构化、半结构化以及非结构化的多源异构信息的数据模型,模型主要包含结构化与半结构化数据组织与重构和非结构化数据提取与存储两块建设内容。

(1)数据组织与重构

针对数据基础与数据质量较好的水雨情、工情、险情、社会经济等信息,其重点是对数据进行组织与整合。根据知识图谱建模思路,按照工程类型不同,建立不同属性数据之间的有机联系,构建数据信息间的关联数据结构。将数据信息分为堤防、水库、分蓄(滞)洪区、洲滩民垸与涵闸泵站 5 大类,将各类工程的工情信息、工程历史险情信息、工程所在区域历史与实测水雨情信息以及工程保护对象的社会经济信息进行关联,通过交叉连接(笛卡儿积)的方式对数据信息进行建库建表。

以堤防工程为例,堤防工程工情信息又可分为属性类别信息(堤防达标情况与堤防级别)、特征参数信息(堤顶高程信息、内外坡比、构造信息等)、调度运行参数信息(历史险工险段信息、保护区及风险辐射区险情信息)以及堤防所在河段内与保护区内所有水文、气象站点的历史实测与预报的水雨情信息,同时还包括堤防保护区内风险度较高区域的社会经济信息。

基础数据模型构建思路见图 8.7-10。

基础数据

结构化、半结构化数据

属性类别	特征参数	调度运行参数	险情信息	水雨情信息

堤防
- 达标情况
- 堤防级别
- 堤顶高程
- 内外坡比
- 堤段长度
- 地质情况
- 保证水位
- 警戒水位
- 险工险段
- 保护区及其风险影响区
- 干支流河道主要控制站点水情情、气象站点降雨信息

水库
- 水库功能
- 库容分级
- 汛限水位
- 校核水位
- 水位库容
- 下泄能力
- 保护对象
- 防洪高水位
- 补偿水位
- 预留库容
- 起蓄水位
- 库区淹没对象及其风险辐射影响区
- 下游河道定性
- 水库历史实测、预报入库、出库信息

蓄滞洪区
重要／一般／保留
- 蓄洪容积
- 所在河段
- 对应河段
- 保护区域
- 运用水位
- 口门类型与设计流量
- 面积、人口、房屋、耕地
- 重点基础设施
- 区内、辐射影响区社会经济
- 蓄滞洪区外水位、流量信息
- 蓄滞洪区内降雨过程信息

洲滩民垸
单退／双退／其他
- 行洪容积
- 区域面积
- 对应河段
- 分洪运用水位
- 机口设计与设计流量
- 面积、人口、房屋、耕地
- 重点基础设施
- 区内、辐射影响区社会经济
- 干支流河道相应控制站点水位、流量信息

涵闸泵站
- 农田
- 城镇
- 调蓄容积
- 行政区划
- 设计流量
- 排涝标准
- 涝区片
- 保护对象
- 干支流重要站点流量信息、区内降雨信息

图 + 网络系统链接数据

图像数据	网络舆情数据	音视频数据

- 工程实时监测画面
- 历史险情灾情图片
- 网络爬虫+数据解译+人工判别
- 网络爬虫+语音识别

获取方式
- 实时监测传输
- 数据库导入+人工录入
- 获取方式
- 获取方式

提取内容
- 成基于图像识别的风险判别结果
- 成历史风险类型、历史险情强度
- 相关网页新闻、音视频中关于实时水、雨、工、险、灾情以及位置情况的描述信息

纯文本数据

防洪规划报告	地方实时上报资料	科研成果论文等

- 人工整理汇集
- 人工整理
- 网络爬虫+文字识别

获取方式
- 工程布局、设计参数、工程联调规则、流域防洪需求
- 地方实时险情、发生区域、时间、大小、建议处置手段
- 成熟先进法律库、国内外险情灾情处理手段及效果

社会经济与洪涝信息

保护对象与洪涝社会经济指标

长江干流险工险段及不达标堤段（含4、5级堤防）：重庆市巴南区、綦江区等河段堤防；荆江大堤灵官庙至中和观段，郝穴段；江西省长江干堤部分堤段：池口庙南至安徽段，贵池段；等

支流重点保护城镇：嘉陵江苍溪、阆中、南充、合川；乌江思南、彭水、武隆；清江长阳县城等。

易发生库区淹没的水库：三峡水库、亭子口水库等水库区社会经济信息以及不同水位淹没情况

洞庭湖区松滋、安造、沅澧、沅南、大通湖、育乐、长春、烂泥湖、湘滨南湖、华容护城等11个重点垸围堤及其涉及的17个县区社会经济

鄱阳湖区保护抚南昌市和赣抚平原区域防洪安全圩堤2处，保护耕地10万亩，或圩区内有重要设施保护区等重点垸围堤及其涉及12处上圩堤的重要保护区

蓄滞洪区：荆江分洪区、城陵矶附近、洞庭湖等42处蓄滞洪区

洲滩民垸：长江干流、洞庭湖区、鄱阳湖区共计851个洲滩民垸

地方实时险情
- 工程布局、设计参数、工程联调规则、流域防洪需求
- 地区地方地点洪等地方险情
- 点干堤32座、保护约相应近、武汉附近

图8.7-10 基础数据模型构建思路

（2）数据提取与存储

针对部分纯文本数据、图像数据以及网络数据等非结构化数据信息，需结合网络爬虫技术、文字识别技术、语音转化技术进行数据提取，并需要人工完成最后校正与录入工作。

其中纯文本数据包含防洪规划报告、堤防实时上报资料、科研成果论文等，相应提取的数据信息包含防洪工程布局与各工程设计参数、工程联合调度规则、流域整体防洪需求；堤防实时险情发生区域、时间、强度、处置手段以及科研成果论文中国内外关于不同险情、灾情的成套解决方案。图像数据包含历史灾情险情图片与工程实时监测画面，相应需要提取的信息包括历史风险类型、历史险情强度；基于图像识别的风险判别结果以及风险类型与强度解析情况。网络链接数据包含网络舆情信息与音视频数据信息，具体提取内容包含相关网页，新闻中关于水情、雨情、工情、险情、灾情以应对措施的描述信息。

8.7.2.3　防洪知识图谱构建

防洪知识图谱构建是本模型的核心。按照"单元—网络—图谱"的总体建设思路开展基本知识单元构建、防洪知识体系网以及知识学习模型建设。首先，对基础数据模型生成的数据集进行知识抽取，将水雨情、工情、险情、调度关联对象等基础信息与工程节点与控制站节点进行连接，构造基本知识单元。进一步考虑不同水雨工险情条件下工程单元与站点单元之间的调度响应关系以及工程单元间的防洪任务联系，将不同的基本知识单元进行有机组织，构建防洪知识体系网，确立防洪知识体系框架结构。最后，通过数据驱动的方法，结合历史调度案例不断丰富与完善防洪知识体系网，构建具有自学习功能的防洪调度知识图谱，实现在不同水情、雨情、工情、险情条件下，防洪工程群组合自动推荐以及调度响应关系智能索引功能。

（1）基本知识单元构建

基本知识单元旨在构建单一节点的数据关系模型，有机且紧密耦合相关属性信息，主要包含三块内容，具体为：节点实体抽取、节点属性抽取与防洪工程基本知识单元构建。在知识图谱中，实体节点与属性之间没有明确界限，某个属性节点可以成为某一类的实体节点，反之亦然。实体节点与实体节点、实体节点与属性节点、属性节点与属性节点均存在映射关系。

为便于知识图谱构建与搜索调用，结合专业知识背景，将实体节点分为防洪工程节点与控制站节点，基本知识单元将围绕这两类节点建立。其中，防洪工程节点属性包括行政区划、类别、建设情况、特征参数、启用方式、实时水雨工情信息、历史风险点、直接关联工程等。控制站点节点属性包括站点类型、站点名称、位置、水雨情实测预报信息、站点附近险情信息、站点所在区域社会经济信息等。最后通过节点属性链接构建防洪节点知识单元，不同知识表示方法展示的基本知识单元不同，图 8.7-11 展示了以 RDF 三元组为例的基本知识单元。

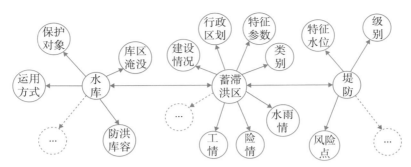

图 8.7-11　防洪工程节点基本知识单元(以 RDF 三元组表示为例)

(2)防洪体系网构建

防洪体系网旨在链接工程节点,构成知识图谱构架。根据防洪工程与站点之间行政区划、空间距离等空间拓扑联系,建立工程与工程、工程与站点、站点与站点之间的基本空间联系;将历史水雨情与险情信息概化成水雨情节点与险情节点,并与相应的控制站节点进行连接。并进一步筛选出与控制站点水文水力联系紧密的水库、堤防、分蓄(滞)洪区等工程节点,将两者进行互联;根据防洪规划方案中不同工程节点针对不同调度控制站点的防洪任务,确定两者之间的调度响应关系并作为关系属性与工程节点与属性节点进行连接。同时,水库、堤防、分蓄(滞)洪区等的防洪工程联合运用方式与水工程调度方案紧密相关,需进一步解析不同调度方案下各防洪工程联合运用方式,建立不同防洪工程间的调度联系、防洪知识体系网见图 8.7-12。

图 8.7-12　防洪知识体系网

以控制站节点与险情节点构建的链接网所呈现的信息数据为例,图 8.7-13 展示了长江流域洲滩民垸工程节点、城陵矶控制站节点,以及长江干流与洞庭湖险情节点之间的时空联系。具体展示了不同城陵矶运行水位下,长江干流及洞庭湖湖区洲滩民垸堤防超设计水位运行的范围变化过程,以及相对应可能淹没耕地面积、蓄洪容积以及影响人口,可在实时调度过程中快速索引查询出不同运行工况下的全域灾情险情信息,为后续决策提供数据支撑。

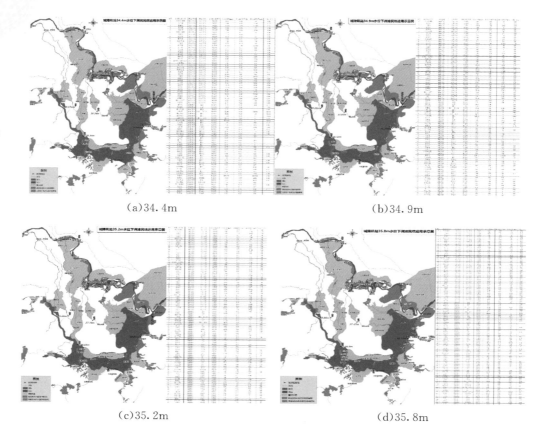

(a)34.4m

(b)34.9m

(c)35.2m

(d)35.8m

图 8.7-13 城陵矶站不同水位下洲滩民垸运用示意图

（3）知识学习模型

为使知识图谱具备学习功能，需要构建知识学习模型。学习模型分为自学习模块、案例学习模型、知识修正模型 3 部分，自学习模型是以超标准洪水模拟发生器为数据输入，水动力学模型算法驱动，按照约定工程运行原则，模拟出不同水情、防洪工程运用后，控制站的水文响应关系，实现自优化模型，以不断补充与完善防洪体系知识网中工程节点与站点节点之间的调度响应关系；案例学习模型能够将大量历史调度案例集中的知识要素进行提取，并对防洪体系知识网的节点路径，即调度方案组合进行扩充完善；知识修正模型则基于调度响应关系对历史调度案例复演计算得到的误差，对调度响应关系模型与案例学习模型进行自适应校正。通过自主学习、案例学习、知识修正，能使防洪知识体系网发展成具有调度案例智能推荐、调度效果智能预测、参数自我更新学习能力的防洪知识图谱。

1）基于调度响应关系的自学习模型。

调度响应关系自学习模型构建包含三个部分：洪水发生器模型、基于物理模型的调度样本集构造以及应用数据驱动方法的工程调度响应关系学习。

自学习模型构建方法为：通过洪水发生器生成的大量样本，结合低维调度响应关系曲线，生成不同来水条件下的工程调度方案集，生成不同来水场以及模型初始边界场，然后应用机理模型(如水动力模型、工程调度模型)进行流域调度模拟,获取大量调度样本集。引入机器学习、深度学习等方法对水库、堤防、分蓄(滞)洪区、洲滩民垸与涵闸泵站不同水工程的调度效果进行拟合,结合风险评估方法,完善工程调度响应关系模型。不断重复"模拟—优化—训练"的过程,使调度响应关系不断进行自主学习。

基于调度响应关系的自主学习模型总体框架见图8.7-14。

图 8.7-14 调度响应关系自主学习模型

2) 历史调度案例学习模型。

历史调度案例学习模型是参考历史上各种调度案例,提取案例调度知识点供后续相似洪水进行学习和参考。

历史调度案例学习模型构建方法为:剖析历史调度案例,对调度目标、险情河段、水情、工情、险情、工程组合、调度方式,以及调度过程中考虑的其他要素(如航运要素、水资源配置影响要素)进行提取,构成案例基本知识点,并进行有机串联组织,要求达到可复演还原案例,供调度案例搜索引擎,实现调度案例集的智能索引。各要素提取内容包含要素的发生时间、影响空间、要素涉及的量与影响程度等。如历史调度案例中的工情要素包括工程启用时机、工程的空间分布、涉及的调度对象与目标、启用工程数量、投入规模总量以及相应的调度效果与风险等。

案例学习模型见图 8.7-15。

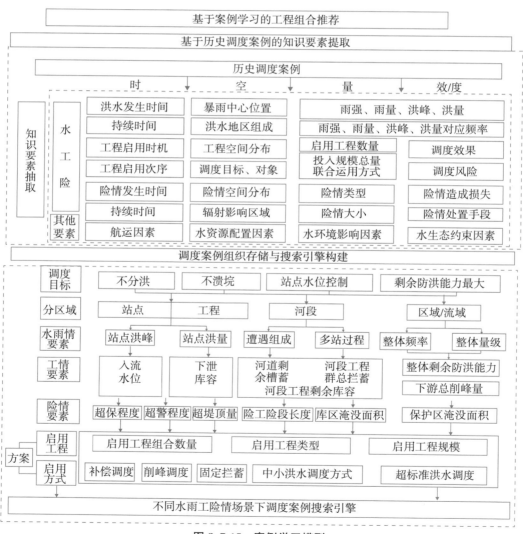

图 8.7-15 案例学习模型

3)知识修正模型。

知识修正模型建设的目标是对知识图谱中的调度效果响应关系模型与调度案例知识库进行补充、更新与完善,主要通过防洪工程调度响应关系模型,对历史调度案例进行复演,计算模拟效果与真实效果之间的误差。基于调度误差,对调度响应关系进行二次训练,如直接对模型输出建立贝叶斯模型、误差自回归模型进行结果校正。校正模型也可对实时防洪调度中产生的误差进行校正。对于误差较为明显时,则需要对历史案例进行重构解析,对调度案例中考虑的要素特征进行二次筛选,同时也需要核查工程调度方案与调度效果是否有误。

知识修正模型见图8.7-16。

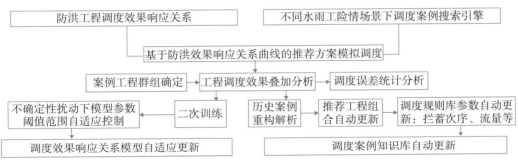

图 8.7-16　知识修正模型

8.7.2.4　功能应用模块建设

聚焦提升现有调度模型支撑能力,从知识图谱衍生四大应用,分别是防洪态势分析、防洪调度方案调控互馈、风险分析与决策,以及调度方案评估校正。防洪态势分析功能可以计算得出面临时段防洪压力,并可调用知识图谱中工程调度的相应关系,计算未来流域防洪工程体系的整体防御能力。同时,通过分析防洪压力情况,判断是否需要进入流域超标准调控状态。防洪调度方案调控互馈功能则可基于知识图谱搜索与实时优化得到的调度案例集,通盘考虑各区域精细化防洪调度目标与约束情况,建立调度效果与风险互馈的方案优化模型,优化得到满足调度目标的调度方案集。风险分析与决策功能是通过建立决策者关注的关键风险指标体系,将满足调度目标的调度方案集进行分级筛选与自动排序,辅助进行最优决策。调度方案评估校正功能则重点从调度效果的角度评估调度方案的实施情况,并将误差反馈至知识图谱模型,对知识图谱进行修正。防洪态势分析模块是调度互馈模块的启动判别器,调度互馈模块则作为风险决策模块的"动力系统",为之提供大量满足目标的优化方案集。

(1)防洪态势分析

防洪态势分析模型见图8.7-17,防洪态势分析模型功能分为流域风险区划、流域防洪态势研判、流域防御能力评估3部分。首先根据流域洪水风险区划技术,将流域区划成防洪保护区、分蓄(滞)洪区、洲滩民垸、水库库区、洪泛区以及城镇,完成空间尺度的风险区域识别与标记。流域防洪态势研判是根据有效预见期内洪水过程,采用现有防洪调度规则对确定性预报来水进行预报调度,综合考虑调度后流域不同风险区划单元的险情态势情况,计算面临时段所需要承担的防洪压力指数,并基于防洪压力值判断流域防洪工程体系是否需要进入超标准防御状态;流域防御能力评估是基于预见期外的来水不确定,对流域防洪工程剩余可用于防御的调洪、蓄洪量,基于知识图谱搜索获取当前水雨情条件下上游水库群库容效用系数,下游行蓄洪空间调度响应关系,通过逐级推演换算,并通过选取历史相似典型年进行模拟调度,折算成流域各防洪河段或区域能够有效抵御洪水的频率和安全裕度。

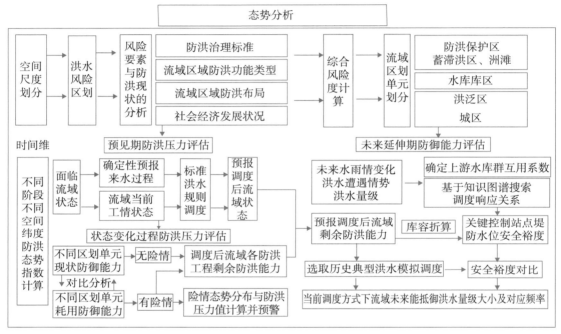

图 8.7-17 防洪态势分析模型

(2)调度互馈

调度互馈模型主要由调度工程群组初选、调度风险互馈优化两部分组成。

调度工程群组初选是调度方案的核心内容,生成途径有两种:一种是通过案例匹配,进行推算;另一种是设定调度目标,通过规则库寻优,推演获得。

调度风险互馈优化则需要精细调度模型的支撑,该模型通过获取多组调度工程群组组合,考虑目标集考虑为水位约束、流量约束、变幅约束等(如保证库区不淹没、区域防洪控制站水位、控制性防洪水库运用水位等方面的要求),启用知识图谱中调度响应关系,开展防洪精细化调度,进一步优化工程群组投入次序和方式,使理想模型逐步逼近实时调度面临的边界条件和目标约束。通过不断对工程群组调度案例进行迭代优化,筛选出能够满足调度目标的调度方案集合。

调度互馈模型见图 8.7-18。

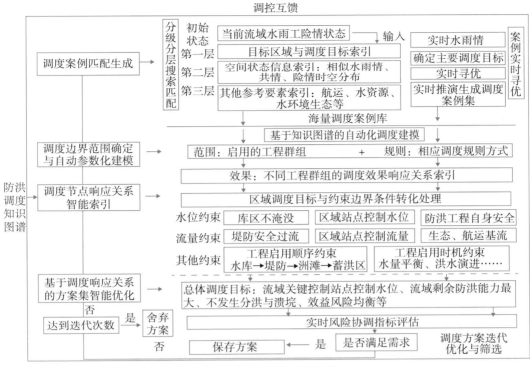

图 8.7-18　调度互馈模型

（3）风险决策

针对满足调度目标的最优方案集合，根据决策者对不同防洪保护对象与防洪目标的重视程度，建立涵盖人员伤亡情况、库区淹没损失、搬迁人口数量、保护区淹没损失、工程剩余防洪能力等指标的风险评估指标体系，实现不同风险指标下方案自动排序，以及综合考虑主客观权重后，对方案智能分级、排序、优选。

风险决策模型见图 8.7-19。

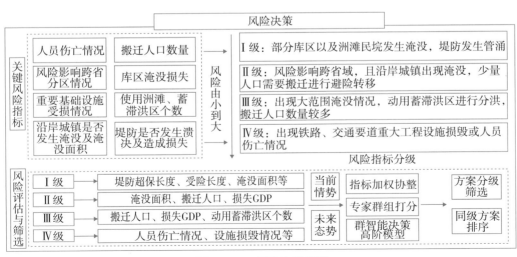

图 8.7-19　风险决策模型

（4）评估校正

调度方案评估校正是根据调度效果对调度方案进行评估，调度效果将从方案实施情况，如调度响应时间、响应程度以及方案减灾情况，如水位是否降低、淹没面积是否控制等来评价调度方案。若调度方案未达到预期效果，则进行预警。同时将调度偏差输入知识图谱中，对知识图谱进行更新。评估校正模型见图8.7-20。

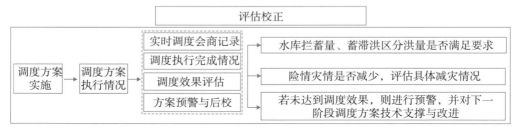

图 8.7-20　评估校正模型

8.7.2.5　防洪工程调度规则库建设

调度规则库是构建洪水调度智能调控"神经网"的核心工具。流域水工程涉及水库、分蓄（滞）洪区、堤防、涵闸泵站等，社会经济快速发展可能引起水工程防洪定位的转变，如分蓄（滞）洪区建设与区内经济发展不匹配，人口普遍增加，一旦分洪将付出很大代价。因此，流域超标准洪水调控一般需要遵循以下基本规则：

1）确保人民生命安全作为评判调控成效的决定要素，最大限度地减轻洪灾损失。

2）以流域全局洪灾损失最小、流域剩余防洪能力尽可能大为目标，兼顾左右岸、上中下游协调，确保重点。

3）充分利用防洪工程设计标准内的蓄、泄能力，在保障工程安全、运用高效的基础上，发挥工程体系联合效益。

4）工程超标准运用应遵循防洪任务，采用分级运用方式对防洪目标投入蓄、泄空间。

5）防洪目标风险降低到一定值时，流域对其所保留的蓄、泄空间可为保障其他防洪目标投入运用。

（1）调度规则库原型设计

根据设计洪水和工程设计任务等确定的水工程联合调度方案是调度规则库建设的依据。依据水工程联合调度方案和各工程的调度规程，明确调度涉及的水工程、来水边界站点、控制对象，解析流域来水形势、调度需求、调度目标、调度对象、工程启用条件、运行方式等要素间语义逻辑关系及内在规律，提取调度方案特征值，建立水工程运行规则的知识化描述构架，并将调度方案逻辑化、关联化，即可形成可适配不同流域（河流）、可供调度模拟应用的调度规则库。调度规则库原型见图8.7-21。

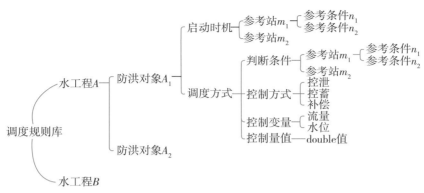

图 8.7-21 调度规则库原型

（2）多位一体防洪工程调度引擎开发

调度引擎是驱动工程调度规则库应用的技术,其构建方法为:针对调度规则库和知识库,提取其中调度对象与调度知识之间的逻辑化、数字化、结构化、智慧化的关系数据,构建调度规则解析应用关系模型,开发驱动该关系模型（即调度引擎）的相关模型集,形成规则库调用、转移、升级、查询等一系列面向专业用户的规则库搭建、编译、维护和应用工具集,实现对各调度对象涉及信息和运用规则的解析、扩展和应用。图 8.7-22 示意了水工程调度规则库的调用、可视化以及规则库维护等关键引擎要素。

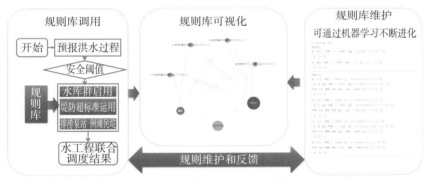

图 8.7-22 调度规则库关键引擎要素

"数据—识别—研判"模型的构建是防洪调度引擎的实现路径,防洪调度引擎的构建步骤如下:①基于调度规则的数字化和模型化,对调度节点数据结构中的映射关系进行数字化描述;②采用统计识别、结构识别等方法进行聚类分析,对规则中的复杂数据关系进行特征抽取,得到不同数据结构关系与库群协作组合方式间的映射模式;③分析评价调度效果及工程后续综合利用能力等,对映射模式进行反馈修正,完成可持续改进的"数据—识别—研判"闭合模型构建。

基于上述技术路线,研究采用 JAVA 语言编写开发了防洪调度引擎并封装为服务,实现了水工程调度规则库的解析和应用两个方面功能:①基于统一框架标准格式解析规则库内的调度信息,并存储于模型计算类中,封装成相应的服务供应用模型调用;②根据水文预报信息实现流域防洪形势智能研判,在此基础上进行调度影响关系和效果评估,基于不同主观偏好驱动调度规则库,实现水工程联合调度运用模拟。

8.7.3 基于风险与效益互馈的流域超标准洪水风险调控技术

水工程调度是洪水风险调控的重要措施之一,现有的调度方式(常规调度手段)主要针对标准内洪水,若流域防洪保护对象所在河段(目标河段)发生超标准洪水,可能出现常规调度手段运用后仍无法控制目标河段超堤防设计水位的情况。为尽可能减小超标准洪水的灾害损失,可以考虑对承担目标河段防洪任务的水工程进行超标准调度运用。水工程超标准调度运用主要指承担目标河段防洪任务的水库超蓄、目标河段堤防超高运行,承担目标河段分洪任务的蓄滞洪保留区运用。超标准调度运用会占用水工程为其他防洪保护对象或工程自身安全预留的防御能力,即将目标河段的洪水风险转移至其他防洪保护对象或工程自身安全,也可能形成灾害损失,需要权衡超标运用的利弊得失。目前关于水工程超标准调度运用方式的研究成果较少,本书提出一种基于调度与效果互馈机制的洪水风险调控技术,旨在根据调度效果滚动修正水工程的运用方式,最终得到风险可控(灾害损失满足预期)的水工程超标准调度运用方式。

8.7.3.1 洪水风险传递结构特征分析技术

"源头—途径—受体—后果"概念模型,简称"SPRC模型",是从系统角度描述事物从起源、经过相应途径到达受体并产生后果的一种概念模型。依据SPRC模型,从宏观层面上,流域超标准洪水风险传递过程的基本单元可大致划分为3个环节。流域洪水风险传递结构基本框架示意图见图8.7-23。

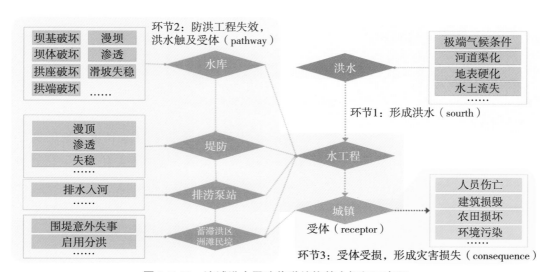

图 8.7-23　流域洪水风险传递结构基本框架示意图

环节 1 是水体从云层到河道形成洪水的过程,即从"源头"到"途径"的过程,影响洪水荷载大小的因素主要由极端气候条件、河道槽蓄能力、下垫面蓄水能力、沿江城市排涝等,相应的风险管理措施以事前措施为主,如建设海绵城市、开展河道整治工程等。

环节 2 是河道洪水途径防洪工程体系抵达最终灾害受体(城镇)的过程,即从"途径"到"受体"的过程,影响洪水触及受体概率的主要因素是防洪工程体系的可靠性,相应的风险管理措施以事中措施为主,即水工程联合防洪调度、堤防抢险措施、人工分洪等。

环节 3 是洪水抵达受体后形成灾害损失的过程,即从"受体"到"后果"的过程,影响损失大小的主要因素是承灾体的脆弱性与暴露程度,相应的风险管理措施较多,包括事前对城市发展空间规划,优化事中对分洪区内居民开展紧急转移安置,事后对灾区开展物资、医疗救援等。

流域超标准洪水风险传递结构特征主要体现在以下 3 个方面:①风险转移方面,变化环境下极端降水事件呈增加趋势,产汇流速度、量级增大,局部区域超标准洪水发生概率的增大,城镇内涝向河道洪水转移,支流风险向干流转移。②风险调控方面,洪水风险大小、传递方向与洪水过程、流动方向有关,可通过水工程调度调控。应注意,水工程对洪水风险的调控作用具有跃变性,需合理控制水工程防洪压力。例如,水库水位升高至一定程度后可能导致部分河道洪水风险向库区两岸内陆转移,若发生溃(漫)坝事件会显著增加向下游传递的风险。堤防若发生溃(漫)堤事件会导致河道洪水风险向其内陆侧转移。③风险分布方面,随着流域整体防洪工程体系建设的不断完善,洪水风险传递路径的薄弱环节是防洪能力较弱的河段,易形成区域性大洪水,洪水灾害易集中在局部区域。

8.7.3.2 调度方案效果评估与风险调控指标

发生超标准洪水时,水工程超标准调度运用实际是将目标河段的洪水风险转移至其他防洪保护对象或工程自身,需要权衡所采用的调度方案效果与风险。本研究提出基于"状态—响应—压力—效果"逻辑框架的调度方案效果评估与风险调控指标体系。调度方案效果评估与风险调控指标体系示意图见图 8.7-24。

结合流域洪水风险传递结构特征,构建状态指标,目的是表征水库、堤防、分蓄(滞)洪区的剩余防御能力;构建响应指标,目标是表征水库、堤防、分蓄(滞)洪区对洪水风险的调控措施,即超标准调度运用具体方式;构建压力指标,用于表征水库、堤防进行超标准调度运用后,发生工程失事的可能性;构建效果指标,表征水工程超标准调度方案效果。

图 8.7-24　调度方案效果评估与风险调控指标体系示意图

8.7.3.3　基于调控与效果互馈的超标准洪水风险调控方法

（1）调控与效果的互馈机制

基于"状态—响应—压力—效果"指标体系,建立调控与效果的互馈机制(图 8.7-25)。"调控"指水工程超标准调度运用方式,"效果"指相应的工程失事风险和淹没损失风险,根据状态指标衡量水工程是否具备超标准调度运用的能力,并对满足条件的水工程依据加权剩余防御能力进行排序,依次选取单一水工程设置响应指标,即拟定具体的超标准调度运用方式,随后开展调洪演算并判断水工程超标准调度运用后工程失事风险,若有失事风险,则反馈修正响应指标,直至工程失事风险可控,进而评估该调度方式对洪水淹没损失风险的调控效果。

基于"状态—响应—压力—效果"指标的调控效果互馈机制见图 8.7-26,包括如下几个步骤:

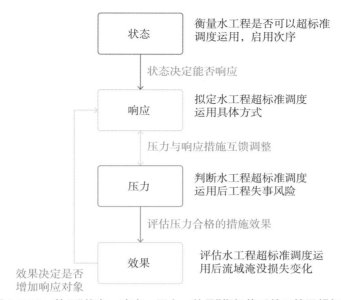

图 8.7-25 基于"状态—响应—压力—效果"指标体系的互馈逻辑框架

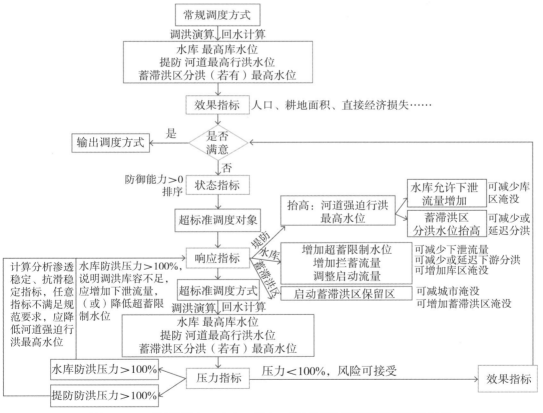

图 8.7-26 基于"状态—响应—压力—效果"指标的调控效果互馈机制

步骤 1：构建水工程常规联合调度方案(即基准方案)。

步骤 2：输入预报洪水过程和调度方案，进行调洪演算和回水计算，得到各水库最高库水位和库区水面线、堤防控制断面最高水位、分蓄(滞)洪区分洪(若有)最高水位等。

步骤 3：根据各水库最高库水位和库区水面线、堤防控制断面最高水位、分蓄(滞)洪区分洪(若有)最高水位，计算灾害损失指标，判断损失是否满足预期，若损失不满足预期，转入步骤 4；若损失已满足预期，转入步骤 12。

步骤 4：计算各水库、堤防、分蓄(滞)洪区时段初的状态指标，筛选出剩余防御能力大于零的水工程，按照加权剩余防御能力从大到小依次排序，当堤防与水库的加权剩余防御能力相当时，若水库剩余防御能力处于区间①或②，则水库排序优于堤防，否则优先考虑堤防超标准调度运用；转入步骤 5。

步骤 5：按照步骤 4 的排序结果，依次选择单一水工程设置响应指标，若所选工程为堤防，转入步骤 6；若所选工程为水库，转入步骤 7；若所选工程为分蓄(滞)洪区，转入步骤 8。

步骤 6：选择目标河段堤防 j 进行风险调控，设置堤防 j 调度的响应指标，即河道强迫行洪最高水位，如果事先已评估堤防安全裕度，明确了堤防河道强迫行洪最高水位上限值，则设置河道强迫行洪最高水位不应超过上限值；需注意，承担目标河段分洪任务的分蓄(滞)洪区分洪水位也应调整(由堤防保证水位改为河道强迫行洪最高水位)；转入步骤 9。

步骤 7：选择水库 k 进行风险调控，设置水库 k 调度的响应指标：①超蓄限制水位，②下泄流量，③超蓄启动流量；转入步骤 9。

步骤 8：选择分蓄(滞)洪区保留区 g 进行风险调控，启用分蓄(滞)洪区 g；转入步骤 9。

步骤 9：根据所选水工程的响应指标修改基准调度方式，生成流域新的水工程联合调度方式，开展调洪演算，得到各水库最高库水位和库区水面线、堤防控制断面最高水位、分蓄(滞)洪区分洪(若有)最高水位等；计算各水库、堤防的压力指标，若压力均不超过 100%，则转入步骤 10，否则转入步骤 11。

步骤 10：压力指标满足控制要求，说明当前水工程超标准调度运用方式的工程失事风险可以接受，转入步骤 3。

步骤 11：水工程压力超过 100%，说明当前拟定的超标准调度运用方式会导致工程失事(如发生漫坝或溃堤事件)，需要调整响应指标：①若为堤防，转入步骤 6，降低河道强迫行洪最高水位；②若为水库，转入步骤 7，增加水库 k 下泄流量，(或)降低水库 k 超蓄限制水位。

步骤 12：输出当前调度方案和灾害损失指标。

(2)洪水风险与减灾效益协调策略

在对水工程进行风险调控的过程中，水工程自身安全与流域整体防洪安全两者之间存在互馈协变的关系，即在遭遇流域超标准洪水时，水工程超标准运用的程度越高，剩余防御能力越小，工程失事的风险越大；在保障工程自身安全的前提下，水工程超标准运用可以减少流域整体灾害损失,但若发生工程失事,则可能增加流域灾害损失。此外,流域防洪由水库、堤防、分蓄(滞)洪区等多种类型水工程共同作用,存在多种工程群组合方案,不同工程群组的减灾效益可能存在较大差异。

以堤防为例,选取城陵矶站为对象,拟定河道强迫行洪水位(防洪控制水位)不同幅度抬升工况,分析控制水位变化对超额洪量变化的影响规律,遭遇 1954 年洪水,各工况城陵矶附近分蓄(滞)洪区运用情况见图 8.7-27。从分蓄(滞)洪区运用数量、分洪运用影响的人口数量、耕地面积、GDP 等方面来看,不同城陵矶控制水位工况结果存在较为明显的多阶段"拐点",大致可以分为 5 个区间,在 34.4～34.6m 时,分蓄(滞)洪区运用数量逐步下降至 11 个,分洪运用影响的人口数量、耕地面积、GDP 分别可减少 13 万～25 万人、18 万～39 万亩、32 亿～63 亿元;在 34.6～34.8m 时,由于洪湖中分块有效蓄洪容积较大,未减少分蓄(滞)洪区运用数量;在 34.8～35.3m 时,分蓄(滞)洪区运用数量逐步下降至 4 个,分洪运用影响的人口数量、耕地面积、GDP 分别可减少 72 万～98 万人、83 万～121 万亩、276 亿～328 亿元;在 35.3～35.6m 时,由于洪湖东分块有效蓄洪容积较大,未减少分蓄(滞)洪区运用数量;在 35.6～35.8m 时,分蓄(滞)洪区运用数量逐步下降至 2 个。

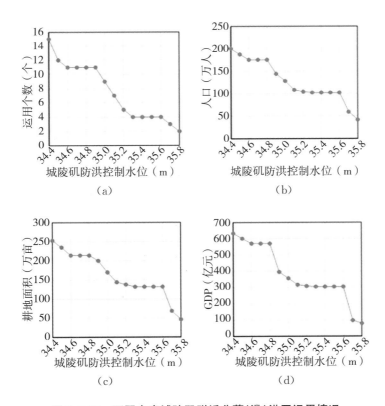

图 8.7-27　不同方案城陵矶附近分蓄(滞)洪区运用情况

从社会经济效益的角度定性来看,防洪控制水位抬高一方面可减少分蓄(滞)洪区运用、降低分洪运用损失,另一方面需加高堤防增加工程投资。因此,选择水位抬高而分蓄(滞)洪区运用损失减少幅度降低的"拐点"水位作为防洪控制水位,经济效益相对较大。

对于单一水工程而言,一定范围内继续抬升控制水位并不会额外显著增加减灾效益,甚至可能会增加灾害损失。因此,若能根据水工程单位防御能力的减灾效益拟定响应指标,即存在一种较优的控制水位组合,可以投入更少的防御能力,达到预期减灾目标,可在减小淹没损失风险的同时尽可能多地预留剩余防御能力,降低后续防洪风险。

在开展水工程超标准洪水联合调度运用时,首先需要根据加权剩余防御能力对各类工程参与调度的响应次序进行排序,依次选取单一水工程,设置其响应指标,核心指标是超标准调度运用的控制水位 H,计算控制水位抬升前后灾害损失减少量 L,生成水工程超标准运用防洪效益风险序列 S:

$$\{(H_1,L_1),(H_2,L_2),\cdots,(H_n,L_n)\} \tag{8-26}$$

设置水工程超标准运用下水位抬升的临界阈值 ε,以此作为水工程防洪效益风险的协调系数,其中水位抬升临界阈值 H' 满足:

$$\frac{\partial L(H')}{\partial H'}=\varepsilon \tag{8-27}$$

若水工程超标准运行限制水位已达到临界阈值 H',流域灾害损失仍不满足预期,继续抬升该工程的超标准运行限制水位,虽然可以进一步降低流域灾害损失,但是增量效果有限,本质是边际效益递减。为尽可能提高水工程防御能力的使用效率(增加剩余防洪能力),优先按照前述响应次序选择新的水工程进行超标准调度运用。若本轮全部水工程依次按临界阈值拟定超标准调度运用方式后,流域灾害损失仍不满足预期,则按前述原则再次轮转抬升各水工程超标准运行控制水位,直至流域灾害损失满足预期,基于防洪效益风险协调系数的水工程超标准调度运用方式拟定流程见图8.7-28。

(3)基于调控与效果互馈的超标准洪水风险调控流程

基于调控与效果互馈的超标准洪水风险调控流程(图8.7-29)各环节内容简述如下:

1)基准灾害损失评估。

将标准内洪水调度规则作为基准方案,根据基准方案和预报洪水过程开展调洪演算,计算流域关键性控制节点流量(水位)是否超过规划防洪标准对应的安全阈值,若超过,则启动超标准洪水调度。

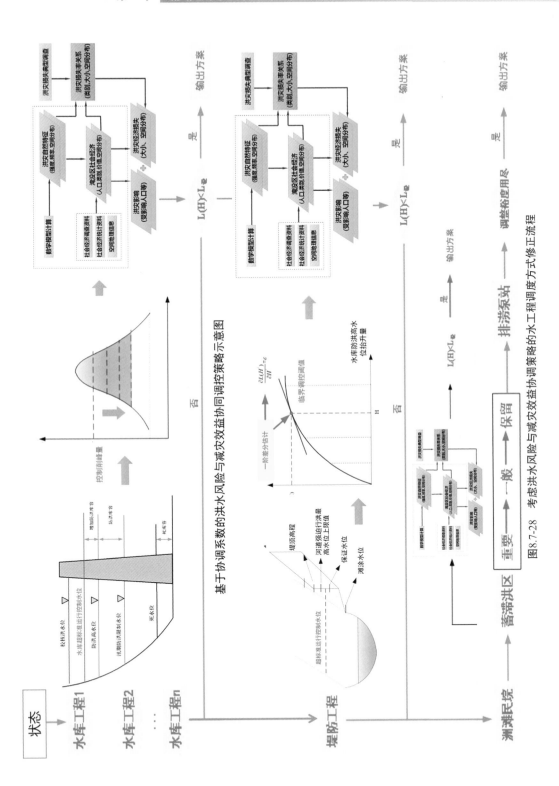

图 8.7-28 考虑洪水风险与减灾效益协同策略的水工程调度方式修正流程

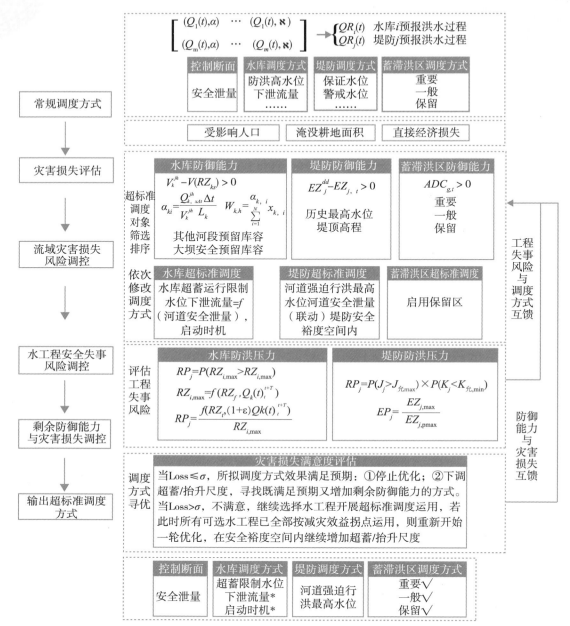

图 8.7-29　基于调控与效果互馈的超标准洪水风险调控流程示意图

2)超标准调度方式拟定。

计算各水工程状态指标,并根据加权剩余防御能力确定响应次序,依次选择水工程设置其响应指标:堤防设置河道强迫行洪最高水位,水库设置超蓄限制水位、下泄流量和超蓄启动流量,分蓄(滞)洪区设置保留区可启用分洪,由此生成(水工程联合超标准调度)新调度方式。当水库与堤防加权剩余防御能力大小相当时,参考水库剩余防御能力等级进行排序,若时段初水库水位低于防洪高水位,则优先考虑水库参与响应;若时段初水库水位已达到防洪高水位,则优先考虑堤防参与响应。

3)水工程超标准运用风险调控。

对防洪工程联合运用调度模型输入新调度方式,结合预报洪水过程进行调洪演算,计算各水库、堤防的压力指标,若防洪压力未超过 100％,则工程失事风险可以接受,进入环节4);若有工程防洪压力超过 100％,说明工程失事风险不可接受,超标准调度运用规则需要修正,返回环节 2)修改响应指标。

4)新调度方式效果评估。

计算各水库、分蓄(滞)洪区的淹没损失和流域防洪工程体系剩余防洪能力,判断灾害损失和剩余防洪能力是否满足预期,若满足,则停止修正,否则返回 2),选取新的水工程设置响应指标。

8.7.4 流域超标准洪水调控方案智能优选技术

8.7.4.1 评价指标体系构建

构建如何评价调度方案是否优于其他方案的指标体系时对流域超标准洪水调控方案进行优选的关键。研究从超标准洪水调度方案特点出发,建立了以超标准洪水调度方案最优为总的评价目标,综合考虑防洪工程剩余防洪能力、防护对象断面工情状态,以及分蓄(滞)洪区(或洲滩民垸)受影响人口数以及经济损失等因素,构建超标准洪水调控方案评价指标体系。超标准洪水调控方案评价指标体系见表 8.7-1。

表 8.7-1　　　　　　　　　超标准洪水调控方案评价指标体系

目标层	准则层	指标层
调控方案评价	防洪工程防洪能力	防洪剩余库容相对数
		分蓄(滞)洪区剩余数相对值
		最大分洪流量相对值
		最大分洪量相对值
	保护断面及堤防状态	控制断面最大流量相对值
		控制断面最高水位相对值
		控制断面高水位历时相对值
	流域损失情况	受影响人口
		上游淹没损失
		下游淹没损失
		救援损失
		生态环境损失相对值

针对超标准洪水调控方案评价,在标准内洪水评价指标主要涉及常用的防洪工程体系

防洪能力和保护对象。而超标准洪水评价主要在标准内的基础上同时涉及流域灾害损失等。流域工程标准内与超标准评价指标对比见表 8.7-2。

表 8.7-2 流域工程标准内与超标准评价指标对比

指标	标准内洪水	超标准洪水
水库工程防洪能力	不超过校核洪水位	可能超校核洪水位
保护对象状态	不超过保证水位	可能超过保证水位
流域损失	损失较少	淹没范围大、经济损失较多
受影响人口	相对较少	影响范围大、相对较多

8.7.4.2 基于决策树的智能决策

（1）智能优选模型建立

在智能优选模型建立过程中,决策树的建立同样对应超标准洪水的形成过程,类以及属性对应 3 个阶段应对要素,不同的形成阶段决策对象不同,其类与属性也是根据不同的洪水而形成不同阶段,主要分为 3 个阶段,同时预报的洪水级别对应决策树属性中预报洪水级别,不同阶段的智能优选过程中都用到洪水级别这个属性,不同洪水决策阶段对应不同决策类,具体模型建立主要是对属性和类创建。属性主要根据评价指标中涉及的评价对象来确定,这些对象包括水库当前水位,以及决策水位、保护对象及堤防当前水位及决策水位、分蓄（滞）洪区的当前状态及是否要开启的决策状态等属性状态,决定未来防洪工程决策。

根据流域超标准洪水特性,超标准洪水量级是随时间不断变化的过程,将超标准洪水发展过程分为 3 个阶段,分别对应洪水量级Ⅰ、Ⅱ、Ⅲ。

步骤 1:根据洪水量级对洪水进行分类,分类依据为:流域内所有水库工程在防御洪水时都未达到设计标准洪水位,这场洪水对应流域洪水量级Ⅰ;流域内只要有一个水库工程在防御洪水时达到设计标准洪水位,这场洪水对应流域洪水量级Ⅱ。

当流域任意一座水库工程防御洪水时水库水位超过设计标准洪水位,则这场洪水对应流域洪水量级Ⅲ。

步骤 2:筛选建立决策树的基础方案集合,根据与 3 个洪水量级的对应关系将洪水调度方案库中的调度方案进行分类,分为 3 种子方案集,每子方案集中包括不同类型洪水各自对应的多种调度方案,分别对每类洪水对应的多种调度方案进行评价筛选。

1)流域超标准洪水形成各个阶段的要素属性（即洪水类型）,决策树属性—洪水类型见表 8.7-3。

表 8.7-3　　　　　　　　　　　　决策树属性——洪水类型

序号	阶段	级别
1	类型 1 洪水/洪峰	1
2	类型 2 洪水/洪峰	2
3	类型 3 洪水/洪峰	3
4	类型 4 洪水/洪峰	4
5	类型 5 洪水/洪峰	5
6	类型 6 洪水/洪峰	6

2）流域水库群中核心水库当前水位以及决策水位组合要素属性（以两座水库为例），见表 8.7-4。

表 8.7-4　　　　　　　　　决策树属性——当前水位以及决策水位组合

序号	开启类型	级别
1	水位全部低于汛限水位	1
2	1 低于汛限水位，2 高于汛限水位	2
3	全部高于汛限水位低于防洪高水位	3
4	1 高于汛限水位低于防洪高水位，2 大于防洪高水位	4
5	1、2 大于防洪高水位	5
6	1 或 2 接近校核水位	6

3）流域分蓄（滞）洪区当前开启状态以及决策是否开启组合要素属性（以两个分蓄（滞）洪区为例），见表 8.7-5。

表 8.7-5　　　　　　　　　决策树属性——分蓄（滞）洪区开启状态

序号	开启类型	级别
1	未开启分蓄（滞）洪区	1
2	开启分蓄（滞）洪区 1	2
3	开启分蓄（滞）洪区 2	3
4	同时开启分蓄（滞）洪区 1 和 2	4

4）流域灾害损失要素属性，见表 8.7-6。

表 8.7-6　　　　　　　　　决策树属性——分蓄（滞）洪区开启状态

序号	损失	级别
1	损失类型 A	1
2	损失类型 B	2
3	损失类型 C	3

决策树因其形状像树且能用于决策而得名。从技术层面上讲，它是一个类似于流程图的树形结构，由一系列节点和分支组成，节点和节点之间形成分支，其中节点表示在一个属性上的测试，分支代表着测试的每个结果，而树的每个叶节点代表一个类别，树的最高层节点就是根节点，是整个决策树的开始。决策树采用自顶向下的递归方式，即从根节点开始在每个节点上按照给定标准选择测试属性，然后按照相应属性的所有可能取值向下建立分支、划分训练样本，直到一个节点上的所有样本都被划分到同一个类，或者某一节点中的样本数量低于给定值时为止。

用决策树技术分析超标准洪水应对方案，样本集、属性、类见表 8.7-7。

表 8.7-7　　　　　　　　　　超标准洪水调控决策树样本集、属性、类

序号	属性			类
	洪水类型要素	核心水库群 水位组合	分蓄(滞)洪区 开启状态组合	决策水位及 开启状态组合
	离散后对应数值	离散后对应数值	离散后对应数值	离散后对应数值
1	$P(1)$	$Z(1)$	$E(1)$	$D(1)$
2	$P(2)$	$Z(2)$	$E(2)$	$D(2)$
…	…	…	…	…

以场景设置为主导，在洪水形成过程中不断变换决策树模型中属性与类进行优选，依次对应决策树中属性与类。根据洪水量级选择不同的属性和类，综合分析 3 种量级洪水方案的特点，3 个量级选择的决策树属性与类见表 8.7-8 至表 8.7-10。

表 8.7-8　　　　　　　　　　　一般洪水场景(量级Ⅰ)

序号	属性		类
	洪水类型要素	核心水库群当前水位组合	水库决策水位组合
	离散后对应数值	离散后对应数值	离散后对应数值
1	$P(1)$	$Z(1)$	$D(1)$
2	$P(2)$	$Z(2)$	$D(2)$
…	…	…	…

表 8.7-9　　　　　　　　　　　标准洪水(量级Ⅱ)

序号	属性			类
	洪水类型要素	核心水库群当 前水位组合	分蓄(滞)洪区当 前开启状态组合	决策水位及分蓄(滞) 洪区开启状态组合
	离散后对应数值	离散后对应数值	离散后对应数值	离散后对应数值
1	$P(1)$	$Z(1)$	$E(1)$	$D(1)$

续表

序号	属性			类
	洪水类型要素	核心水库群当前水位组合	分蓄(滞)洪区当前开启状态组合	决策水位及分蓄(滞)洪区开启状态组合
	离散后对应数值	离散后对应数值	离散后对应数值	离散后对应数值
2	$P(2)$	$Z(2)$	$E(2)$	$D(2)$
...	...	...	...	...

表 8.7-10　　　　　　　　　　　超标准洪水(量级Ⅲ)

序号	属性			类
	洪水类型要素	核心水库群当前水位组合	分蓄(滞)洪区当前开启状态组合	分蓄(滞)洪区开启状态组合与灾害损失
	离散后对应数值	离散后对应数值	离散后对应数值	离散后对应数值
1	$P(1)$	$Z(1)$	$E(1)$	$D(1)$
2	$P(2)$	$Z(2)$	$E(2)$	$D(2)$
...	...	...	...	...

（2）智能优选

在完成智能优选前,首先建立一系列防洪调度方案作为基础数据库,防洪调度方案包括应对超标准洪水形成过程中各个洪水类别应对,进一步丰富数据库,在此基础上把各个评价指标分类,建立智能优选模型的属性和类。

建立超标准洪水应对的决策树的具体步骤如下:

步骤1:根据场景设置,建立相应数学模型,进行模拟计算,将调度结果按表中属性与类所示形式进行整理。

步骤2:建立相应的决策树,并剪枝。

步骤3:对生成的决策树进行检验(可以进行样本检验,也可以按生成的规则,进行长系列模拟计算,将模拟结果统计值与实际情况进行比较)。

步骤4:智能优选规律提取。

在超标准洪水实时应对时,具体步骤与操作如下。

1)计算给定样本分类所期望的信息熵 $E(S)$。

2)计算各属性的熵。假设属性洪水类型要素的信息增益最大,可选择属性洪水类型要素作为根节点测试属性,并对应每个值在根节点向下创建分支,迭代后形成的决策树见图8.7-30。

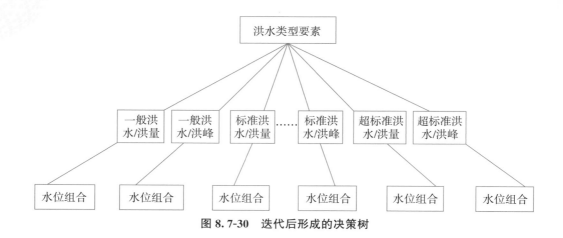

图 8.7-30 迭代后形成的决策树

3)连续型属性分裂断点的选择。如前所述,本研究已对核心水库水位这个连续型属性按等库容法进行了离散化。记防洪高水位为 Z_{max},汛限水位为 Z_{min},第 i 等分点所对应水位为 Z_i,分别计算把 $[Z_{min},Z_i]$ 和 $[Z_i,Z_{max}]$($i=1,2,\cdots,10$)作为区间时的信息增益,并进行比较;选择信息增益最大所对应的 Z_i 作为水库水位分裂断点。逐层向下构建节点、分支,直到样本都被划分到同一个类或某一节点中的样本数量低于给定值时为止。

4)树的剪枝。本研究采用后剪枝法进行剪枝。

5)决策树的应用。在实际应用中,究竟采用区间中的哪一个值,由调度者综合考虑确定。沿着根节点到叶节点的每一条路径就对应一条规则,箭头所指示过程就是决策树的一次应用。

6)决策树的检验。生成决策树质量的好坏,必须接受事实的检验。

8.7.5 小结

1)提出了大尺度、多区域、多站点流域逐层嵌套结构的大洪水模拟方法,克服了已有技术难以处理时空关联性概率组合问题的不足,采用基于历史相似信息的迁移学习机制,实现了流域超标准洪水形成物理机制和随机模拟的深度耦合,解决了流域超标准洪水样本稀缺的难题。模型以流域水流场为底座,提取流域干支流主要控制站拓扑结构,搭建了流域超标准洪水形成的现实物理镜像到虚拟空间数字建模镜像的信息交互通道,是数字孪生流域成套技术体系的重要一环;依靠"发生器"生成的洪水样本是科技赋能的显著体现,为解决点多面广、组成复杂的流域超标准洪水模拟提供了一种新途径,能为防洪减灾中预报、预警、预演、预案"四预"能力建设提供丰富的超标准洪水数据。

2)利用知识图谱具有的快速索引、精准预测的能力优势,从基础数据、防洪知识图谱、功能应用3个方面构建了具有自学习能力的基于知识图谱的流域防洪智能调度模型,具备了态势分析、方案调控与互馈、风险决策、评估校正4大功能应用,实现了不同水情、雨情、工情、险情条件下,防洪工程群组合自动推荐和调度响应关系的智能优化。提出了基于统一技术架构的水工程调度规则库体系模型的构建思路及实现步骤,依据水工程联合调度方案和各工程的调度规程,明确调度涉及的水工程、来水边界站点、控制对象,解析流域来水形势、调度需求、调度目标、调度对象、工程启用条件、运行方式等要素间语义逻辑关系及内在规律,提取调度方案特征值,进而建立水工程运行规则的知识化描述构架,并将调度方案逻辑化、结构化、数字化,实现了适配不同流域(区域)防洪调度需求的水工程联合调度运用模拟,提升了超标准洪水调度模型构建和应用的灵活性。

3)建立了基于"源头—途径—受体—后果"链条的洪水风险传递结构特征分析技术,揭示了洪水风险在流域(多区域、多工程、多对象)内的传递路径和特征,以及流域风险薄弱点。发生超标准洪水时,为减小流域灾害损失,需要对水工程开展超标运用,同时会将目标河段的洪水风险转移至其他防洪保护对象或工程自身,需要权衡所采用的调度方案效果与风险。在此基础上,耦合基于"状态—响应—压力—效果"指标体系的互馈机制、洪水风险与减灾效益协同调控策略,提出了基于调控与反馈的流域防洪体系风险调控模型。该模型提供了调度效果(水情、工情、灾情)与调度方式间的动态调整模式,统筹协调预期减灾目标和剩余防洪能力,实现流域整体防洪风险的降低。

4)针对超标准洪水调控方案多属性特点,从防洪工程剩余防洪能力、防护对象断面工情状态、经济损失等方面,构建了超标准洪水调度方案评价指标体系,通过对评价指标进行标准化和归一化处理,建立了指标重要性差异度决策矩阵,提出了耦合主观偏好和客观信息确定各指标综合权重的计算方法,最后建立了以洪水量级、防洪工程控制要素为属性,以防洪工程控制要素和流域损失要素为类的多层次决策树智能优选模型。

8.8 基于人群属性动态反馈驱动的智慧避险技术

针对传统避洪技术风险人群识别追踪预警手段落后、实时洪灾避险路径优化技术匮乏、应急避险决策支持平台缺乏等三大"卡脖子"问题,围绕避险人群识别预警、实时洪灾避险路径优化、防洪应急避险决策支持平台等方面进行了全面深入系统研究和实践应用,研发基于人群属性动态反馈驱动的防洪应急避险决策支持平台,提出具有普适性的超标准洪水应急避险智慧解决方案,实现受洪水威胁区域内人群属性的精准识别与快速警示、人口安全转移进展的动态反馈、安全撤离路径与撤离时间的自动优选、最优避险转移路径的实时推送。

8.8.1 防洪应急避险瓶颈问题

应急避险是应对超标准洪水的重要非工程措施。防洪应急避险具有较强的时代特征,我国传统意义上通过敲锣、广播等进行预警和疏导转移的方式,与不断涌现的新一代信息技术相比,现有科技储备不足,对风险人群精准识别与实时预警、避险转移方案优化等关键技术的认知还不深入,应急避险科技支撑能力尚需提升。

(1)变化环境对防洪应急避险的影响

在新形势变化环境下,降雨、洪水及防洪工程情况往往具有较大的不确定性,给现有防洪应急避洪技术框架下的转移安置带来极大挑战。下面仍以荆江地区分蓄(滞)洪区为例,分析变化环境对防洪应急避险的影响。

1)水情不确定性的影响。

根据《长江流域防洪规划》,荆江河段防洪标准为100年一遇。基于此,荆江分洪区针对1998年型200年一遇洪水,涴市扩大分洪区、虎西预备分蓄洪区基于1954年实际分洪情况分别拟定了分洪运用预案。但随着三峡等长江上游水库群的建成和投入运行,现有防洪工况下,荆江分洪区、涴市扩大分洪区和虎西预备分蓄洪区的启用概率由100年一遇分别下降至300年、1000年和10000年一遇,故遇200年一遇洪水可无需启用这些蓄滞洪区。国务院批复的《长江流域综合规划(2012—2030年)》规定:"荆江河段对遭遇类似1870年(约1000年一遇)洪水应有可靠的措施保证荆江两岸干堤不发生自然漫溃,防止发生毁灭性灾害。"由于水情的不确定性,如遇1870年洪水、1000年一遇洪水甚至10000年一遇洪水,即便在分洪区围堤都安全运行的条件下,按照《荆江分洪区运用预案》,至少需要8h进行准备、48h进行转移,而分洪控制站沙市的有效预见期为3~5d,可能存在避险转移时间来不及的风险。此外,已有洪水风险图为静态图,难以准确反映实际发生的超标准洪水动态,无法满足应急避险的实时动态风险预判与快速响应及反馈需求。

2)工情不确定性的影响。

目前,受上游水库建设运用"清水"下泄、河道非法采砂等影响,长江干流河道冲刷、崩岸加剧;长江干流分流入洞庭湖的松滋口、藕池口、调弦口等支流河道淤积严重(三口河道1952—2003年总淤积量为6.16亿 m^3,三峡水库蓄水后虽略有冲刷,但相较1952年仍表现为严重淤积)、分流比逐步减少(三口多年平均分流比从1956—1966年的29%减少至2003—2017年的12%);洞庭湖湖区经过40年淤积调蓄洪水能力降低,加大了长江干流防洪压力,遇大洪水时水位抬高,1996年、1998年、1999年和2002年大洪水城陵矶河段均出现超防洪控制水位34.4m的情况;分蓄(滞)洪区内涴里隔堤、山岗隔堤建设未达标,堤防安全隐患依然存在,一旦分洪运用损失巨大。此外,流域内蓄滞洪区长期未运用,北闸启闭设施老化、南闸底板淤塞严重,能否正常运用未经检验,临时进退洪口门工程能否在规定时间内爆破开并达到下泄的分洪流量等未经演练,在实际运用时,可能发生意料之外的分洪、溃口、漫溢情景。然而,分洪区运用预案虽提及了上述工情的风险,但受时间、经费、技术等限制,目前预案中的分洪预案仍基于偏理想运用工况(即假定分洪、溃口、漫溢方案)拟定,如发生工程非正常运行或溃堤事件,可能导致转移安置准备及实施时间不够、防洪预案失效。

3)数学模型模拟不确定性的影响。

荆江河段地处复杂河网地区,不同洪水组合下的水动力学条件差异显著,加之蓄泄关系的不断调整和分蓄(滞)洪区下垫面条件的变化,已有水文、水动力学模型一般为固定配置,难以适应快速变化环境下复杂水情、不确定工情的准确模拟,原有模型往往对洪水物理边界条件做了较多假定,同时对分蓄(滞)洪区的调度运用及进退洪过程做了简化处理,既不满足如1870年等稀遇洪水边界条件及糙率系数的快速拟定,也不能高效应对水库超蓄运用、河道超堤防设计水位行洪、围堤溃决、隔堤漫溢、安全区(台)或外转安置地溃堤、北闸与南闸非正常运用、临时进退洪口门不按计划扒口等可能出现的各种突发情形。此外,发生稀遇洪水时,决策时间极为紧张,需要及时构建模型,而现有模型计算需要大量预设资料,且耗时长,支撑作用不强,较难在决策需要的短时间范围内(一般 1~2d 或 24h 以内)准确模拟计算洪水风险的时空量多维信息,较难满足实时动态分析评估与快速预判预警,对决策支持效果有限。

4)人口迁徙不确定性的影响。

我国蓄滞洪区避险人群识别信息化程度低,主要采用调查统计手段登记区内人口信息。然而,受人力、资金等限制,分蓄(滞)洪区内人口无法做到每年都开展调查;同时,遇到不同量级的特大洪水,分蓄(滞)洪区的蓄满率差异较大,需要转移的人口各不相同,传统调查手段很难快速适应不同分洪需求。受新形势下区内经济社会发展和人员流动(如外出务工)等的影响,一旦发生稀遇洪水,很难实时有效获取受灾人群总数及其分布,存在信息盲点。分洪运用准备至返迁阶段,区内人员频繁出入,难以全面掌控和规范人群转移安置行为,传统调查手段可能出现信息盲点,大量人力复杂统计亦会降低避险人群识别效率,无法快速精准地反映运用准备、转移清场、开闸分洪、返迁等全过程风险人群的属性、流向、安置、返迁进展信息。

5)预警通信条件不确定性的影响。

荆江分洪区内通信专网设备大部分为 1998 年以后建成,比较陈旧老化,通信手段单一,不能满足分洪运用需要。涴市扩大分洪区、虎西预备分蓄洪区地面高程较平,起水时间较快,一旦运用,人员必须尽快转移到安全地带,但目前没有建立分洪通信预警专网,预警完全依靠地方通信和广播电台等设施,难以保证各项分洪指令及时传递。此外,受信息化水平低的影响,预警信息难以精准到人,一方面,区内群众难以实时直观查阅预警信息和动态地图、撤离安置方案及交通路况等关注信息,受困群众亦难以根据专家意见开展有效自救或等待现场救援;另一方面,各行政区域管理人员难以对辖区群众进行信息准确实时上报与复核校正,准确度得不到保证。

6)转移安置工程不确定性的影响。

荆江分洪区安全工程建设滞后,区内埠河安全区围堤尚未达到设计标准,大部分安全台欠高 0.5~1.0m,多数砖木结构安置房破损严重,涴市扩大分洪区、虎西预备分蓄洪区安全工程建设至今未启动,在分洪运用中普遍存在着避险无场地、安置无设施、灾后难恢复等问题,加之国家尚未健全有效的补偿保障机制,居民转移安置难度很大。一旦发生预案之外的水情、工情,部分安全区、安全台及外转安置区域都可能受淹,亟待在现有工作基础上提升转移路线与安置方案的快速识别能力。此外,分洪区存在转移工程建设不配套、区内有转移死角等突出问题,很难实现快速转移,同时农户拥有机动车和小型运输车辆等迅速增长,仅荆江分洪区内就达 9.2 万辆,一旦转移势必造成混乱和拥堵。因此,如何处理好"转移死角＋大规模的人员流动＋海量机动车辆"等源汇及中间动态信息等多源异构数据的汇集与融合应用,给避险组织工作带来了极大挑战,增大了转移安置方案的多目标动态协调难度。

（2）应急避险瓶颈问题分析

基于静态预案、假定情景、预设模型计算、手工填报、传统通信预警等方式的防洪应急避险方案由于手段有限、技术落后,造成防洪风险动态预制能力不足、风险人群识别追踪预警技术落后、实时洪灾避险路径优化技术匮乏、防洪应急避险决策支持平台缺乏等技术问题。

1）防洪风险动态预判能力不足。

我国的防洪风险动态预判在河道内预报精度较高,但是一旦超过堤防设防标准,受限于决策支持系统敏捷搭建能力不够、快速资料获取能力不足,特别是对不同区域变化环境与复杂水力条件下稀遇洪水的动态演进规律及致灾机理认识不够深入等,现有模型无法快速预测计算分蓄（滞）洪区、洲滩民垸、保护区等高风险区域进洪分洪情况及淹没进程,给及时有效采取措施预警、转移人群带来较大不确定性,亟须研究能适应未知水情工情、可快速求解超标准洪水风险信息且具有普适性的精细化洪水演进模型。

2）风险人群识别追踪预警技术落后。

目前拥有的流域防洪决策支持系统或分蓄（滞）洪区管理决策支持系统,由于洪水风险与居民信息时空叠加能力不足,无法快速确定不同风险等级的受灾人群分布及转移实施时间;其次,缺乏对风险人群的动态及快速识别与追踪技术,难以实时有效获取与全过程动态跟踪避险人群分布及其属性、流向等信息,无法保证风险人群识别的精准性、避险预警的时效性。

LBS（Location-based service,基于位置服务）利用移动通信、互联网络等的定位技术获取用户的地理位置坐标信息,并与其他信息进行集成,向用户提供所需的与位置相关的各种服务。基于LBS的人群属性分析技术具备应用于超标准洪水条件下避险人群识别的可能性,但目前国内外采用位置信息服务的防洪应急避险技术研究基本属于空白,集中在导航、购物、广告等纯粹的移动互联网应用场景中,少部分应用于森林火灾、地震灾害等应急指挥服务等;有预案地区人员撤离避险信息化程度较低,通知效率低、应急响应慢、转移安置低效等问题凸显;无预案地区更难以快速确定受影响人群并对其实施高效转移。

根据与腾讯、联通等单位的充分沟通,发现LBS技术虽有人群定位识别能力强、人群画像及展示方式多元直观化,但仍存在以下问题:据估算,人群识别数量在90%左右,即便实现多源数据融合,仍难以保证全覆盖;LBS技术可识别到个人位置及属性,其精度约在100m范围内,但考虑到用户隐私（仅国家安全局有权调用,各级人民政府包括公安局无权限调用个人信息）,基本以矩形网格（腾讯为300m×300m,联通为200m×200m）为基本单元,由于各行政边界为任意多边形,将导致边界处相邻村组数据的叠加,产生一定的误差;LBS技术仅能识别手机用户,但同一个人可能拥有多部手机（目前技术上虽可以实现合并同类项,但仍以手机定位为主要统计依据,不考虑所属人）,老人、小孩可能无手机,多人手机可能由同一个人身份注册,一定程度上造成人群信息的多报、少报或者漏报问题;受暴雨、狂风影响通信可能出现中断,分洪或者内涝期间部分通信站点可能受淹,但故障率一般在 2‰ 以内,根据应急预案,通信运营商一般会在 4h 内完成修复,且各基站覆盖较差;手机用户在转移期间,网络信号可能较差,但不影响手机定位。

电子围栏技术具备应用于人群预警与疏散的可能性,国内外多应用于火车轨道人员越界实时预警、共享单车服务等,尚未应用于洪灾避险预警;既定预案的避险转移准备与实施时间多为单一方案,难以针对不确定性水情、工情和灾情进行调整变化。

3)实时洪灾避险路径优化技术匮乏。

新形势下避洪转移对象复杂,包括人口、居民财产、企事业单位资产、危化品等,人流大、交通工具海量增长,亟须实现大规模流动人、财、物的多目标动态协调调度及转移路径空间优化,解决交通堵塞难题。海量的人员流动、交通转移、接收安置等源汇及中间动态信息给建模工作带来极大挑战,转移安置方案的多目标动态协调难度大,现有研究成果多利用静态的人口与交通数据,基于实时人群、交通的洪灾避险模型研究鲜有报道。

4)防洪应急避险决策支持平台缺乏。

目前,我国的防洪应急避险智慧管理缺少系统性平台支撑,大部分分蓄(滞)洪区(如荆江分洪区、淮河沂沭泗流域黄墩湖滞洪区等)具有一些用于信息查询的管理系统,但是信息化和智能化对应急避险的支撑力度不够,无法完全反映避险管控对人群精准识别、准确引导等实际需要,避险决策、管理、组织人员无法从繁杂的数据报表、左右两难的决策中解脱出来,洪水风险、避险人群、安置场所、转移路径的动态互馈及其与应急指挥的结合不深入,急待探索新技术。此外,大部分应急避险方案场景展示落后,多采用传统的专题地图方式来展示,在固定大小的图幅里标注转移聚集点、转移线路及转移目的地,对应表格注明每批次转移的人口数量,使用时需打印出来,无法查看局部区域的详情,不方便与避险转移过程中的其他信息动态叠加,无法反映转移的动态过程。

8.8.2 基于人群属性动态反馈驱动的智慧避险技术方案

以突破防洪应急避险技术瓶颈、实现避险资源全过程全要素的实时精准调度与智慧管理、提升应急避险组织实施能力为总目标,紧紧围绕洪水风险算得准、算得快,风险人群找得到、可追踪、转移快、安置好,避险技术可示范、能推广等具体目标(图 8.8-1),以洪水风险预判—避险人群识别预警—转移安置方案拟定—应急避险系统研发为主线,将"水"(洪水风险信息的快速推演)、"人"(风险人群的精准识别、快速响应与实时跟踪)、"地"(安置容量的动态辨识与避险转移路径的优化调整)与应急指挥相结合,研发一种以应急指挥服务为需求目标的基于"水—人—地"动态反馈驱动的极端洪水应急避险平台,补齐现有后工程时期实时避险的技术短板,为解决洪灾应急避险问题提供借鉴,提高受灾区域人群应急避险的效率和精准性,提升对极端洪水应急避险组织管理和实施能力。

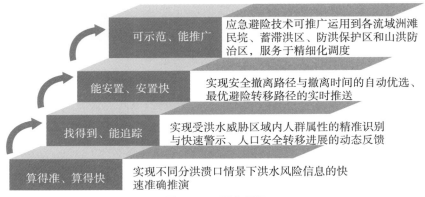

图 8.8-1　研究目标

　　融合水文学、水力学、灾害学、信息学、运筹学等多学科理论与前沿技术，采用现场调查、水文分析、水文水动力耦合数值模拟、卫星遥感、无人机、GIS、多源实时 LBS、大数据、人工智能、云计算、电子围栏、实时通信等方法，采取理论与实践、传统方法与信息化相结合的综合思路，按照避险信息获取、理论方法研究、系统平台研发、管控措施凝练、流域示范应用等 5 大板块，开展超标准洪水精准应急智慧避险决策支持技术创新性研究，实现极端洪水条件下洪水风险信息的快速预判与通知响应、风险人群的精准识别与人口安全转移进展的动态反馈、安全撤离路径与撤离时间的自动优选、最优避险转移路径的实时推送，技术路线见图 8.8-2。

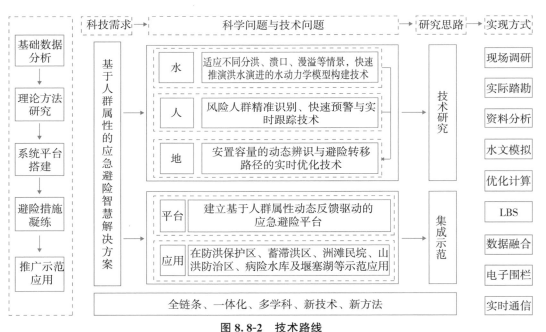

图 8.8-2　技术路线

8.8.3　风险人群精准识别、快速预警及避险路径实时动态优化技术

　　将传统户籍人员识别方法、互联网和通信运营商定位大数据组成多源数据并融合利用，

获取风险人群的位置信息。在地理信息系统平台的支持下,建立洪水风险区的人流热力图,分析受洪水威胁区域内人口总数及其分布。基于人群画像技术动态绘制涉灾区域人群特征属性与地区分布,基于 GIS 可视化人群状态图谱,实时掌握受洪水威胁区域内人员聚集、疏散、受困情况,动态分析风险人群总数、时空分布及转移趋势。通过无人机、电子围栏和实时通信等技术,结合洪水情势有针对地对已在和即将进入高风险区的人员发出警示提醒,提示处于高风险区人员远离危险区,引导人群进行疏散转移。避险过程分为灾前转移准备、转移实施和灾中救生 3 个阶段,将防洪应急转移预警实时信息、撤离时间、目标位置、最优避险转移路径或安置方案、实时交通路况等信息以地图和动态信息的形式,分门别类地通过短信、微信、APP 或者系统内部消息等方式,推送和发布至风险人群、组织管理者及决策人员的移动终端上,实时引导风险人群转移;向救援方提供运输条件信息,以便救援方调集相应的人力和物力进行现场救援;通过循环监测的方式,对人口安全转移的进展进行跟踪与反馈,直至人群完全安全撤离。

　　基于优化算法和 GIS,在传统避险方案的基础上,研发综合考虑避洪人群、转移道路等级与安全性、转移路线耗时、就近转移、安置点容量等约束因素及转移交通工具、目的地、路径等流向信息动态变化的避洪转移方案优化模型,动态辨识道路拥堵与受淹情况及安置区位置与容量,实时优化转移路径和安置方案,实现"快速转移、妥善安置、确保安全"。

8.8.3.1　总体技术流程

　　风险人群精准识别、快速预警及避险路径实时动态优化技术主要流程包含风险人群识别、转移路径规划、人群转移通知、人群安全提示、应急避险转移效果评估等。风险人群精准识别、快速预警与实时跟踪技术基本结构见图 8.8-3。

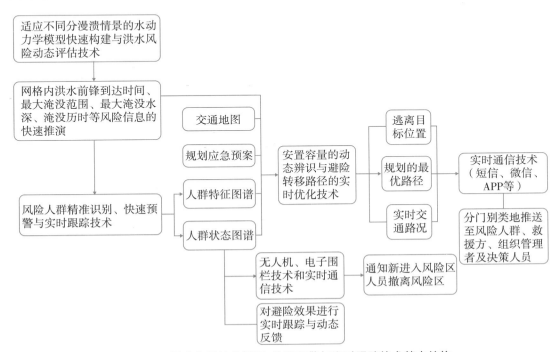

图 8.8-3　风险人群精准识别、快速预警与实时跟踪技术基本结构

8.8.3.2 风险人群精准识别与实时跟踪技术

(1)位置信息识别

开发防洪避险微信小程序,建立县包乡、乡包村、村包组、组包户"无缝连接"的基层应急避险工作网格化管理平台,实现风险人群信息上报与核查、汛情实时播报与权威发布、汛情风险等级自动更新等功能。采用大数据、人工智能、云计算等技术,将传统户籍人员识别方法、互联网和通信运营商 LBS 大数据组成多源数据并融合利用,并充分利用已有定位数据,对未使用手机用户,开发延展定位服务功能,消除信息盲点,实现风险人群位置信息的实时识别与追踪。技术流程见图 8.8-4。

采用以下两种手段获取风险人群位置信息。

手段1:在传统组织避险撤离的基础上,风险区内居民通过短信、微信公众号等方式自主上报个人信息,儿童、老人等没有手机的人群由有手机的家人、邻居或包户责任人辅助登记。系统实时自动识别各行政区域(县、镇、村、组)的人口数据,各行政区域管理人员对上报信息复核校正,保证准确度。

手段2:考虑各互联网、通信运营商的 LBS 大数据在采样频率、成本、定位精度、覆盖范围等方面的优缺点有所不同,采集多源 LBS 数据并融合利用,保障风险人群定位的准确性和全覆盖。腾讯、阿里、华为、百度等互联网公司以及联通、移动、电信等通信运营商均设计了区域信息接口、各个时刻人数接口、人员流入流出接口、区域定位权重接口、区域画像接口等位置大数据属性接口,各接口均有接口描述、接口 URL、接口类型、接口请求数据及请求参数字段含义说明、响应结果及其字段含义说明等。基于 LBS 技术开发人群精准识别终端应用,在服务支撑层进行标准封装,支持腾讯、阿里、华为等互联网公司以及联通、电信、移动等通信运营商的位置大数据接口。采用 GIS 技术导入洪水风险区范围,通过引入与融合其位置大数据,并通过运营商的无线电通信网络或外部定位方式实时提取汇聚涉灾区域移动终端用户的位置信息,自动监测和快速获取风险人群位置信息。基于多源数据融合技术,实现各类位置服务数据的相互补充与验证。应急避险时结合涉灾区域特点及通信条件,考虑位置服务商合作意愿,有针对性地接入其中一种、几种或全部接口,动态监测洪水淹没区及安全区范围内人群数据,获取涉灾区域风险人群移动终端用户的位置信息及其他属性信息。基于大数据技术挖掘洪水淹没区内同期历史人口数据,通过对比分析,验证区域人口数量的合理性;通过传统户籍人员识别方法,调查复核各区域内人群数据,对人群识别信息进一步检验,保障风险人群定位的准确性和全覆盖。

基于 LBS 接口(包括区域信息接口、各时刻人数接口、区域定位权重接口以及区域画像接口,见图 8.8-5),实现高风险区域人群识别,实时获取行政区划及安全区范围内的人群数量及范围内的人群数量及人群画像,实现人群位置实时监控,同时为实时路径规划提供基础数据。总体接口对接技术路线及调用过程见图 8.8-6。

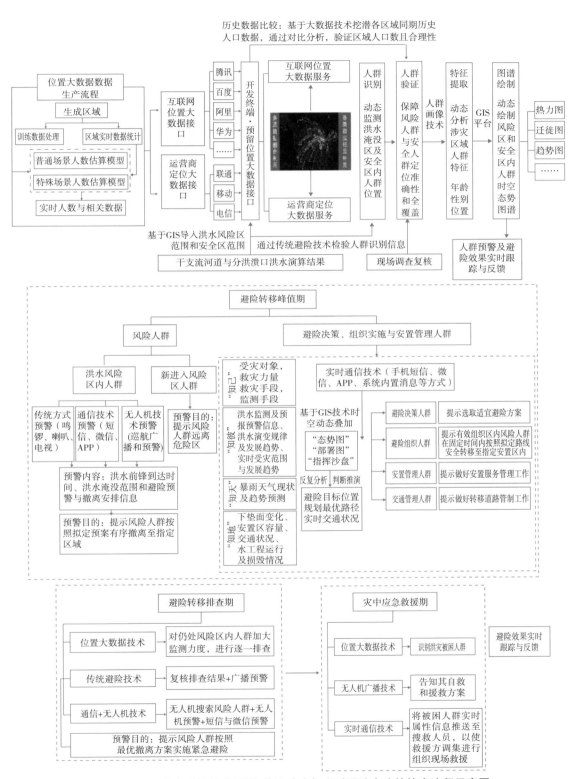

图 8.8-4 风险人群的精准识别、快速响应与实时跟踪方法的技术流程示意图

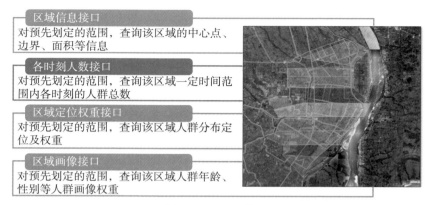

图 8.8-5　LBS 接口

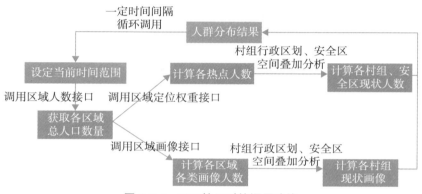

图 8.8-6　LBS 接口对接调用路线

当通信中断时,一方面通信运营商采取应急通信车和海事卫星电话等方案进行通信保障,以保证人群位置信息的及时获取;另一方面采用信息化手段与传统登记相结合的方法,避免漏掉部分人员信息。

LBS 依赖于智能设备,难以有效监测老、幼年人群分布信息。针对于此,开发包含个人与家庭成员信息填报功能的移动应用对老、幼年人群信息进行采集,并利用地统计分析方法对 LBS 实时人群数据和移动应用采集人群数据进行融合,实现风险人群的实时、精准识别,融合的具体技术路线见图 8.8-7。

1)接入互联网(腾讯、百度等)LBS 实时人群数据与通信运营商(移动、电信、联通)LBS实时人群数据,并对接入数据进行去重、融合,得到 LBS 实时人群融合数据。LBS 实时人群融合数据包括实时人群热力融合数据与分片区的实时人群画像(年龄画像、性别画像)融合数据。

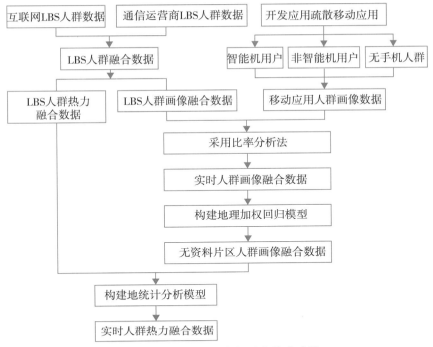

图 8.8-7　多源人群数据融合技术路线

2) 开发洪灾应急疏散的移动应用, 用户首次登录移动应用时需填报个人信息及其家庭成员信息(村级责任人用户还需填写负责范围内的孤寡老人信息), 包括姓名、性别、出生日期、身体状况、户籍地址、现住地址、手机号、手机是否联网等。移动应用采集数据包括智能机用户人群(微信小程序用户)、非智能机用户人群(有手机号但手机没有联网的家庭成员)、无手机人群(无手机号的家庭成员信息)的画像数据。值得说明的是, 移动应用后台对个人信息与家庭成员信息的填报数据进行去重、核验, 并以家庭为单位统计人群画像数据。用户每次使用移动应用时, 定位用户位置, 并自动更新记录该位置信息。当定位位置偏离填报的现住址较远时, 应更新现住地址为用户定位位置。无手机、无移动网络的人群一般为老、幼年, 较少有大范围位置流动, 其现住址一般保持不变; 特殊情况下, 更新为家庭其他成员的现住地址信息。移动应用采集的人群数据实时性较差, 但可精准捕捉老、幼人群信息。

3) 以 LBS 实时人群画像融合数据对应片区为基准, 统计移动应用采集的人群画像数据, 包括分片区的年龄画像、性别画像与移动设备联网画像。

4) 以移动应用分片区的年龄画像与移动设备联网画像数据为参照, 采用比率分析法对 LBS 分片区的年龄画像数据进行修正; 并基于移动应用分片区的性别画像数据进一步对 LBS 性别画像数据作进一步修正, 得到分片区的人群画像融合数据; 融合 LBS 实时监测与应急疏散移动应用采集的人群画像数据。

5) 基于分片区的人群画像融合数据与 LBS 人群画像数据, 构建人群画像的地理加权回归模型, 预测无资料片区(应急疏散移动应用在该区无足量用户, 或填报信息存在明显错误)

的人群画像数据。

6)建立 LBS 的热力数据与分片区实时人群画像数据地的统计关系,并利用该地统计关系将各片区的人群画像融合数据映射至空间格网,得到实时人群热力融合数据。所获取的融合人群数据兼具 LBS 数据与移动应用采集数据的优点,实时性佳、准确度高。

(2)特征与状态图谱绘制

基于人群画像、人工智能、云计算等技术及互联网公司及通信运营商的人群大数据,动态绘制涉灾区域内人群特征图谱(包括人群性别、年龄、位置、时间、常住地分布等);在地理信息系统平台的支持下,建立区域可视化人群状态图谱(包括人流热力图、迁徙图、趋势图等),实时掌握受洪水威胁区域内人员聚集、疏散、受困、安置和返迁等情况,实时展现并动态分析受洪水威胁的人口总数、时空分布及转移趋势,实现风险人群的精准识别、实时监控与全过程跟踪,辅助实时撤离路径制定和人群疏导,为人群的应急避险提供技术支持。

1)年龄画像。

图 8.8-8 分别展示了麻豪口镇、梅里斯乡、皂河镇的 LBS 实时人群年龄画像。可以看出,3 个乡镇的年龄画像特征较为一致:中青年(20~29 岁、30~39 岁)人群比例最高,麻豪口镇、梅里斯乡、皂河镇分别为 57.63%、50.78%、73.90%;其次为青少年(10~19 岁)和壮年(40~49 岁)人群;幼年(0~9 岁)与老年(50 岁以上)占比最低,不足 20%,其与户籍人口统计结果差别较大。LBS 难以捕捉老、幼人群信息的原因在于其数据采集依赖于智能设备,而该年龄段人群较少使用该类设备。鉴于此,需利用户籍人口统计数据、移动应用采集数据在老、幼人群信息获取上的优势,将该类数据与 LBS 数据进行充分融合,以提升人群监测数据的精度。

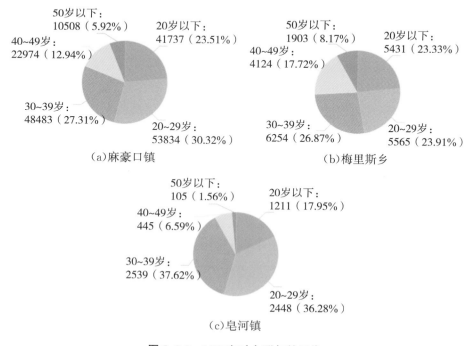

(a)麻豪口镇　　(b)梅里斯乡

(c)皂河镇

图 8.8-8　LBS 实时人群年龄画像

2）性别画像。

图 8.8-9 给出了麻豪口镇的 LBS 实时人群性别画像。结果显示，男性占比 60.33％，女性占比 39.67％，与户籍人口统计结果基本一致。

图 8.8-9 麻豪口镇的 LBS 实时人群性别画像

3）人口总数。

图 8.8-10 展示了 2020 年麻豪口镇、梅里斯乡与皂河镇的 LBS 人口总数变化。可以看出，3 个乡镇的总人数变化呈现出一定的相似性与差异性。相似性体现在年内的波动性极大，最大值与最小值之比为 2～3；2 月（春节期间）达到全年峰值，远高于其他月份；2 月后，呈整体下降趋势。差异性体现在变幅不同，梅里斯乡在 4—12 月的变幅明显高于麻豪口镇和皂河镇；变化特征有所差异，梅里斯乡总人数在 7 月（农忙期间）明显回升后迅速降低，麻豪口镇与皂河镇总人数在此期间保持相对平稳。

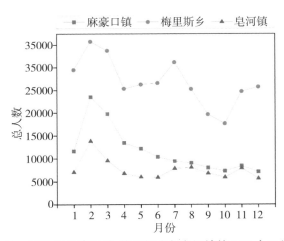

图 8.8-10 2020 年麻豪口镇、梅里斯乡与皂河镇的 LBS 人口总数变化

4）各性别人数。

图 8.8-11 展示了 2020 年麻豪口镇、梅里斯乡与皂河镇的各性别人数变化。可以看出，3 个乡镇的男性人数均略多于女性，且男性、女性人数变化趋势基本一致。

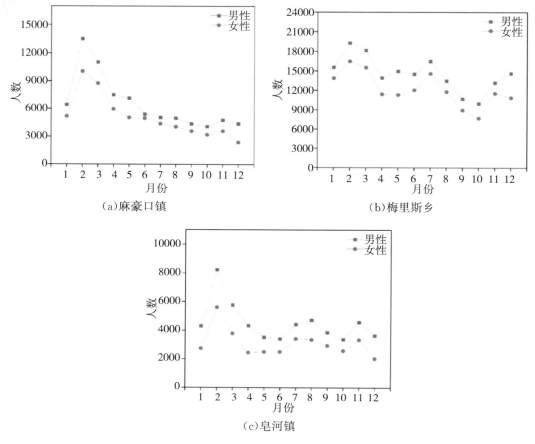

图 8.8-11 2020 年各性别人数变化

5)各年龄段人数。

图 8.8-12 展示了 2020 年麻豪口镇、梅里斯乡与皂河镇的各年龄段人数变化。可以看出,10~19 岁、20~29 岁与 30~39 岁人群数量在年内均有很大波动,其余年龄段人群数量相对平稳。10~19 岁人数变化主要集中在 2 月、7—8 月两个阶段,是因为青少年学生群体寒、暑假返家;20~29 岁、30~39 岁人数变化主要集中在 2 月,是因为青壮年务工人员春节返乡。另外,梅里斯乡 20~29 岁、30~39 岁、40~49 岁人数在 7 月也有小幅回升,其原因为部分外出务工人员农忙耕耘。

6)人口空间分布特征。

基于 2020 年几个典型日期(1 月 1 日、4 月 1 日、7 月 1 日与 10 月 1 日)的 LBS 人群热力数据,对长江流域荆江分洪区麻豪口镇的人口空间分布特征进行分析。麻豪口镇人群热力见图 8.8-13(红色为人口聚集高密度区,浅色为人口聚集低密度区)。在上述所有几个日期,人口密度分布均呈现出明显的空间不均匀性,一方面不同村组人口密度存在差异;另一方面人口以村组居民地为中心聚集,在偏离村组居民地的区域,人口密度低。由于各村组不同时间范围内的流动情况差别较大,各典型日期间的人群热力图变化也存在较大的空间不均匀性。

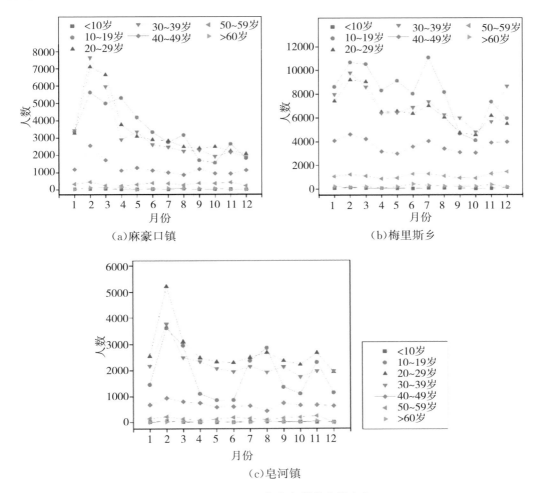

（a）麻豪口镇 　　　　　　　　　　　　　（b）梅里斯乡

（c）皂河镇

图 8.8-12　2020 年各年龄段人数变化

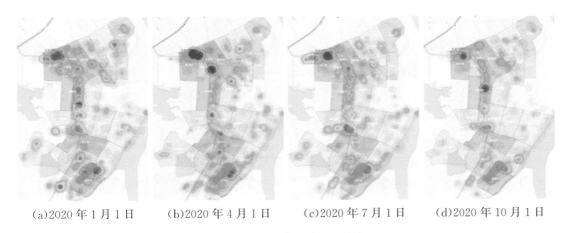

（a）2020 年 1 月 1 日　　（b）2020 年 4 月 1 日　　（c）2020 年 7 月 1 日　　（d）2020 年 10 月 1 日

图 8.8-13　麻豪口镇人群热力

（3）实时跟踪反馈

采用 LBS 技术循环监测方式,开发终端应用,对区域内的热力图进行实时监控,实现受洪水威胁区域内人口总数及其分布实时分析,人口安全转移进展反馈与跟踪。避险人群流热力图实时监控界面见图 8.8-14。

图 8.8-14　避险人群流热力图实时监控界面

8.8.3.3　风险人群快速预警技术

充分运用互联网大数据(如 LBS、交通信息等)、云计算、电子围栏、实时通信及小区固定式、车载移动式和无人机广播等技术,将应急避险信息以地图或动态信息的形式,分门别类地通过传统手段与信息化平台推送至管理决策与组织实施人员以及受灾人群,做到预警的针对性和及时性,消除预警信息传递的"中断点"和"拥堵点",把预警信息在第一时间通知到村、户、人,实现避险对象的点对点信息传送和风险区内、区外人群的快速预警,实时引导人群转移第一时间规避风险。

基于电子围栏技术和实时通信技术,结合极端洪水演进态势图谱,有针对地对已在和即将进入高风险区的人员发出警示提醒,以提高避险效率。超标准洪水下的高风险区域人群识别属于精度要求中等的场景,目前无论是 GPS、北斗等卫星导航,结合运营商蜂窝定位,均能满足精度要求。但该场景下人群数量较多,电子围栏范围较大,需在人员识别的算法效率上做提升。在能够利用运营商蜂窝的情况下,将基站与防洪高风险区域划分的网格提前做好匹配,并应用内存缓存技术使其常驻内存。具体计算时,利用规则图形空间计算复杂度低的特性,高风险区采用内接似然近似原则、安全区采用内接似然近似原则,加快实时识别计算的效率。对于单纯利用卫星导航的情况,对高风险区域和安全区采用同样规则的矩形或原型似然近似方法,提升识别效率。高风险区外包似然近似、安全区内接似然近似见图 8.8-15。

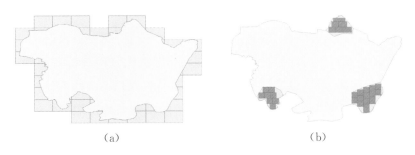

（a） （b）

图 8.8-15 高风险区外包似然近似、安全区内接似然近似

将避险过程分为灾前避险转移峰值期、灾前避险转移排查期和灾中应急救援期 3 个阶段，结合洪水淹没图、交通地图、实时区域热力图、应急避险预案等，将防洪应急转移预警实时信息、撤离时间、目标位置、最优避险转移路径或安置方案、实时交通路况等信息以地图和动态信息的形式，分门别类地通过短信、微信、APP 或者系统内部消息等方式，推送和发布至受风险影响人群、避险转移组织管理者及防洪管理决策人员的手机等移动终端上，实时引导洪水淹没影响区域人员进行转移；同时，利用无人机技术，在受洪水淹没影响区域范围内进行巡航广播，提醒和引导人群进行疏散。此外，还应向救援方提供实时受灾人群属性信息和道路等运输条件信息，以便救援方调集相应人力和物力进行现场救援。防洪转移路径信息短信推送界面见图 8.8-16。

图 8.8-16 防洪转移路径信息短信推送界面

（1）灾前避险转移峰值期

充分结合传统避险技术、空间分析和实时通信技术，有针对地将洪水前锋到达时间、洪水淹没范围和避险预警与撤离安排信息，通过持续鸣锣、高音喇叭广播、手机短信、微信、家庭电视等方式，推送至风险人群，对洪水风险区内人群进行避险预警，提示其按照拟定预案有序撤离至指定区域；利用无人机预警技术，对风险区内人群进行巡航广播和预警；利用电子围栏技术，对进入洪水可能淹没范围内的人群发出预警通知，提示其远离危险区；基于

GIS技术,将"知己"(受灾对象、救灾力量、救灾手段、监测手段等)、"知彼"(洪水监测及预报预警信息、洪水演变规律及发展趋势、受灾范围与发展趋势、洪灾实时动态评估结果等)、"知天"(暴雨天气现状及趋势预测)和"知地"(下垫面变化、安置区容量、道路交通状况、水利工程运行及损毁情况等)信息进行时空动态叠加,形成"态势图""部署图""指挥沙盘"等,并进行反复分析、判断和推演,最后将推演结果通过手机短信、微信、APP、系统内置消息等方式,推送至避险决策、组织实施与安置管理人群,提示避险决策人群选取适宜避险方案,提示组织人群有效组织责任区内风险人群在规定时间内按照拟定路线安全转移至指定安置区内,提示安置管理人群做好安置服务管理工作,提示交通部门做好转移道路管制工作。

(2)灾前避险转移排查期

绝大多数风险人群已安全转移至安置区内,此时利用互联网位置大数据与通信运营商定位大数据技术对仍处于风险区内的人群加大监测力度,进行逐一排查,排查结果结合无人机搜索技术和传统避险技术进行复核。采用广播、手机短信、微信、无人机预警等手段,提示风险人群按照最优撤离方案实施紧急避险。

(3)灾中应急救援期

通过位置大数据和无人机等技术,识别洪灾被困人群,通过无人机广播等方式告知其自救和救援方案,并将被困人群实时属性信息推送至搜救人员,以便救援方调集力量进行组织现场救援。

8.8.3.4 避险转移路径实时动态优化技术

根据人口变化趋势分析可知,各乡镇人群数量在年内的波动极大,传统基于户籍人口的人群避险转移安置方案实时性、精准性不足。为克服上述不足,提出一种基于实时人群属性的洪灾避险转移方案动态优化技术,其以基于网络流的洪灾避险转移路线优化模型为算法支撑,以实时人群属性数据为核心驱动,并根据水情发展形势动态辨识风险区(转移起点)与安全区(转移终点),以实现对转移路径与安置方案的实时、动态优化。

(1)模型原理

基于人工智能、优化算法和GIS空间分析技术手段,结合洪水淹没范围、交通地图、实时区域热力图等,在传统避险方案的基础上,以容量限制路径规划(Capacity Constrained Routing Planning,CCRP)模型为基础,提出基于实时人群属性的应急避险转移方案实时优化模型,动态辨识道路拥堵与受淹情况及安置区(或安全区、安全台)位置与容量,实现对转移路径和安置方案的实时优化,减少分洪转移耗时。

安置容量的动态辨识方面,采用电子围栏技术与实时定位技术相结合的方式,通过缓冲区分析等空间分析手段,实现安置区范围内的人群数量动态识别。具体计算时,利用规则图形空间计算复杂度低的特性,高风险区采用内接似然近似原则、安全区采用内接似然近似原则,加快实时识别计算的效率。

避险转移路径的优化调整方面,构建的基于实时人群属性的应急避险转移方案实时优化模型,综合考虑了避洪转移人群、转移道路安全性与区域性、转移道路等级、转移路线最大耗时、安置点容量、安置场所可达性、供需平衡、安置场所就近分配、道路拥堵等约束因素及转移交通工具、目的地、路径等流向信息动态变化。将所有安置场所、待安置的村庄、转移道路分别作为安置容量资源分配的出发点"源"、归属地"汇"以及链接二者的"网络线",容量资源沿着网络流向待安置人员;同时将安置点容量、可达性、道路容量及可通行性将作为重要的实时更新权重条件,并在人群转移过程中实时更新人群分布状态,以在实际疏散过程中进一步降低路径规划与实际疏散过程中的偏差,从而降低总体转移耗时。利用启发式方法代替全局最优求解,提高 CRRP 或其他常规人群疏散算法的计算速度,实现实时转移路径优化。

1)目标函数。

基于网络流的洪灾避险转移优化模型的目标函数为所有村庄总转移时间耗用最小:

$$f = \min T = \min \sum_{i=1}^{M} \sum_{i=1}^{N} t(l_{i,j}) \times k \tag{8-26}$$

式中,T——疏散总耗时,min;

$l_{i,j}$——第 i 个风险区的第 j 条疏散路线;

$t(l_{i,j})$——对应疏散路线的耗时,min;

k——第 i 个风险区通过疏散路线 j 避险的人群数量;

M——风险区个数;

N——风险区的疏散路线条数。

2)约束条件。

①道路等级约束。

避险路线选取时,需考虑不同道路的等级约束。道路宽敞通畅的国道、省道等设置为高等级,县道、乡间小路设置为低等级,路径规划时优先选择等级高的道路。构建道路网络数据集时,先将所有可使用的道路在每个相交点切断,即是所谓的对线拓扑(paralyzed lines)。考虑道路等级约束时,首先为每段道路赋予等级属性,然后再考虑路段设计车速与道路等级的关系。依据《城市道路交通规划设计规范》(GB 50220—95)、《城市道路设计规范》(JJ 37—2016),结合荆江分洪区实际道路状况,为分洪区内所有可使用的转移道路根据其道路属性赋予等级属性和设计车速。

②安置点可达性约束。

模型求解的转移路线终点必须是避险安全区的可行域,因此计算时需进行安置点可达性分析,即约定模型计算结果中每个村庄规划的每条安置路线必须能够到达安置点,故目标函数需满足:

$$l_{i,j} \in \Phi_i \tag{8-27}$$

式中，Φ_i——第 i 个村庄所有转移人员可行的洪灾避险转移方案集合。

③安置场所就近安置约束。

有些村坐落于安置场所附近（如位于安全区围堤处），此安置场所属于该村庄的管辖区域范围，在安置容量充足的情况下优先安置临近村庄。此分配标准的另一个优点是节约使用大型转移交通工具，只需一次将安置场所腹地人口直接转移至分洪区外，安置场所临近村庄仅需步行到达安置区。为解决上述问题，划分单元前将安置场所的容量减去临近村的待安置人口总数即可。

④道路拥堵约束。

随着洪灾避险转移过程的推进，每条转移道路的拥堵情况将发生变化，拥堵路段对转移总进程是不利的。算法中采用经典的路权函数表示法计算道路中的权值变化，路权函数值的确定可以为最优撤离路线模型提供道路阻力的赋值。路段 $[o,p]$ 上的路权 $t(o,p)$ 为：

$$t(o,p)=t_t(o,p)+t_d(o,p) \tag{8-28}$$

式中，$t_t(o,p)$——路段 $[o,p]$ 的行驶时间，min；

$t_d(o,p)$——由交叉口 o 转入交叉口 p 的平均延误时间，min。

路段的通行能力由《公路工程技术标准》(JJGB 01—2020)确定。路段行驶时间 $t_1(o,p)$ 通过美国联邦公路局提出的路段特性函数 BPR 模型计算求得：

$$t_t(o,p)=[1+\alpha(Q_0/Q)^{\beta}]t_0(o,p) \tag{8-29}$$

式中，$t_0(o,p)$——路段 $[o,p]$ 零流量时的自由行驶时间；

Q_0——路段 $[o,p]$ 的机动车交通量（辆/小时）；

Q——路段的实际通行能力；

α、β——阻滞系数，取 $\alpha=1.5$，$\beta=4$。

路段平均延误时间采用如下公式计算：

$$t_d(o,p)=D(o,p)/v_d \tag{8-30}$$

式中，$D(o,p)$——交叉口 o 与 p 之间的距离；

v_d——机动车当前的行驶速度。

当两路段垂直即遇到左拐或右拐情形时，$t_d(o,p)$ 则通过引入与交通量成比例的延迟时间表示。取定适宜的路权刷新计算时间后，重新计算每段道路的路权值，根据道路网络中的人流分布重新规划洪灾避险转移路线。

⑤供需平衡约束。

在洪灾避险转移过程中，一个村庄可能经不同的转移路线到达一个或多个安置点，且每个村庄的待安置人口单元可能与多个安置场所的容量单元对应。模型求解时每个村庄的需求应得到满足，即任一村庄的任一待安置单元均有安置场所的某一容量单元与其对应：

$$\text{need}_{i,s} = \text{capacity}_{a,m} \tag{8-31}$$

式中，$\text{need}_{i,s}$——第 i 个村庄第 s 个转移单元；

　　　$\text{capacity}_{a,m}$——第 a 个安置场所的第 m 个安置单元。

由于村庄待转移人口单元与安置场所容量单元一定是等于事先选定的划分单元的，故只要满足任一待转移单元有且仅有一个安置场所与之对应即可。

⑥安置场所容量约束。

由于安置场所的面积及配备的生活物资有限，不可能无限制接纳转移人员，在选择最近的安置场所时还要考虑其最大安置能力的约束，其函数表达形式为：

$$h_a \leqslant H_a^{max} \tag{8-32}$$

式中，h_a——第 a 个安置场所的安置人数；

　　　H_a^{max}——第 a 个安置场所的最大安置容量。

（2）模型计算流程

1）获取节点及路网等初始信息，其中风险人群为起点，安置区为终点，该过程将在传统避险方案的基础上，划分避洪转移单元，确定避险转移主体和转移道路可行域，并为道路容量和安置点容量赋值。

2）以避险转移总耗时最小为目标函数，以转移道路安全性与区域性、转移道路等级、转移路线最大耗时、就近邻近安置、安置点容量为约束条件，基于容量限制路径规划（CCRP）模型或其他优化模型算法，进行循环迭代计算，实时更新人群分布信息、道路拥堵和可通行性信息、安置点剩余容量等信息；在风险人群全部到达安置区后结束计算，得到最优解。

3）基于 GIS 技术将避险转移过程和优化结果进行实时展现，形成避洪转移态势图谱。

安置容量动态辨识与避险转移路径实时优化方法的技术流程见图 8.8-17。

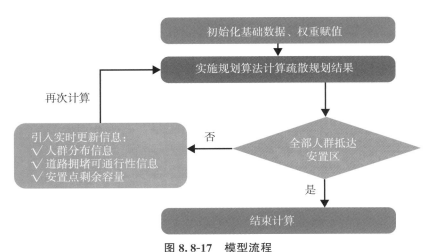

图 8.8-17　模型流程

模型实现主要考虑以所有总人群在限定时段内完成转移为主要目标函数。目前主要基于现有接口情况结合应急避险预案,整理模型实现思路。模型研发思路见图8.8-18。

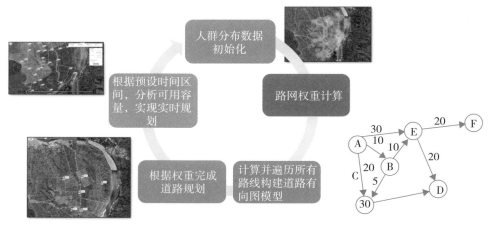

图 8.8-18　模型研发思路

1)根据腾讯人数接口、区域权重接口,对区域节点人数进行计算;结合村庄空间范围,采用空间分析计算村庄人口及人员画像分布。

2)基于路网基础数据,如道路等级、当前拥堵情况(模拟)、道路可容纳程度、可通过性等为道路添加权重;权重计算主要涉及内容包括:根据道路两点之间的距离以及人转移的速度计算转移时间,将转移时间与人剩余的转移时间比较,如果在剩余时间内,则权重取某一固定小值,否则取某一固定大值;根据道路的拥堵情况获取每种拥堵情况对应的权重值;查询每段道路能容纳的剩余人数,若剩余人数大于1,则剩余人数减1,权重取某一固定小值,否则权重取某一固定大值。

3)基于初始化路网数据,结合腾讯路径规划接口,以村庄为起点、各安置区为重点,计算所有可能的转移路线。

4)遍历所有路线,构建带权重的道路有向图模型。

5)根据路线规划权重总值依次遍历各村庄至各安全区已规划道路,根据权重最低原则完成初次道路规划。

6)根据计算性能预设时间区间范围,重复进行人群数量获取、路线权重计算、有向图构建、道路规划等步骤,实现实时规划;同时,对安置区范围内人口进行获取分析及可用容量计算,动态排除可用容量过低的安置区。

根据现有模型,能够实现对无预案分蓄(滞)洪区进行快速规划,以及对避险撤离过程进行实时监控并动态规划,辅助进行应急避险决策。模型路线规划示意图见图8.8-19。

图 8.8-19　模型路线规划示意图

8.8.4　基于实时动态反馈驱动的应急避险决策支持平台

开展系统集成,将干支流河道洪水演算模型、分洪及溃口洪水演算模型、风险人群识别与预警模型、避险转移方案优化模型整合封装为可调用的独立模块,组件式开发,配置服务调用接口;采用微服务方式,构建出具有统一标准结构的应急避险模型微服务集群,对相关的模型全部进行微服务化改造,使每个专业计算模型都能通过统一的微服务模式完成调用和执行,服务发布,为已有防洪调度平台、洪水应急避险系统等各类场景或系统提供所需模块服务插件;基于 Java 开发基于"水—人—地"动态反馈驱动的分蓄(滞)洪区应急避险平台,应用 Spring ＋ Mybatis 框架,满足本地化和云端部署。依据上述基于"水—人—地"动态反馈驱动的应急平台,将实时变化的"水""人""地"信息彼此关联与互相反馈,根据相互间的动态关系实时调整应急避险方案,做到精细化管理。

8.8.4.1　技术方案

(1)总体框架

平台总体框架(图 8.8-20)由前端感知层、传输层、数据中心层、支撑平台层、智慧应用层、门户层等部分构成。

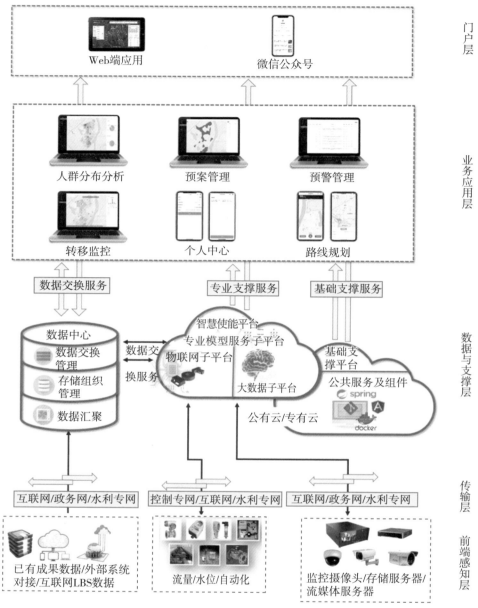

图 8.8-20　平台总体框架

1)前端感知层。

采集分洪区水位监测、流量监测、视频监控数据,接入 LBS 实时人群数据与水情测报系统的流量、水位预报数据,构建防洪应急避险辅助平台的采集体系,为防洪应急避险管理提供信息采集支撑。基于模型层相应的转移模型、电子围栏监控模型提供功能服务接口,结合运营商提供实时通信传输接口,为展示层及上层应用提供功能调用能力。

2)数据中心层。

在充分利用地方政府政务数据资源的基础上,补充构建专题数据资源的统一建设,主要包括防洪应急避险的监测数据、业务数据与分析数据。数据中心预留相关接口,便于实现与地方系统的数据共享和交换。主要对应急预案数据进行数字化转换及组织储存,同时整合矢量路网、人口等数据,以及实现外部运营商 LBS 数据的实时接入同步,为后续的模型分析奠定数据基础。为提高数据吞吐效能,数据层主要基于非关系型数据库进行构建。

3)支撑平台层。

建设统一的满足各应用模块建设需求的支撑平台,包括基础支撑平台和使能平台。搭建的基础支撑平台包括通用流程平台、智能报表平台、地理信息平台、短信平台和文件存储系统、统一身份认证、综合检索服务等;使能平台包括水动力学模型平台、基于 LBS 的人群识别及快速预警平台、人员避险转移安置方案动态优化平台、物联网平台等。支撑平台层主要实现实时网络流的洪灾避险转移模型及电子围栏监控模型,洪灾避险转移模型加入初始状态人群热力数据,并在人群转移过程中实时更新人群分布状态,从而在实际疏散过程中进一步降低路径规划与实际疏散过程中的偏差,以达到应急避险疏散要求。电子围栏监控模型主要基于安置区构建多边形电子围栏,结合人群实时位置,提供人群进离安全区判别算法模型。

4)业务应用层。

业务应用层是通过各类终端(Web 端系统、微信小程序等)直接面向用户(防洪应急避险管理部门、分洪区人民群众等),为用户各类业务管理提供辅助支撑的软件,是提升管理能力的主要体现,同时业务应用层也是数据汇集的主要渠道,通过业务应用的运行使用,使各类数据(如微信小程序用户人群数据、责任人信息数据等)能够汇集存储至数据库中。本平台考虑防洪应急避险的业务管理需要,设计统一的应用模块,包括人群分布分析、预案管理、预警管理、转移监控、个人中心、路线规划等,后期可以按需进行补充扩展。基于前后端分离架构体系,基于地理信息平台,提供实时避险转移信息表达呈现,呈现内容包括风险人群识别、转移路径实时规划等,展示手段包括矢量信息展示、热力图等。

5)门户层。

针对洪灾应急避险转移各级责任人的管理需求、分洪区人民群众面对洪灾时的生命财产保障需求,分别形成个性化的应用门户。本平台的门户涉及 Web 端与微信小程序。

(2)技术流程

通过搭建基于 LBS 人群属性动态反馈驱动的防洪应急避险辅助平台,引入并深度挖掘互联网 LBS 实时人群属性数据、手机通信定位大数据、水情数据、空间地形数据在防洪应急避险转移领域中的应用价值;调用洪灾避险路线规划模型或互联网地图导航服务引擎,实时动态规划避险转移路线;利用虚拟电子围栏技术与实时通信技术,及时将洪灾预警与路线规划信息推送至责任人及风险区人群。具体技术流程见图 8.8-21。

1)开发预案管理模块(Web 端与微信小程序均有),录入预案中转移路线的起点信息、途经点信息、终点信息,并在地图中同步展示。

2)开发 LBS 数据接口,在应急状态下接入互联网获取 LBS 实时人群属性监测数据;开发人群分布分析模块(Web 端),分析高风险区人群分布规律。

3)开发水情测报数据交互接口,接入水情测报系统的水情预报数据或人工输入水情预报数据,结合空间地形数据,确定洪水风险区与安全区的范围。

4)开发路线规划模块(微信小程序),在 LBS 实时人群属性数据或融合的实时人群数据驱动下,调用洪灾避险路线规划模型或互联网地图导航服务引擎,以洪水风险区为起点、安全区为终点,实时动态规划洪灾避险的转移路线。

5)开发预警管理(Web 端与微信小程序均有,可管理责任人信息)与个人中心模块(微信小程序,其用户主要为分洪区人民群众),嵌入预警机制,利用虚拟电子围栏技术与实时通信技术,将洪灾预警消息、转移路线及时推送至相关责任人及风险区人民群众。

6)开发实时监控模块(Web 端),基于 LBS 实时人群属性数据对洪灾应急避险转移的进度进行实时监控。

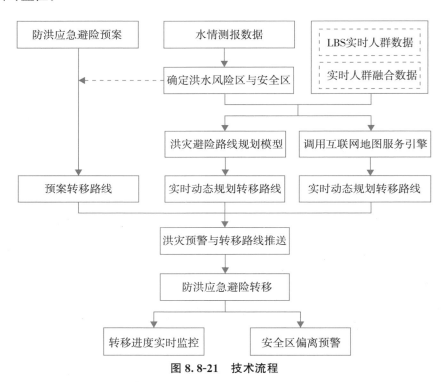

图 8.8-21　技术流程

8.8.4.2　应急避险转移系统设计与开发

深入理解应急避险技术现状的基础上,针对当前存在的问题和不足,对上述核心技术进行集成并与应急指挥相结合,在统一标准和安全防护体系下,基于松耦合、易扩展的设计思路,采用微服务架构,分层建设防洪应急避险转移系统(图 8.8-22)。基于 LBS 的应急避险转移系统作为应急避险工作辅助平台,主要辅助完成对人群分布分析、预案管理、预警管理、路线实时规则与转移监控、人群转移进展反馈等内容。

图 8.8-22　基于实时动态反馈驱动的应急避险决策支持平台

（1）人群分布分析

可视化展示人群热力分布，并对人群分布特征进行自动分析，包括实时人群分布与历史人群分布两个子功能。实时人群分布展示当前时刻的人群热力分布图与人群分布统计，历史人群分布则展示历史某一时段的人群热力分布图与人口趋势变化统计。人群分布分析界面见图 8.8-23。

图 8.8-23　人群分布分析界面

（2）预案管理

对应急预案进行统一管理，有预案区可快速查看预案信息，无预案区支持智能生成预案，包括预案查看、安全区生成、预案基本信息管理、预案生成等子功能。预案查看显示所有预案的列表，实现预案概览与预案路线查询；安全区生成可基于水动力学模型的洪水淹没模拟结果生成洪水安全区，以用于预案生成；预案基本信息管理对起点信息、途经点信息、终点信息及模拟生成的洪水安全区信息进行统一管理;预案生成支持无预案区域根据地形数据或水动力学模型的洪水模拟结果智能生成应急避险预案(图 8.8-24 至图 8.8-26)。

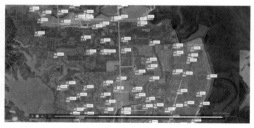

图 8.8-24　钱粮湖预案生成示意图

图 8.8-25　荆江分洪区预案展示示意图　　　图 8.8-26　荆江分洪区预案管理界面

(3)预警管理

实现分洪区的区县级、乡镇级、村级责任人管理,洪水预警信息的管理及向微信小程序用户发送信息推送,分为责任人信息管理和预警消息管理子功能。责任人信息管理对各级责任人的信息,包括姓名、责任级别、职务、联系方式等信息进行管理,支撑预警消息推送及责任范围内人群应急联系;预警消息管理可定制化填写预警信息内容,如分洪区名称、控制站水位、控制站水位趋势、预警级别、预计淹没时间、预计淹没范围等,并将预警消息定向发送至责任人与风险区人群,以及时做好应急响应工作。预警管理界面见图 8.8-27。

图 8.8-27　预警管理界面

提供预案行动负责人相关信息导入功能；在启动预警及启动转移后，向转移安置负责人电话发送预警短信及组织开展撤离短信。路线引导示意图见图8.8-28。提醒短信发送示意图见图8.8-29。

图8.8-28 路线引导示意图

图8.8-29 提醒短信发送示意图

（4）路线实时规划与转移监控

撤离转移启动后，基于腾讯人群相关接口，实时轮询刷新人群数据，结合空间分析计算各村庄、安全区范围人群数量及画像信息；基于实时避险路线规划模型，进行路线动态规划功能，为相关决策提供依据。路线实时规划绘制示意图见图8.8-30。转移监控及人群画像示意图见图8.8-31。转移监控及人群热力图绘制示意图见图8.8-32。实时引导短信示意图见图8.8-33。转移监控界面见图8.8-34。

图8.8-30 路线实时规划绘制示意图

图8.8-31 转移监控及人群画像示意图

图8.8-32 转移监控及人群热力图绘制示意图

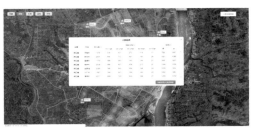

图8.8-33 实时引导短信示意图

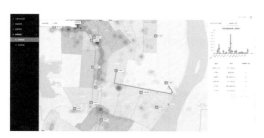

图 8.8-34　转移监控界面

（5）人群转移进展反馈

转移安置完成后,对比所有安全区人员信息和转移前人员信息,评估人员安全转移所需时间、转移安置状况,并提供编辑界面收集存储所有负责人反馈安全转移报告。转移安置状况反馈示意图见图 8.8-35。安全转移报告管理示意图见图 8.8-36。

图 8.8-35　转移安置状况反馈示意图

图 8.8-36　安全转移报告管理示意图

8.8.4.3　应急避险转移系统展示平台

基于位置信息服务（LBS）、地理信息（GIS）技术、大数据等技术,针对受洪水威胁的防洪保护区、分蓄（滞）洪区、洲滩民垸、山洪防治区等对象,开发了受洪灾影响区内的人群应急避险转移系统。人群应急避险转移系统功能为:根据位置大数据、结合空间分析手段,动态识别涉灾区域内人群特征属性与分布,实时掌握各区域内人员聚集情况,引导风险人群转移和现场救生;采用智能优化算法,动态辨识道路可达性及安置区容量,实时优化转移路径和安置方案,并对人口转移进展及效果进行反馈、跟踪与评估。

（1）实时监控

遇大洪水需要紧急转移之前,可选择不同互联网及电信运营商的 LBS 数据来源,接入人群数据,通过 LBS 数据源展现的人群热力图,实时监控人群分布状态。同时,也可以查看各村组避险转移负责人目前的位置及相关信息、安全区域、道路的分布。风险人群实时监控画面见图 8.8-37。

图 8.8-37 风险人群实时监控画面

（2）淹没风险分析

在 GIS 平台的支持下，对转移区域进行淹没风险分析。根据可能防洪风险因子，通过专业的水利计算模型，分析预判洪水淹没范围，辨识人员安置安全区域，确认淹没风险预警指标；根据水流的方向、速度、到达位置及不同阶段的水深，判断洪水对人群、房屋、耕地面积的动态影响。洪水淹没风险见图 8.8-38。

图 8.8-38 洪水淹没风险

（3）避险转移方案模拟

根据已有避险转移预案，切换当前人群数据或模拟的户籍数据，模拟分蓄（滞）洪区分洪前启动避险转移预案的场景，村组负责人通知每个人到达指定的转移地点，然后在转移点分批分次将人员转送至安置区。分蓄（滞）洪区人群分布情况见图 8.8-39。人员向转移点聚集见图 8.8-40。人员聚集到转移点后分批向安置区转移见图 8.8-41。到达安置区人数见图 8.8-42。

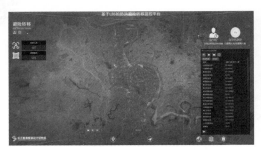

图 8.8-39　分蓄(滞)洪区人群分布情况

图 8.8-40　人员向转移点聚集

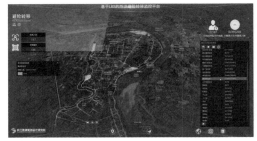

图 8.8-41　人员聚集到转移点后分批向安置区转移

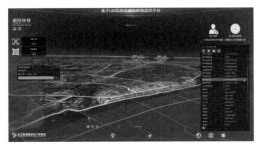

图 8.8-42　到达安置区人数

如果到达某些转移点现场人员数量与预案制定的人数有一定偏差,可以及时通过优化路线计算,并计算安置区容量,达到将现场人员全部转移到安全的安置区域的目标。安置区已满见图 8.8-43。重新分配人群目的地见图 8.8-44。

图 8.8-43　安置区已满

图 8.8-44　重新分配人群目的地

通过引入互联网和手机通信定位大数据,突破传统上基于户籍的人员转移方式瓶颈,可以实时监控人群位置及转移效果,对方案进行反复模拟调整,对安置容量动态辨识与避险转移路径实时优化。

(4)转移执行与引导

当下达避险转移命令后,在预定的时间实施执行人群转移。实现在执行过程中,对人群进行全过程跟踪与转移效果评估,整个都是动态发生、实时计算处理、快速反馈,通过这些步骤的循环,对人群安全转移的进展进行反馈与跟踪,直至人群完全安全撤离。

对转移过程中预案到达安置区已满、道路拥堵、道路损毁等突发事件进行重新分配人群目的地、重新规划转移路线等计算处理。突发道路损毁见图 8.8-45。重新规划转移路线见

图 8.8-46。

图 8.8-45　突发道路损毁　　　　　图 8.8-46　重新规划转移路线

通过不同转移阶段人群热力图（图 8.8-47），实时了解转移过程不同阶段到达安置区的村组及人员情况。

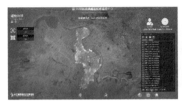 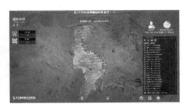 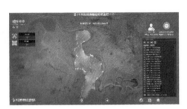

(a)转移初期人群分布　　　　(b)转移中期人群分布　　　　(c)转移完成人群分布

图 8.8-47　不同转移阶段人群热力图

8.8.5　基于人群属性的应急避险技术示范应用

（1）防洪应急避险技术适应场景

变化环境下超标准洪水应急避险决策支持技术融合了信息技术与水利技术，主要针对受洪水威胁的防洪保护区、分蓄（滞）洪区、洲滩民垸（滩区）、山洪防治区、病险水库及堰塞湖下游影响河段等超标准洪水运用情况下，受影响人群的应急避险调度以及城市内涝实时风险评估与防洪调度，可提出基于实时动态信息反馈驱动的应急避险现场解决方案。

提出了"基于人群属性的应急避险智慧解决方案"，并成功入选《2020 年度水利部智慧水利优秀应用案例和典型解决方案推荐目录》《水利先进实用技术重点推广指导目录》，获得水利先进实用技术推广证书。

（2）防洪应急避险技术应用情况

超标准洪水应急避险决策支持技术在融合雨情、水情、工情、险情、灾情等信息的基础上，提供防洪风险信息研判、避险要素提取，对风险人群识别预警跟踪，辨识安置容量动态变化、实时优化转移路径等分析计算功能模块，提供基于避险转移全要素多场景的数据图谱，为应急避险决策提供技术支持。

研究成果在长江流域荆江分洪区进行了示范模拟，搭建了应急避险平台，将避险要素点、线、面等几何实体进行封装，考虑空间、时态的拓扑结构及与其他对象的关系，在三维空间场景直观立体表现不同时刻的人员聚集、分批撤离及安置容纳状况等避洪转移全过程态势图谱,效果显著,可为提前预警重大洪灾风险、降低避险转移的成本提供重要的技术支撑,提升防洪应急避险的安全性和时效性,为形成我国防洪应急避险的系统性智慧技术解决方案打下了基础。荆江分洪区应急避洪转移示范系统展示效果见图8.8-48和图8.8-49。

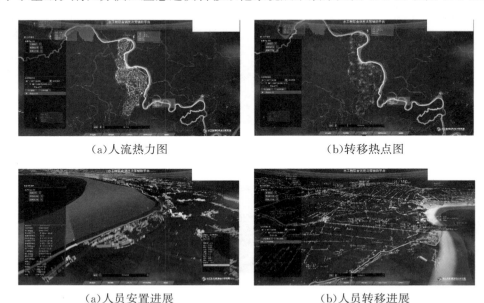

(a)人流热力图   (b)转移热点图

(a)人员安置进展   (b)人员转移进展

图8.8-48 荆江分洪区人员转移过程模拟效果示意图

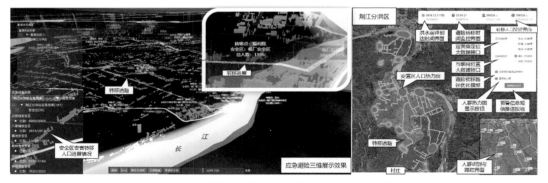

图8.8-49 荆江分洪区应急避险平台效果示意图

8.8.6 小结

针对防洪应急避险瓶颈问题,研发了对洪水风险区域内不同属性人群的精准识别、快速预警和实时跟踪技术,提高了转移安置的实时性、时效性和有效性;研发了人口避险转移路径、安置方案的动态优化技术,研发了基于人群属性动态反馈驱动的防洪应急避险决策支持平台,实现了应急避险全过程、全要素的实时精准调度与智慧管理。研究成果纳入《2020年度水利部智慧水利优秀应用案例和典型解决方案推荐目录》《水利先进实用技术重点推广指导目录》，获得水利先进实用技术推广证书，具有重大的科技意义和工程应用推广价值。

8.9　本章小结

聚焦流域超标准洪水应对特性和需求，提出了监测—预报—预警—评估—调度—避险全链条综合应对技术体系，主要成果如下：

（1）超标准洪水立体动态监测技术体系

针对超标准洪水测不到、测不准、数据量庞大、传不回等难题，研究非接触式立体监测方法，提出多维度、多测量手段的技术方案和实现路径及高效、精准、稳定的数据融合处理解决方案。应对流域超标准洪水时，测验手段从主要依靠水文测船、水文缆道，到无人船、无人机等多种方式补充，提升洪水监测安全保障；从主要采用流速仪法、浮标法，到声学多普勒测流、声学时差法测流、视觉影像测流、扫描式雷达测流、单点雷达测流等类声光电手段兼用，提高自动化水平。建立集视频影像识别、大尺度粒子图像测速、电波流速仪法、雷达侧扫、无人机多要素雷达监测系统等非接触式手段及水文报汛站、气象站、水利工程站等接触式手段于一体的流域全覆盖超标准洪水立体感知体系，实现受灾区域重要断面、防洪关键节点洪水水位、流量、流态数据动态实时远程非接触式监测，研究制定针对流域超标准洪水高洪、溃口、淹没区域等不确定性的机制化测洪方案。采用卫星遥感技术、空间测绘技术及光学解析技术进行大范围洪水淹没监测分析，利用地形资料和淹没范围推算水位流量，解决无人区超标准洪水监测；结合雷达回波、无人机成像、地面水雨情监测，实现大范围或局部洪水过程监测。构建流域超标准洪水"空—天—地—水"一体化立体动态监测体系，形成多维度信息互融、互嵌、互补的立体动态监测机制。

（2）堤防超标准运用险情监测技术体系

针对传统人工抗洪抢险工作量大、效率低等难题，研发堤防危险性智能探测技术与装备，攻克无人机双目视觉成像与红外高光谱成像图像融合与异常提取难题，实现汛期堤防全天候快速无人普查，攻克堤防时移电法观测及电场数据时效反演成像技术难题，实现对堤防重点隐患早期排查和长期动态监测。研发堤防水下巡检机器人系统，优化水下机器人结构及动力系统，解决动水条件下机器人稳定巡航和低能见度条件下堤防隐患快速检测。构建堤防险情及运行维护知识库，突破监测数据多而杂的局限，实现多源异构感知数据的高度融合及标准化管理，智能研判堤防工程致灾风险因子，实现安全评估动态化，及时判别堤防险情并给出处理方案，提高抢险决策效率。通过以上技术实现水上隐患监测检测实时化、水下隐患巡检机动化、出险应急决策智能化，形成集监测—检测—决策一体化的堤防险情应急处置关键技术和成套设备。

（3）洪灾空天地协同洪水灾情监测体系

针对超标准洪水灾害实时动态应急监测需求，基于卫星遥感、低空无人机遥感及地面终端采集等空、天、地多层次高精度数据采集、监测手段,提出了超标准洪水空天地多平台协同监测体系,并针对不同天气状况、时效性要求,提出了流域、区域和局部不同空间尺度下的超标准洪水监测方案及灾前、灾中、灾后不同阶段不同要素的监测体系及适用条件。搭建卫星监测平台,实现流域洪灾的大尺度、快速、高频次、全天候、全天时监测;搭建基于5G传输技术的无人机监测平台,实现洪灾的高时效、高分辨率监测;搭建地面监测平台,实现洪灾的高精度、强机动监测。通过空、天、地不同层次的观测手段相辅相成、互相补充配合,形成立体多维的对地综合观测体系,实现面向超标准洪水的全天候、全天时、全要素的监测。

(4)超标准洪水综合精细预报技术体系

针对超标准洪水,构建流域主要控制站、控制性水库群、分蓄(滞)洪区等关键节点,洲滩民垸、堤防溃口等临时节点相融合的复杂洪水预报方案体系,研发短临、短中期、长期无缝隙结合的多模式定量降水预报模型,结合水文多模型动态参数库,耦合堤防溃决水土耦合动力学模型与一、二维水动力学模型,构建气象水文水力学相结合、流域及关键节点相融合的洪水预报模型,提出流域超标准洪水气候、天气、水文多层次分级预警指标体系,形成了一套完整的针对超标准洪水预报预警技术体系,解决了当前洪水预报技术体系与超标准洪水防御需求不适应的问题、洪水预报模型模拟与超标准洪水演进不同步的问题、洪水预报预警机制与超标准洪水发展阶段不协调的问题。通过无缝耦合渐进式预报,减少了预报的不确定性,显著提升了预报精度和预见期。通过气象水文水力学相结合、流域及关键节点相融合,对降水预报、降雨径流、洪水演进及调度各模型做无缝耦合处理,实现河库(湖)与分蓄(滞)洪区和洲滩民垸联动、有序连续演算的预报调度一体化。研究提出极端降水、洪水事件等预警指标,实现超标准洪水发生时监测、预报、预警的快速响应机制。

(5)多尺度渐进式超标准洪水预警技术

流域超标准洪水发生时,现状预报预警发布机制中的发布标准、发布内容、对象、时效、频次等不足以满足实际需求,对此,量化流域不同分区、不同断面的超标准洪水发生标准,提出极端降水事件和极端洪水事件的主要指征和预警指标,根据暴雨洪水相关因子,制定强关联、强约束的判定条件,划分面向不同对象组合的多尺度渐进式超标准洪水判定指标阈值体系,主要包括气候、短中期降雨、超标准洪水3类预警指标。构建涵盖防洪工程预警阈值信息的分级预警阈值空间数据,根据不同预见期的降水预报,结合洪水预报不确定特性,提出多层次、多级别的流域超标准洪水判别方法,实现超标准洪水发生情势下预报、预判、触发响应的方法及机制,降低洪水预警不确定性。

(6)超标准洪水风险动态评估技术体系

针对流域超标准洪水多维多尺度风险调控和比选模拟需求,考虑洪水自然特性、社会属性、工程属性、承灾体易损性,提出了不同空间尺度的洪灾评估理论及方法;提出了超标准洪水演变全过程的时空态势图谱构建技术,结合实时洪灾监测信息技术应用,实现了超标准洪水灾害动态评估及实时校正,提升了洪灾评估的准确性和时效性;耦合运用"形(图形图像)—数(描述性参数、数值模拟及可视化)—模(专业模型分析及可视化模拟)"一体化模拟仿真技术,实现了流域洪水演变的交互式推演。

(7)超标准洪水风险智能调控技术体系

引入历史相似信息迁移学习机制,研发了流域超标准洪水模拟发生器,实现了物理机制和随机模拟的深度耦合,解决了超标准洪水样本稀少带来的模拟难题;构建了流域超标准洪水风险传递规律与流域调控能力强耦合的关联机制,揭示了超标准洪水风险灾害突变、量级阶梯递增规律。建立了水—工—险数据关系模型,构建了基于工程调度响应关系和案例智能学习机制的防洪知识图谱,实现了工程群组快速组合及调控效果快速评价;提出了巨型复杂工程群组联合调度规则库,构建了基于知识图谱驱动的防洪工程群组智能调控模型,实现了流域防洪体系拦、分、蓄、排能力的动态协调,助力了流域数字孪生建设,提升了"四预"智慧化能力;建立了超标准洪水风险调控评价指标体系,提出了群组方案智能优选方法,实现了超标准洪水情景下的灾损"大与小"、保护对象"保与弃"快速决策。

(8)超标准洪水智慧应急避险技术体系

为避免高风险区人口转移失控事件造成严重经济损失和社会风险,立足我国流域超标准洪水防御实际,提出了适应不同分/漫/溃情景的水动力学模型快速构建与洪水风险动态评估技术,解决了来水不确定性、分洪、溃口、漫溢位置及规模不确定性带来的避洪转移范围确定难题;提出了基于 LBS 的多源人群数据融合方法和基于虚拟电子围栏的风险区人群预警方法,研发了对洪水风险区域内不同属性人群的精准识别、快速预警和实时跟踪技术,研发了人群避险转移路径、安置方案的动态优化技术,实现了洪水风险人群的精准识别、快速预警、实时跟踪、优化安置,提高了转移安置的实时性、时效性和有效性;研发了基于人群属性动态反馈驱动的防洪应急避险决策支持平台,实现了应急避险全过程、全要素的实时精准调度与智慧管理。提出的"基于人群属性的应急避险智慧解决方案"适用场景广泛,可推广至各流域,服务于受洪水威胁的防洪保护区、分蓄(滞)洪区、洲滩民垸(滩区)、山洪防治区、病险水库及堰塞湖下游影响河段等区域的应急避险精细化调度,获得水利先进实用技术推广证书。

第 9 章　流域超标准洪水综合应对措施体系

　　针对流域超标准洪水实时应对中存在响应等级划分不细、应对针对性不强等问题,研究提出统筹考虑防洪工程防御能力和潜在洪水风险的流域超标准洪水应急响应分级方法,为洪水预警和应急响应提供技术支撑;针对超标准洪水应急措施体系不完善问题,系统提出极端天气条件下超标准洪水综合应对措施体系,形成流域超标准洪水"控、守、弃、撤"等防御预案编制标准。

9.1　流域超标准洪水综合应对措施体系框架

　　一般洪水管理措施包括工程措施和非工程措施。工程措施包括堤防、水库、洲滩民垸、分蓄(滞)洪区等建设调度和运用;非工程措施一般包括预报预警、风险调控、避险转移等。由于流域超标准洪水与标准内洪水在预报预警、调度和灾害严重程度、影响范围等有明显的不同,其应对措施也不同。研究根据流域超标准洪水应对的特点和难点、应对的目标和原则,结合我国长期的治水实践和各主要江河防洪减灾体系建设的经验教训,拟定了流域超标准洪水综合应对措施体系框架。针对实时调度管理需求,应对措施体系以非工程措施为主,具体包括超标准洪水监测体系、预报预警体系、风险调控体系、应急避险措施体系、风险管理体系、应急管理体系等。本项目研发的高洪监测—预报预警—风险调控—应急避险技术—巨灾保险—跨区补偿等风险管理措施在整个体系的位置见图 9.1-1。

　　根据流域超标准洪水实时调度管理需求,以变化环境下流域超标准洪水防御预案预演、立体监测、预报预警、风险调控、应急处置为主线,梳理流域超标准洪水灾害全链条综合应对的新方法和新技术,提出基于防洪工程防御能力界定的协调、协作的流域超标准洪水综合应急非工程措施体系(图 9.1-2)。

　　流域超标准洪水综合应急非工程措施体系主要包括"防""抗""救"3 块内容。其中,"防"的重点在科学研判、超前部署、早谋快动,其核心就是制定超标准洪水防御预案,并积极开展洪水调度演练,打实防汛主动战;"抗"的重点在强化监测、滚动预报、有效预警、及时响应、强化水工程调度、精准调控施策,打好防汛阵地战,重点推进防洪业务与信息化深度融合,提升雨水工灾情多维感知、高洪精准预报、洪灾动态评估、风险智能调控、险情高效处置和人群智慧避险能力,筑牢"软件"根基;"救"的重点在安全巡查、隐患排查和应急避险,打好防汛持久战。

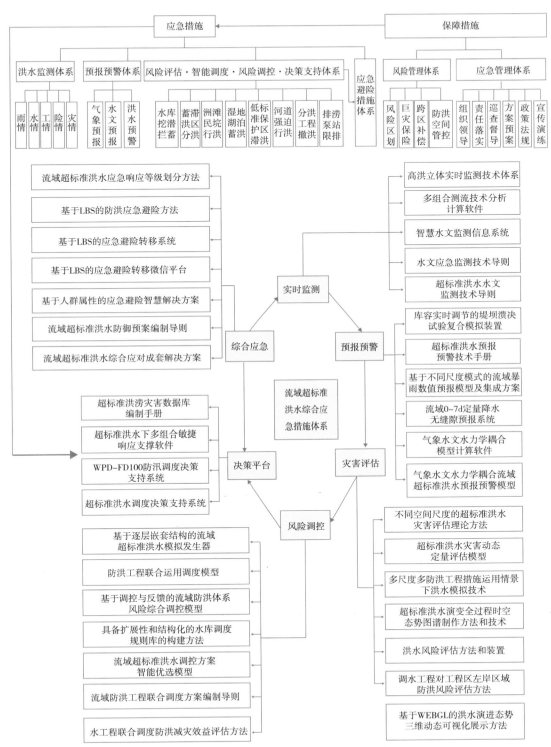

图 9.1-1 流域超标准洪水综合应对措施体系

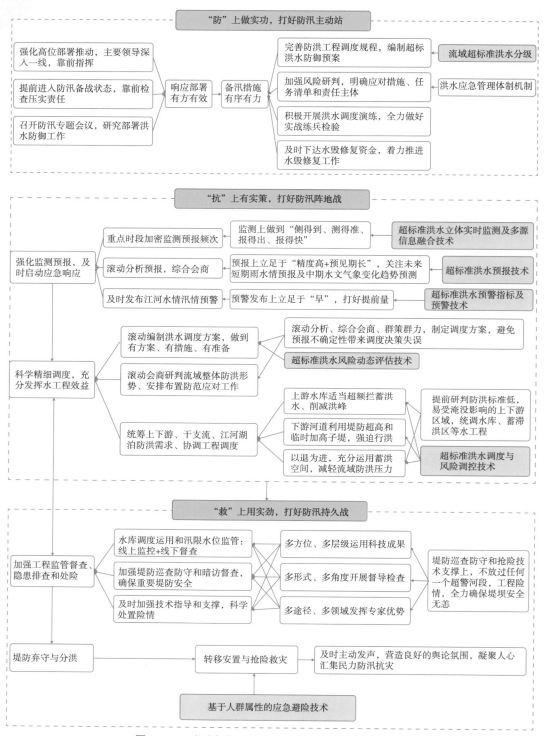

图 9.1-2　流域超标准洪水综合应急非工程措施体系

　　根据对现有防洪工程体系防御能力和建设运用情况的调查研究,发现目前各流域防洪工程体系存在不同程度的短板和问题。为降低洪水风险、缩小洪水灾害范围、减少洪水灾害损失,保障流域经济社会可持续发展,应进一步完善流域防洪体系建设,全面提升流域超标准洪水防御能力,重点应开展以下工作。

(1)加快流域防洪规划修编,补齐防洪工程体系短板,打好"硬件"基础

在新一轮流域防洪规划修编中,针对流域防洪减灾体系建设现状,贯彻国家战略新要求,围绕流域防洪形势新变化,优化防洪总体布局,提出流域防洪新老问题系统解决方案,以规划为引领,切实提升流域防洪安全保障能力。针对流域超标准洪水灾害特性和防御需求,重点加快江河控制性工程建设,加快病险水库除险加固,全面推进堤防和分蓄(滞)洪区建设,建成标准适度的防洪工程体系。研究防洪水库建设方案,结合兴利继续建设规划内的防洪控制性水库,提高水库群调蓄洪水能力;尽快完成规划内小型水库除险加固,及时开展新出险水库的安全鉴定,发现问题及时处理;开展淤积严重的大中型水库清淤试点工作,研究水库库容长期保持的措施,恢复和保持水库调蓄功能。加快推进未达标堤段封闭圈及达标建设,使其具备防御大洪水的运用条件,并根据经济社会发展需求和防洪布局优化总体安排,逐步实施堤防提质增效建设,提高堤防防御能力。根据洪水蓄泄关系,优化调整分蓄(滞)洪区布局,加快重要分蓄(滞)洪区工程建设和安全建设,为适时适量运用创造条件。

(2)推进水利业务与信息化深度融合,筑牢"软件"根基

构建流域防洪规划数字平台,提高规划成果的共享应用水平,进一步发挥防洪规划对流域管理和空间利用的约束和指导作用。创新测验方法,加强物联网、无人机、电波流速仪、视觉测流系统、GPS电子浮标、侧扫雷达等非接触式高新技术快速测洪装备研发和应用,构建流域超标准洪水及洪灾的"天空地水"立体化多维组合式快速测洪方法体系,实现测得到、测得准、报得出,提升大洪水应急监测和感知能力。应用信息融合、数据挖掘、遥感监测等新技术,推进多工程阻断条件下气象水文水力学相结合的超标准洪水智能预报与集合概率预报,延长洪水预见期,提高大洪水预报精度,提升决策支持水平。应用人工智能和云计算,建设水工程智能防灾联合调度系统建设,以挖掘防洪工程体系潜力,实现防洪工程体系超标准洪水调度运用。应用5G、LBS和大数据等新技术,分类建立分蓄(滞)洪区、洲滩民垸、防洪保护区等应急避险大数据平台,实现避险资源全过程、全要素的实时精准调度与智慧管理,保障风险人群快速预警、高效转移和妥善安置。建设防汛智能化基础设施和数字孪生流域,研发工程巡查抢险应急能力和装备智能化,加快推进流域超标准洪水灾害防御业务信息化转型升级。

(3)引入高新技术和社会资源,开展洪水风险教育,实施"全民"防灾

整合社会力量,深度融合全天候实时高分辨率成像与识别、无人机、人工智能与生物智能、云计算、大数据、区块链、5G、物联网等前沿技术和高新装备,开展智慧防洪技术联合攻关,提升超标准洪水重大风险感知、防御和处置能力。基于流域洪水风险图,实施流域超标准洪水风险区划与风险管控,绘制国土空间利用风险区划图,指导流域防汛工作和经济社会

发展布局,规范人类活动,主动规避洪水风险。推进流域超标准洪水灾害社会化管理,研究建立行蓄洪跨区补偿机制和巨灾保险制度,探索利用社会资金补偿洪涝灾害损失,保障上下游、左右岸、干支流洪水风险转移支付。

(4)完善流域超标准洪水应急响应措施和机制,提升实时应对能力

综合考虑洪水量级、工程运用潜力、保护对象重要性、成灾程度、灾后重建难度等因素,划分流域超标准洪水应急响应等级,明确防洪工程超标准运用的触发条件、应急运用方式、潜力、风险和效益;统筹考虑洪水分级和工程应急运用方式,提出不同应急响应等级下的灾损分布,构建流域超标准洪水综合全域应对成套解决方案,形成流域超标准洪水"控、守、弃、撤"等防御预案,并据此编制超标准洪水防御作战图,提出各环节各相关领域的职责和协同机制,提升流域超标准洪水实时应对能力。

9.2 流域超标准洪水应急响应措施体系

9.2.1 流域超标准洪水应急响应等级划分

当前流域防御洪水方案和应急响应中,超标准洪水无论量级大小均划分为应急Ⅰ级响应,流域防御洪水方案和洪水调度方案上对超标准洪水调度应对仅做了原则性安排,可操作性不强。以长江为例,《长江洪水调度方案》提出"长江荆江河段依靠上游水库、分蓄(滞)洪区和堤防解决防洪问题,通过三峡等水库结合分蓄(滞)洪区控制沙市水位:在三峡水库水位低于171.0m,控制沙市水位不超过44.50m;三峡水库水位在171.0~175.0m,控制枝城下泄不超过80000m³/s,配合分洪措施控制沙市水位不超过45.00m"。该调度方式对于来水情况如何、在什么时机如何尽可能运用三峡有效防洪库容以减小荆江分洪区运用概率、什么情况下允许荆江河段超保证水位强迫行洪等没有具体操作方案,而流域超标准洪水量级不同将导致采取不同的应对措施。例如,洪水量级在防洪工程体系防御能力范围内的应尽量调度运用防洪工程保障重要防洪对象安全,若洪水量级超过工程防御能力则应该采取牺牲局部保重点的策略等,因此,对超标准洪水量级进一步细化是提出更具有针对性措施的重要举措。

(1)流域超标准洪水分级依据的确定

流域防洪工程体系是按照防御流域标准洪水要求建设的,对于拟定的流域防御对象(历史发生的流域性大洪水或频率洪水),各防洪工程按照洪水防御方案(洪水调度方案)调度运行,可达到拟定的防洪标准。现有的防洪工程是为防洪保护对象达到其防洪标准的条件下进行设计,但每类防洪工程都在标准之上设有一定的安全超高或安全裕度,如堤防超高、一般情况下水库正常高水位以下至防洪高水位仍有一定空间等,充分利用工程防洪安全裕度,可以有效提高防洪对象的防洪标准。防洪工程体系保护对象的防洪标准,与单个工程独立运用能达到的防洪标准往往不相同,一般而言前者大于后者。综上所述,防洪工程体系防御

洪水能力从低到高可划分为防御标准洪水能力、正常调度防御超标准洪水能力、非常调度防御超标准洪水能力。

流域防洪工程体系布局时,针对重要的保护对象设定了相应的控制节点,拟定了控制节点的防洪控制指标(控制流量或水位)。流域设计洪水得到解决,表现为控制节点的指标不超过控制值。对超过控制指标的洪水即界定为超标准洪水,目前现行的超标准洪水防御方案中,一般以超过控制设计水位或设计洪峰流量为判别条件。因此,选择控制节点的防洪控制指标作为超标准洪水分级指标,既能反映洪水量级不断发展的自然规律,与洪水量级有直接的相关性,又能与现行超标准洪水防御方案相协调,在防汛实践中易于获取,对具体工程措施运用具有指导意义。

综上分析,确定流域超标准洪水分级依据如下:

1)按照流域防洪保护对象分布,结合防洪工程体系状况,在现有流域防御洪水方案、洪水调度方案基础上,确定流域超标准洪水防洪控制节点。

2)应根据超标准洪水(风暴潮)特征及其地区组成,评估不同量级超标准洪水条件下的超额洪量、可能影响范围和灾害程度。

3)结合防洪工程体系应对流域超标准洪水的防御能力,明确流域超标准洪水量级与防御目标等级之间的关系。

(2)流域超标准洪水应急响应分级

以预见期内防洪保护对象重要控制站点的水位(或流量)为依据,综合考虑洪水量级、堤防等级、防洪工程体系防御能力、灾损大小和影响范围、保护对象重要性及灾后重建难度等因素,可将流域超标准洪水由低到高划分为若干级。

1)超 3 级洪水:超过流域防洪标准但通过防洪工程体系超标准运用后可控制流域防洪控制站水位不超过保证水位的洪水。

2)超 2 级洪水:防洪工程体系超标准运用后,流域防洪控制站水位仍将超过保证水位,需牺牲局部低标准防洪保护对象,以确保流域重要保护对象防洪安全的洪水。超 2 级洪水可根据实时调度需求,依据堤防等级进一步细化。

3)超 1 级洪水:采取上述措施后,仍无法保证流域重要防洪保护对象安全的洪水。

以长江流域荆江河段和嫩江流域为例,说明流域超标准洪水等级划分及应对。

1)长江流域荆江河段。

荆江河段防洪标准为 100 年一遇。根据《长江防御洪水方案》:"荆江河段发生 100 年一遇以上、1000 年一遇以下洪水时,充分利用三峡等水库联合拦蓄洪水,控制枝城最大流量不超过 80000m^3/s。视实时水情工情,依次运用荆江分洪区、涴市扩大区、虎西各蓄区及人民大境分蓄(滞)洪区分蓄洪水,控制沙市站水位不超过 45.00m,保证荆江两岸干堤防洪安全,防止发生毁灭性灾害。发生 1000 年一遇以上洪水,视需要爆破人民大垸中洲子江堤吐洪入江,进一步运用监利河段主泓南侧青泥洲、北侧新洲垸等措施扩大行洪;若来水继续增大,爆破洪湖西分块分蓄(滞)洪区上车湾进洪口门,利用洪湖西分块分蓄(滞)洪区分蓄洪水。"考虑超标准洪水的发生过程,以水位为分级控制指标,对不同水位提出相应的工程防御措施。

标准量级洪水:沙市水位44.50m,为本河段发生100年一遇洪水时防洪控制水位。

超3级洪水:沙市水位45.00m,为本河段保证水位,保护目标为荆江大堤、南线大堤、松滋江堤、荆南长江干堤(石首段)、下百里洲江堤保护区。当预报沙市水位将超过45.00m时,即为超3级洪水。其应对措施需衔接标准内洪水调度应对,即在三峡水库水位达到171.0m之前,预报沙市水位将超过44.50m,调度运用三峡和上游水库群联合拦蓄洪水,适时运用清江梯级水库错峰,相机依次运用荆江两岸干堤间双退、单退及剩余洲滩民垸行蓄洪水,相机限制荆江河段泵站对江排涝,控制沙市水位不超过44.50m。在三峡水库水位达到171.0m之后,充分利用三峡和上游水库群联合拦蓄洪水,控制枝城最大流量不超过80000m³/s,配合荆江分洪区运用,控制沙市水位不超过45.00m。充分运用三峡水库水位175m以下防洪库容和荆江分洪区运用后仍无法控制沙市水位继续上涨时,则视实时水情、工情,运用涴市扩大区、虎西备蓄区。现状防洪工程体系按照规则正常调度运用后,预报沙市水位仍将超过45.00m(荆江分洪区内蓄洪水位仍将超过42.00m时),提前爆破无量庵口门吐洪入江;预计长江干流不能安全承泄洪水,运用人民大垸分洪;进一步运用监利河段主泓南侧青泥洲、北侧新洲垸等措施扩大行洪。若沙市水位持续上涨,视实时洪水水情和荆江堤防工程安全状况,爆破人民大垸中洲子江堤吐洪入江;若来水继续增大,爆破洪湖西分块分蓄(滞)洪区上车湾进洪口门分蓄洪水。加强对本河段防洪保护区堤防(荆江大堤、南线大堤、松滋江堤、荆南长江干堤、下百里洲江堤)的巡查防守;对下百里洲江堤加筑子堤,并做好对荆江大堤、南线大堤、松滋江堤、荆南长江干堤加筑子堤及下百里洲江堤人员转移的准备。

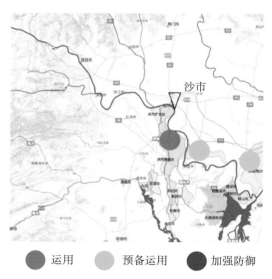

图9.2-1 荆江河段超3级洪水应急措施

超2级洪水:荆江河段2、3级堤防堤顶高程对应沙市水位为46.5m,保护目标为荆江大堤、南线大堤、松滋江堤、荆南长江干堤(石首段)保护区。综合考虑洪水量级、工程运用潜力、保护对象重要性、成灾程度、灾后重建难度等因素,本次初步拟定荆江河段超 2 级洪水应急响应指标为沙市水位 45.22~46.5m,其中,45.22m 为沙市历史最高洪水位(1998 年),可作为河道强迫行洪安全水位。由于涉及洲滩民垸、荆江分洪区不同区域蓄滞洪区的运用等应对措施差异,可将超 2 级洪水进一步细分为 3 个量级,分别确定保护区"守""撤""弃"关系。荆江河段超 2 级洪水应急措施见图 9.2-2。

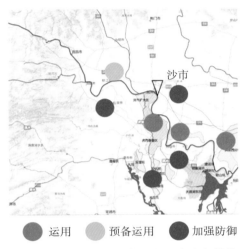

图 9.2-2　荆江河段超 2 级洪水应急措施

A 量级(也可视作超 2-3 级):沙市水位 45.50m。"守"荆江大堤、南线大堤、松滋江堤、荆南长江干堤(石首段);"撤"下百里洲江堤保护区。即预报沙市水位仍将超过 45.50m,对松滋江堤、荆南长江干堤(石首段)加筑子堤;根据预报来水情况,及时开展下百里洲江堤保护区的人员转移。

B 量级(也可视作超 2-2 级):沙市水位 46.00m。"守"荆江大堤、南线大堤;"撤"松滋江堤、荆南长江干堤(石首段)保护区。即预报沙市水位将超过 46.00m,对荆江大堤、南线大堤适当加筑子堤,及时开展松滋江堤、荆南长江干堤(石首段)保护区的人员转移。

C 量级(也可视作超 2-1 级):沙市水位 46.50m。"守"荆江大堤、南线大堤;"弃"下百里洲江堤保护区。即预报沙市水位将超过 46.50m,视汛情、险情弃守下百里洲江堤,保障荆江大堤、南线大堤保护区安全。加强对荆江大堤、南线大堤、松滋江堤、荆南长江干堤的巡查防守;对松滋江堤、荆南长江干堤按设计水位加 2.0m 超高加筑子堤;若堤防发生溃口等重大险情或预报来水持续增大难以防守时,应及时预警,做好人员转移的准备。

超 1 级洪水:沙市水位 47.00m 时,本河段 1 级堤防堤顶高程对应沙市水位,保护目标为荆江大堤、南线大堤保护区。预报沙市水位将超过 47.00m,加强对荆江大堤、南线大堤的巡查防守;按预报来水大小,对荆江大堤、南线大堤加筑子堤;松滋江堤、荆南长江干堤(石首段)人员转移。荆江河段超 1 级洪水应急措施见图 9.2-3。

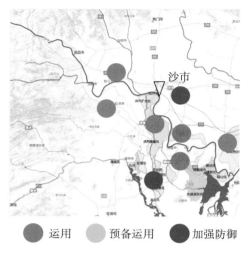

图 9.2-3　荆江河段超 1 级洪水应急措施

2）嫩江流域。

嫩江尼尔基水库以下干流防洪标准为 50 年一遇。根据《松花江洪水调度方案》："视情适当挖掘堤防超高防洪作用,利用河道强迫行洪,必要时采取抢筑子堤、弃守或扒开低标准堤防等防洪应急措施,确保哈尔滨、吉林、松原、齐齐哈尔、佳木斯等重要城市主城区和大庆主力油田防洪安全,尽力保证松嫩平原、三江平原等粮食主产区和沿江城镇防洪安全,最大限度减少灾害损失。"考虑超标准洪水的发生过程,以水位为分级控制指标,对不同水位提出相应的工程防御措施。

标准量级洪水:齐齐哈尔水位 148.66m,为本河段发生 50 年一遇洪水、对应流量 12000m³/s 时水位。

超 3 级洪水:齐齐哈尔水位 150.41m,本河段 3 级堤防堤顶高程对应水位,保护目标为主要支流保护区。综合考虑洪水量级、工程运用潜力、保护对象重要性、成灾程度、灾后重建难度等因素,本次初步拟定齐齐哈尔河段超 3 级洪水应急响应指标为齐齐哈尔水位 148.66～150.41m。相应应急措施为:充分利用河道行洪,保证两岸干流堤防防洪安全。视情适当利用堤防超高挡水并抢筑子堤强迫行洪,尽力保证富裕牧场、龙江县、讷河市讷谟尔河回水堤等堤防防洪安全,并做好人员转移准备。

超 2 级洪水:齐齐哈尔水位 150.61m,本河段 2 级堤防堤顶高程对应水位,保护目标为松嫩平原、三江平原等国家粮食产业基地、县级城市和县城。齐齐哈尔河段超 2 级洪水应急响应指标为齐齐哈尔水位 150.41～150.61m,相应应急措施为:做好甘南县堤防、讷河市堤防、泰来县堤防、镇赉县堤防、杜蒙县堤防、肇源县堤防、富裕县堤防、齐齐哈尔郊区和城区堤防、尼博汉堤防、扎赉特旗堤防抢筑子堤准备,做好人员转移准备;加强对齐富堤防、齐齐哈尔主城区堤防的巡查防守;富裕牧场、龙江县人员转移。

超 1 级洪水:齐齐哈尔水位 150.81m,本河段 1 级堤防堤顶高程对应水位,保护目标为齐齐哈尔主城区、大庆油田。齐齐哈尔河段超1级洪水应急响应指标为齐齐哈尔水位150.61～150.81m,相应应急措施为:做好齐富堤防、齐齐哈尔主城区堤防防抢筑子堤准备,做好人员转移准备;富裕县、泰来县、镇赉县、杜蒙县、扎偶岸线、讷河市、莫力达瓦县、扎赉特旗、白城、大安、前郭人员转移。

9.2.2 流域超标准洪水分级综合应对措施体系

由于超标准洪水量级划分主要依据防洪控制站所在河段堤防设计防洪标准、河道强迫行洪最高水位、堤顶高程等进行划分,因此,从低到高(超3级到超1级)可根据各级洪水灾害风险情况,考虑防洪工程体系防洪标准和防御能力进行应对,具体如下:

超3级洪水条件下,该洪水量级超过标准但是仍然在防洪工程体系防御能力范围内,防洪灾害及风险可控,此时,应充分发挥防洪工程体系正常调度运用防洪能力,将灾害风险控制在最低范围内。具体应对措施包括:①通过高洪河道、水库库区、分蓄(滞)洪区进(退)洪口门等的立体监测及精细预报预警,为流域防洪工程体系挖潜调度奠定基础;②以发挥防洪工程体系调度运用潜力、减少洪灾损失为主要防御目标,综合分析上下游防洪情势、防洪工程剩余防洪能力,在确保防洪工程安全运行的前提下,实施工程联合调度及适时适量超标准运用,提出适当抬高河道运行水位、启用分蓄(滞)洪区保留区、加大水库拦洪等水工程超标准联合调度运用方式,将超标准洪水风险控制在河道、分蓄(滞)洪区、水库库区等可接受范围以内;③采取超标准洪水群组方案智能优选技术,通过风险置换或转移风险,将洪灾损失降低至最低程度。在此期间,应明确堤防、水库、分蓄(滞)洪区等工程超标准调度运用方案,包括控制站水位/流量、入库流量、分蓄(滞)洪区分洪流量等工程运用启动指标及工程调度运用方式等,重点加强分蓄(滞)洪区围堤巡查防守、拟超标准运用水库和堤防安全监测与巡查防守,做好水库库区受淹区域、分蓄(滞)洪区的人员转移安置。

超2级洪水条件下,该洪水量级超过标准但是仍然在防洪工程体系防御能力范围内,此时,应充分发挥防洪工程体系非常调度运用防洪能力,同时,采取牺牲局部保重点的措施,将灾害控制在最低范围内,此时防洪灾害及风险仍然基本可控,但存在防洪工程超标准运用风险。在发挥防洪工程体系调度运用潜力的基础上,以牺牲局部低标准防洪保护区来确保流域重要防洪保护对象安全为目标,提出不同等级堤防超高运用方案和蓄滞洪保留区投入运用次序,以及低标准防洪保护区的投入运用方案。因此,最重要的措施手段为及时的预报预警、快速的灾情监测与评估、高效的应急避险与果断的工程弃守运用等。

超1级洪水条件下,该洪水量级已突破防洪工程体系最大防御能力,一些重点保护对象也将面临洪水淹没风险,灾害不可预见性增强。在此情景下,主要的应急措施手段为高效有序的避险转移,同时做好防洪工程的险情巡查与安全防控,防洪工程体系主要采取保工程安全运行的方式进行调度,以确保不发生防洪工程失事或防洪工程体系系统性崩溃。

针对不同应急响应等级下的超标准洪水风险及应对难点,分类提出了针对性的流域超标准洪水综合应对成套解决方案,形成了流域超标准洪水"控、守、弃、撤"等防御预案编制标准《流域超标准洪水防御预案编制导则》,流域超标准洪水综合应对措施体系见表9.2-1,为不同流域、多种防洪工程组合工况下的超标准洪水应对提供理论指导。

表 9.2-1　　　　　　　　　流域超标准洪水综合应对措施体系

措施	超3级	超2级	超1级	备注
洪水特性	随着洪水量级增大,洲滩民垸、分蓄(滞)洪区陆续启用,部分水库水位在防洪高水位与设计洪水位间短时运行,表现为局地超标准洪水淹没	局部低标准防洪保护区堤防溃决或漫溢,表现为区域超标准洪水淹没	大面积流域性超标准洪水	
洪水风险	堤防、水库、分蓄(滞)洪区超标准运用风险,洪灾损失主要限制在河道洲滩民垸、分蓄(滞)洪区、水库库区等可接受范围以内	局部低标准防洪保护区面临弃守和淹没风险	一些重点保护对象面临洪水淹没风险,防洪工程存在失事或安全风险	
监测	高洪河道、水库库区、分蓄(滞)洪区进(退)洪口门、河口区域等不同水力条件的洪水监测	新增堤防溃口、漫溢等水力条件的洪水监测	新增力保区域大范围溃堤、漫堤洪水监测	制定高洪、溃口、淹没区等不确定性的机制化测洪方案,实现集影像监测、雷达侧扫、无人机载电波流速仪等非接触式手段及传统接触式手段于一体的全流域超标准洪水立体感知
预报	针对高洪河道、分洪溃口、分蓄洪运用、库区回水淹没等不同工况节点和水力条件,实施河道内外水文要素的预报,相较于标准内洪水,通过洲滩民垸、分蓄(滞)洪区、水库库区的耦合应用实时作业预报	新增低标准防洪保护区分洪溃口、堤防漫堤等不同工况节点的预报	新增力保区域堤防溃口、漫溢的洪水预报	构建流域主要控制站、控制性水库群、分蓄(滞)洪区等关键节点,洲滩民垸、堤防溃口等临时节点相融合的复杂洪水预报方案体系,构建气象水文水力学相结合、流域及关键节点相融合的洪水预报模型,实现河库(湖)与分蓄(滞)洪区、洲滩民垸和低标准防洪保护区联动、有序连续演算的预报调度一体化

续表

措施	超 3 级	超 2 级	超 1 级	备注
预警	当预报洪水将超过保证水位时,发布洪水红色预警。该预警发布与标准内洪水最高级别(1 级)相衔接	当预报洪水将超过河道强迫行洪最高水位时,发布超标准洪水紫色预警	当低等级堤防已发生溃决,水位继续上涨,预报接近或将要超过重要保护对象堤顶高程时,发布超标准洪水黑色预警	根据暴雨洪水相关因子,制定强关联、强约束的判定条件,提出流域超标准洪水气候、天气、水文多层次分级预警指标体系。根据不同预见期的降水预报,结合洪水预报不确定特性,提出多层次、多级别的流域超标准洪水判别方法,实现超标准洪水预报、预判、触发响应的方法及机制,降低洪水预警不确定性
灾害监测与评估	重点开展洲滩民垸、分蓄(滞)洪区、水库库区的灾害监测与评估	新增低标准防洪保护区淹没损失监测评估	新增力保区域淹没损失监测及评估	针对流域级、区域级和局部 3 种不同尺度,提出超标准洪水灾害监测与评估的平台、方法和指标
工程调度	实施防洪工程体系联合调度,发挥流域防洪工程体系 1+1>2 的整体作用;适当提高防洪工程的运用标准,上游水库适当超额拦蓄洪水,下游河道利用堤防超高和临时加高子堤,强迫行洪,加大河道泄量,分蓄(滞)洪区及时及量分洪	制订低标准防洪保护区的堤防弃守和扒口方案,提出可能被动弃守的堤防分布,并逐一明确弃守条件、决策程序、责任主体	密切关注所有防洪工程特别是超标准应急运用的水库、堤防工程,加密观测与巡查防守,伺机减压,同时做好救助等工作准备	建立水—工—险数据关系模型,构建防洪知识图谱,提出工程调度响应关系和案例智能学习机制。拓展调度规则库,构建流域水工程集群调度与智能调控模型,实现防洪体系拦、分、蓄、排能力的动态协调。建立超标准洪水评价指标体系,提出群组方案智能优选方法,为超标准洪水下所面临的灾损大与小、保护对象保与弃决策提供支撑
转移安置	分区域、分梯次,有序组织水库库区、分蓄(滞)洪区等危险区域人员避险转移安置	有序组织可能发生漫堤或溃堤重大险情的低标准防洪保护区人员转移	增加可能发生堤防溃漫及洪水淹没的力保区域人员转移安置	充分运用多源实时 LBS、大数据等技术,建立省包市、市包县、县包乡(镇、街)、乡(镇、街)包村(社区)、村(社区)包组、组包户的应急避险工作网格化管理平台,实现应急避险全过程、全要素的实时精准调度与管理

措施	超3级	超2级	超1级	备注
信息报送与发布	超标准洪水红色应急响应信息发布内容应包括：洪水影响范围的险工险段、薄弱环节的位置信息、工程损毁情况、人员财产损失情况及相应处置措施和效果、物资存放及使用信息、人员转移信息及安置点位置信息等。其中，险工险段、薄弱环节的位置信息和物资存放等信息发布对象应包括应急部门、出险影响区域所涉及的行政区域地方政府，其他信息应及时向社会公众发布	超标准洪水紫色应急响应信息发布内容应包括：洪水影响范围的险工险段、薄弱环节、已溃低等级堤防的位置信息、工程损毁情况、人员财产损失情况及相应处置措施和效果、物资存放及使用信息、人员转移信息、安置点位置信息等。其中，险工险段、薄弱环节的位置信息和物资存放等信息对象应包括应急部门、出险影响区域所涉及的行政区域地方政府，其他信息应及时向社会公众发布	超标准洪水黑色应急响应信息发布内容应包括：洪水影响范围工程损毁情况、人员财产损失情况及相应处置措施和效果、物资存放及使用信息、人员转移信息、安置点位置信息、潜在风险点位置及危害评估信息等。其中，物资存放和潜在风险点位置及危害评估等信息对象应包括应急部门、出险影响区域所涉及的行政区域地方政府，其他信息应及时向社会公众发布	应提出超标准洪水信息发布遵循的原则、发布的内容、发布对象、发布方式等。当发生超标准洪水时，应向社会发布及时、客观、权威的超标准洪水信息，最大限度预防和减少突发事件发生及其造成的危害，保障公众生命财产安全，维护公共安全和社会稳定。超标准洪水信息发布应遵循"政府管理、分级分类、统一发布"和"及时、准确、无偿"的原则

9.3 流域超标准洪水风险管理保障体系

9.3.1 流域超标准洪水风险管理的认识

9.3.1.1 流域超标准洪水风险的定义

根据风险三角形理论，构成风险的三条边为致灾因子的危险性、承灾体的暴露性与脆弱性。任何一条边的伸长或缩短，都会改变三角形的面积，即风险增大或减小了。目前国际上公认的洪水风险定义如下：

$$DR = H \times E \times V/C \tag{9-1}$$

式中，DR——洪水风险（disaster risk）；

H——致灾因子的危险性（hazard），通常由洪水淹没范围、水深、流速、出现时间与淹没历时等指标来表征；

E——承灾体的暴露性（exposure），指在洪水危险区域中受威胁对象的类型（包括资产、人口和土地等）、数量与时空分布；

V——承灾体的脆弱性（vulnerability），指的是受洪水威胁的对象缺乏风险意识与应对灾害的经验、防范准备不足、经不起灾害打击、无力从灾害影响中及时恢复的现象，同样的承灾体在同样的洪水淹没或影响情况下，因备灾、应急响应、预防措施、经济实力、保障措施、恢复重建措施等的不同会表现出不同的灾害后果；

C——应对措施（countermeasures），主要包括水利基础设施、预警系统、灾害风险图等。

由此可见，洪水风险的管理措施可分为调控洪水的措施、推进土地和洪水合理利用的措施以及承灾体、减轻公众及社会面对洪水风险脆弱性的管理措施。工程措施主要适用于前者，而后两者的管理则主要依赖于非工程措施。调控洪水的目的在于削减洪峰流量（上蓄措施）或提高泄洪能力（下泄措施）等；承灾体管理的目的在于形成与洪水特征相适应的经济社会发展模式；脆弱性管理则致力于提高人员和资产的自身的抗灾能力，减少洪水灾害发生时的损失和增强灾后恢复能力。从减轻超标准洪水灾害损失的措施角度，超标准洪水风险可采用如下公式描述：

$$DR = H/C_1 \times E/C_2 \times V/C_3 \tag{9-2}$$

式中，C_1——防洪工程体系调度与风险调控措施；

C_2——防洪空间管控、行蓄洪空间管控、土地利用管理、应急避险转移、巨灾保险与补偿等适应洪水措施；

C_3——实施防灾教育增强防洪意识、加强防灾准备和应急响应、编制洪水风险图、实施洪水风险区划、提高洪水风险区内建筑物结构与材料的耐淹性等强韧性管理措施。

超标准洪水风险定义及管理策略见图 9.3-1。

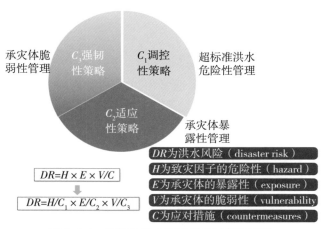

图 9.3-1　超标准洪水风险定义及管理策略

9.3.1.2　流域超标准洪水风险的特点

风险管理的基本特点是追求适度与有限的目标。洪水的风险是永恒的,治水事业具有长期性、复杂性与艰巨性。只有适度地承受一定限度的风险,以不同形式合理地分担风险,才可能寻求到人与自然相和谐的、区域及部门之间相合作的、水利与国民经济相协调的发展之路。因此,洪水风险管理是一种适度承担风险的管理思路,其关键在于把握一个"度",这个"度"在当前我国国情下可以理解为"流域防洪标准"。有了一定的防洪工程标准,就能抗御一定频率的洪水,不致常年遭灾,这样才能具备"承受适度风险"的能力。例如,正是因为在 1991 年淮河大水后完成了一系列治淮骨干防洪工程,才使 2003 年和 2005 年淮河大水得到有序的调度。

当流域防洪标准确定后,洪水风险就被划分成标准内洪水控制风险和超标准洪水适度承担风险两个部分。

（1）标准内洪水控制风险

对标准内洪水,受淹范围相对较小,主要为洪泛区（洲滩民垸,如长江;滩区,如黄河）及部分分蓄（滞）洪区（如重要和一般分蓄（滞）洪区）;与此对应,洪水风险整体可控,如洲滩民垸及部分分蓄（滞）洪区的运用风险、堤防薄弱点的险情风险、洪水预报失误的风险等。主要通过增强洪灾风险的抗御能力、预见和预管能力等方法进行控制,即采用合理的运用防洪工程体系（水库、堤防、分蓄（滞）洪区、闸泵等）的方式来管理,以工程措施为主,辅以洪水预报调度、抗洪抢险、避险转移等非工程措施。

（2）超标准洪水适度承担风险

对超标准洪水,受淹范围较大,主要包括分蓄（滞）洪区保留区和低标准防洪保护区等,洪水风险无法控制。主要通过挖掘防洪工程体系潜力,增强人类社会自身适应洪水的能力来管理,以非工程措施为主,包括合理规划与调整风险区土地利用方式（回避洪灾风险）,提高洪水风险区内建筑物结构与材料的耐淹性(增强洪灾承受能力),建设高效可靠的避难迁安、救援、防疫与灾后重建体系(增强洪灾抗御和应急能力),实施符合我国国情的洪水风险分担与补偿模式(分担洪灾风险),并完善与其相应的管理体制与运作机制等。超标准洪水防御预案的作用不仅是为了当发生超过工程规定的防洪标准洪水时可能采取的非常措施,以最大限度地减少洪水灾害;而且也是为了当工程规定的防洪标准可能存在的不确定性(风险)发生时,有可行的对策可供采用。由此可见,超标准洪水风险管理就是要承认风险,规避风险,最大限度地减少灾害损失。

9.3.1.3 流域超标准洪水风险管理的思想

洪水风险管理的主导思想就是承认洪水风险乃客观存在这一事实。人类不可能完全控制或驾驭风险,而只能通过种种措施手段,使超标准洪水及其酿成的灾害控制到人们可以接受的程度,就是说人类必须承受适度的洪水风险。必须注意:①完善的防洪工程体系,是实现人类"与洪水共处"的基础与前提。②在中国人多地少的国情下,并不能简单地倡导"让人群远离洪水"或"还洪水以空间",人与自然的和谐要体现在人与洪水对洪水风险区土地合理、有效的共享上,要在深入细致地把握我国流域洪水风险特性与演变趋向的基础上,因地制宜,将工程措施与非工程措施有机地结合起来,综合运用法律、政策、制度、经济、行政、教育、技术等非工程措施来推动,更加有利于全局与长远利益的工程措施,辅以风险分担与风险补偿政策,形成与洪水共存的治水方略。在适当承受一定风险的前提下,对各方利益进行有效的协调与平衡,以实现整体利益最大化为原则,促使人与自然的关系从恶性互动向良性互动转变。

(1)理性规范洪水调控行为

理性规范洪水调控行为,不是否定或忽视工程措施,而是强调更为科学合理地规划、设计、建设、管理与运用防洪工程体系,充分发挥防洪工程体系的综合效益,必须做到:①充分认识防洪工程体系建设的长期性与艰巨性。在防洪工程规划中,注重在长远目标的指导下,阶段目标的优化分解与实施顺序的优化安排。②克服"急功近利,急于求成"的弊病,从管理体制与运作机制上消除"重建轻管"的根源。③加强防洪工程体系优化调度的研究,认真分析与协调好区域间基于洪水风险的利害关系与矛盾。④注重防洪工程体系自身的安全保障问题,努力避免水库溃坝、堤防意外溃决等恶性事故的发生等。

洪水调度旨在实时改变洪水时空变化,安排洪水出路,确定蓄泄比例、规定蓄泄场所,这些都必须管理适度。目前,我国主要江河都编制了防洪规划,对各流域水系的洪水出路作了安排,包括水库拦蓄、分蓄(滞)洪区滞蓄以及河道宣泄各占多少比例,这是洪水风险管理最重要的内容。例如,长江若发生 1954 年型洪水,在三峡枢纽建成后,考虑上游 21 座水库拦蓄、河道宣泄的情况下,长江中下游的超额洪水约有 350 亿 m^3(1990 年《长江流域综合利用规划要点报告》为 492 亿 m^3,《长江流域综合规划(2012—2030 年)》为 401 亿 m^3),这就是长江中下游在当前和未来一段时期内要掌握的第一个"度"(即防洪标准);按照上下游兼顾合理分担风险的原则,在长江中下游地区,安排了 42 处分蓄(滞)洪区(有效蓄洪容积为 590亿 m³)拦蓄超额洪水,并分配了各自的拦蓄量,这就是第二个"度"(即拦蓄量)。这些"度"体现了长江中下游一段时期内的防洪格局,是流域层面上洪水风险管理的核心。

(2)增强全社会自适应能力

超标准洪水风险不可能完全消除,防洪减灾要考虑如何增强人类社会适应超标准洪水的能力,减轻灾害损失,且从总体上削弱其不利的影响。主要措施包括:

1)土地利用的洪水风险管理。

"人水争地"是人与洪水最突出的矛盾焦点,洪水管理的主要目的就是借助洪水风险杠杆,和谐地处理人、地、水三者间的关系。土地是人与洪水风险的载体,人类要与自然和谐发展,就要合理、适度地利用土地,关键是科学地把握"适度"。分蓄(滞)洪区、洪泛区以及防洪保护区都存在土地利用对洪水风险的影响以及洪水风险对土地利用的影响,实施土地利用层面上的洪水风险管理就要掌握这样的尺度:既要满足经济社会发展的需要,又不能过多地破坏流域水系转移、分担洪水风险的格局。

土地利用规划是调控土地利用的法定国家措施,是政府行为,而不是一项普通的技术措施也不是地方性措施。土地利用规划是对城乡建设、土地开发等各项土地利用活动的统一安排和部署。土地利用规划中的各项规定、标准和政策,要求以法律的形式固定下来,以克服单纯行政手段可能出现的土地利用的短期行为。特别是城市洪水风险区的土地利用规划应定位于城市总体土地利用规划中的专项规划,只有这样,具有洪水风险的土地利用规划、建设、管理才能真正融入城市总体发展规划。从这个意义上讲,具有洪水风险的土地利用规划才具有实用的价值。

根据《中华人民共和国防洪法》第三十条"各级人民政府应当按照防洪规划对防洪区内的土地实行分区管理"的规定,按照有关防洪规划,对防洪区内的土地实行分区管理的目的是使防洪区内土地的(防洪保留区除外)利用、开发和各项建设既符合防洪的需要,又能实现土地的合理、有效利用,减少洪灾损失,使防洪区内的土地利用与防洪区的不同类型(如防洪保护区、分蓄(滞)洪区、洪泛区)洪水可能产生的不同影响相协调。《中华人民共和国土地管理法》第二十三条也明确规定在江河、湖泊、水库的管理和保护范围(亦即防洪保护区)及分蓄(滞)洪区内,土地利用应符合江河、湖泊、综合治理和开发利用规划。由此可见,按照防洪规划对防洪保护区、分蓄(滞)洪区和洪泛区内的土地实行管理是有法可依的。

在实际工作中,水利部门管理防洪区的土地利用存在很多困难。相对而言,由于国务院于 1988 年批转了《分蓄(滞)洪区安全与建设指导纲要》,对分蓄(滞)洪区内的土地利用和产业活动作了限制,因此对分蓄(滞)洪区的土地利用实行管理,有了强制性的依据。另外,尽管有了《分蓄(滞)洪区安全与建设指导纲要》,在分蓄(滞)洪区、洪泛区的管理上取得了很大成就,如移民建镇、平垸行洪、分蓄(滞)洪区内安全建设、分蓄(滞)洪区运用补偿等,但在维持分蓄(滞)洪区的功能、逐步提高分蓄(滞)洪区内居民生活水平等方面,依然存在许多问题。对防洪保护区内的土地利用,在管理上缺乏法规和政策的规定,特别是防洪规划规定的防洪保护区边界,由于城市发展的需要而随意向河边高洪水风险区蚕食,使河道束窄,洪水位抬高。另外,水库下游因防洪标准提高,而诱导人们开发利用的现象也很普遍。

防洪保护区内的土地利用管理十分复杂,特别在保护区内的城镇,除要考虑江河外洪的洪水风险,还要考虑内河的洪水风险。由于城市建设规划由城建部门负责制定,相应的城市土地利用规划也由城建部门(或国土部门)作出安排,水利部门只能向城建部门提出上述外河与内河存在的洪水风险,而难以主持编制有洪水风险的土地利用规划。在有些城市以经济建设为第一目标的情况下,不仅很难编制出具有洪水风险的城镇土地利用规划,即使编出这类规划,也很难用以规范城镇行政当局的行为。

综上分析,如何在我国有效地推行洪水风险管理,面临巨大的挑战。迫切需要针对洪水风险的演变特征与趋向,对治水方略进行适时的调整,通过风险的适应能力、承受能力与快速恢复重建能力,强化涉水违法违规行为监管力度,消除人为加重洪涝风险的行为,减轻洪涝灾害的不利影响。

2)其他非工程措施方面的洪水风险管理。

除土地利用外,还有抗洪抢险、灾后恢复、补偿救济、洪水保险、政策法规与规章制度建设等方面的风险管理。建立高效可靠的避难迁安、救援、防疫与灾后重建体系,抗洪抢险贵在时空二维适度决策,灾后恢复要特别注意不误农时,这些都必须制定恰当的管理细则,落实到位;洪水风险区中建筑物要注意结构与材料的耐淹化;构建适宜的洪水风险分担与风险补偿模式,补偿救济要区分固有损失与附加损失,合理确定补助范围和比例,洪水保险费率、理赔范围与理赔金额等,这些也都需要与超标准洪水风险挂钩。制定相关政策法规与规章制度、管理体制与运作机制,要以人为本,要与我国复杂的自然地理环境和特殊的经济社会条件相适应。

以分蓄(滞)洪区为例,其运用要具备两个条件:一是安全建设;二是分洪运用后的补偿政策。目前,分蓄洪区普遍存在安全建设、工程建设滞后的问题。补偿类别有待细化与完善。已有的补偿政策与条例主要针对一般的农作,如今特种经济发展了,如鱼、虾、龟、蟹的养殖,损失后没有补偿的标准,特别是外地流动人口承包的高科技农业、水产,有的地方尚未列入统计项目,无从补偿。除农业外,有的分蓄洪区内还设有机关、医院、学校,有的业已发展了乡镇企业,有些还颇具规模,目前的补偿条例对此亦无补偿规定。不过特种经济的损失应从洪水保险求得解决,如果都靠政府补偿,政府负担过重,恐不现实。从洪水管理看,要实现洪水的科学调度,应当根据河道水情,采取主动分洪措施,否则势必酿成堤防随机溃决,导致洪水风险转移的后果。然而在当前的补偿机制驱动下,群众对于堤防溃决、被动分洪认为是天灾,政府给予少量补助也感到满足;而主动分洪将带来许多有关补偿的遗留问题。因此基于这种心态的揣度,一些地方对主动分洪并不持积极态度。这种问题除提高洪水管理意识外,完善补偿政策则是很重要的方面。实行补偿政策的一项很基础性的工作就是分蓄(滞)洪区内人口、财产的统计登记。鉴于人口、财产必须年年统计更新,以作分洪损失补偿的重要依据,这项工作琐碎、繁重,又必须精细,因此工作量极大,然而目前却少有支撑这项工作的专项经费来源。

9.3.2 流域超标准洪水风险管理体系

9.3.2.1 流域超标准洪水风险管理体系架构

流域超标准洪水风险管理保障体系包括灾前预防管理、灾中应急管理、灾后恢复管理三大部分,流域超标准洪水风险管理保障体系见图9.3-2。

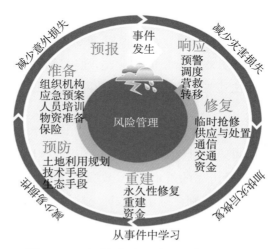

图 9.3-2 流域超标准洪水风险管理保障体系

各阶段的管理策略简述如下:灾前提早采取编制应急预案(设计转移路线、明确调度职责等)、建设和维护防洪工程、优化流域内土地空间利用、管控行蓄洪空间、加强公众防洪知识教育等洪水风险缓解措施,减少易损性和意外损失;灾中确立洪水监测预报预警制度,开展风险分析与灾害评估,编制灾害管理和避险计划,洪水发生时实施危机管理,采取防洪工程体系调度与风险调控、公众预警、临时转移安置等措施,降低超标准洪水的严重程度;灾后实施恢复重建计划、公共补偿或保险制度、保障灾区基本生活需求、复盘洪水成灾过程与响应行动等措施,加快灾后恢复。

9.3.2.2 流域超标准洪水风险管理方略

流域超标准洪水风险管理方略,既需要针对流域超标准洪水的危险性推行适宜的调控性策略,也要针对承灾体的暴露性推行必要的适应性策略,针对承灾体的脆弱性推行使经济社会更具承受灾害不利影响、快速恢复重建的强韧性策略,流域超标准洪水风险管理体系见图9.3-3。而实施这些策略,就需要全面加强流域超标准洪水风险管理与应急管理的能力建设,形成与经济发展水平相适应的、更为强有力的防洪减灾体系。

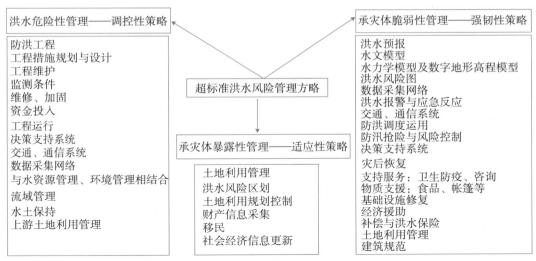

图 9.3-3　流域超标准洪水风险管理体系

（1）超标准洪水危险性管理——调控性策略

流域超标准洪水不同于地震、台风的一个重要特点，是具有一定的可调控性。我国长 32 万 km 的 5 级及以上江河堤防、9.8 万余座水库、众多的分蓄（滞）洪区，既是防汛抗洪抢险活动的依托，又是防汛抗洪抢险活动的主战场。流域超标准洪水风险管理的关键是调控（减少）风险、转移风险和分担风险。转移风险的目的在于通过各种措施，以全局的观点，从流域或区域整体出发，针对洪水及其可能产生的洪涝灾害风险的时空分布，实施洪水风险在时间与空间上的转移、调控与降低。分担风险就是将风险损失在不同利益主体之间、经济社会发展与生态环境建设之间进行分配的过程。风险损失的分担，实质上是社会经济利益与环境利益的再分配。因此，风险的分担必须体现社会公平、正义与和谐的原则。风险转移量的大小、风险转移的方向、风险转移的后果以及风险转移后的损失分担比例都要适度，洪水风险管理就是要合理把握这些"度"。

一方面，开展流域水工程联合挖潜调度是减轻流域超标准洪水灾害风险的重要措施，要充分考虑流域上下游、左右岸、干支流、流域与区域、城市与农村、防洪与排涝等的利害冲突，从流域整体防洪安全出发，完善流域超标准洪水防御预案及洪水调度方案，探索建立科学合理、快速高效的水工程联合调度平台和联合调度工作机制，开展流域控制性水库联合调度管理办法编制，充分发挥水工程的蓄泄能力，限制流域超标准洪水的淹没范围、降低淹没水深并缩短淹没历时，以减轻流域超标准洪水灾害。

另一方面，以工程手段降低洪水风险是有限度的，不可能仅通过工程措施将超标准洪水风险降低为零，单纯提高城市的防洪标准将导致洪水风险向周边农村转移，提高区域排涝能力和支流堤防防洪标准将增加干流防洪压力，还要谨防水利工程超标准运用造成的安全风险。因此，需要加强超标准洪水风险分析。同时，要努力健全防汛组织与管理，提升基层干部防汛指挥能力，提高汛期查险、除险、抢险技术，保障防汛抢险物质，精心维护与科学调度防洪除涝设施,增强洪灾风险的抗御能力。

（2）承灾体暴露性管理——适应性策略

研究表明,单靠防洪工程手段,即使远期规划目标完全实现,流域未来超标准洪水的残余风险依然呈增长的态势,一些难以受高标准工程措施保护的区域,将承受更多的转移风险。尽管人们常说,由于经济的发展,如今"处处都淹不得了",但即使是上海、苏州这样的大城市,在极端暴雨洪涝条件下,要求处处都不淹,也是难以做到的。

适应性方略就是在受淹不能完全避免的前提下,针对承灾体的暴露性所采取的对策措施,使得承灾体本身对洪水具有更强的适应能力与防范能力,尽可能减轻洪灾损失及其不利影响。目前,我国正处于经济发展质量不断提升、产业结构重大调整阶段,传统的洪涝问题与水资源配置、水环境治理等交织在一起变得更为复杂、艰巨,迫切需要加强洪水风险管理,从减少洪涝灾害损失向减少洪涝灾害风险转变,切实提升流域整体防灾减灾能力,主要措施包括洪水风险区划、土地利用管理、洪水风险分担等。

1）洪水风险区划。

洪水风险区划是基于对流域超标准洪水危险性构成要素（水深、流速、淹没历时与重现期等）的综合分析与评判,识别流域超标准洪水危险特性与等级的区域分布,旨在为经济社会发展规划中合理规避洪水高风险区、土地利用和建筑物管理中采取更具适应性的模式与必要的防范措施等提供基本的依据。

2）土地利用管理。

一是强化防洪区宣传教育和管理。通过加强法律、法规等制度建设,规范人的活动,有的地方适当迁移人口,为洪水提供蓄泄场所,主动规避洪水风险。建立严格的管理制度,保护河道、湖泊、分蓄（滞）洪区、洲滩民垸不被侵占。应加强对规划确定的超标准洪水通道和蓄滞洪保留区的管理,避免区内建设重大项目。研究并落实分洪区、滞洪区、水库库区的特殊政策,调整生产结构,减少和限制人口和财产向洪水高风险的地区发展。对于分洪区、滞洪区、库区内的安全设施（如撤退转移道路、安全区等）、房屋型式、预警通信建设,要及早安排好。要做好宣传教育工作,要求在大洪水面前,一定要以大局为重,坚决服从各级防汛指挥部的调度。

二是回避洪水灾害风险。随着人口的增长,城市规模不断扩展,新增城区不得不向洪水风险区扩张。在超标准洪水不可避免地发生的情况下,根据不同量级洪涝可能危害的范围、最大水深分布、洪水到达时间与淹没持续时间等信息,有计划地采取永久性或临时性的避灾措施是最为经济有效的减灾措施。永久性措施包括城市发展的合理布局与建筑物的避水措施,即将重要而怕淹的设施布置在低风险的区域或可能达到的洪水位以上。临时性措施指人与贵重资产的避难转移措施或水深不大的地方的临时隔水措施,转移措施也包括横向与纵向两个方面,即转移到可能受淹的范围之外或可能达到的最高水位之上,避洪措施的有效性有赖于洪水预报信息。

三是增强灾害风险承受能力。风险的承受能力包括结构、经济及心理的承受能力等多方面。结构的承受能力指的是根据洪灾风险的区域分布特点,对建筑物与资产的结构、材料及布局等进行处理或调整,增强耐淹能力,可以减轻受淹后的损失;在日常工作中加强防洪区和防汛设施的管理,保障防御超标准洪水预案能够有序地付诸实施,出现险情能及时处理。经济的承受能力指的是增强经济的实力,降低洪灾损失占经济实力的比重;心理的承受能力是十分重要的,但往往被忽略,灾害损失给人心理上造成的创伤与人对灾害损失的心理准备有极大的关系,越是缺少必要的心理准备,或者对防洪安全的期望值越高,受灾后的痛苦就越大。在分析超标准洪水风险的基础上,绘制灾害风险图、区划图并公布于社会,加强洪灾风险宣传教育,增强全民的水患意识,是增强风险的心理承受能力的有效途径。

3)洪水风险分担。

洪水风险分担是以契约化的经济手段来增强经济社会发展对洪水的适应性。所谓"风险分担",是相对于"确保安全"而言的。洪水泛滥积涝的过程,实际上也是洪水滞蓄、洪峰坦化的过程。在防洪体系的构建中,一味谋求"不断扩大防洪保护区范围、提高防洪排涝标准",就难免使得洪峰流量倍增,峰现时间提早,出现水涨堤高、堤高水涨的不良循环。为了避免区域之间、人与自然之间陷入恶性互动,治水方略的挑战就需要向"确保流域蓄(滞)洪功能"转移。即防洪除涝工程兴建的目的与调度的准则,不再是将洪水尽快通过河道排向下游,而是尽可能将洪峰流量控制在各河段的行洪能力之内。对于超出部分形成的泛滥洪水,则通过发展分滞蓄洪设施、预报预警系统、居民避难系统、建筑物耐淹化等措施来提高自适应的能力。即使是重要的地区,也不能无偿获得确保安全的权利,而应该以"提供补偿资金"的方式来履行分担风险的义务。从构建一个公平而和谐的社会,让人民共享水利建设成果的目标出发,建立更为合理有效的流域防洪补偿机制,是未来洪水管理中必不可少的要求。重要城市等受益地区因受到重点保护而增加了财政效益,需要从中提取必要的补偿基金,帮助顾全大局、承担分洪义务而遭受损失的高风险地区转向更适应于人水和谐的经济发展模式,并通过安全设施建设等手段,提高自我保护的能力。值得注意的是,如何从我国的国情出发,循序渐进,使洪水风险分担的机制规范化、制度化,逐步提高公平性和保障水平,是需要加强研究的问题。

基于利益共享、风险共担的原则,实施流域水工程联合调度。超标准洪水应对措施有限,主要通过挖掘防洪工程体系防洪潜力,最大限度地减少洪灾损失。超标准洪水应对措施包括:在标准内洪水运用工况下,充分运用流域水库群联合调度拦蓄洪水,必要时利用水库防洪高水位与设计洪水位间的调洪库容进行超蓄运用,适时启用重点分蓄(滞)洪区(如荆江分洪区)及蓄滞洪保留区,必要时利用分蓄(滞)洪区围堤超高适当抬高蓄洪水位增加分洪总量,视情况采取局部河段适当利用堤防超高挡水、抢筑子堤强迫行洪、扩大河道泄洪能力,在上述工程均投入运用后,仍不能满足超标准应对的需求,则牺牲低标准防洪保护区,保证重点地区防洪安全。重点地区受到保护后,应对顾全大局、做出牺牲的水库库区(受水库超蓄淹没影响)、分蓄(滞)洪区、洪泛区(包括洲滩民垸、滨湖圩垸等)、低标准防洪保护区等进行适当补偿。为合理确定补偿费用,应根据流域超标准洪水条件下防洪工程体系运用次序,对水工程联合调度的防洪减灾综合效益开展科学评估,以客观反映各项措施的防洪效益与调度损失。流域超标准洪水灾害跨区补偿方案的基本流程见图9.3-4。

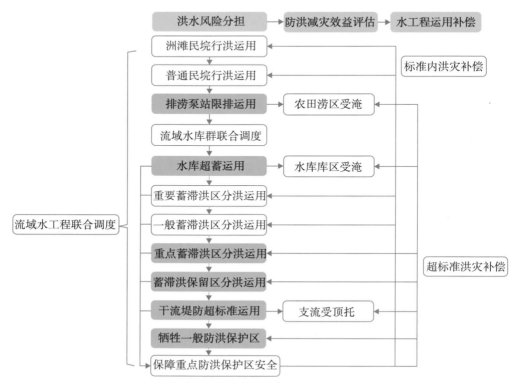

图 9.3-4 流域超标准洪水灾害跨区补偿方案的基本流程

为保障流域水工程风险调控措施顺利实施,建立行蓄洪补偿机制,注重寻求风险转移和利益补偿的平衡。制定分蓄(滞)洪区管理制度,总结近年来分蓄(滞)洪区运用补偿工作经验,适时修订《分蓄(滞)洪区运用补偿暂行办法》;推进洲滩民垸分类管理,研究制定洲滩民垸行蓄洪的补偿机制;探索建立水库库区、分蓄(滞)洪区、洲滩民垸、低标准防洪保护区与防洪重点保护区之间的洪水分担机制,实现利益共享、风险共担,提高承受洪涝风险和灾后自我恢复的能力。

(3)承灾体脆弱性管理——强韧性策略

我国应该以应急管理体制建设为契机,从提高流域超标准洪水防御能力和社会应对能力的战略视角规划应急管理体系建设,提高经济社会发展的规划标准,增加社会韧性,降低脆弱性,同时将流域超标准洪水应急管理的具体任务和工作融入社会发展的各阶段、各领域,避免在规划建设与发展中积累风险或产生新的风险。努力实现既能有效防御和减轻灾害事故的发生,又能在突发事件发生时及时应对、灾害发生后快速恢复的强韧性能力。

所谓强韧性,是针对脆弱性而言的。脆弱性按不同的对象进行考察,有不同的成因与表现,并会显现出动态变化的特征。例如,现代社会的正常运转越来越依赖于各类基础设施与生命线系统,一旦灾害中基础设施遭受损毁,或供电、供水、供气、供油、交通、通信等系统因灾停止运营,社会就可能陷入瘫痪状态,因此面对超标准洪涝往往显现出更大的脆弱性,对快速恢复重建提出了更高的要求。再如过去农田受淹,损失的是一季作物,通过民政救济、农业保险、社会捐助,尚能渡过难关。现在集约化经营者,或投巨资建大棚等基础设施的种养殖户,以借贷方式维持资金周转,一旦遭受大灾,资金链中断,灾后资产不是归零而是归负,就成了无法承受的灾难,必须寻求更具强韧性的策略,从减轻灾害损失向减轻灾害风险转变。从超标准洪水管理的角度来看,推行强韧性策略的主要措施包括强化应急管理,注重应急响应的能力建设;推行洪水保险,提高巨灾承受能力与恢复重建能力等。

1)强化应急管理,增强超标准洪水灾害风险的应急响应能力。

超标准洪水灾害具有一定的稀遇性,人们可能缺乏应对的经验。有应急预案、必要的准备和训练,受灾区域的自救能力就会提高,重要设施的保护措施就可能及时有效,外界救援的速度与投入力度就可能恰到好处,否则效果可能适得其反。灾后防病防疫、恢复生产、重建家园,也都需要周密有效的应急方案。灾后恢复重建速度越快,灾害损失的不利影响就可能最大限度地降低。由于应急反应意味着短时间里大量人力、财力、物力的紧急调用,各相关部门的协调行动以至全社会的紧急动员,因此,应急反应能力的提高,必然要与相应法规、制度的建立,运作机制的完善,科技手段的运用联系起来。我国防洪减灾应急管理已经确立了"以防为主、防重于抢"的方针和"预防与处置并重、常态与非常态结合"的原则,逐步健全了分类管理、分级负责、条块结合、属地为主的应急管理体制,形成了政府主导、部门联动、群专结合、问责追究的应急管理机制,各类应急预案也在不断完善,提高协调联动的应急管理水平。今后还需进一步推进防洪减灾管理制度建设,开展洪水管理相关法律、政策和体制机制建设的支撑性基础研究,建立严格的洪水风险管理制度。

流域超标准洪水防御需进一步完善洪灾风险识别、预报和预警系统,提高汛情监测预报预警、工情监测巡查、实时调度、机动抢险等各个环节的现代化水平,并制定不同灾害级别的应急响应程序,及时转移高风险区的物资、疏导群众,加强城市地下空间等脆弱点的防范等。风险的预见能力包括风险统计特征的识别能力与实时险情的预报能力,以及损失的评估及其影响的评价能力等。风险的预警能力包括警报发布范围与时机的判断能力,以及警报信息的发送能力。超标准洪水灾害风险的预见和预警可为超标准洪水防御预案的实施赢得宝贵的时间。风险预见、预警能力的提高,离不开极端天气条件下雨情、水情、工情、险情、灾情的监测及信息处理技术的发展,亟待结合遥感、大数据、无人机、水下机器人、物联网、人工智能、数字孪生等新技术开展科技攻关。

研究提出遭遇超标准洪水的应急管理意见。建立和完善超标准洪水防御预案,提出建立完善分级响应机制和应急处置机制意见,重点针对养老院、医院、幼儿园、小学等灾害弱者群体,细化应对超标准洪水灾害的紧急救援措施。

提高城市生命线系统保障能力。城市的生命线系统是保障城市功能正常运行的关键,是超标准洪水应急管理工作的重点与难点。应基于超标准洪水风险评估合理规划城市重要交通线路与生命线系统,有针对性地做好生命线工程的应急预案与应急维修工作,提高生命线系统的快速恢复能力。

当超标准洪水发生时,水利工程体系本身首当其冲,往往也在不同程度上成为被损毁的对象。对于水毁工程,要依法建立灾情快速评估、应急处置与修复方案及时审定、高效实施的运作体制,切实保障技术力量与资金的投入。

2)推行洪水保险,提高超标准洪水灾害承受能力与恢复重建能力。

对于既无法回避又难以承受的风险,可以采取多种分担风险的措施,如财产保险、救灾储蓄、互保共济、社会捐助、受益补偿、政府救济或发放救灾贷款等形式,从时间和空间上将局部地区特定群体短期难以承受的风险降低成可以承受的风险。应研究制定洪水高风险地区的防洪保险或防洪基金等办法及指导政策。

洪水保险是现代社会中发展起来的一种分担洪水风险、增强承灾能力的模式,有商业性保险、政策性保险等多种形式。商业性保险由商业保险组织以专项险种或综合险种的方式提供,投保户与保险公司签约后,按期交纳一定的保费,一旦遭受洪灾,可根据保险合同获得理赔。但保险公司为了避免赔付亏损,对风险评估过高的投保户,也会拒绝承保。政策性保险通常是政府为推进洪水管理而做出的一种制度化安排,需要有一定的财政与技术实力支撑,政府可以为之提供一定的补贴。

借鉴国外洪水灾害补偿经验并结合我国国情,我国超标准洪水灾害补偿机制的目标是要建立政府统筹、政府与市场相协作、全社会共同参与、可良性消化、自我生存,既能体现政府职能,又能最大限度地发挥市场功效,能够为民众提供持续、稳定的洪水巨灾风险保障的多层次保障体系。该保障体系主要包括政府救助、洪水保险、受益区洪水补偿费用、社会捐赠、减免税收等。超标准洪水灾害补偿模式见图9.3-5。

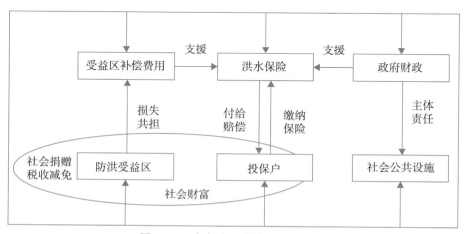

图 9.3-5 超标准洪水灾害补偿模式

9.3.3　流域超标准洪水风险区划

（1）流域超标准洪水风险区划方法

洪水风险区划以图件的形式科学反映洪水风险地域分布的差异性，以实现由洪水控制到洪水管理的转变，是防灾减灾科学决策、规划、管理的基础，可为洪水风险社会化管理、防灾减灾规划、国土空间规划、普及洪水风险知识的宣教和培训等提供基础依据。

从逻辑关系来讲，区划方法可分为"自上而下"和"自下而上"两种。

"自上而下"的区划方法是指按照特定的区划标准，从大到小逐级划分，从而将相对较大的区域拆分成更小的区域。这种方法在我国早期的全国性区划工作中应用较广，如中国综合自然地理区划、中国农业气候区划、中国水文区划、中国主体功能区划等。在"自上而下"的区划过程中首先依据大尺度的地带性和非地带性差异规律，将大自然区进行叠置，得出地区级单位，依据地区内的地段性差异划分地带、亚地带，再往下一级划分自然省和自然地理区。

"自下而上"的区划方法是将空间上连续的小单元依据某些定性或定量特征，从小到大逐级合并将等级低的区划单元合并成等级高的区划单元的过程。"自下而上"的区划方法要求拥有空间分辨率较高的基础数据，对地理信息系统技术要求更高。

《洪水风险区划技术导则》（试行）采取"自下而上"的区划方法，先对各区域进行洪水风险区划，然后叠加取外包线形成流域洪水风险区划图，该成果未考虑流域防洪工程体系联合调度的影响，单纯依靠本区域防洪工程，往往无法抵御标准内洪水，更无力应对流域超标准洪水，风险区域大小划分往往比实际情况要大。流域超标准洪水防御应从全流域的角度去思考，加强流域水工程联合调度与风险调控，必要时牺牲局部保重点。因此，流域超标准洪水风险区划应以防洪（潮）保护区、分蓄（滞）洪区、洪泛区等相对独立的防洪单元为临界尺度，采用"自上而下"的区划方法，从流域到区域再到局地逐层提出超标准洪水风险区划方案，既直观体现了流域超标准洪水风险信息的整体态势，又兼顾了高风险区洪水风险精细刻画的需求。

基于此，这里提出将洪水风险区划单元分为三级：

一级区划单元主要反映流域在遭遇不同频率洪水时，洪水淹没范围所包括的行洪区、分蓄（滞）洪区和防洪保护区。一级区划单元主要结合流域防洪工程现状评价与洪水调度方案，按照防洪规划中明确的各类防洪区边界，以及流域不同频率洪水成灾范围的空间分布划定。以汉江丹江口水库以下区域为例，根据《汉江洪水与水量调度方案》中河道及分蓄（滞）洪区调度规则，20 年一遇洪水基本在河道行洪区及杜家台分洪道内下泄，50 年、100 年、200 年一遇洪水频率下需启用的分蓄（滞）洪区与分蓄洪民垸，以及受堤防漫溢溃口威胁的防洪保护区，作为流域洪水风险一级区划，以洪水频率范围线表示。

二级区划单元则是在一级区划单元的基础上，考虑流域防洪工程联合运用，根据不同频率洪水风险分析计算成果，按照表征洪水风险程度空间分布差异的区划指标，将一级区划单元细分为低风险区、中风险区、高风险区和极高风险区等级别,刻画洪水风险程度的空间分布。二级区划根据洪水风险分析中得出的各计算单元最大淹没水深、最大行进流速、最大淹没历时等风险要素值,以最大淹没水深为主要因子,综合考虑最大行进流速、最大淹没历时的影响,采用"当量水深"指标整体反映计算单元在某一量级洪水频率下的风险程度大小,对于流域内同一计算单元存在多种洪水地区组成方案的,风险要素值采用同一频率下对不同洪水组成发生概率取期望值的方式进行综合。

三级区划单元是在一级区划单元和二级区划单元形成的流域洪水风险区划成果基础上,以单一防洪区作为区划范围,并叠加该区域土地利用类型或居民点、主要企事业单位等图层,形成单一防洪区洪水风险区划图,直观反映区域内不同地块洪水危险性的差异。

(2)流域超标准洪水风险区划案例研究

流域超标准洪水风险区划的技术流程主要包括区划单元划分、区划分析方案拟定、风险要素分析计算、风险等级划分、区划边界划定、成果合理性检验等。本章以汉江丹江口水库以下区域为例,开展了流域超标准洪水风险区划研究,技术路线见图9.3-6。在《洪水风险区划导则(试行)》的基础上,改进不同洪源风险要素值取值及不同频率区划指标计算方式,分别绘制了汉江丹江口水库以下区域超标准洪水风险区划图。针对分蓄洪民垸较集中的钟祥市、沙洋县以及运用概率较大的邓家湖垸、小江湖垸,在流域超标准洪水风险区划图的基础上,分别绘制了钟祥市、沙洋县超标准洪水风险区划图和邓家湖垸、小江湖垸超标准洪水风险区划图(图9.3-7)。改进后的区划图成果增加了不同洪水频率范围线与土地利用类型及重要地物信息,较好地标示出汉江流域防洪工程体系投入时序与洪水成灾范围空间分布的动态关联性,以及不同土地利用类型可能遭遇的洪水风险程度,直观反映了不同区域遭遇洪水灾害的概率及区域间洪水风险程度的差异,可为防汛应急管理与国土空间规划提供支撑。

9.3.4 流域超标准洪水防御作战图

为提升预案指挥作战能力,实现目标可量、坐标可定、路线可视、风险可估,可在全面梳理长江流域防洪工程体系情况基础上,找到防洪的薄弱环节和风险点,根据超标准洪水量级和应对措施对应性,编制流域和重点防洪区域防洪作战图,为汛期应对超标准洪水提供决策支持。

采用上述方法,开发了场景流域防洪作战图(图9.3-8)。该作战图已作为2020—2021年长江流域超标准洪水防御预案中的一个重要组成部分在实时防洪调度中应用。

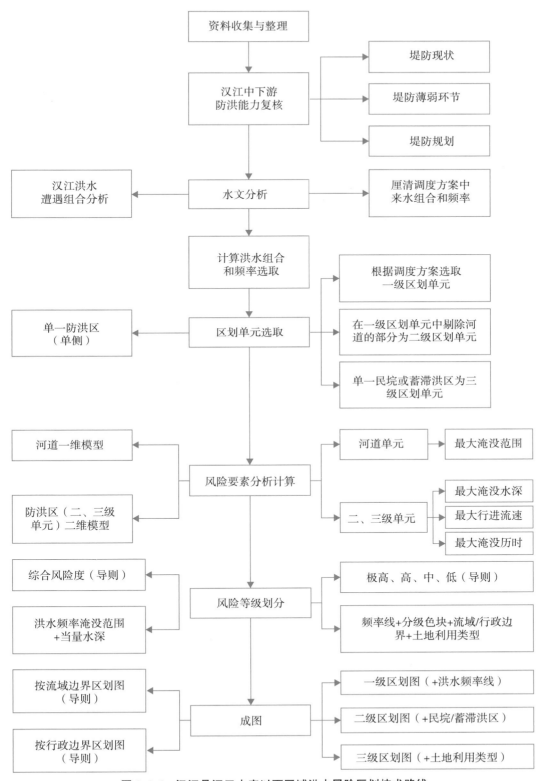

图 9.3-6 汉江丹江口水库以下区域洪水风险区划技术路线

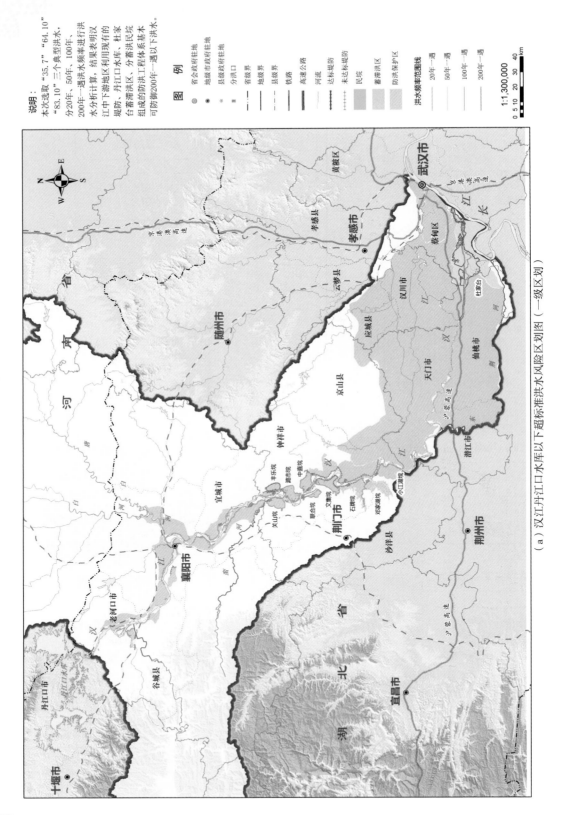

（a）汉江丹江口水库以下超标准洪水风险区划图（一级区划）

说明：

本次选取"35.7""64.10"
"83.10"三个典型洪水，
分20年、50年、100年、
200年一遇洪水频率进行洪
水分析计算，结果表明汉
江中下游地区利用现有的
堤防、丹江口水库、杜家
台蓄滞洪区、分蓄洪民垸
组成的防洪工程体系基本
可防御200年一遇以下洪水。

图 例

◎ 省会政府驻地
⦿ 地级市政府驻地
⊙ 县级政府驻地
▣ 分洪口

---- 省级界
----- 地级界
----- 县级界
——— 铁路
——— 高速公路
——— 河流
——— 达标堤防
++++++ 未达标堤防

1:1,300,000

0 5 10 20 30 40 km

洪水风险等级
极高
高
中
低

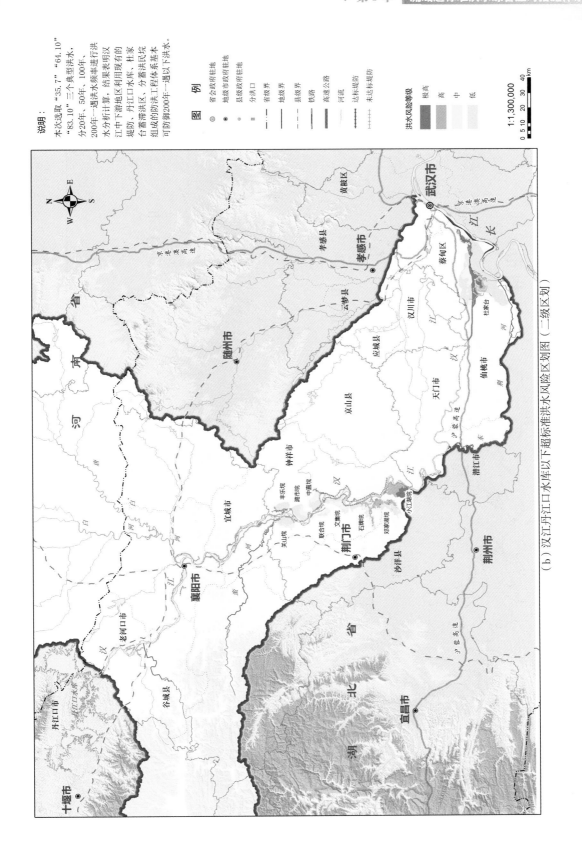

（b）汉江丹江口水库以下超标准洪水风险区划图（二级区划）

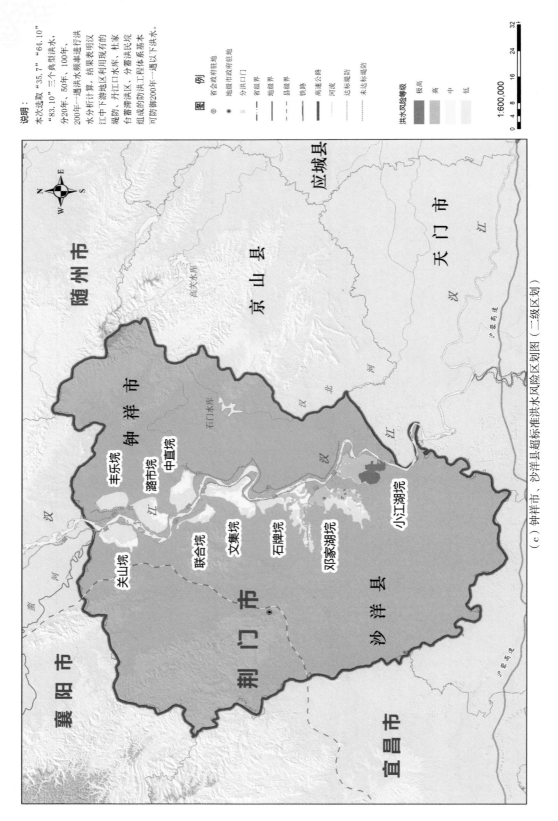

说明：

本次选取"35.7""64.10"三个典型洪水，分20年、50年、100年、200年一遇洪水频率进行洪水分析计算。结果表明汉江中下游地区利用现有的堤防、丹江口水库、杜家台分蓄洪区，分蓄洪民垸组成的防洪工程体系基本可防御200年一遇以下洪水。

图 例

◎ 省会政府驻地
◉ 地级市政府驻地
▢ 分洪口门

－－－－ 省级界
―――― 地级界
―・－・ 县级界
―――― 铁路
―――― 高速公路
―――― 河流
―――― 达标堤防
‥‥‥‥ 未达标堤防

洪水风险等级

极高
高
中
低

1:600,000

随州市

应城县

京山县

天门市

襄阳市

钟祥市

荆门市

沙洋县

宜昌市

丰乐垸
潞市垸
中直垸
关山垸
联合垸
文集垸
石牌垸
邓家湖垸
小江湖垸

（c）钟祥市、沙洋县超标准洪水风险区划图（二级区划）

358

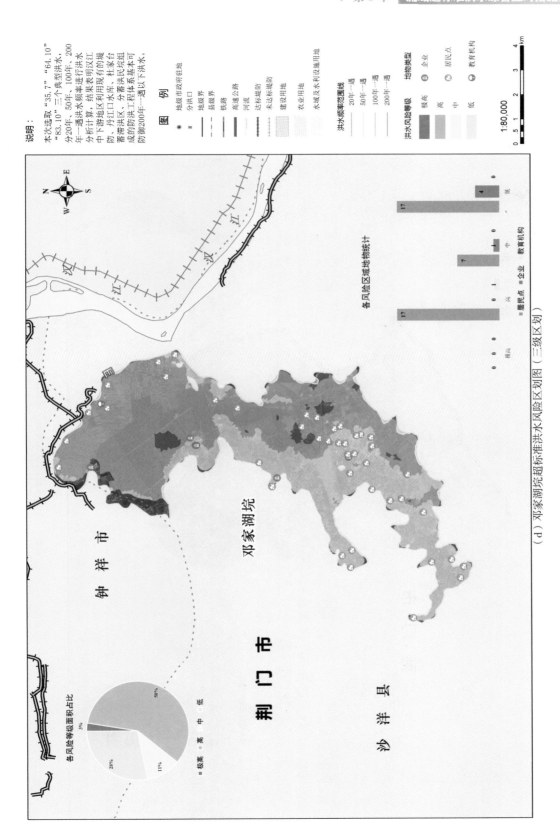

（d）邓家湖垸超标准洪水风险区划图（三级区划）

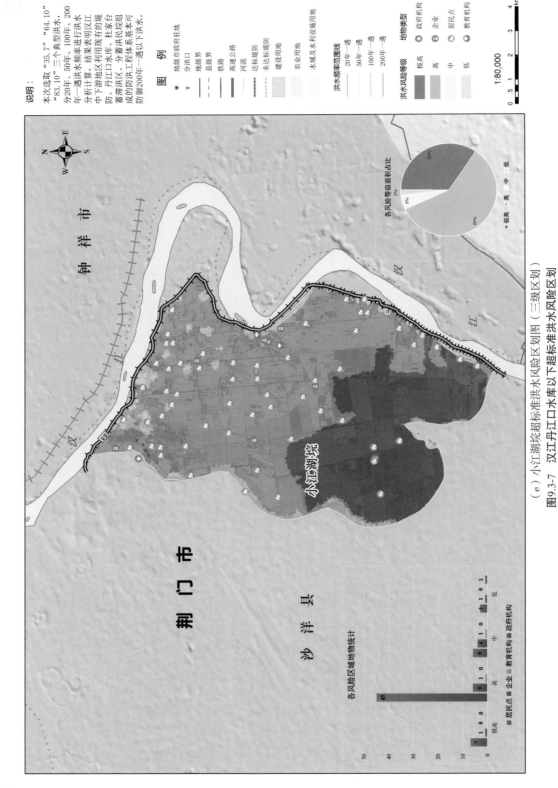

（e）小江湖院超标准洪水风险区划图（三级区划）

图9.3-7 汉江丹江口水库以下超标准洪水风险区划

（a）重庆城区河段防洪作战挂图

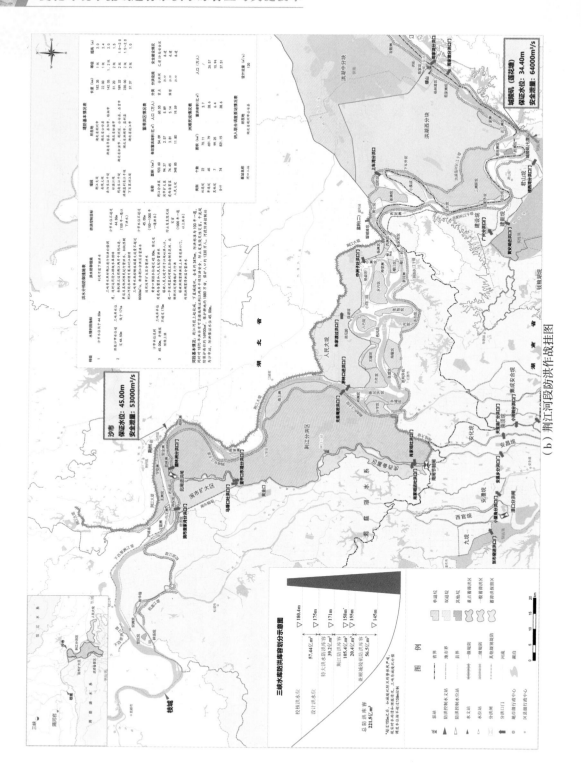

（b）荆江河段防洪作战挂图

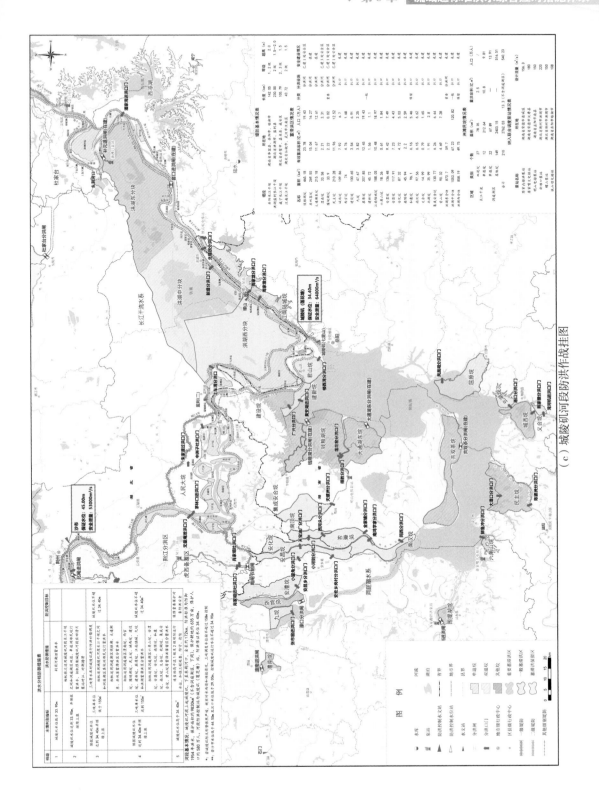

(c) 城陵矶河段防洪作战挂图

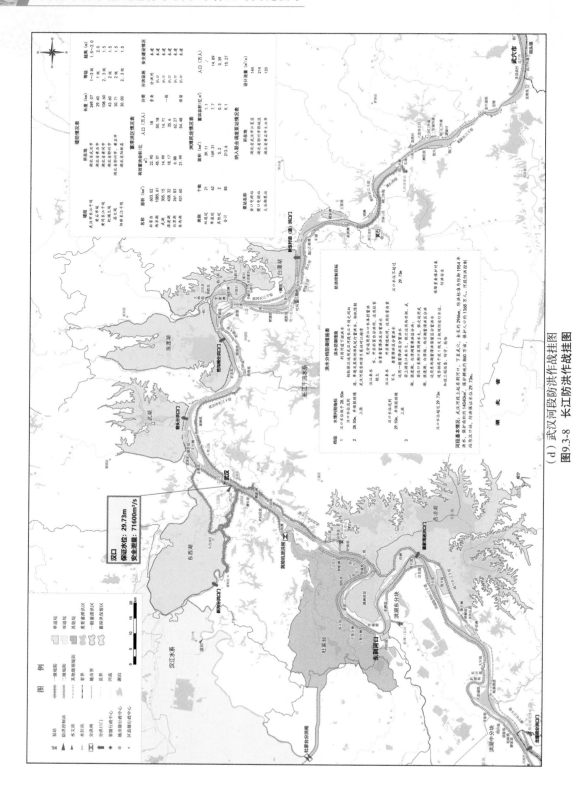

（d）武汉河段防洪作战挂图

图9.3-8 长江防洪作战挂图

9.4　流域超标准洪水应急管理机制

　　结合历年防汛实践和国内外应急管理的先进经验,流域超标准洪水应急管理应当涵盖所有灾害危险、整合各种资源、动员所有机构参与、实行全过程的综合管理,从传统的即时反应和被动应对转向更加注重全过程的综合性的应急管理,从灾害的类别管理、部门管理转向全面参与、相互协作的应急管理,从随机性、就事论事转向依靠法制和科学的应急管理,形成以一体化和全过程为主要特征的超标准洪水应急管理机制模式。一体化指应急管理组织机构体系的一体化,各级政府部门、工商企业、社区组织和公众,在政府的统一领导下,分工协作,相互配合,共同进行防灾救灾工作;全过程指对应急管理的预防、准备、反应和恢复 4 个阶段,采取不同的应对措施,实施全过程的管理。

9.4.1　流域超标准洪水应急管理机制问题梳理

　　综上分析,对比提出的流域超标准洪水应急管理机制框架体系,梳理了流域超标准洪水应急管理存在的主要问题(表 9.4-1)。总体来看,我国已形成一套一体化和全过程的应急管理体制,但很多机制尚未形成法定文件,有的机制尚未规定超标准洪水条件下的应对策略或方案,有的机制尚不适应机构改革后的新形势。

表 9.4-1　　　　　　　　　　　　流域超标准洪水应急管理机制问题清单

机制类别	机制名称	现状情况评估	主要面临的问题
灾前应急准备机制	组织指挥体系	机构改革后,国家防办调整到应急管理部,形成了统一指挥、专常兼备、反应灵敏、上下联动、平战结合的中国特色应急管理体制,集中力量办大事的制度优势明显,水利部承担水利工程的运行和调度、洪水监测预报预警以及应急抢险的技术支撑,应急管理部承担应急抢险和应急避险	流域超标准洪水防御涉及上下游、左右岸的协调,以及跨地区、跨部门的合作,当前流域整理指挥能力还有待加强跨层级、跨地域、跨部门、跨系统、跨业务的联防联控联动协同管理机制有待完善
	应急管理法律法规体系	《中华人民共和国水法》《中华人民共和国防洪法》《中华人民共和国抗旱条例》《中华人民共和国长江保护法》等法律法规	现有法律法规尚未详细规定流域超标准洪水灾害防御及流域水工程联合调度机制机构改革后,部分法规制度的一些具体规定尚未更新

续表

机制类别	机制名称	现状情况评估	主要面临的问题
灾前应急准备机制	以应急预案为核心的实战化应急准备机制	已初步形成了较为完整的洪水防御方案预案体系； 大江大河和33条重要支流、85座防洪城市已编制超标准洪水防御预案	缺乏流域超标准洪水防御预案编制技术标准； 现有超标准洪水防御风险、应对措施和工作任务缺少分段、分级、定量和坐标化，编制工作内容、深度、质量参差不齐，新的科技和信息技术未合理反映，预案的科学性、实用性和可操作性有待提高，实际执行困难
	救灾物资和装备储备机制	从中央到地方建立了救灾仓库，救灾物资储备已形成制度，提高备灾能力； 救灾装备已加大高科技的应用，全面提高灾害应急能力	高风险区抢险救生物资器材缺乏：如分蓄（滞）洪区安全区通道口和围堤涵闸封堵备用土以及抢险砂石料普遍不足； 大洪水年储备的冲锋舟现在多不能使用，调备的救生衣年久老化，不能确保安全；抢险编织袋储备不足；提排设备动力与水泵配套不足，分洪后安全区内的生活污水和渍水将无法保证及时排出； 备用发电机组储备不足；帐篷和板房储备不够； 巡堤查险、抢险装备亟待升级，提高查险除险效率
	防汛检查机制	国家和流域巡查督导：是国家防总和流域防总工作制度的创新，是加强防汛抗旱督察工作的重要方式，是保证防汛抗洪决策部署落到实处的重要手段 地区防汛检查：各级防汛抗旱指挥机构组织开展防汛检查，实行以查组织、查工程、查预案、查物料、查通信为主要内容的分级检查制度，根据流域防汛实际，汛前需按照流域防汛抗旱预案对堤防、水库、分蓄（滞）洪区、涵闸、河道、水文测报等开展检查	需进一步采取信息化手段，提升防汛检查效率

机制类别	机制名称	现状情况评估	主要面临的问题
灾前应急准备机制	防汛检查机制	调度运行监管：成立流域控制性水库汛期调度运行监管工作领导小组，以"线上监控＋线下督查"方式，采取"红黄牌"的形式，分类分级加强流域大中型水库调度运用和汛限水位监管，对发现问题的水库以"一省（库）一单"的形式提出整改要求，确保防洪安全和工程安全；堤防巡查防守：派出暗访督查组，赴各省市开展暗访督查，现场督促落实问题整改；小型水库安全度汛：派出工作组开展暗访检查，持续督促地方整改；抢险技术支撑：派出专家组指导暴雨洪水防御和险情处置工作；山洪灾害防御监督检查：派出暗访调研组开展山洪灾害防御暗访调研	
	应急能力建设机制	汛前重视应急培训；向居民发放明白卡，因地制宜地推进经常化、小型化的防洪救灾预案演练，提高实战能力和全民减灾意识；积极开展洪水调度演练和水库防汛抢险应急演练	防洪救灾预案演练需进一步推广，实现全覆盖；完善"四预"措施：完善基层防汛预报预警体系，大力推进先进信息技术与气象预报、水情业务的深度融合，有效提高灾害性天气预报水平，延长洪水、地质灾害预见期，提高预报精度，完善预强降雨时监测、预报、预警、避险转移的快速响应机制
	资金储备机制	由财政部门安排的防汛经费，按照分级管理原则，分别列入中央财政和地方财政预算；中央财政安排的特大防汛补助费，用于补助遭受洪涝灾害的省、市及计划单列市进行防汛抢险及中央直管的大江大河抗洪抢险和水毁防洪工程修复；流域内各省市人民政府在本级财政预算中安排资金，用于本行政区域内遭受严重洪涝灾害地区的抗洪抢险和水毁工程的修复	机构改革后，防汛应急、水毁修复经费显著减少，与实际需求差距大，亟须国家加大资金投入，提高防洪安全保障能力

机制类别	机制名称	现状情况评估	主要面临的问题
灾中应急响应机制	应急响应启动机制	根据各流域防汛抗旱应急预案,响应级别分为4级,分别对应不同应急响应行动。流域超标准洪水为I级应急响应的判别条件。贯彻行政首长负责制,统一指挥,分级负责,分工协作,开展超标准洪水防御工作	现有预案未根据不同洪水量级、防洪压力、成灾程度、工程总体及实时防御能力,对比保证水位、河道强迫行洪最高水位,对超标准洪水应急响应级别实施分级,未明确不同水位条件下的守、撤、弃措施;机构改革后,各部门、各地区分级响应机制尚待完善;现有预案应急响应重点关注江河洪水预警,对洲滩民垸预警、分蓄(滞)洪区预警、水库工程预警、堤防工程预警、涵闸泵站预警、重要基础设施预警关注较少
	监测及信息共享机制	标准内洪水已制定了完善的监测方案,超标准洪水条件下逐步制定了水文应急监测方案;水文、气象等不同行业部门及流域内不同地区和控制性水工程管理运行单位逐步开展了防汛信息共享	超标准洪水条件下面临分洪溃口"测不到、测不准"及工情、险情、灾情实时动态快速监测难题;雨情、水情、工情、险情、灾情等信息共享机制尚不完善
	预报预警机制	主要江河流域制定了水情预警发布管理办法,依据法规要求开展洪水预报预警工作	灾害性天气分洪溃口洪水预警、预报水平有待提高,水文气象预报的预见期有待延长,预报精度有待提供,以满足水工程联合调度需求;极端降水、洪水事件等预警指标有待深入研究,以实现超标准洪水发生时监测、预报、预警的快速响应机制
	水工程联合调度机制	水利部以水防〔2021〕198号文颁发了《大中型水库汛期调度运用规定(试行)》,建立了水工程调度机制	法律法规对流域水工程联合调度还没有细致的规定,流域水工程群隶属主体和管理单位不同,存在权限分散和目标局限等问题,调度运行中存在上下游蓄泄矛盾、防洪排涝矛盾、水库库区和分蓄(滞)洪区淹没损失置换、不同分蓄(滞)洪区省际平衡、人员转移效率、补偿方案落实等问题,难以充分发挥整体防洪作用;现有机制尚未明确堤防、水库、分蓄(滞)洪区等防洪工程超标准调度运用的条件及适用范围

续表

机制类别	机制名称	现状情况评估	主要面临的问题
灾中应急响应机制	应急决策和会商协调机制	流域管理机构已形成常态化的应急决策和防汛会商协调机制	现有防汛抗旱指挥系统针对标准内洪水,超标准洪水条件下亟待建立调度决策支持系统,以支撑防汛会商和决策
	应急避险机制	在经常遭受洪水威胁的区域(如分蓄(滞)洪区),防洪应急避险一般依据洪水防御方案、预案、风险图等识别洪水风险区域,制定应急避险方案; 在分洪运用准备阶段,采用电视、广播、电话、短信、鸣锣、挂旗等多种通信方式或挨户通知等形式迅速传播分洪转移命令,做好危化品快速转移、人员财产转移、转移人员接收等准备工作; 在转移安置实施阶段,按指定时间完成居民转移清场工作; 在分洪阶段,对没有转移出来或落水的人员进行抢救,对临时避洪人员实行转移	对于已有预案区域,在实际运用过程中存在预案应用条件(如转移预留时间不足、分洪设施设备老旧、安置房屋不够等)问题,影响分洪效果; 基于静态预案、假定情景、预设模型计算、手工填报、传统通信预警等方式的防洪应急避险方案由于手段有限、技术落后,造成防洪风险动态识别能力不足、风险人群识别追踪预警技术落后、实时洪灾避险路径优化技术匮乏、防洪应急避险决策支持平台缺乏等问题; 对于超标准洪水可能涉及的多数防洪保护区等没有预案的区域,遭受洪水威胁时,应急转移可能存在无序行为及效果不佳等情形
	险情处置机制	主要流域已编制重大水旱灾害应急处置工作规程导则	堤防溃口险情、水库重大险情、堰塞湖险情、城市暴雨内涝险情、基础设施险情等重大险情的处理机制尚待明确,形成可操作的文件
	公众沟通与社会动员机制	建立了救灾社会动员系统,包括大灾的捐助、经常性的捐助、对口支援、集中性捐助等已建立应急资源配置与征用机制,资源整合后,应急管理部可短时间里紧急调用大量人力、物力、财力,协调各相关部门的行动,紧急动员全社会,充分发挥物资调度、交通调度、医疗等其他社会资源调度的优势	应对超标准洪水事件,需要广泛动员各种组织和力量参与,尚待实施网格化管理,保证防洪抢险救灾有序进行
	灾情报送工作机制	已建立应急信息通报机制; 已建立灾情报送工作机制; 已建立灾害应急联络机制	信息共享不够

机制类别	机制名称	现状情况评估	主要面临的问题
灾后评估补偿机制	24h救灾到位与中央应急救助机制	已建立24h救灾到位与中央应急救助机制,24h组织实施救助,24h内给予转移群众以到位的救助,最大限度地保护人民群众的安全	多部门沟通、协同合作、信息共享不足,难以实现24h全部到位
	灾后补偿机制	2000年5月27日,我国发布了《分蓄(滞)洪区运用补偿暂行办法》,规定了对分蓄(滞)洪区内居民因汛期行洪分洪所遭受的损失进行补偿	现行政策中规定的补偿标准、方式和手段均有完善和改进的空间,亟须根据新时期特点进行修订; 超标准洪水跨区补偿与巨灾保险体系尚待建立,联合调度的信息共享、利益补偿、风险防控、监督管理等机制尚待完善,以逐步扩大联合调度工程范围,拓宽调度内容,滚动优化流域控制性水工程联合调度方案; 国家分蓄(滞)洪区有补偿政策,部分地方分蓄(滞)洪区不在财政经费补贴范围,一旦启用,没有明确的制度保障; 水库库区、洲滩民垸等尚无明确的淹没损失补偿制度
	总结评估机制	现有灾害评估机制多基于各地区灾情统计上报数据	洪水风险评估技术无法支持做到动态、快速和全面评估; 基本未做到灾前预评估、灾中实时评估,大部分是灾后实际统计数据; 统计上报数据精细化程度严重不足

9.4.2 基于时空量维度的流域超标准洪水应急管理模式

(1)从空间上建立五跨协同的一体化应急管理模式

流域超标准洪水灾害范围广,应对难,其特点决定了洪灾应对应急决策的复杂化,需要广泛动员各种组织和力量参与,需要统一指挥、统一行动,需要各个方面相互协作、快速联动,需要有技术、物资、资金、舆论的支持和保障,需要有法律和政策的依据,这种需要通过组织整合、资源整合、行动整合等应急要素整合,形成一体化应急管理组织体系。基于此,提出建立以广泛参与、相互协作、综合协调、密切配合、反应快速为特征的跨层级、跨地域、跨部门、跨系统、跨业务一体化协同(简称"五跨协同")管理体制(图 9.4-1),实现防灾减灾救灾的统一指挥、一体部署、分级管理、相互协作。

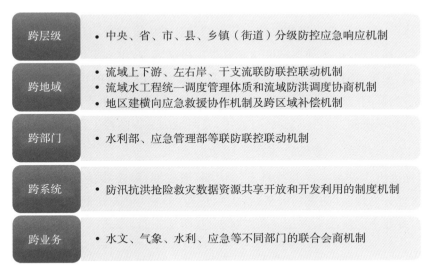

图 9.4-1　流域超标准洪水五跨协同的一体化应急管理机制

跨层级指建立中央、省、市、县、乡镇(街道)5 级的分级防控应急响应机制,实现上下联动、统一指挥。

跨地域指因地制宜建立流域与地方、上游与下游、左岸与右岸、干流与支流联防联控联动的防汛指挥机制,加强联合巡查和监督检查,加强流域统筹及流域、区域协调联动,强化源头防控,提升流域联防联控的科学化、精细化、一体化水平。逐步完善流域水工程统一调度管理体制,建立流域防洪调度协商机制,分片区加强区域水工程联合调度,提升整体防洪排涝能力。不断健全地区间横向应急救援协作机制及协调协商、利益补偿、风险控制等管理机制。

跨部门指在国家防总的统一指挥下,建立包括中央军委、中宣部、发改委、教育部、工信部、公安部、财政部、自然资源部、住建部、交通运输部、水利部、农业农村部、商务部、文化和旅游部、卫健委、应急管理部、广电总局、气象局、国家铁路集团有限公司、安能建设集团有限公司,各流域防总,各省(直辖市、自治区)应急管理厅、局,水利厅、局,以及地方人民政府等在内的联防联控联动机制。

跨系统指建立防汛抗洪抢险救灾数据资源共享开放和开发利用的制度机制,完善联合打牢信息共享机制,加密信息共享、通报,及时准确掌握超标准洪水防控工作动态。深入推进业务融合、数据融合,打通数字大动脉,实现用数据说话、用数据决策、用数据管理、用数据创新。

跨业务指建立水文、气象、水利、应急等不同部门的联合会商机制。健全流域超标准洪水应急监测预报预警机制,加强洪涝监测预警预报,提升超标准洪水和超强风暴潮应对能力。加强跨地区洪水监测预报预警合作,共同建立跨部门、跨省际的监测预报预警信息共享机制。基于物联网、大数据技术,加强监测基础设施信息化、自动化、智能化建设,完善雨情、水情、墒情、工情、灾情监测站网覆盖和"空天地水"信息一体化透彻感知体系。完善基层防汛预报预警体系,大力推进先进信息技术与水情业务的深度融合,有效提高灾害性天气预报水平,延长洪水预见期,提高预报精度。研究提出极端降水、洪水事件等预警指标,实现大洪水发生时监测、预报、预警的快速响应机制。巩固提升专群结合的山洪灾害监测预警体系,提高山洪灾害的监测、预警水平,细化群测群防措施,加快实施重点隐患区防灾避让。完善联合打牢信息共享机制,加密信息共享、通报,及时准确掌握防控工作动态。

(2)从时间上建立全过程的综合管理运作模式

流域超标准洪水灾害事件往往具有潜伏期、形成期、暴发相持期和消退期。与此相适应,将灾害管理分为预防(防灾)、准备(备灾)、反应(救灾)和恢复重建(善后)4个阶段组成的完整过程,并在不同阶段采取相应的应对措施(图9.4-2)。

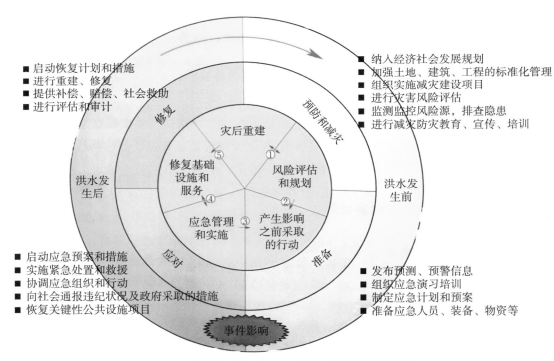

图9.4-2　流域超标准洪水全过程的应急管理运作模式

细化制定或修订干流、重要支流的洪水调度方案和超标准洪水防御预案,形成包含监测、预警、灾情评估、风险调度、转移避险等在内的整套防御洪水预案,实现方案体系化。建立健全洪水灾害防御物资储备机制,加强专业型、专用型防洪物资储备,全面提升防灾物资保障能力。加强联合巡查和监督检查,建立完善防控应急响应机制。

灾前建立以流域超标准洪水防御组织指挥、防御预案、救灾物资和装备储备、防汛检查、汛前培训、防汛救灾演练、资金储备等为核心的实战化应急准备机制。

灾中建立应急响应启动机制、水文监测预报预警及信息共享机制、水工程联合调度机制、应急决策和会商协调机制、险情处置机制、灾情报送工作机制、灾害应急联络机制等。

灾后建立24h救灾到位与中央应急救助机制、应急救援联动机制、全社会广泛参与的共建共治共享应急合作机制、恢复重建工作管理机制、春荒冬令救助管理机制、灾后补偿机制等。

（3）从量级上建立分级管理、逐级响应的运作体系

为了应对不同类型和规模等级的超标准洪水灾害事件，建立分级管理、逐级响应的运作体系。根据洪涝灾害的类型、范围、复杂程度，由不同级别的政府启动应急机制，调动所管辖的应急能力，协调各方力量进行处置。当超出或预计超出应急能力的时候，申请上一级政府组织应急能力支援。分级响应有助于迅速反应、及时处置，使得超标准洪水应急事件发生时各层级不缺位、不越位，同时也做到上下联动、平战结合。

从世界主要发达国家应急管理经验来看，超标准洪水灾害管理模式强调增加流域及地方层级的应急处置能力。2005年卡特里娜飓风重创美国墨西哥湾沿岸的路易斯安那州和密西西比州，造成了空前巨大的损失，尤其是新奥尔良市防洪堤崩溃，80%的面积被洪水淹没，城市几乎被摧毁，主要原因有：计划与实施相脱节，即应急计划没有得到重视和贯彻实施，地方应急能力不强，民众危机教育不足，没有及时堵住堤防漏洞。因此，需要完善流域及地方政府教育、宣传、培训、演练、资助等手段组成的超标准洪水灾害管理动员体系，加强不同主体之间的合作互助，建立地区间横向应急救援协作机制，鼓励和支持民间组织、社区组织、企业、国民参与防灾减灾事务，增强全社会的自救、互救和公救能力。

其中，事先进行风险评估，及时准确地收集、分析和发布应急管理信息是政府科学决策和早期预警的前提。世界各国都把利用最新科学技术，建立信息共享、反应灵敏的应急信息系统和分级分类的灾害监测和预警系统作为应急体系建设的核心部分。德国建立了一套先进的监测系统、预警系统、信息系统和应急处置系统，形成了比较标准和有效的应急反应运作模式，积累了应对超标准洪水灾害事件的经验。

建议完善流域超标准洪水联防联控机制（图9.4-3）。加强流域统筹及流域、区域协调联动，强化源头防控，提升流域联防联控的科学化、精细化、一体化水平。因地制宜建立流域上下游、左右岸、干支流联动的防汛指挥机制，逐步完善流域水工程统一调度管理体制，不断健全协调协商、利益补偿、风险控制等管理机制。建立流域防洪调度协商机制，分片区加强区域水工程联合调度，提升整体防洪排涝能力。推动流域以行政单元治理为主向跨区域共保联治转变，联合制定并落实重点防洪保护区共保联治专项治理方案，统一完善防汛基础设施，制定区域联合防汛预案。

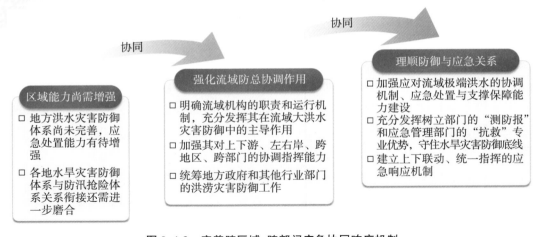

图 9.4-3　完善跨区域、跨部门应急协同响应机制

9.4.3　流域超标准洪水应急管理体系构建建议

（1）军事指挥理论对超标准洪水应急管理的借鉴意义

流域超标准洪水应急管理就是对流域超标准洪水情况的处置或"作战指挥"，是"分析判断情况，定下决心"，"情况要上来，命令定下去"，是"调动千军万马"。《孙子兵法》中讲，"知己知彼，百战不殆；知天知地，胜乃可全"，此话是讲全面获取和掌握各方面的信息后，才能掌握防灾救灾的主动，趋利而避害。基于军事指挥理论分析了流域超标准洪水综合应对的充分条件"知天""知地"和必要条件"知己"和"知彼"及相关约束条件。"知己"包括受灾对象、救灾力量、防御手段、监测手段等；"知彼"包括洪水监测预警→掌握洪水特性、演变规律及发展趋势，洪灾实时动态快速评估→掌握洪水致灾机理、受灾范围、破坏程度、发展趋势等；"知天"包括当前的气象情况以及对以后若干天内的天气发展趋势的预测；"知地"包括下垫面变化、水利工程运行及损毁情况等。这些情报汇集到防汛决策部门，都分别标注在不同的地图上，并进行时空动态叠加，形成"情况图""部署图""态势图""决心图""协同计划""指挥沙盘"等，并进行反复分析、判断和推演，借助 5G、大数据、网络技术和人工智能（AI）等新技术，制定基于实时调度管理需求的流域超标准洪水综合应对全过程智慧解决方案，技术流程见图 9.4-4，决策人员通过这些信息了解各方面的情况，作出如何应对的决定，拟订方案计划，时机到来时，以命令形式下达，相关人员按命令行动。

"多算胜，少算败，况无算乎？"也是《孙子兵法》中经典名句，其中包括了计算和谋划工作是否全面而周密，其结果对我有利因素有多少方面。反复多次计算、全面周密谋划，取胜的可能性大，计算和谋划少或根本没有，"拍脑瓜决策"就会失败。同时经过多次反复计算和全面周密谋划，发现对己方有利因素多，不利因素少，即"胜算"多，"败算"少，取胜的可能性大，相反则可能失败。用现代数学语言表达为"运筹"，用计算机技术术语表述就是"辅助决策""决策支持"。"战时仗怎么打，平时兵就怎么练；平时兵怎么练，战时仗怎么打"。"知彼"在今天现实中不仅包括不同指挥层次侦察和情报,同时也包括不同等级的"预警"。预警后开展"风险评估",而后立刻决策,选择某事先准备好的方案("预案")采取行动。在"危机管理理论"中,有"危机决策的约束条件"说,具体内容包括时间紧迫(时间约束)、信息有限(信息不足约束)、人力资源紧缺(人员约束)、技术支持系统缺失(技术约束)。这些条件的不足,直接影响正确的流域超标准洪水应对决策。

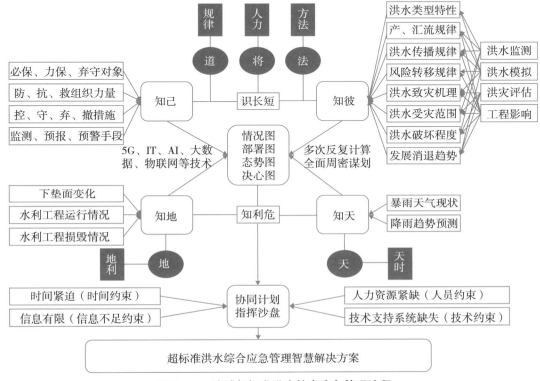

图 9.4-4　流域超标准洪水综合应急管理流程

因此,需要将流域超标准洪水风险管理作为应急管理的核心内容。坚持统筹协调、风险管控的原则,统筹流域与区域、城镇与乡村、上下游、干支流、左右岸关系,增强忧患意识,从注重事后处置向风险防控转变,从减少灾害损失向降低安全风险转变,建立健全洪涝安全风险监测预警机制,全面提升超标准洪水风险防控能力。为此,研究提出如下措施建议:

1)重视广布型风险,即低标准防洪保护区的高频率和低损失危险事件,及时处置,防止积累风险,或导致风险积聚、放大。

2)在发展过程中预防或避免产生新的风险和累积风险。超标准洪水灾害具有不确定性、巨大破坏力、高度复杂性和处置极其困难等特点,通过建立突发事件情景构建,更好地认识超标准洪水灾害的演变规律,指导应急准备规划、应急预案管理和应急培训演练等应急管理工作,从而有针对性地采取预防和应急准备措施。

3)形成以应急预案为核心的实战化应急准备机制,根据应急预案对人员进行培训、配备应急救援装备、建设应急救援设施、组织应急预案演练，进行方案预案评估和适时修订，有针对性地加强应急能力建设，优化应急救援队伍和物资部署。

（2）我国现有应急管理机制建设经验借鉴

当今世界，频繁发生的各类自然灾害、事故灾难、公共卫生事件和公共安全事件等突发事件对人类社会的发展与进步影响甚远。突发事件往往具有突发性、复杂性、危害性和高度不确定性等特点，如何有效防范和应对突发事件，加强突发事件的应急管理，最大限度地降低突发事件对人类社会的影响，是当下国内外所重点关注和研究的领域之一。本次重点梳理了我国一些重大自然灾害（堰塞湖）、重大公共卫生事件（新冠病毒感染疫情）应急管理机制成功做法，以期为超标准洪水应急管理机制建设完善提供借鉴依据。

现有应急管理机制主要经验和做法有：建立了组织指挥体系、应急准备机制、应急响应启动机制、监测预报预警及信息共享机制、应急决策和会商协调机制、险情处置机制、灾情报送工作机制、救灾物资储备和救灾装备系统、救灾社会动员系统、24h 救灾到位与中央应急救助机制、应急救援联动机制、全社会广泛参与的共建共治共享应急合作机制等。国家突发公共事件应急管理流程见图 9.4-5。

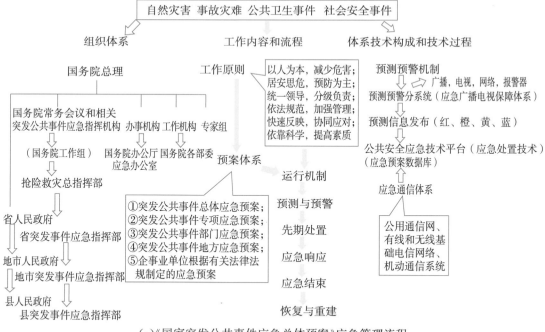

(a)《国家突发公共事件应急总体预案》应急管理流程

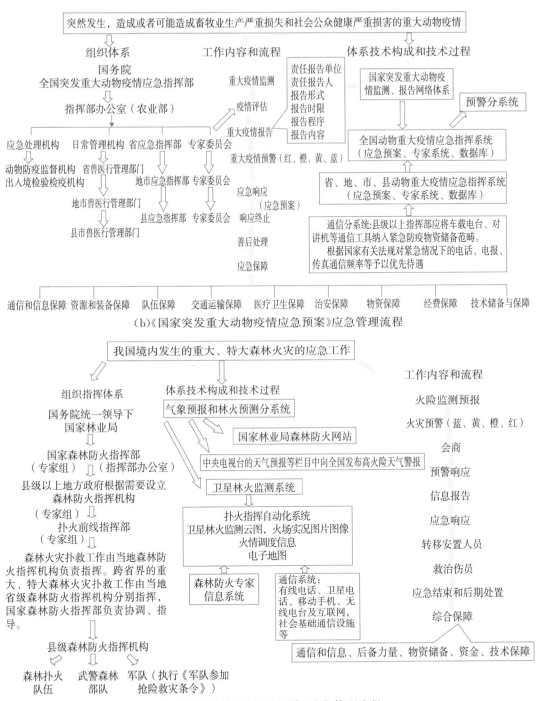

(b)《国家突发重大动物疫情应急预案》应急管理流程

(c)《国家森林火灾应急预案》应急管理流程

干旱、洪涝灾害，台风、冰雹、雪、沙尘暴等气象灾害，火山、地震灾害，山体崩塌、滑坡、泥石流等地质灾害，风暴潮、海啸等海洋灾害，森林草原火灾和重大生物灾害等

组织指挥体系

国家减灾委（综合协调）
专家委员会

减灾委办公室

省人民政府

城市人民政府

县人民政府

体系技术构成和技术过程

监测预报卫星星座、环境卫星、气象卫星、海洋卫星、资源卫星、航空遥感等对地监测系统

"天地空一体化灾害监测预警系统"

自然灾害救助信息网络：以公用通信网为基础，灾情专用通信网络。

国家减灾委
（自然灾害应急预案体系）国家应急广播体系

自然灾害救助应急指挥技术支撑系统

遥感信息、地理信息系统、模拟仿真、分析、评估——应急决策支持系统

省自然灾害救助应急指挥技术支撑系统

地市自然灾害救助应急指挥技术支撑系统

县自然灾害救助应急指挥技术支撑系统

组织民政、国土资源、水利、农业、商务、卫生、安全监管、林业、地震、气象、海洋、测绘地信等方面专家，重卡开展灾情会商、赴灾区的现场评估及灾害管理的业务咨询工作。

工作内容和流程

应急准备

预警信息和灾情报告

预警响应

应急响应

响应措施

响应终止

灾后救助

恢复重建

资金准备
物资准备
通信与信息
装备和设施
人力资源
社会动员
技术准备
宣传和培训

(d)《国家自然灾害救助应急预案》应急管理流程

自然因素或者人为活动引发的危害人民生命和财产安全的山体崩塌、滑坡、泥石流、地面塌陷等与地质作用有关的地质灾害

组织体系

国务院
国土资源部

国家地质灾害应急防治总指挥   专家组

省级地质灾害应急防治指挥部   专家组

地市县地质灾害抢险救灾指挥机构   专家组

抢险救灾队伍

体系技术构成和技术过程

预测预报预警体系
覆盖全国的地质灾害监测网
专业监测网   群测群防网

国家地质灾害信息系统   国家地质应急指挥系统

国家地质灾害监测、预报、预警等资料数据库
国家应急防治预案库、专家库

省地质灾害信息系统   省地质灾害应急指挥系统

地质灾害监测、预报、预警等资料数据库
省应急防治预案库、专家库

城市县地质灾害信息系统   地市县地质灾害应急指挥系统

地质灾害监测、预报、预警等资料数据库
地市县应急防治预案库、专家库

全国防汛监测网
气象监测网
地震监测网

通信：
有线电话
卫星电话
移动手机
无线电台
互联网等，
建立覆盖全国的地质灾害应急防治信息网。

工作内容和流程

预防和预警

地质灾害速报

应急响应

应急响应结束

应急保障

应急队伍保障
资金保障
物资保障
装备保障
通信与信息保障
应急技术保障

(e)《国家突发地质灾害应急预案》应急管理流程

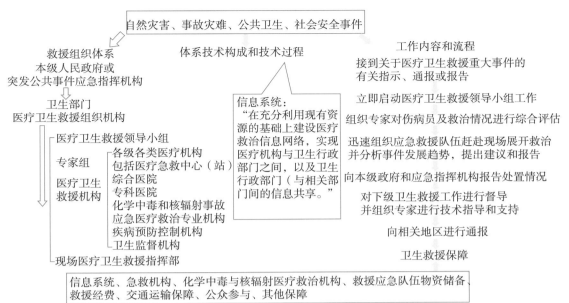

(f)《国家突发公共事件医疗卫生救援应急预案》应急管理流程

图 9.4-5　国家突发公共事件应急管理流程

经过长期的实践,我国灾害管理已从计划经济体制下以抢险为主、以国家财产为本的体制转向新时期的以人民为中心新型管理体制;救灾目标从过去的强调经济损失转向现在的人民生命安全,重点关注因灾死亡人数,人口的衣食住行有没有得到很好的安排;救灾内容上从事后救济转向了全方位救助,特别是应急救助,时效性特别强;救灾指挥从经验性的救灾指挥转向系统的应急预案;救灾过程从过去的封闭性转向全方位的透明、开放;救灾标准从传统的低标准转向保证基本生活,并且与国际接轨;救灾装备从以人力和手工为主转向高科技装备的应用,如构建天—空—地—水一体化的灾害监测预警系统(该系统包括减灾卫星系统、航空遥感快速反应系统,以卫星导航、通信为基础的应急救灾指挥调度系统和地面预警监测网络系统等),全面提高灾害应急能力。确立"防重于救,以防为主,防抗救结合"的救灾工作方针,因地制宜地推进经常化、小型化的防洪救灾预案演练,提高实战能力和全民减灾意识;加强救灾物资储备和装备建设,提高备灾能力;广泛开展培训工作,加强基层人员的灾害处置能力。

(3)堰塞湖应急处置的主要经验

从 2000 年西藏易贡堰塞湖、2008 年四川唐家山堰塞湖、2018 年金沙江白格堰塞湖、雅鲁藏布江加拉等 30 余座堰塞湖应急处置实践来看,主要做法包括:

1)分析研判是关键。

堰塞湖溃口洪峰过程是风险评估、非工程避险和应急治理方案制定的基础,如何根据现场资料准确、及时研判堰塞体的溃决过程,是处置溃决洪水的关键。白格堰塞湖应急处置中采用堰塞湖溃决洪水长距离渐进式实时预报预警和精准测报预报技术,提前24h精准预测堰塞湖水位到达引流槽底坎高程,提前6h准确预测堰前最高水位,堰塞体下游巴塘站、奔子栏站洪峰水位预报误差在0.02m以内,并成功监测了超10000年一遇洪水的完整水位变化过程和实测流量资料。

2)非工程措施是主要手段。

堰塞湖发生后,及早发布预警,与此同时开展水文、气象、地质应急监测和相关资料的收集分析,及时转移受威胁的人民群众,并且根据洪水风险发展的变化动态及时调整转移范围,以上工作需要在第一时间同步展开。接下来,要对堰塞体的规模、高程、形态、组成、结构及其稳定性等进行监测分析,分析堰塞体溃决过程,分析上下游洪水风险,在保证人员安全的前提下,组织开展工程措施以降低堰塞湖洪水危害,对上下游受洪水威胁的涉河工程开展有针对性的避险,如白格堰塞湖对苏洼龙在建围堰的破拆、金沙江中游水库的腾库等(金兴平,2019)。

3)现代科技应用是重要支撑。

应急抢险的基本要求就是时效性,采取及时、有效的措施是决定应急抢险胜利的关键。一是要及时掌握现场情况,二是第一时间分析可能的危害及其影响范围,三是研究可能采取的工程措施。堰塞湖往往发生在交通不变、通信闭塞、地形复杂、基础资料匮乏的地区,常规的技术手段和方法往往不能发挥作用,需要采用先进的现代技术获取信息,传递信息,分析研判,有针对性地开展应急处置。例如,卫星遥感、无人机监测、移动观测设施等快速获取信息的应急监测(唐家山、白格、加拉堰塞湖应急处置中采用基于空天地网的堰塞湖多源数据快速获取与关键信息智能提取技术体系,大大提高了堰塞湖应急处置信息获取的效率),现场、前方指挥中心和后方技术支援之间大容量应急移动通信,三维地理信息平台和大数据在淹没影响范围、灾害评估、洪水模拟及其演进中的应用等,为应急抢险方案的制定和决策提供了重要支撑。

4)高效的部门联动机制是基本保证。

在金沙江雅鲁藏布江堰塞湖应急处置中,应急管理部、水利部、自然资源部组成联合工作组,长江防总、长江水利委员会发挥了人才科技优势,及时提出了分析成果和处置措施建议;四川甘孜,西藏昌都,云南香格里拉、丽江等相关地区政府积极响应,有效落实相关指令和要求;水利、国土等部门互通信息,分析评估灾害风险,提出了处置建议;消防、武警水电和西部战区等广大指战员积极配合,奋勇投入抢险救援工作;通信、电力、交通等部门各负其责,做好保障工作。在新大部制改革的过渡时期,各部门、各单位认真履职尽责,有力地夺取了堰塞湖应急抢险处置的胜利。

5)信息资源共享是重要条件。

应急抢险面对的灾害往往是超标准、超规格的。因此,应当将有限的信息资源统一共享,在共享的基础上,充分发挥水利、国土、气象等专业部门的专业技术优势,对堰塞湖的风险、发展变化程度和趋势、危害影响等进行分析研判,提出对策措施,对监测数据和分析成果统一对外发布。

（4）重大公共卫生事件应急处置启示

新冠病毒感染疫情全球蔓延，构成了对各国治理体系和治理能力的深度检验。中国特色社会主义制度所具有的独特优势转换为了显著的国家治理效能，成为抵御风险挑战的根本保证。仅用3个月左右的时间，我国便取得湖北保卫战的决定性成果，随后又连续打赢几场局部地区聚集性疫情歼灭战，夺取了全国抗疫斗争重大战略成果，抗击疫情的"中国速度"举世瞩目。总结疫情大考中的重要治理经验与启示，有利于进一步提升流域超标准洪水应急管理的能力，推进防洪治理体系和治理能力现代化建设。主要经验包括：

1）夯实基层治理能力。

坚持紧紧依靠人民，激发人民群众的主观能动性，调动广大人民群众中蕴藏的一切积极因素，打通社区治理"最后一公里"。疫情治理中，全国各地快速建立健全覆盖区县、街道、城乡社区的防护网络，推动防控资源和力量下沉，调动社会力量共同参与疫情防控，全面落实"四早""四集中"。全国基层社区构建的网格化治理机制，在疫情防控中发挥着重要作用。网格化治理将治理空间划分为若干单元进行"小区域治理"，有利于更为精准地防范社会风险，提高治理的精准化程度。

2）善用数字技术"利器"。

推动治理体系数字化转型、智能化升级，提升防控措施的精准性和有效性，为快速应对各类风险提供强有力的科技支撑。通过数字化治理，强化后台的数据分析监测能力，弱化前台的人海战术，有效地提升了基层治理能力。

（5）历史上特大洪水应对经验借鉴

1）强有力的组织领导是夺取抗洪胜利的首要前提。

我国政府历来高度重视防汛抗洪工作。发生长江1954年、黄河1958年、长江1998年、淮河2003年等流域性大洪水时，国家防总超前谋划、周密部署，召开专题会议，研究部署防汛抗洪工作。流域防总主要领导靠前指挥，主持会商，安排部署防汛工作。流域内相关省市把防汛抗洪工作摆在首要任务切实抓紧抓实抓细，主要领导在防汛紧要关头深入一线、靠前指挥、分头把守；各部门单位主要负责同志科学组织部署，强化督查督导，保证防汛抗洪工作有力有序进行。强有力的组织领导是取得抗灾胜利的重要经验，历次防汛均发挥了这一特有的制度优势、政治优势、组织优势，保持了既有的高位推动态势，始终把防汛抗灾作为促发展、保稳定的一项重要政治任务，牢牢把握了工作主动权。

2）巡查督导指导是抗洪减灾的有效手段。

实行巡查督导，是加强防汛抗旱督察工作的重要方式，是保证防汛抗洪决策部署落到实处的重要手段。通过巡查督导，让沿江各地牢固树立防大汛、抗大洪、抢大险的思想，始终把保障人民群众生命安全放在首位，切实把防汛抗洪抢险救灾作为头等大事抓紧抓实。通过巡查督导，落实了巡查防守责任和重点，落实了防守力量组织和抢险物料配置，落实了堤防全天候巡查与险情处置机制。在历年的抗洪抢险斗争中,国家防总、流域防总及地方工作组、专家组巡回和驻守在防洪一线,一旦有险情,及时指导地方科学处置,有效地保障了防洪安全,成效显著。

加强监管督查、消除风险隐患。2020 年,长江流域在调度运行监管方面,成立长江流域控制性水库汛期调度运行监管工作领导小组,以"线上监控+线下督查"方式,采取"红黄牌"的形式,分类分级加强流域 1420 座大中型水库调度运用和汛限水位监管,尤其是纳入长江流域水工程联合调度的 40 座控制性水库,对发现问题的水库以"一省(库)一单"的形式提出整改要求,严禁擅自违规超汛限水位运行,确保防洪安全和工程安全。在堤防巡查防守方面,派出 20 个暗访督查组 62 人次,赴湖北、湖南、江西、安徽 4 省 17 个市 79 个县,对7372km 长江干堤、两湖重点圩垸等堤防开展暗访督查,发现各类问题 155 个,现场督促落实问题整改。在小型水库安全度汛方面,先后派出 139 组次、487 人次,完成 3086 座小型水库的暗访检查,提前超额完成年度任务,共发现问题 6114 个,持续督促地方整改。在抢险技术支撑方面,截至 2020 年 9 月 20 日,先后派出 36 个专家组 114 人次赴 7 个省(直辖市),指导暴雨洪水防御和险情处置工作;有力处置了湖北黄冈白洋河水库大坝脱坡险情和湖北恩施清江滑坡险情。在山洪灾害防御监督检查方面,派出 9 个暗访调研组 29 人次,完成了 7 个省(自治区、直辖市)27 个县(市)111 个自然村的山洪灾害防御暗访调研,发现各类问题 175个,并印发"一省一单"督促整改。为实现"超标准洪水不打乱仗、标准内洪水不出意外、水库不能失事、山洪灾害不出现群死群伤"总目标奠定了坚实基础。

3)制定完备的方案预案是抗洪减灾的基础保障。

科学精准调度的前提就是通过开展大量研究的基础上制定完备的方案预案,2020 年汛前,为做到"超标准洪水不打乱仗,标准内洪水不出意外",长江水利委员会编制完成了《三峡(正常运行期)—葛洲坝水利枢纽梯级调度规程(2019 年修订版)》《丹江口水库优化调度方案(2020 年度)》《2020 年长江流域水工程联合调度运用计划》、长江干流以及嘉陵江、乌江、汉江、滁河、水阳江等 5 条重要支流的超标准洪水防御预案和超标准洪水防御"作战图",指导督促相关省(直辖市)编制完成重要支流和重点(重要)防洪城市超标准洪水防御预案,为防洪调度决策提供了有力技术支撑。在深入研究长江流域历史大洪水的基础上,对长江流域现状防御体系防御大洪水的短板和风险进行了认真梳理,提出了相应的对策建议,形成了《长江流域大洪水应对措施》,开展了长江 1954 年洪水防洪调度推演和水库防汛抢险应急演练,这些工作为 2020 年长江大洪水防御的调度决策提供了重要技术支撑。

4)依法防洪、严格执法是抗洪减灾的根本依据。

1998 年,江西、湖南、湖北、江苏、安徽等省依照《中华人民共和国防洪法》的规定,相继宣布进入紧急防汛期,依法防洪在 1998 年抗洪斗争中发挥了很大作用。

2003 年,为确保淮河度汛安全,安徽省防汛抗旱指挥部根据《中华人民共和国防洪法》的相关规定,于 7 月 4 日宣布:从当日 12 时起,安徽省淮河防汛进入紧急防汛期。在此期间,安徽省防汛抗旱指挥部要求沿淮各个行洪区、蓄洪区随时做好启用准备,确保人员撤退到安全地带;省级及以下相关部门实行 24h 值班制度,全省各地各级行政负责人立即上岗到位,组织人员加强巡逻和检查险情。紧急防汛期间,沿淮 3 省共转移安置 207 万人,整个人员转移快速有序,无一人伤亡,各级政府对转移出来的群众作了妥善安置,努力解决基本生活保障,保证受灾群众有房住、有饭吃、有干净水喝、有衣穿、有医治。7 月底 8 月初,淮河干流主要站水位已陆续降至警戒水位以下,淮河堤防出现险情 1620 处,其中较大险情 358 处均得到有效控制,安徽省淮河防汛抗洪取得了阶段性的重大胜利,安徽省防汛抗旱指挥部依照《中华人民共和国防洪法》宣布,从 8 月 2 日 16 时起,解除淮河紧急防汛期。当时正值安徽省主汛期和台风多发期,天气多变,淮河及沿淮湖泊水位较高,防汛救灾形势仍不容乐观,安徽省防汛抗旱指挥部在宣布解除淮河紧急防汛期的同时,要求各地继续做好防汛工作,确保万无一失;同时正确处理好排水和蓄水防旱的关系,以夺取 2003 年防汛抗旱的最后胜利。灾后及时进行分蓄(滞)洪区运用补偿工作,有力地帮助了分蓄(滞)洪区内的群众尽快恢复生产,重建家园。

5)团结协作配合是夺取抗洪胜利的可靠保障。

在应对历次洪水过程中,各级党委政府领导深入一线,靠前指挥;各级防指精心指导,周密安排;相关部门行业密切配合,团结协作;广大军民顽强拼搏,奋勇抢险;各方凝心聚力,形成强大的抗洪抢险救灾合力,是取得防汛抗洪成功的保障。今后,要继续强化职责分工,继续强化协同配合,团结协作,共同抗洪。要针对农村人口"空心化"、群众性队伍组织困难和能力下降等问题,强化军民警民联防联动机制,继续发扬人民解放军、武警官兵、公安干警抗洪抢险主力军的作用,形成各方团结抗洪的强大合力。

协同联防联动是保障。坚持全流域一盘棋,上下齐动员,流域水旱灾害防御工作领导小组各成员单位互相配合。完善水利、气象部门联合会商机制,持续开展水文气象预报会商协作;密切与流域内各地水行政主管部门联系,指导并实施水工程联合调度;保持与各地军区的联系,及时提供防汛抗洪信息,确保应急抢险工作顺利开展。全社会各行业、各部门坚持急事急办、特事特办,克服一切困难,全力支援灾区做好抗洪救灾工作。

1998 年大洪水,长江超过 300km 堤防低于洪水位,靠抢修子堤挡水,全国参加抗洪抢险的干部群众在 8 月下旬达到高峰,共 800 多万人,其中长江流域 670 万人;国家防汛抗旱总指挥部从全国各地紧急调拨了大量抢险物资,各地调用的抢险物料总价值 130 多亿元。

2003 年淮河大洪水,解放军、武警部队共出动 12 万人次,救助群众 76 万余,在各级政府、各部门的大力支持和配合下,淮河全流域洪水实施统一指挥、科学调度的战略思想得以顺利实施,尽管淮河发生了 1954 年以来的最大洪水,但是干支流堤防没有决口,水库无一垮坝,行蓄洪区转移几十万人无一死亡,受灾面积和受灾人口较 1991 年大幅度减少。

(6)流域超标准防洪应急管理机制框架体系

根据国外发达国家、各行业应急管理经验,针对超标准洪水应急管理机制需求,提出适宜的流域超标准洪水应急管理机制框架体系(图 9.4-6)。

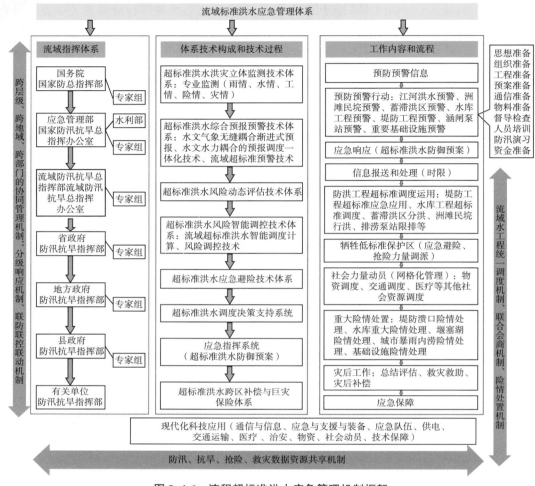

图 9.4-6　流程超标准洪水应急管理机制框架

完善流域超标准洪水应急管理机制的主要建议如下：

1）加强应急管理机制法制化、标准化、通用化建设。

加强超标准洪水应急管理法制化、标准化、通用化建设，将一系列成熟经验和做法模块化、规范化，制定成条文，避免人员流动造成的处置能力削弱问题。通用的标准化应急指挥机制对指挥部人员和机构设置、工作职能作出明确规定，有利于快速反应、快速行动，为各级政府提供统一指挥、统一协调、统一行动。在洪涝灾害发生时，各级政府根据灾害的类型、范围和复杂程度，自行启动应急预案。按照应急预案和计划，现场指挥调度，收集传递灾害信息，调动应急救援力量和物资，协调应急支持力量，开展应急响应、救援和灾后恢复工作。运用相同的国家应急管理机制及其通用原则、结构和协调程序，将大大提高应急反应行动的速度和效率。

2）强化应急管理的信息化、智能化建设。

建设可扩展、可兼容、智能化应急管理信息平台，以现代通信技术和数据库技术为支撑，充分利用物联网、大数据、云计算、人工智能、区块链、遥感、定位、无人机、水下机器人等技术,建立可扩展、智能化、通用共享的超标准洪水应急管理决策支持平台,实现数据采集、风险管理、监测预报预警、灾害预测评估、指挥决策调度、重大险情处置等功能,实现流域超标准洪水灾害风险直接细致的全面感知、深度挖掘和综合分析,实现智能化、网格化、精准化管理,提高查险、抢险效率,提升应急管理能效、应急反应速度,降低组织协调成本,提高防灾减灾救灾的针对性和应急管理的科学化水平。建设移动应急管理信息平台,使应急管理人员和应急指挥人员随时随地高效开展工作。

依托智慧技术,实现各部门的融合和数据共享,突破部门间应急管理的"信息孤岛",达到"更透彻的感知、更广泛的互联互通、更深入的智能化",形成基于"同一画面"的应急管理。构建超越职能部门管理的新型流域超标准洪水应急管理机制,以一种更智慧的方法,通过利用新一代信息技术建立跨越部门和不同系统的壁垒,来改变政府、企事业和人们相互交互的方式,以提高交互的明确性、效率、灵活性和响应速度。将信息基础架构与高度整合的基础设施完美结合,使政府职能部门之间、政府与企事业之间、政府与社会民众之间,在流域超标准洪水事件应急管理中进行"深度整合、协同运作"。

3)建立全社会广泛参与、共建共治共享的网格化应急合作机制。

构建水利、应急部门与新闻媒体、企业、社会组织间的合作机制,真正形成多层次、全方位、宽领域的协作网络,制定协作规范。通过法律法规,规定有关单位和社会组织在应急管理中的权利和责任,物资征用补偿,使得应急协作走上制度化、规范化、程序化的轨道,提升全社会防灾减灾救灾能力。定期开展干流及重要支流典型洪水防洪调度推演和重要防洪工程应急抢险演练,提高应对可能发生大洪水的能力。建立健全全社会共建共治共享的网格化应急合作机制,教育、培训、演练等应急响应能力建设向基层倾斜,对各级水旱灾害防御和防汛抢险救灾干部、工作人员定期进行轮训、轮练和考核,组织参加应急预案演练,建设一支专业化、高素质的应急管理队伍,充实完善应急专家库,加强应急抢险物资储备和管理,为超标准洪水应急处置提供支撑和服务。

9.4.4 流域超标准洪水防御预案编制导则

以下以流域超标准洪水防御方案预案编制为例,研究标准化建设方案。

(1)流域超标准洪水防御预案编制方法

首先明确预案中流域超标准洪水的定义和内涵,以及重点和一般防洪保护对象。结合流域历史大洪水及其规律特性,分析研判可能造成的灾害范围和程度,研究制定防御超标准洪水的原则。在已有防御洪水方案和洪水调度方案基础上,通过系统梳理现状防洪体系建设情况和现状防洪能力,对发生的超标准洪水进行水工程(堤防、水库、分蓄(滞)洪区、洲滩民垸和排江泵站)调度运用推演,分析调度运用后防洪形势及存在的问题,提出应对策略。根据防洪保护对象遭遇超标准洪水存在的问题及应对策略,与流域内相关省级水利部门对接,细化落实汛前防汛准备,汛期日常巡查防守,灾时应急抢险、人员转移、救灾安置等工作安排,明确信息报送共享流程及责任权限。在此基础上编制涵盖防汛准备、超标准洪水监测预报预警、防洪工程超标准调度运用、超标准洪水风险评估、工程巡查与防弃守运用、转移安置与抢险救灾、信息报送及发布、责任与权限等防御工作全链条的超标准洪水防御预案。超标准洪水防御预案编制技术路线见图9.4-7。

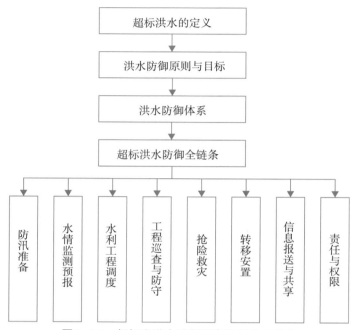

图 9.4-7 超标准洪水防御预案编制技术路线

(2)取得的主要成果

在系统梳理防洪体系现状的基础上,研究制定了超标准洪水防御的原则和目标,并对超标准洪水防御工作全链条作出了全面安排,编制形成了2020年度《长江超标洪水防御预案》《嘉陵江超标洪水防御预案》《乌江超标洪水防御预案》《汉江超标洪水防御预案》《滁河超标洪水防御预案》《水阳江超标洪水防御预案》,并于2020年6月正式上报水利部。上述超标准洪水防御预案成果为2020年长江大洪水防御及时提供了有力的技术支撑,同时为类似预案编制提供了一定的参考意义。

超标准洪水防御预案结合了本流域或地区历史大洪水及其规律、特性,充分考虑堤防达标情况、水库现状防洪能力,尤其是分蓄(滞)洪区存在转移人口多、运用损失大、安全建设滞后、围堤和进退洪设施未完成,甚至区内有县级以上城市和重要基础设施等突出问题,注重了实用性和可操作性,挖掘了预测预报对洪水调度的支撑作用,科学合理地安排了工程调度,优化细化了分蓄(滞)洪区运用次序、时机、分洪方式、人员转移路线、安置地点等,同时对防汛准备、工程巡查防守、抗洪抢险、救灾等工作作出了安排,明确了责任和权限。进一步明确了处置大洪水拟额外采取的超标行洪、加筑子堤、弃守堤防、扒口分洪、人员转移等临时性措施。

（3）解决的关键技术难题

2020年度首次编制完成的《长江"一干五支"超标洪水防御预案》，回答了超标准洪水防御的6大关键问题（定概念、定节点、定标准、定目标、定措施、定任务），以长江干流超标准洪水防御预案为例，进行详细阐述：

1）定概念。

超标准洪水指超出现状防洪工程体系（包括水库、堤防、分蓄（滞）洪区等在内）设防标准的洪水。当水库、分蓄（滞）洪区等防洪工程按照规则正常调度运用后，某控制节点仍然超过堤防保证水位，则可视为该节点的超标准洪水。

2）定节点。

防洪控制节点的确定应综合考虑河道特点、防洪工程现状以及防洪保护对象等因素，防洪控制节点的水位（或流量）是各河段不同量级洪水的判定标准。结合长江防洪实际，将长江干流划分为7个河段开展超标准洪水研究，从上至下分别为川渝河段、重庆城区河段、荆江河段、城陵矶河段、武汉河段、湖口河段以及湖口以下河段。在长江上游干流分别选取李庄站与朱沱站、寸滩站作为川渝河段、重庆城区河段的防洪控制节点。在长江中下游分别选取沙市站、城陵矶（莲花塘）站、汉口站、湖口站、大通站作为荆江河段、城陵矶河段、武汉河段、湖口河段、湖口以下河段的防洪控制节点。长江干流和主要支流防洪工程及控制节点概化见图9.4-8。

3）定标准。

防洪控制节点确定后，结合流域特点，选定量级适宜的典型洪水作为超标准洪水样本进行防洪调度推演是难点。本次预案编制中，打破以典型年洪水研究超标准洪水应对措施的惯性思维，在准确分析流域现有防洪能力的基础上，以水位或流量为主要指标，分别确定每一控制节点不同量级的超标准洪水标准。

超标准洪水是由标准内洪水逐渐发展而成的，对于长江上游干流，以流量为主要指标，川渝河段按防御20年一遇以下、20～50年一遇、50年一遇以上3个量级的洪水考虑，重庆城区河段按防御20年一遇以下、20～50年一遇、50～100年一遇、100年一遇以上4个量级的洪水考虑，分级制定应对措施。对于长江中下游干流，以水位为主要指标，各河段按控制节点从低于保证水位0.45～2.00m至超过保证水位（沙市站、莲花塘站、汉口站、湖口站、大通站的保证水位分别为45.0m、34.4m、29.73m、22.50m、17.1m），逐级制定应对措施。

4）定目标。

2020年6月，习近平总书记对防汛救灾工作作出的重要指示中明确强调，要坚持人民至上、生命至上，切实把确保人民生命安全放在第一位落到实处。因此，对于超标准洪水防御，"确保人民群众生命安全"是首要目标。同时要"力保重点"，发生超标准洪水时要保障重点地区、重要城市和重要设施防洪安全，最大限度地减轻洪灾损失。

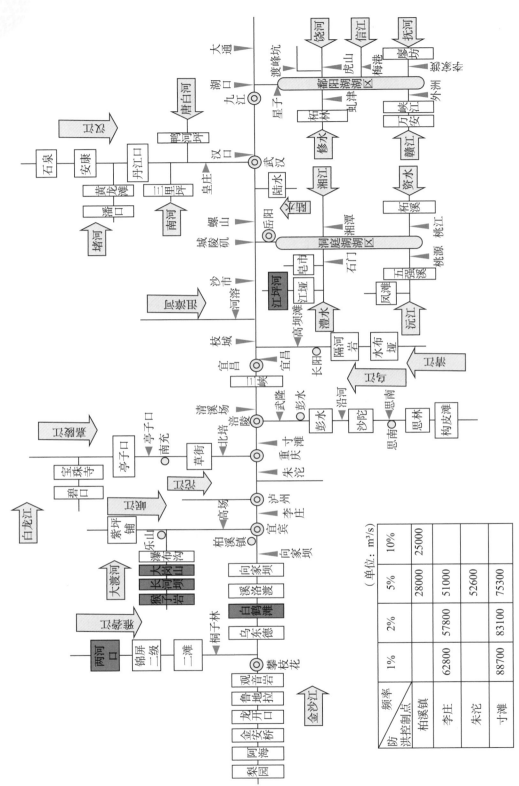

频率 防洪控制点	1%	2%	5%	10%
柏溪镇	62800	57800	28000	25000
李庄	88700	83100	51000	
朱沱			52600	
寸滩			75300	

（单位：m³/s）

图9.4-8　长江干流和主要支流防洪工程及控制节点概化

5)定措施。

水利工程调度是流域超标准洪水防御工作中最重要的环节之一,通过水库群联合调度、河道行洪水位控制、洲滩民垸行蓄洪运用、分蓄(滞)洪区分洪运用以及排江泵站限排等多种方式安排好洪水出路,充分发挥防洪体系潜力,保障重要保护对象防洪安全。本次预案编制中,按照分段施策、分级防控的原则,在已批复调度方案的基础上,结合洪水风险图、典型洪水推演等成果,研究确定了长江干流各控制节点达到或超过不同量级水位或流量时的应对措施。其中,对于长江中下游干流各河段的超标准洪水防御措施,创新之处主要体现在以下几个方面:

①控制节点水位分级。

一是针对荆江河段,以沙市站水位和三峡水库水位作为基本指标,分级提出了应对不同量级洪水的防御措施。二是针对湖口以下干流河段,以大通站水位作为基本指标,补充提出了分级应对措施。

②三峡水库调度方式优化。

根据最新批复的三峡水库调度规程,"一般情况下三峡水库兼顾对城陵矶河段进行防洪补偿调度的水位不高于 155.0m,如城陵矶附近地区防汛形势依然严峻,视实时雨情水情工情和来水预报情况,可在保证荆江地区和库区防洪安全的前提下,加强溪洛渡、向家坝等上游水库群与三峡水库联合调度,进一步减轻城陵矶附近地区防洪压力,为城陵矶防洪补偿调度水位原则上不超过 158.0m"。基于此,针对城陵矶河段,以三峡水库兼顾对城陵矶河段进行防洪补偿的最高水位 158.0m 为分界条件,分别提出库水位达到 158m 前后的超标准洪水防御措施。

③洲滩民垸和排涝泵站调度。

洲滩民垸行蓄洪运用对保障流域防洪安全至关重要,近年来沿江排涝泵站排涝与长江干流防洪之间的矛盾也愈发明显。为了充分发挥防洪工程体系的作用,同时提高措施的可操作性,一是明确了各河段洲滩民垸的行蓄洪运用次序,即先用双退圩垸,再用单退圩垸,最后用剩余洲滩民垸;二是明确了各河段农田涝片泵站限排的时机,将排江泵站纳入长江防洪体系统一调度,减轻沿江地区排涝对长江干流防洪的压力。

6)定任务。

根据确定的超标准洪水防御措施,重点立足水利部门职责,细化各阶段超标准洪水防御工作任务。具体包括汛前防汛准备,汛中水利工程调度、工程巡查防守,汛后抢险救灾、转移安置以及各阶段的水情监测预报、信息报送与共享等超标准洪水防御工作全链条。重点要做到超标准洪水与标准内洪水防御无缝衔接,同时坚持行政首长负责制,统一指挥、分级负责。

(4)流域超标准洪水防御预案编制导则制定

流域超标准洪水防御预案是由被动抗灾向主动防灾转变的依据。但当前缺乏如何编制超标准洪水防御预案的技术规范,各地超标准洪水防御预案编制还不规范。现有超标准洪水防御预案往往对超标准洪水概念界定不一,超标准洪水防御原则、目标、权责描述模糊,超标准洪水防御风险、应对措施和工作任务缺少分段、分级、定量化和坐标化,编制工作内容、深度、质量参差不齐,新的科技和信息技术未合理反映,预案的科学性、实用性和可操作性有待提高,迫切需要开展相关标准编制工作,保障超标准洪水及时有效应对。编制《流域超标准洪水防御预案编制导则》将填补行业标准空白,补齐后工程时期超标准洪水防御的"短板",为流域超标准洪水综合防御提供技术指导和支撑。

2020 年 12 月,项目组依据《中国水利学会团体标准管理办法》相关规定,编制了团体标准《流域超标准洪水防御预案编制导则》(以下简称《导则》)立项申请书。2021 年 1 月,中国水利学会在北京组织召开团体标准立项论证会,经过立项论证和公示后,2021 年 5 月中国水利学会以水学〔2021〕60 号文件,批准该标准立项。根据立项论证会意见,进行了深入的讨论分析,在此基础上对标准初稿进行了修改完善,于 2021 年 9 月形成《导则》征求意见稿,向水利部、应急管理部及下属单位征求了意见。《导则》围绕流域超标准洪水条件下高洪河道、分洪溃口、库区淹没等特殊场景开展了监测、预报、预警技术研究,针对防洪工程体系超标准运用潜力开展了超标准洪水等级划分方法、工程非常调度运用方式、条件和次序研究,基于超标准洪水风险调控需求开展了超标准洪水风险动态评估技术研究,从防、抗、救三个方面梳理了流域超标准洪水条件下必保、力保、弃守三类防护目标,提出了基于预报预警和工程调度的"控、守、弃、撤"等应对措施。《导则》共包括 14 章和 1 个附录,分别为总则、术语、流域概况、流域超标准洪水分级、超标准洪水防御目标与原则、超标准洪水监测预报预警、防洪工程超标准调度运用、超标准洪水风险动态评估、工程巡查与防守弃运用、转移安置与抢险救灾、信息报送及发布、责任与权限、监督检查、超标准洪水防御档案管理、附录 A 附表格式。《导则》的适用范围主要为流域面积 3000km² 以上的江河湖泊,同时具有重要防护对象的中小河流也可借鉴参考。

9.5　本章小结

1)总结了我国各大流域超标准洪水防御措施安排、存在的主要风险及历史应对经验,提出了流域超标准洪水应对的理念、目标和原则;提出了流域超标准洪水应急响应等级划分方法,针对不同响应等级下的灾害风险及应对难点,以流域超标准洪水立体监测、预报预警、灾害评估、风险调控、应急处置为主线,分类提出了超标准洪水全过程综合应对措施体系,应用于 2020 年长江流域性大洪水实时调度中,并指导编制了《长江干流及嘉陵江等支流超标准洪水防御预案》,被水利部采纳。

2)系统构建了流域超标准洪水灾前回避风险、灾中调控风险和灾后分担风险全过程风险管理体系,引领了行蓄洪空间管控技术和管理的改革。提出的提升我国流域超标准洪水风险防御能力、安澜长江建设方案、长江流域防洪规划修编、分蓄(滞)洪区优化调整等系列建议得到了政府采纳。

3）提出了流域超标准洪水五跨协同的一体化管理、防抗抢救全过程应急管理机制的建设思路，系统构建了流域超标准洪水应急管理机制框架体系，提出了完善流域超标准洪水应急管理机制的相关建议。提出了流域超标准洪水防御预案编制技术方法，编制形成了水利学会团体标准《流域超标准洪水防御预案编制导则》。

第 10 章 流域超标准洪水调度决策
支持平台构建及示范应用

超标准洪水具有场景多、预见难、风险高、破坏强等特点,其应对调控极为复杂。目前,国内各大流域、省、市的防汛抗旱指挥系统大多侧重于标准内洪水的决策辅助支持,对超标准洪水的信息获取、预测预警、智能调度、风险互馈等尚缺乏配套的业务功能和数据存储支持。同时,超标准洪水情景下极易突发不确定性事件,当前系统多为定制化开发构建,难以应对变化场景下新增决策任务的快速响应和协同决策需求。因此,亟须开展具备多场景协同能力的流域超标准洪水调度决策支持技术研究,并配套开发超标准洪水调度决策功能模块,通过嵌入式集成、模块化补充的方式纳入现有国家防汛抗旱指挥系统的功能体系,支撑流域洪水从标准内到超标准演变衔接的全过程决策支持,全面提升现有系统对超标准洪水的应对能力。

10.1 流域超标准洪涝灾害数据库建设方案

流域超标准洪水调度决策支持系统在运行时需要调用大量的目标对象数据、模型计算参数、控制运行条件等,并进行多类型计算结果存储。结合流域超标准洪水调度决策支持系统运行需求,在现有防汛调度数据库表结构基础上,以"继承和发展"的思想,提出超标准洪涝灾害数据库的内容、表结构和标识符设计,与现有数据库形成互补。

10.1.1 现有数据库分析

应对超标准洪水所需要的信息要素和数据量要多于一般洪水,因此有必要首先针对流域超标准洪水灾害特性和应对需求,梳理现有数据库和数据类型存在的不足和问题。根据现有的《实时雨水情数据库表结构与标识符》《基础水文数据库表结构及标识符标准》《防洪工程数据库表结构及标识符》《历史大洪水数据库表结构及标识符》,以及各流域洪灾评估系统、防洪调度系统等数据库表结构进行汇总研究(图 10.1-1),提出在以下方面进行数据库的优化和补充:

图 10.1-1　水利行业现有数据库(选取部分代表性数据库)

（1）整合重复库表

不同数据库之间存在重复表且相应字段名标识不一致,需进行整合优化。

（2）优化设计现状"一表多用"的库表

现有数据库部分库表一表多用(如《实时雨水情数据库表结构与标识符》中的"降水量表"既存储时段降水量,又存储日降水量),数据量大导致查询读取效率低,需尽可能分功能设计,提高查询读取效率。

（3）补充存储超标准洪水、洪涝灾害等信息的库表

现有历史洪水数据库表涉及的洪水/灾害数据表多为静态数据表,缺少洪水淹没范围等动态数据表设计;洪涝灾害的数据多为标量数据,缺少带有空间信息的矢量/栅格数据。需进一步补充相关内容库表。

（4）补充存储中间成果类数据的库表

现有防汛调度数据库表结构中有水情预报成果表、调度预报成果表两张表,但这两张表定位为发布成果,难以满足实际预报调度的计算过程需要,特别是不同工程预报成果、调度成果、临时计算结果等数据的存储管理。需进一步补充中间成果类数据的库表。

10.1.2　超标准洪涝灾害数据库内容及表结构设计

针对流域超标准洪水灾害特性,结合现有数据库的成果和不足点分析,可知要完整表述超标准洪水应对和灾害全过程、全域特性,超标准洪涝灾害数据库应包含基本信息类、气象雨情类、水情信息类、工程信息类、地理信息类、经济社会类、洪灾信息类、计算成果类等 8 类信息。

（1）基本信息类

基本信息类主要指测站基本属性表、河道站防洪指标表、库(湖)站防洪指标表、库(湖)站汛限水位表、库(湖)水位库容泄量表、水位流量关系曲线表、洪水频率分析参数表、洪水频

率分析成果表、河流基本属性表、河段基本情况表、洪水传播时间表、河道断面信息表、超标准洪水基本信息表、河道站超标准场次洪水信息表、库(湖)站超标准场次洪水信息表、洪水预警信息表、洪水编号基本信息表、流域分区名录表等信息。

（2）气象雨情类

气象雨情类主要指天气形势图表、卫星云图表、雷达回波图表、台风路径图表、降雨情况统计表、日雨量过程表、时段雨量摘录表、月降水量表、降雨预报图表等信息。

（3）水情信息类

水情信息类主要指河道水情表、水库水情表、堰闸水情表、闸门启闭情况表、泵站水情表、河道水情极值表、水库水情极值表、堰闸水情极值表、泵站水情极值表、代表站洪水过程线图表、水文站水文要素摘录表、调查洪水成果表代表站特征值表。

（4）工程信息类

工程信息类主要指工程名录表，堤防基本信息表，堤防水文特征表，堤防历史决溢记录表，分蓄(滞)洪区基础信息表，分蓄(滞)洪区基本情况表，分蓄(滞)洪区水位、面积、容积、人口、资产关系表，分蓄(滞)洪区运用方案表，分蓄(滞)洪区历次运用情况表，行洪区历次运用情况表，水库大坝基础信息表，水库大坝特征信息表，泵站基础信息表，泵站特征信息表，水闸基础信息表，水闸特征信息表，水闸泄流曲线表，水闸出险记录表，水闸运用历史记录表等信息。

（5）地理信息类

地理信息类主要指行政区划表、DEM 信息表、土地覆盖数据表、遥感影像数据表等信息。其中，空间数据的存储需要借助于 ArcGIS 里面的 ArcSDE 地理数据库，这部分信息充分利用流域水利一张图信息，读取水利一张图的相关服务。原有灾害数据库对地理信息类数据的应用较为薄弱，本部分内容为新建内容。

（6）社会经济类

社会经济类主要指社会经济数据表、社会经济地理位置表、分蓄(滞)洪区/防洪保护区人口情况表、分蓄(滞)洪区/防洪保护区耕地及播种面积情况表、分蓄(滞)洪区/防洪保护区经济产值信息表、分蓄(滞)洪区/防洪保护区私有财产统计表、分蓄(滞)洪区/防洪保护区房屋情况表、分蓄(滞)洪区/防洪保护区工矿企业情况表、分蓄(滞)洪区/防洪保护区水利设施情况表等信息。本部分现有数据已有较为完善的内容，需进一步补充完善。

（7）洪灾信息类

洪灾信息类主要指洪水风险图方案编码表、洪水风险图类型编码表、洪水风险图信息表、用于模型生成的临时表、洪水淹没图表、灾情图表、受灾区县表、洪涝灾害基本情况统计表、农林牧渔业洪涝灾害统计表、工业交通运输业洪涝灾害统计表、城市受淹情况统计表、水利设施洪涝灾害统计表、洪水风险图分区表、洪水风险图格点信息表、洪水风险图方案表、风险图格点计算成果表、图层加载信息表、洪灾指标表、洪灾损失计算曲线代码表、洪灾损失计算曲线表、洪灾统计指标定义表、洪灾统计值表等信息，本部分内容为新建内容。

（8）计算成果类

计算成果类主要指降水量预报表，河道水情预报表，堰闸水情预报表，库（湖）水情预报表，单个库（湖）调度成果表，单个行蓄洪区，闸坝调度成果表，联合调度后库（湖）成果表，联合调度后河道、闸坝成果表，单个对象调度状态记录表，联合调度后调度对象状态记录表，联合调度后河道站成果统计表，联合调度后分蓄（滞）洪区、闸坝成果统计表，联合调度方案成果统计指标定义表，联合调度方案成果统计指标值表等信息。本部分内容为新建内容。

数据库表结构设计一般规定与基本内容可以参考水利行业最新的《实时雨水情数据库表结构与标识符》（SL 323—2011）制定。

超标准洪涝灾害数据库表内容见表10.1-1。

表 10.1-1　　　　　　　　　　超标准洪涝灾害数据库表内容

分类	序号	表名称	表标识	字段说明
基本信息类	1	测站基本属性表	ES_STBPRP_B	本张表参考《实时雨水情数据库表结构与标识符》（SL 323—2011）中的测站基本属性表（ST_STBPRP_B）
	2	河道站防洪指标表	ES_RVFCCH_B	本张表参考《实时雨水情数据库表结构与标识符》（SL 323—2011）中的河道站防洪指标表（ST_RVFCCH_B）
	3	库（湖）站防洪指标表	ES_RSVRFCCH_B	本张表参考《实时雨水情数据库表结构与标识符》（SL 323—2011）中的库（湖）站防洪指标表（ST_RSVRFCCH_B）
	4	库（湖）站汛限水位表	ES_RSVRFSR_B	本张表参考《实时雨水情数据库表结构与标识符》（SL 323—2011）中的库（湖）站汛限水位表（ST_RSVRFSR_B）
	5	库（湖）水位库容泄量表	ES_RWACDR_B	本张表参考《防洪工程数据库表结构及标识符》（NFCS 01—2017）中的水库水位、面积、库容、泄量关系表（FHGC_RWACDR）
	6	水位流量关系曲线表	ES_ZQRL_B	本张表引用《实时雨水情数据库表结构与标识符》（SL 323—2011）中的水位流量关系曲线表（ST_ZQRL_B）
	7	洪水频率分析参数表	ES_FRAPAR_B	本张表参考《实时雨水情数据库表结构与标识符》（SL 323—2011）中的洪水频率分析参数表（ST_FRAPAR_B）
	8	洪水频率分析成果表	ES_FFRAR_B	本张表引用《实时雨水情数据库表结构与标识符》（SL 323—2011）中的洪水频率分析成果表（ST_FFRAR_B）
	9	河流基本属性表	ES_RVBPRP_B	本张表参考《防洪工程数据库表结构及标识符》（NFCS 01—2017）中的河流基础信息表（ATT_RV_BAS）
	10	河段基本情况表	ES_RVRCDS_B	本张表参考《防洪工程数据库表结构及标识符》（NFCS 01—2017）中的河段基础信息表（ATT_REA_BAS）
	11	洪水传播时间表	ES_FLSPTM_B	本张表引用《实时雨水情数据库表结构与标识符》（SL 323—2011）中的洪水传播时间表（ST_FSDR_B）

分类	序号	表名称	表标识	字段说明
基本信息类	12	河道断面信息表	ES_RCSECT_B	本张表参考《实时雨水情数据库表结构与标识符》（SL 323—2011）中的大断面测验成果表（ST_RVSECT_B）
	13	超标准洪水基本信息表	ES_ESFBINFO_B	本张表参考《历史大洪水数据库表结构及标识符》（SL 591—2014）中的历史大洪水基本信息表（HFD_G_FLDINFO）
	14	河道站超标准场次洪水信息表	ES_RVESFINFO_B	测站编码、洪水代码、前期影响雨量、降雨开始时间、降雨结束时间、暴雨中心、总降雨量、起涨时间、起涨水位、起涨流量、洪峰水位、洪峰水位出现时间、洪峰流量、洪峰流量出现时间、最大断面平均流速、最大断面平均流速出现时间、备注、时间戳
	15	库（湖）站超标准场次洪水信息表	ES_RRESFINFO_B	测站编码、洪水代码、前期影响雨量、降雨开始时间、降雨结束时间、暴雨中心、总降雨量、起涨时间、起涨水位、起涨蓄量、最高水位、最高水位出现时间、最大蓄量、最大入流、最大入流出现时间、最大入流时段长、总入库（湖）水量、最大出流、最大出流出现时间、备注、时间戳
	16	洪水预警信息表	ES_FWARNINFO_B	流域名称、河流（湖泊）代码、预警站编码、蓝色预警发布水位标准、黄色预警发布水位标准、橙色预警发布水位标准、红色预警发布水位标准、蓝色预警发布流量标准、黄色预警发布流量标准、橙色预警发布流量标准、红色预警发布流量标准、蓝色预警影响区域、黄色预警影响区域、橙色预警影响区域、红色预警影响区域、备注、时间戳
	17	洪水编号基本信息表	ES_FNUMINFO_B	流域名称、河流（湖泊）代码、代表站编码、代表站类型、洪水编号水位标准、洪水编号流量标准、编号入库流量标准、备注、时间戳
	18	流域分区名录表	ES_BAS_B	本张表参考《防洪工程数据库表结构及标识符》（NFCS 01—2017）中的流域分区名录表（OBJ_BAS）
气象雨情类	1	天气形势图表	ES_WTHP_P	本张表参考《历史大洪水数据库表结构及标识符》（SL 591—2014）中的天气形势图表（HFD_W_WTHP）
	2	卫星云图表	ES_CLDP_P	本张表参考《历史大洪水数据库表结构及标识符》（SL 591—2014）中的卫星云图表（HFD_W_CLDP）
	3	雷达回波图表	ES_RDP_P	本张表参考《历史大洪水数据库表结构及标识符》（SL 591—2014）中的雷达回波图表（HFD_W_RDP）

续表

分类	序号	表名称	表标识	字段说明
气象雨情类	4	台风路径图表	ES_TYPHOONP_P	洪水代码、图序号、时间、图名称、图说明、图格式、栅格图
	5	降雨情况统计表	ES_RFDPC_P	本张表参考《历史大洪水数据库表结构及标识符》（SL 591—2014)中的降雨情况统计表（HFD_P_RFDPC)
	6	日雨量过程表	ES_STMCNTDR_P	本张表参考《历史大洪水数据库表结构及标识符》（SL 591—2014)中的日雨量过程表（HFD_P_STMCNTDR)
	7	时段雨量摘录表	ES_RFDURT_P	本张表参考《历史大洪水数据库表结构及标识符》（SL 591—2014)中的时段雨量摘录表（HFD_P_RFDURT)
	8	月降水量表	ES_MTP_P	本张表参考《基础水文数据库表结构及标识符标准》（SL 324—2005)中的月降水量表（HY_MTP_E)
	9	降雨预报图表	ES_RFP_P	本张表为新建表
水情信息类	1	河道水情表	ES_RIVER_R	本张表引用《实时雨水情数据库表结构与标识符》（SL 323—2011)中的河道水情表（ST_RIVER_R)
	2	水库水情表	ES_RSVR_R	本张表引用《实时雨水情数据库表结构与标识符》（SL 323—2011)中的水库水情表（ST_RSVR_R)
	3	堰闸水情表	ES_WAS_R	本张表引用《实时雨水情数据库表结构与标识符》（SL 323—2011)中的堰闸水情表（ST_WAS_R)
	4	闸门启闭情况表	ES_GATE_R	本张表引用《实时雨水情数据库表结构与标识符》（SL 323—2011)中的闸门启闭情况表（ST_GATE_R)
	5	泵站水情表	ES_PUMP_R	本张表引用《实时雨水情数据库表结构与标识符》（SL 323—2011)中的泵站水情表（ST_PUMP_R)
	6	河道水情极值表	ES_RVEVS_R	本张表引用《实时雨水情数据库表结构与标识符》（SL 323—2011)中的河道水情极值表（ST_RVEVS_R)
	7	水库水情极值表	ES_RSVREVS_R	本张表引用《实时雨水情数据库表结构与标识符》（SL 323—2011)中的水库水情极值表（ST_RSVREVS_R)
	8	堰闸水情极值表	ES_WASEVS_R	本张表引用《实时雨水情数据库表结构与标识符》（SL 323—2011)中的堰闸水情极值表（ST_WASEVS_R)
	9	泵站水情极值表	ES_PMEVS_R	本张表引用《实时雨水情数据库表结构与标识符》（SL 323—2011)中的泵站水情极值表（ST_PMEVS_R)
	10	代表站洪水过程线图表	ES_MHYDCUR_R	本张表参考《历史大洪水数据库表结构及标识符》（SL 591—2014)中的代表站洪水过程线图表（HFD_H_MHYDCUR)

分类	序号	表名称	表标识	字段说明
水情信息类	11	水文站水文要素摘录表	ES_HYSTRECD_R	本张表参考《历史大洪水数据库表结构及标识符》（SL 591—2014)中的水文站水文要素摘录表（HFD_H_HYSTRECD）
	12	调查洪水成果表	ES_SLDINVIN_R	本张表参考《历史大洪水数据库表结构及标识符》（SL 591—2014)中的调查洪水成果表（HFD_H_SLDINVIN）
工程信息类	1	工程名录表	ES_PRNMSR_E	本张表参考《防洪工程数据库表结构及标识符》（NFCS 01—2017)中的工程名称与代码表（FHGC_PRNMSR）
	2	堤防基本信息表	ES_DIKEBSINFO_E	本张表参考《防洪工程数据库表结构及标识符》（NFCS 01—2017)中的堤防基础信息表（ATT_DIKE_BASE）
	3	堤防水文特征表	ES_DIKEBSFST_E	本张表参考《防洪工程数据库表结构及标识符》（NFCS 01—2017)中的堤防水文特征表（FHGC_BSFST）
	4	堤防历史决溢记录表	ES_DIKEHOSB_E	本张表参考《防洪工程数据库表结构及标识符》（NFCS 01—2017)中的堤防历史决溢记录表（FHGC_DKHOSB）
	5	分蓄（滞）洪区基础信息表	ES_FSDABSINFO_E	本张表参考《防洪工程数据库表结构及标识符》（NFCS 01—2017)中的分蓄（滞）洪区基础信息表（ATT_FSDA_BASE）
	6	分蓄（滞）洪区基本情况表	ES_HSGFSBI_E	本张表参考《防洪工程数据库表结构及标识符》（NFCS 01—2017)中的分蓄（滞）洪区基本情况表（FHGC_HSGFSBI）
	7	分蓄（滞）洪区水位、面积、容积、人口、资产关系表	ES_HSWACPSR_E	本张表参考《防洪工程数据库表结构及标识符》（NFCS 01—2017)中的分蓄（滞）洪区水位、面积、容积、人口、固定资产关系表（FHGC_HSWACPSR）
	8	分蓄（滞）洪区运用方案表	ES_HSGFSUS_E	本张表参考《防洪工程数据库表结构及标识符》（NFCS 01—2017)中的分蓄（滞）洪区运用方案表（FHGC_HSGFSUS）
	9	分蓄（滞）洪区历次运用情况表	ES_HSGFSAPI_E	本张表参考《防洪工程数据库表结构及标识符》（NFCS 01—2017)中的分蓄（滞）洪区历次运用情况表（FHGC_HSGFSAPI）
	10	行洪区历次运用情况表	ES_HGFSAPI_E	本张表参考《防洪工程数据库表结构及标识符》（NFCS 01—2017)中的行洪区历次运用情况表（FHGC_HGFSAPI）

分类	序号	表名称	表标识	字段说明
工程信息类	11	水库大坝基础信息表	ES_DAMBSINFO_E	本张表参考《防洪工程数据库表结构及标识符》（NFCS 01—2017）中的水库大坝基础信息表（ATT _ DAM _ BASE）
	12	水库大坝特征信息表	ES_DAMINFO_E	本张表参考《防洪工程数据库表结构及标识符》（NFCS 01—2017）中的大坝特征信息表（FHGC_DAM）
	13	泵站基础信息表	ES_PUSTBSINFO_E	本张表参考《防洪工程数据库表结构及标识符》（NFCS 01—2017）中的泵站基础信息表（ATT_PUST_BASE）
	14	泵站特征信息表	ES_PUSTINFO_E	本张表参考《防洪工程数据库表结构及标识符》（NFCS 01—2017）中的泵站基本情况表（FHGC_MEIDSBI）
	15	水闸基础信息表	ES_WAGABSINFO_E	本张表参考《防洪工程数据库表结构及标识符》（NFCS 01—2017）中的水闸基础信息表（ATT_WAGA_BASE）
	16	水闸特征信息表	ES_WAGAINFO_E	本张表参考《防洪工程数据库表结构及标识符》（NFCS 01—2017）中的水闸设计参数表（FHGC_SLHYPR）
	17	水闸泄流曲线表	ES_WAGAESCPP_E	本张表参考《防洪工程数据库表结构及标识符》（NFCS 01—2017）中的泄流能力曲线表（FHGC_ESCPP）
	18	水闸出险记录表	ES_WAGASLDNNT_E	本张表参考《防洪工程数据库表结构及标识符》（NFCS 01—2017）中的水闸出险记录表（FHGC_SLDNNT）
	19	水闸运用历史记录表	ES_SLHSUSNT_E	本张表参考《防洪工程数据库表结构及标识符》（NFCS 01—2017）中的水闸历史运用记录表（FHGC _ SLH-SUSNT）
地理信息类	1	行政区划表	ES_ADDV_G	行政区划代码、行政区划名称、经度、纬度、等级、面积
	2	DEM信息表	ES_DEMINFO_G	行政区划代码、数据采集时间、空间分辨率、数据来源、投影坐标系、左上角经度、左上角纬度、右上角经度、右上角纬度、左下角经度、左下角纬度、右下角经度、右下角纬度
	3	土地覆盖数据表	ES_LANDCOV_G	行政区划代码、数据采集时间、空间分辨率、数据来源、数据类型、数据格式、投影坐标系、时间序列
	4	遥感影像数据表	ES_RSIMAGE_G	行政区划代码、数据采集时间、图像ID、左上角经度、左上角纬度、右上角经度、右上角纬度、左下角经度、左下角纬度、右下角经度、右下角纬度、中心点经度、中心点纬度、卫星名称、太阳方位角、太阳高度角、条带号、轨道号、备注

分类	序号	表名称	表标识	字段说明
社会经济类	1	社会经济数据表	ES_FINAINFO_S	行政区划代码、人口、GDP、耕地面积、区域面积、统计时间、房屋面积
	2	地区人口情况表	ES_FSDAPEO_S	地区编码、数据采集时间、总人口、农村人口、常住人口、避水工程容纳人数、避险迁安人数、总户数
	3	地区耕地及播种面积情况表	ES_FSDAPLG_S	地区编码、数据采集时间、土地面积、耕地面积、旱地面积、水田面积、农作物播种面积、经济作物播种面积、棉花播种面积、油料播种面积、粮食作物播种面积、行政区域面积、有效灌溉面积、保障灌溉面积、旱涝保收面积、实际灌溉面积
	4	地区经济产值信息表	ES_FSDAFINA_S	地区编码、数据采集时间、GDP、工业产值、农业产值、林业产值、牧业产值、渔业产值、固定资产、农林牧渔业总产值、第一产业增加值、工业增加值、第三产业产值、第三产业增加值、大牲畜数量
	5	地区私有财产统计表	ES_FSDAPRIFINA_S	地区编码、数据采集时间、人均私有财产
	6	地区房屋情况表	ES_FSDAHOUSE_S	地区编码、数据采集时间、房屋间数、砖瓦房间数、楼房间数
	7	地区工矿企业情况表	ES_FSDAENPRIS_S	地区编码、数据采集时间、工矿企业类型、工矿企业个数、工矿企业产值
	8	地区水利设施情况表	ES_FSDAWCFA_S	地区编码、数据采集时间、设施类别、设施数量
洪灾信息类	1	洪水淹没图表	ES_FLOODIMG_D	本张表参考《历史大洪水数据库表结构及标识符》（SL 591—2014）中的洪水淹没图表（HFD_D_FLAPFP）
	2	灾情图表	ES_DISAIMG_D	本张表参考《历史大洪水数据库表结构及标识符》（SL 591—2014）中的灾情图表（HFD_D_CLMP）
	3	受灾区县表	ES_DISAADDV_D	洪水代码、行政区划代。
	4	洪涝灾害基本情况统计表	ES_DISAINFO_D	行政区划代码、受灾县（市、区）数量、受灾乡（镇）数量、受灾人口、受淹城市、倒塌房屋、死亡人口、失踪人口、转移人口、直接经济总损失、开始时间、结束时间、备注

续表

分类	序号	表名称	表标识	字段说明
洪灾信息类	5	农林牧渔业洪涝灾害统计表	ES_DISAFFAF_D	行政区划代码、农作物受灾面积、农作物受灾面积—粮食作物、农作物成灾面积、农作物成灾面积—粮食作物、农作物绝收面积、农作物绝收面积—粮食作物、因灾减产粮食、经济作物损失、死亡大牲畜、水产养殖损失—面积、水产养殖损失—数量、农林牧渔业直接经济损失、开始时间、结束时间、备注
	6	工业交通运输业洪涝灾害统计表	ES_DISAFST_D	行政区划代码、停产工矿企业、铁路中断、公路中断、机场、港口关停、供电中断、通信中断、工业交通运输业直接经济损失、开始时间、结束时间、备注
	7	城市受淹情况统计表	ES_CITYDROWN_D	行政区划代码、城市名称、淹没范围—面积、淹没范围—比例、受灾人口、死亡人口、受淹过程—进水时间、受淹过程—淹没历时、受淹过程—累积降水量、受淹过程—洪水围困人口、受淹过程—紧急转移人口、主要街道最大水深、生命线工程中断历时—供水、生命线工程中断历时—供电、生命线工程中断历时—供气、生命线工程中断历时—交通、建筑物受淹—房屋、建筑物受淹—地下设施、城区直接经济损失
	8	水利设施洪涝灾害统计表	ES_WATCONEST_D	行政区划代码、损坏水库—大中型、损坏水库—小型、水库垮坝—大中型、水库垮坝—小(1)、水库垮坝—小(2)、损坏堤防—处数、损坏堤防—长度、堤防决口—处数、堤防决口—长度、损坏护岸、损坏水闸、冲毁塘坝、损坏灌溉设施、损坏水文测站、损坏机电井、损坏机电泵站、损坏水电站、开始时间、结束时间、水利设施直接经济损失
	9	洪水风险图分区表	ES_RISKMPPART_D	分区代码、分区名称、备注
	10	洪水风险图格点信息表	ES_RISKMPGRID_D	分区代码、格点编号、格点左上角经度、格点左上角纬度、格点右上角经度、格点右上角纬度、格点左下角经度、格点左下角纬度、格点右下角经度、格点右下角纬度、备注
	11	洪水风险图方案表	ES_RISKMPPLAN_D	用户名称、方案代码、方案名称、方案描述、备注、时间戳
	12	风险图格点计算成果表	ES_GRIDRESULT_D	用户名称、方案代码、分区代码、格点编号、发生时间、水位、淹没水深、流速、备注、时间戳

分类	序号	表名称	表标识	字段说明
洪灾信息类	13	图层加载信息表	ES_LAYERS_D	方案代码、风险图类型、图层名称、备注
	14	洪灾指标表	ES_DISAINDEX_D。	用户名称、方案代码、分区代码、淹没范围、最大淹没水深、平均淹没水深、洪水到达时间、淹没历时、备注、时间戳
	15	洪灾损失计算曲线代码表	ES_LSCURVEID_D	分区代码、关系线代码、关系线名称、关系线描述、备注、时间戳
	16	洪灾损失计算曲线表	ES_LSCURVE_D	分区代码、关系线代码、点序号、自变量、因变量、备注
	17	洪灾统计指标定义表	ES_LSINDEXDEF_D	用户名称、灾损统计指标代码、灾损统计指标名称、灾损统计指标描述、备注、时间戳
	18	洪灾统计值表	ES_STAVAL_D	用户名称、分区代码、方案代码、统计指标代码、统计指标值、统计指标单位、备注、时间戳
计算成果类	1	降水量预报表	ES_RNFLFNEW_C	预报区域代码、用户名称、预报降水量、降水开始时间、降水结束时间、发布时间
	2	河道水情预报表	ES_RIVFNEW_C	测站编码、用户名称、发布时间、发生时间、预报水位、预报流量、预报方案
	3	堰闸水情预报表	ES_WASFNEW_C	测站编码、用户名称、发布时间、发生时间、预报闸上水位、预报过闸总流量、预报方案
	4	库（湖）水情预报表	ES_RSVRFNEW_C	测站编码、用户名称、发布时间、发生时间、预报入库流量、预报库上水位、预报水库蓄量、预报方案
	5	单个库（湖）调度成果表	ES_RSVRSCHE_C	测站编码、用户名称、发布时间、发生时间、入库流量、出库流量、库上水位、蓄水量、调度方案
	6	单个行蓄洪区、闸坝调度成果表	ES_FSDAWASSCHE_C	测站编码、用户名称、发布时间、发生时间、控制站预报流量、控制站预报水位、分洪流量、调度方案
	7	联合调度后库（湖）成果表	ES_RSVRJOSCHE_C	测站编码、用户名称、发布时间、发生时间、入库流量、出库流量、库上水位、蓄水量、调度方案
	8	联合调度后河道、闸坝成果表	ES_RIVJOSCHE_C	测站编码、用户名称、发布时间、发生时间、控制站流量、控制站水位、调度方案

分类	序号	表名称	表标识	字段说明
计算成果类	9	单个对象调度状态记录表	ES_SINGSCHEST_C	测站编码、用户名称、发布时间、开始时间、结束时间、备注、时间戳
	10	联合调度后调度对象状态记录表	ES_JOSCHEST_C	测站编码、用户名称、发布时间、开始时间、结束时间、调度方案、备注、时间戳
	11	联合调度后河道站成果统计表	ES_RIVJOSTAC_C	测站编码、户名称、发布时间、开始时间、结束时间、调度方案、预报洪峰水位、预报洪峰水位出现时间、预报洪峰流量、预报洪峰流量出现时间、调度后洪峰水位、调度后洪峰水位出现时间、调度后洪峰流量、调度后洪峰流量出现时间、备注
	12	联合调度后分蓄(滞)洪区、闸坝成果统计表	ES_FSDAWASJOSTAC_C	测站编码、用户名称、发布时间、开始时间、结束时间、调度方案、分洪开始时间、分洪结束时间、最大分洪流量、最大分洪流量出现时间、分洪总量、备注
	13	联合调度方案成果统计指标定义表	ES_STINDICDEF_C	用户名称、统计指标代码、统计指标名称、备注、时间戳
	14	联合调度方案成果统计指标值表	ES_STINDICVAL_C	用户名称、发布时间、开始时间、结束时间、调度方案、统计指标代码、统计指标值、统计指标单位、备注、时间戳

10.1.3　超标准洪涝灾害数据库编制手册

为规范流域超标准洪灾数据库的建设和应用,基于数据的研究成果,提出了《超标准洪涝灾害数据库编制手册》,对超标准洪水信息的采集、融合、存储和管理提供了标准规范,为流域超标准洪水应对提供了数据汇集与融合的指标体系和结构标准,从而可为洪水预测预报、灾情评估、调度决策及综合应对提供基础数据支撑。

10.2　超标准洪水调度决策的敏捷搭建服务技术体系

超标准洪水具有非预见性影响,洪水调度决策的各类业务计算具有影响范围大、参数多、对象不确定等特点,系统后台运行调用的数据类型多且数据量大。因此,为实现快速决策和高效运行,需开展支撑数据并行处理及高并发访问、模型的标准化调用、微服务架构、洪水调控敏捷搭建,以及多任务协同调度决策等关键技术研究,构建一套能全面支撑超标准洪水调度决策敏捷搭建的技术服务体系。

10.2.1 多元异构数据高性能访问技术研究

为提升超标准洪水调度决策支持系统的灵活性、可移植性、降低耦合、提高建设及运行效率,一般将界面交互层、服务支撑层以及数据管理层分别建设,各层间通过数据服务通信运行。考虑不同流域管理维护数据存在差异性,系统本身亦存在超标准洪涝灾害数据库、系统运行库等多元数据库,同时为系统能够快速接入这些不同结构的数据,开展多元异构数据的高性能访问技术研究。本技术实现核心业务服务支撑具备通用性及适配性,兼顾不同用户业务界面的展示交互风格和数据管理模式方面差异。

(1)数据处理逻辑方面

对数据交换业务需求和过程进行分析,实现接口转发功能和自定义配置数据库接口功能。通过网页连接本地和目标数据库,实现支持 MySQL、SQLServer、Oracle、达梦等数据库类型;通过网页导入 xls、csv、txt 文件进入数据库中,可以自定义匹配对应的表和字段;配置外部接口中转服务形成一个自定义参数及返回结果的接口;配置本地数据库或目标数据库的数据形成一个自定义参数及返回结果的查询、新增、编辑接口;支持接口列表自定义分组管理;对已配置的接口服务进行快捷测试输入和输出内容实现;接口配置支持自定义复杂SQL 语句的编写实现;后端接口服务生成配置文件并实时生效实现。

(2)数据筛选逻辑方面

按照循环单条数据文本过滤替换、循环单条数据阈值判断过滤、多条数据清洗后使用固定算法筛选为指定条数过滤等规则,多条筛选叠加配置。在此基础上,采用 Hibernate、Java对象管理、组件化管理、服务封装接口、增量式开发等技术和理念,形成一系列数据访问服务、后台工具服务等,均以标准化服务的方式实现,可支持任意上层应用的直接调用。

10.2.2 专业模型和业务应用的调用模式研究

模型是超标准洪水调度决策的内在核心,在一个复杂庞大的流域业务应用系统中,通常会面临将各类面向不同业务需求的模型进行综合集成。因此,有必要针对多模型集成关键技术及总体架构开展研究。

首先,为保障多模型集成技术架构的普适性和通用性,必须深度分析多模型集成所面临的关键内在需求,包括多语言混合编程、标准化信息交换、多目标按需耦合、组件化配置管理、分布式并行计算、多任务统筹协调等;其次,为满足上述需求,同时使决策支持系统在调用不同专业模型时避免频繁调整接口,需要建立一套模型标准规范,约定模型的接口形式,保持模型的一致性,使采用不同开发手段的模型都能够用统一方法接入超标准洪水决策支持系统中。专业模型架构规范见图 10.2-1。

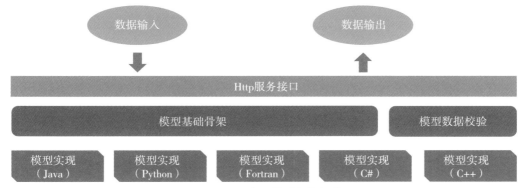

图 10.2-1 专业模型架构规范

模型定义时只包含模型输入、模型输出、模型实现 3 个方面。其中,模型实现是与数据无关的算法,模型输入和模型输出都只约定输入输出项和格式,不在模型内预制任何数据。模型输入包含模型实现需要的所有数据项和数据格式定义,包括边界条件、模型参数、地理空间数据等,不同模型所需的输入不同,应单独定义;模型实现是核心算法部分,是模型实际计算主体,不包含任何具体数据,只包含算法本身;模型输出包括模型实现计算后得到的结果。因此,模型实现不再包含数据的存储和管理,数据和模型算法充分解耦,模型实现只做具体算法。最后,按上述规范定义的模型采用标准的 Http 服务形式提供接口。

模型基础骨架是专业模型标准化的基础。因为模型的编写者不同,所采用的技术和平台也各不相同,所以需要通过统一的模型框架来规范模型的调用方式,并与具体的模型实现适配,保证采用各种语言编写的模型算法都能集成到系统中。针对所有模型的实例化组件,根据不同的模型实例部署需求封装为独立的模型服务程序集。模型服务类型按不同封装语言可选择 IIS 服务或 TOMCAT 服务;模型服务程序的响应请求统一采用 Http 接口方式,接口类型统一采用 POST,接口交互的输入和输出信息统一采用 JSON 格式。最后通过模型库对所有模型服务接口进行管理维护和响应驱动,从而实现多模型的调用集成。总体技术架构示意图见图 10.2-2。

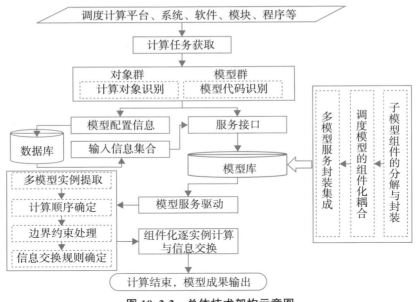

图 10.2-2 总体技术架构示意图

10.2.3 基于微服务架构的应用构建技术研究

传统的面向服务架构,各类应用通常直接调用服务,当应用和服务越来越多时,整个调用链会非常混乱,而且很难进行扩展和维护,一旦服务出现问题,就会造成应用无法调用的情况。为此,采用企业服务总线模式(ESB),将服务注册到 ESB 上,应用通过 ESB 来调用服务。该模式虽然解决了调用链混乱问题,应用和服务通过 ESB 统一管理,并实现了负载均衡和容错,但容易造成 ESB 压力过大而导致系统运行性能瓶颈。

为此,本项目对微服务架构开展研究。该架构将一个复杂的应用拆分成多个独立自治的服务,服务与服务间通过松耦合的形式交互,主要特点为单一职责和自治。首先,每个微服务都满足单一职责原则,微服务本身是内聚的,因此微服务通常比较小;其次,一个微服务就是一个独立的实体,可以独立部署、升级,服务与服务间通过 REST 等形式的标准接口进行通信。

采用微服务架构的主要优点包括逻辑清晰、部署简化、可扩展、灵活组合、技术异构、高可靠等。当然,微服务架构本身也存在一定缺陷。首先是复杂度高,代码逻辑更加复杂;其次是存在少部分共用功能无法提取成微服务时,需要重复开发;再次是运维复杂,对运维人员存在一定的技术要求;最后是微服务之间通过 REST、RPC 等形式进行交互,通信时延会受到一定影响。

总体而言,结合当前超标准洪水服务众多,调用链复杂的技术体系,采用微服务模式构建各系统服务模块更为合适。所有微服务都注册到微服务管理中心上,应用通过管理中心获取服务信息,然后在实际调用时通过该信息直连服务,既解决了传统模式混乱的调用链,又解决了 ESB 模式中心压力过大的问题。

按照微服务架构,构建出具有统一标准结构的超标准洪水微服务集群,对本项目所有专业计算模型成果及系统功能服务全部进行微服务化改造。不同微服务可独立运行,对消耗资源量大的微服务单独部署在高性能服务器上并做负载均衡,极大地提高超标准洪水敏捷响应的计算速度。

10.2.4 超标准洪水调控的流式组态技术研究

流式组态技术重点为超标准洪水调控中不确定性场景提供支撑。当流域发生超标准洪水时,调度人员通常需要根据洪水的演变态势频繁开展调控计算模拟。针对这一需求,本研究将组件化、组态化和流程引擎技术引入流域洪水调度控制领域,提供了一种超标准洪水多组合调控计算的敏捷组态方法。组件化技术主要通过深层次解耦与隔离不需要关注的部分来强化模块角色的可转换性;组态化技术的精髓在于可通过"搭积木"的方式来配置自己想实现的模拟计算功能,而不需要编写计算机程序代码;流程引擎技术的核心则是根据不同的角色、分工和条件来决定信息的传递方向和转换逻辑,从而完成节点、流向与流程的衔接关联。将以上技术与洪水调控计算的业务逻辑和模型算法深度融合,可有效应对超标准洪水场景下的不确定性组合调控计算需求。同时,在组态技术实施过程中,为了保证数据的一致性,需要进行数据诊断校验,为了保证流式组态技术的性能,需要对流程进行优化预处理,提高执行效率。

(1)敏捷组态技术

针对任意流域,敏捷组态体系架构示意图见图 10.2-3。

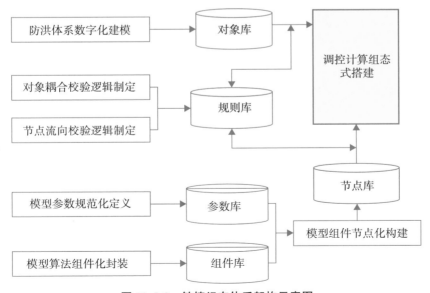

图 10.2-3 敏捷组态体系架构示意图

1)防洪体系数字化建模。

梳理流域分区内所有的防洪体系资料,按照不同计算对象进行分类,然后分别进行数字化建模,分类定义并量化当前流域分区内所有对象的基础属性、设计参数和特征指标,最终形成防洪体系对象库。

2)模型参数规范化定义。

针对洪水调控涉及的各类计算模型,按步骤1)的对象库分类方式分别梳理输入输出参数,并充分利用映射方式剔除重复参量,制定出统一、规范的数据结构标准,以此构建所有模型的参数库。

3)模型算法组件化封装。

将洪水调控涉及的各类计算模型与具体水利对象充分解耦,统一采用步骤2)参数库中的抽象定义作为输入输出接口,按组件化方式实现算法开发,从而提升模型自身的通用性和移植性,形成支撑超标准洪水计算的组件库。

4)模型组件节点化构建。

针对步骤3)中的所有模型组件,根据其接口需求逐一与步骤2)中的参数库进行关联,从而构成具有"输入—计算—输出"的标准化结构的流程节点,最终将组件库和参数库全部封装为面向应用人员的节点库。

5)对象耦合校验逻辑制定。

由于节点库中的每个节点在步骤3)中已全部与水利对象解耦,因此,当创建流程节点开展实例化计算时,就必须与对象库中的某一类或几类水利对象进行耦合。此时,必须判断节点与对象的耦合有效性,针对任意一类水利对象,只有节点内封装的模型组件接口与该类对象的属性参数存在关联,节点对象耦合才有效,否则无效。

6)节点流向校验逻辑制定。

节点库中的每个节点在开展组合计算流程搭建时,需要与其他节点进行连接。此时,必须判断节点流向的有效性,其中上级节点的输出参数中至少存在一项与下级节点的输入参数关联,节点流向才有效,否则无效。

7)调控计算组态式搭建。

完成上述环节后,针对超标准洪水的不确定性调控计算需求,可采用以下流程实现面向不同组合方式的调控计算流程搭建。调控计算组态式搭建流程示意图见图10.2-4。

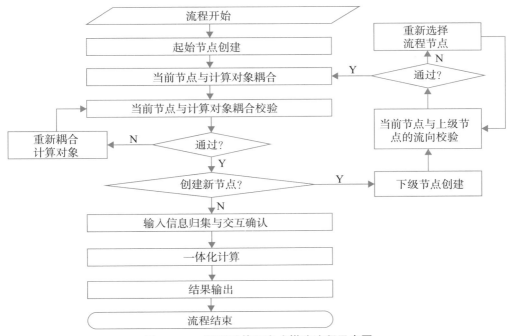

图 10.2-4　调控计算组态式搭建流程示意图

（2）流程引擎技术

流程引擎技术是敏捷响应技术的执行单元，无论是敏捷响应数据库、专业模型、组态组件，通过业务配置工具进行描述后，都将作为敏捷响应技术的骨骼，还需要通过流程引擎才能让敏捷响应技术运转起来。本研究流程引擎以 WPObject 作为每一个流程对象的基类，负责管理所有数据的定义，同时，流程引擎中通过 WPPointObject、WPLineObject、WP-GroupObject、WPEmbeddedObject、WPRangeObject 来定义具有实际含义的对象类型。其中，WPPointObject 表示点对象，如水文站、水库站、雨量站、控制断面等；WPLineObject 表示线对象，如河段、渠段、区间等；WPGroupObject 表示分组对象，用来组织一个区域内具有同样功能或地理条件的对象集合，如流域、河流、区域等；WPEmbeddedObject 表示嵌入对象，负责组织对象与其父对象之间的关系，如电站、机组等。流程引擎所有服务模块均采用微服务模式实现，服务支持被直接调用接口或微服务模式调用接口。服务之间支持通过微服务的服务名互相调用。业务数据在流转过程中通过缓存统一管理，缓存采用 redis 实现，支持内存缓存及硬盘备份，兼顾性能及容灾性，流程引擎架构见图 10.2-5。

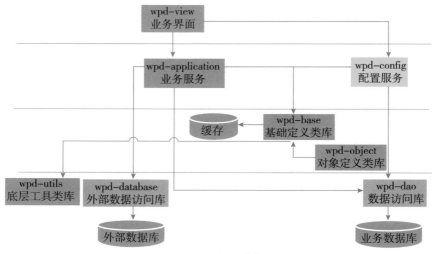

图 10.2-5　流程引擎架构

（3）预处理技术

超标准洪水发生后，专业人员在处理分析时，针对配置好的超标准洪水计算流程，业务关注对象多，数据库访问需求爆发，计算密集，为了进一步提高效率，开发预处理模块，拟对计算流各运行节点的通用数据进行预提取，拟对执行中的并发访问和计算预先分配计算资源，实现提高专业计算的响应速度的目标。本研究通过缓存实现数据读写加速，主要解决高并发、大数据场景下热点数据访问的性能问题。首先，将数据缓存到速度更快的存储位置；其次，将数据缓存到离应用最近的位置；最后，将数据缓存到离用户最近的位置。

（4）自诊断技术

由于超标准洪水各环节计算模型中的输入输出以及参数皆不同，各类计算流程需要人工进行配置，故各个流程节点的连接关系都需要严格验证。首先需将所有涉及的数据类型进行归类，并制定出不同类型数据的校验规则；然后制定不同构件相互连接的适配校验策略，开发不确定性水利专业应用构件之间连接关系的校验分析模块，实现不同构件之间数据传输与流程搭建的自适应诊断。本研究中，系统涉及的对象类型和数据类型非常多，在执行过程中，数据经过抽取、计算、流转，将会产生不同的变化，全部通过自诊断技术不断进行校验，保证数据的准确性和完整性。

10.2.5　多任务协同调度决策技术研究

超标准洪水的调度决策系统，需要能够快速响应各类不确定业务场景、提供适合的决策分析界面，另外超标准洪水调度涉及多专业多业务环节，需研究系统分多业务决策任务的协同与整个调度场景的同步联动。

本研究继承模块化搭建的思路，将应用系统的交互界面解耦、切分为单个界面组件，实现前端界面组件化的技术体系；并实现决策场景和作业信息面板的构建工具，支持界面布局、界面交互、数据响应等动态设置,通过可视化编辑构建各类复杂的、含专业处理逻辑的交互面板与界面。从各类组件在页面中所承担的逻辑作用,按照通用化向定制化逐步增加的顺序,自下而上主要分为基础逻辑类、交互控件类、公共样式类和专业界面类。决策支持交互面板的组件化构建体系见图10.2-6。

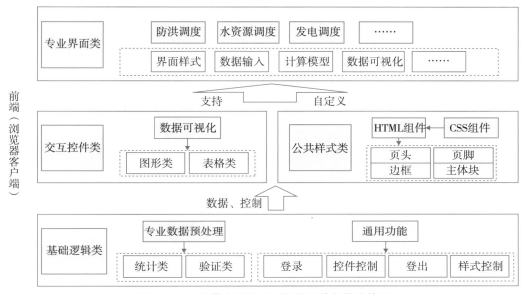

图 10.2-6　决策支持交互面板的组件化构建体系

　　以此技术体系为基础,研发了一套面向超标准洪水动态决策场景和作业信息面板的构建工具,提供基于可视化交互模式的快速搭建功能。支持以拖、拉、拽的操作形式,在空白面板上任意搭建界面布局、安放各类展示元素,并设置交互事件关联和数据关联,以"所见即所得"的方式构建所需要的界面。可以设置的界面元素包括基础元素,如各类输入框、按钮、书签栏、目录栏等常见要素,各种水利专题展示控件,如水情过程图、水库指标图、降雨径流图等。作业信息面板构建工具界面见图10.2-7。

　　基于该工具,可在无前端编写代码的情况下,完成涵盖用户、系统功能、KPI要素的界面组织,快速构建并发布各类超标准洪水决策场景和作业信息面板,如预报预警面板、调度决策面板、风险分析面板等,适应各种会商业务下动态分析各类场景的需求。同时还支持利用工具设置应用界面缓存及同步触发机制,控制界面业务数据与系统协同服务进行数据交换,实现个性化界面与系统服务端数据的实时同步,各终端的界面可实时更新系统服务器业务数据,服务器将数据推送刷新至其他终端,进而实现整个决策支持系统不同业务终端以及业务环节流程及数据的协同。

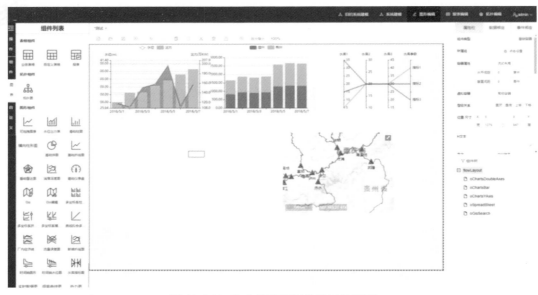

图 10.2-7　作业信息面板构建工具界面

10.3　超标准洪水智能调度决策业务应用构建技术

对本项目各项业务、功能与模型进行综合集成研发,形成超标准洪水调度决策功能模块,包括流域模拟(洪水预报预警)、防洪形势分析、防洪调度计算、洪水演进精细模拟、洪灾损失动态评估、防洪避险转移、调度会商决策等。基于本套业务应用,各示范流域可结合自身的应用需求自主搭建和发布不同的软件功能模块,满足不同流域的差异化示范应用需求。同时,各功能模块均以服务方式发布,嵌入式集成到现有国家防汛抗旱指挥系统,提升现有系统对超标准洪水的应对能力。业务应用体系与逻辑结构见图 10.3-1。

10.3.1　流域模拟(洪水预报预警)

超标准洪水预报预警,主要需要按照河道演算和区间流域预报计算两部分组合形成的流域模拟功能来实现,其预报预见期主要来自定量降雨预报和洪水演进传播时间。耦合气象水文水力学模型,可实现根据降雨测量数据计算控制断面的来水,考虑水库按来量控泄方式(即不调度),可实现流域模拟功能;衔接水库调度规则库的运用,则可流域预报调度一体化自动计算。

本研究通过标准化业务和数据流程建设,对各类预报提供通用的业务处理流程,主要包括预报模型参数的提取和赋值,模型状态参数的提取、修正和赋值,流域降雨数据预处理,区间流域出口断面水位流量资料预处理,实时预报计算,交互修正预报,结果管理,精度评定等,从而构建完整的流域模拟功能。洪水预报预警见图 10.3-2。

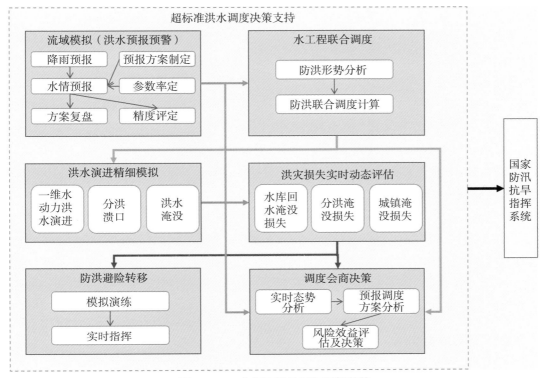

图 10.3-1　业务应用体系与逻辑结构

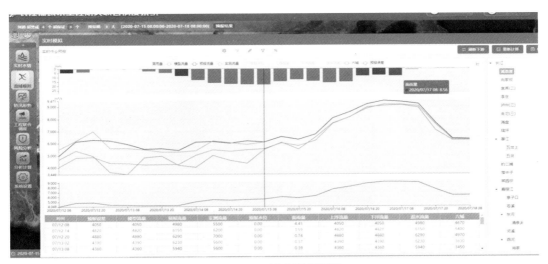

图 10.3-2　洪水预报预警

　　流域模拟功能中降雨预报的接入和应用主要通过流域降雨预报,按照气象分区,获取流域未来降雨量成果(如可接入中央气象台气象数据后转换为预报区间面雨量),并将预报成果转换为与预报系统内分区相匹配的降雨预报数据。超标准洪水发生时有必要对中长期降雨预报进行流域模拟,以了解未来可能发生的洪水过程,为水工程调度运用留有裕度提供支持。

作业预报是流域模拟的核心业务,作业预报流程和功能不因洪水是否超标准而有所不同,主要包含人机交互模式和自动计算模式。人机交互模式是常规的方式,由用户首先指定水情预报的计算方案,设置预报计算时段、预报计算范围与模型进行设置,系统将按照预报方案体系进行流域模拟计算。自动计算模式可一键快速计算,按默认的参数直接获取当前时间后预见期内的流域模拟方案成果;也可采用定时设置,系统后台按时进行滚动自动计算的方式。各类预报计算均实现自动校正。用户可根据实际需求人工调节各种计算方案的边界或成果过程,调整可包括新边界数据或者改变水库的调度控制方式等,对方案成果进行重新计算,直到获得满足的方案后保存发布。

对于保存的方案成果,可通过结果管理功能进行成果的查询管理,查看方案成果数据、删除指定方案等;同时对关注的方案,可以利用方案重演,将方案计算的输入输出数据重新提取并在计算功能组织重现,实现快速重载复演(下述调度、演进模拟等计算模块的方案保存、管理、复盘等功能与此相同)。此外,对于保存的预报方案成果,可利用方案精度评定功能,对已有的方案计算精度从多个指标进行评估。

10.3.2 防洪形势分析

防洪形势是标准内和超标准洪水都需要具备的功能,主要实现对流域天然洪水的预报模拟成果,根据流域洪水特性及工程调度应用情况(如剩余防洪库容等),自动分析流域防洪形势,智能辨别洪水来源和地区组成,研判水工程实时防洪能力,对可能出现的险灾情进行预警,并初步提出参与调度的水工程组合及其调度方案建议。流域防洪形势展示见图 10.3-3。

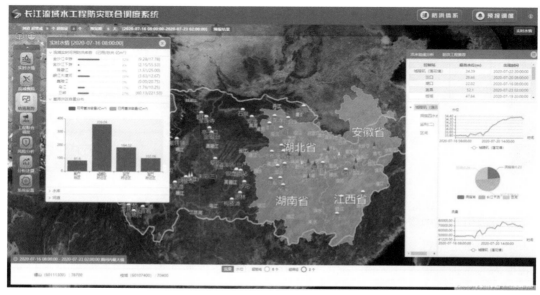

图 10.3-3 流域防洪形势展示

其中,洪水来源智能分析是防洪形势分析的关键,主要功能为结合预报、实时水雨情,以洪峰、3d洪量、7d洪量、15d洪量、30d洪量等指标为依据,基于洪水来源判别指标体系,分析相关站点洪水来源和组成占比情况,逐级向上游追溯来水分布,全面把握流域洪水形成原因,作为水工程推荐及调度建议的重要参考。

水工程防洪能力智能分析则基于实时信息与预报成果,从干支流区域、工程等级类别等多维度统计水库群、分蓄(滞)洪区实时已用/可用防洪库容状态和已用/可用蓄洪容量状态,评估标示流域水工程当前防洪能力。

险灾情面临形势智能分析重点针对预报超警戒、超保证的水文站点,宏观层面智能分析险情河段及其可能影响范围。水工程调度智能建议则根据洪水组成、防洪工程能力、灾情影响形式等信息综合分析,利用调度图谱,为相应防洪工程的启用提出建议,并将建议分析过程通过知识图谱界面展示,显示推导流程与触发逻辑,提高分析效果。

10.3.3 防洪调度计算

防洪调度计算主要实现覆盖水库工程、分蓄(滞)洪区工程、闸站工程等多种水工程的联合防洪调度,支持基于流域联合调度规则的智能调度、人工调节调度过程的人机交互干预调度,以及基于调度目标控制的全流域优化调度模式。联合调度计算过程中,全流域按照水力拓扑关系,完成实现"拓扑自创建、模型自识别、数据自衔接"、调度演进一体化计算,以及水文学计算与水力学计算的耦合。水工程联合调度主要包括调度计算、调度方案管理、调度方案对比等子功能。支撑多种控制性工程防洪联合调度计算见图10.3-4。

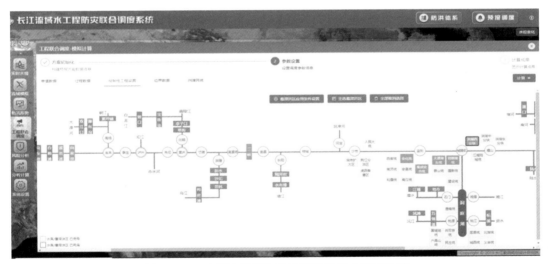

图10.3-4 支撑多种控制性工程防洪联合调度计算

调度计算功能是水工程联合调度的核心业务。由于超标准洪水往往超出了防洪工程体系常规调度方式,需要实时调度规则进行拓展运用,甚至产生新的调度边界(如跳出规则,打破原有最高水库调洪水位），因此，调度计算功能必须允许人工对工程调度运用方式进行交互改变，同时在超标准洪水时洪水组合复杂，也需要通过优化调度技术的运用，对设定防御目标进行自动优化调度，实现超标准洪水调度时对防洪工程体系的超标准非常运用。

根据上述业务需求区别，本研究提出了基于规则的智能调度、基于调度目标的优化调度以及人机交互干预调度等 3 种可相互融合的调度计算功能。基于规则的智能调度，根据批复的规程编制调度规则，当主要依据流域水工程联合调度规则进行调度计算时，选择使用基于规则的智能调度计算；基于调度目标的优化调度，是需要对调度对象和防洪对象的特定目标进行控制时，系统自动通过优化算法推出相应的水工程调度方案；人工交互干预调度，是在规则调度或优化调度计算后用户可根据实际需求，人工调节方案的成果过程、按新边界重新计算或者改变水库的调度控制方式，对方案进行人机交互干预调度，对水库调度过程的人工调节可不断重复，直到获得满足的方案后保存发布。

对于保存的调度方案成果，可进一步利用方案对比功能，对同场次洪水下、不同调度方式计算的方案成果从多个指标进行分析。

10.3.4　洪水演进精细模拟

超标准洪水发生时通常需要调度洲滩民垸、蓄滞洪区进行分蓄洪水以降低河道水位，容易发生堤防溃决和漫溢等情况，需要对溃决洪水和洪水淹没损失等进行计算分析。受漫、溃等位置不确定性影响，常规状态下的预报系统一般无法预置这部分模拟功能，需要临时搭建溃/漫情景下的水力学模型和风险评估模型，这也是对数字孪生流域技术的建设和应用，使预报调度系统可以及时再现物理世界的变化。

洪水演进精细模拟主要包括一维水动力洪水演进、分洪溃口模拟、洪水淹没模拟。所有演进均可关联前序计算的水工程联合调度方案，对其中的关键区域进行精细化演进模拟分析。一维水动力洪水演进主要实现各河段首尾节点自动衔接，获得各河段上下节点及河段内所有河道断面的水位和流量过程；分洪溃口模拟可计算分洪溃口断面和所处河道断面的流量数据，支持人工设置溃口参数和堤防材料系数，并按图表联动方式动态播放溃口过程所有成果数据；洪水淹没模拟可计算分洪分蓄（滞）洪区或其他淹没区内各网格流速、水位数据，支持按图表联动方式动态播放淹没过程所有成果数据。水动力演进计算分析见图 10.3-5。

提出了一种基于一、二维耦合的超标准洪水演进模拟方法，其中洪水在狭长河道内的演进过程采用一维模型描述，而在人口、财产分布密集的岸上开阔地区则采用二维模型计算。创新性采用了水位预测矫正法实现一、二维模型之间的耦合，该方法将一、二维模型的耦合节点视为一容器，采用迭代试算的方式使得通过一、二维模型进出该容器的水量达到平衡，借此确定连接该耦合节点的一、二维模型在下一计算时步的水位边界条件，从而实现不同维度模型之间的耦合。一、二维模型的耦合方式及耦合模型求解流程见图10.3-6。该方法综合了一、二维模型的优点,涵盖了一维河道模型计算效率高、建模简单、易于反应阻水建筑物影响等,以及二维模型计算精度高、下垫面还原度高、可提供淹没区水深分布等优点,可高效、准确地为超标准洪水淹没损失细致评估提供淹没范围及范围内的水深分布。

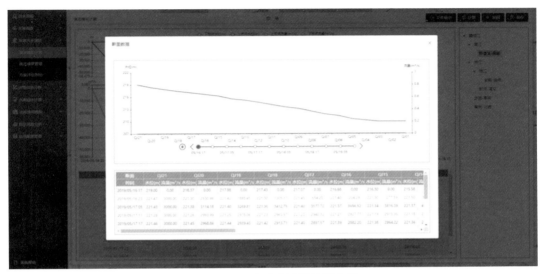

图 10.3-5 水动力演进计算分析

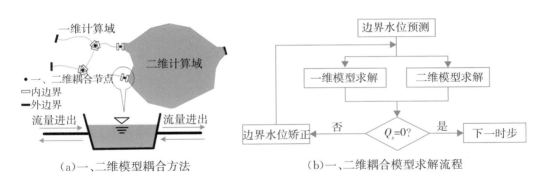

(a)一、二维模型耦合方法   (b)一、二维耦合模型求解流程

图 10.3-6 一、二维模型的耦合方式及耦合模型求解流程

该方法同样适合河道内(水文模型、水动力学模型自由组合搭建)与河道外(GIS+DEM的水位、淹没范围快速实时动态计算方法或二维水动力学模型)洪水的联合演进模拟。

综上所述,提出了适应分洪、溃口、漫溢等不同情景的水动力学数学模型快速构建与求解技术(图10.3-7)。

10.3.5 洪灾损失动态评估

洪灾损失动态评估可实时、快速、形象地以图表方式展示风险分析情况,按行政区域、资产类别、淹没特征等级等进行统计和评估的洪水灾损指标,为各种类型洪水风险图的制图提供全面的灾情数据。在此基础上,将区域的居民地图层、道路图层等与淹没水深图层叠加分析,运用点、线、面的叠加运算,实现各个水深区域内受淹对象个数、面积或长度等指标的计算,进一步分析得出受淹统计区内的统计结果,所有结果以图表、实体联动的方式进行展示。分蓄(滞)洪区分洪淹没风险实时模拟见图10.3-8。

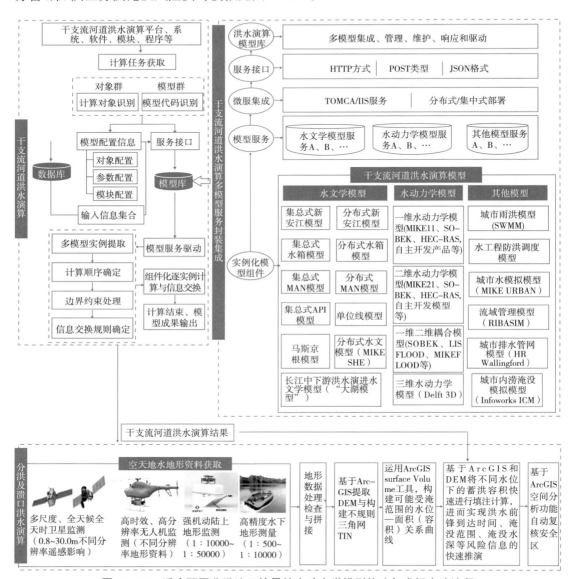

图 10.3-7 适应不同分洪溃口情景的水动力学模型构建与求解方法流程

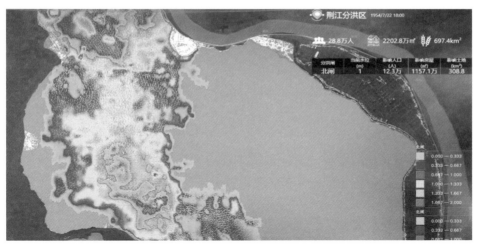

图 10.3-8 分蓄(滞)洪区分洪淹没风险实时模拟

10.3.6 防洪避险转移

防洪避险转移,是通过防洪风险分析发现存在防洪淹没风险时,在传统避险手段的基础上,基于避洪转移方案数字化模拟优化模型,模拟避险转移过程,优化避险转移路径,实现应急避险转移安置精准到人、转移效果全过程评估、避险要素智慧管理,提高转移安置的时效性。防洪避险转移包括预案数字化管理、转移模拟演练、实时转移人群监测、转移路径规划与指挥等辅助业务。模拟演练利用数字化管理的应急避险转移预案,通过系统模拟,对转移过程进行模拟演练,模拟各种转移事件并对转移路径进行规划;实际转移避险发生时,可基于 LBS 服务等监测转移区域人群位置信息,实时监控转移进度;根据转移情况监测,实时发现转移过程中出现的问题事件,并通过路径规划计算生成新的转移安置路线。人群转移过程模拟见图 10.3-9。

图 10.3-9 人群转移过程模拟

10.3.7 调度会商决策

调度会商决策,实现以空间高度、空间分布、时间序列三个时空维度,利用空、天、地、河道水工程分级的不同视角,以方案过程时间轴为主线,对实时状态、天然水情预报方案及水工程联合调度方案进行展现、统计、对比和分析。统筹决策的数据覆盖包括气象(卫星云图、雨量站降雨监测)、水工程(水库、分蓄(滞)洪区、洲滩民垸、泵站、堤防等)、站点(水文站、水位站)的监测数据、流域模拟和水工程联合调度的预报调度的计算方案等。通过三维可视化场景,将水从空中的云、天上的雨、地表及河道的水这些过程中的整体态势及局部范围内的变化直观立体、重点突出地展现出来,为超标准洪水调度会商提供辅助决策的技术支撑。会商方案可视化、分析与决策见图 10.3-10。

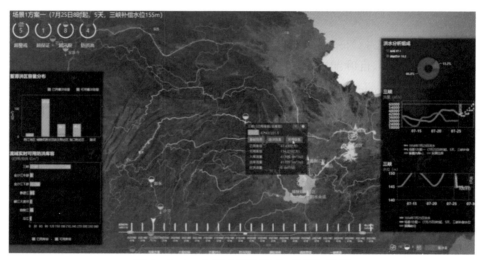

图 10.3-10　会商方案可视化、分析与决策

通过多用户远程视频会商,以及会商资料管理记录查询等辅助管理功能,提供执行会商的基础功能支撑;针对流域超标准洪水决策,提供面向流域实时态势的会商信息功能,三维场景下通过丰富、多途径的展示方式,展示流域当前水情态势;预报调度综合展示功能,对预报调度模拟各阶段计算分析过程中生成的各类演算及模拟数据,在三维场景下提供方案数据加载、仿真、复盘的展示功能;利用调度方案仿真及效益风险综合评估,在三维场景下展示真实洪水行洪过程及风险分析成果。

10.4　长江流域超标准洪水应对技术示范应用

长江流域大部分位于亚热带季风气候湿润地区,具有河流长、水系多、水量丰、流量大、面积广、跨度宽等特点,洪涝灾害频繁,防洪任务艰巨。荆江河段现已建成三峡为骨干、堤防为基础、分蓄(滞)洪区相配合的防洪体系。应用本项目研究的预报预警、精细模拟、风险调控、应急避险及敏捷搭建等技术成果,构建了长江荆江河段超标准洪水调度决策支持系统,解决了超标准洪水的调度决策及综合应对问题。最后,分别以1954年典型洪水演练和2020年长江第2号洪水实时预报调度为场景进行了实例应用,并量化分析了预报精度、预见期、预警制作时间、应急响应时间和防洪减灾效益等关键指标,示范成效良好。

10.4.1 流域基本情况

10.4.1.1 河流水系

长江干流全长6300余km,横贯我国西南、华中、华东三大区,流域面积约180万km²,约占我国国土面积的18.8%。长江自江源至湖北宜昌称上游,长约4500km,集水面积约100万km²;宜昌至江西鄱阳湖出口湖口称中游,长约955km,集水面积约68万km²;湖口至入海口为下游,长约938km,集水面积约12万km²。上游干流河段流经地势高峻、山峦起伏的高山峡谷区;宜昌以下,干流进入中下游冲积平原,两岸地势平坦,湖泊众多,沿岸建有完整的防洪堤,水面坡降平缓,宜昌至湖口平均比降0.03‰,湖口至入海口平均比降仅为0.007‰。

枝城—城陵矶河段,流经江汉平原与洞庭湖平原之间通称荆江,全长347.2km。按边界条件及河型的不同,以藕池口为界,分为上、下荆江。上荆江自枝城至藕池口,长约171.7km,河槽平均宽度1300~1500m,为微弯分汊河型河道,弯曲系数1.70;下荆江自藕池口至城陵矶,长约175.5km,河槽平均宽度约1000m,为典型蜿蜒性河道,素有"九曲回肠"之称,河道平面摆动较大,近200多年来整个河段摆幅达30km,弯曲系数2.83。荆江河道河势见图10.4-1。

10.4.1.2 洪水特性

长江流域暴雨的走向多为自西北向东南或自西向东,与长江干流流向一致。上游由岷江、沱江、嘉陵江洪水依次叠加,形成陡涨陡落、过程尖瘦的洪水;宜昌以上暴雨产生的洪水汇集到宜昌有先有后,因此宜昌洪水峰高量大,过程历时较长,一次洪水过程短则7~10d,长则可达1个月以上。长江出三峡后,进入中下游冲积平原,江面展宽,水流变缓,河槽、湖泊蓄量大,上游干流和中下游支流入汇的洪水过程经河湖调蓄后,峰形较为平缓,洪水过程逐渐上涨,到达峰顶后,再缓慢下落,退水过程十分缓慢,退水时若遇某一支流涨水,又会出现局部的涨水现象,形成多次洪峰的连续洪水,一次洪水过程往往持续30~60d,甚至更长,因而长江中下游干流和长江上游干流洪水过程有较大差异。

长江流域面积广,降雨量大,暴雨频繁,形成的中下游干流洪水大多峰高量大,持续时间长。长江干流主要控制站宜昌、螺山、汉口、大通多年平均年最大洪峰流量均在50000m³/s以上。宜昌站实测最大洪峰流量为1981年的70800m³/s,历史调查洪峰流量为1870年的105000m³/s;汉口站实测最大洪峰流量为1954年的76100m³/s;大通站实测流量也以1954年的92600m³/s为最大。

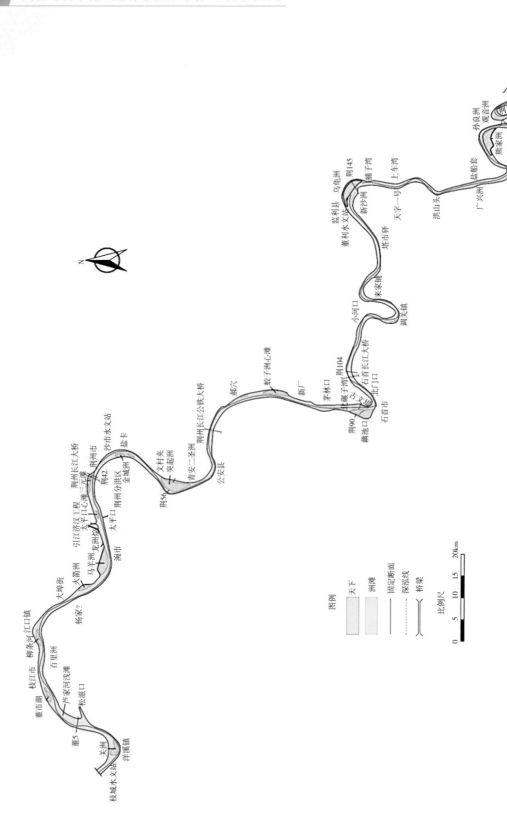

图10.4-1 荆江河道河势

荆江河段洪水主要来源于宜昌站,该站的洪水组成特点为金沙江屏山站控制面积约占宜昌控制面积的1/2,多年平均汛期(5—10月)水量占宜昌水量的1/3,因其洪水过程平缓,年际变化较小,是长江宜昌洪水的基础来源。岷江、嘉陵江分别流经川西暴雨区和大巴山暴雨区,洪峰流量较大,两条支流的控制面积占宜昌控制面积的29%,但多年平均汛期水量共占宜昌的40%左右,是宜昌洪水的主要来源。干流宜宾—寸滩、寸滩—宜昌的区间来水也不可忽视,特别是寸滩—宜昌区间是长江上游的主要暴雨区之一,其面积虽然只占宜昌控制面积的5.6%,但多年平均汛期水量约占宜昌水量的8%,个别年份(如1982年)可达宜昌的20%以上。

宜昌站的一次洪水过程为20～30d,根据多年资料统计,宜昌站最大15d洪量与最大30d洪量,各地区洪水组成的比例相差不大:金沙江来水约占30%,嘉陵江与岷江约占38%,乌江约占10%,干流区间约占16%,其他所占比例较小。

荆江河段洪水以宜昌以上的来水占主导地位,洞庭湖水系洪水是其重要组成部分。长江宜昌—螺山河段,主要有支流清江及洞庭湖“四水”洪水的加入。根据1951—1998年资料统计,螺山站最大60d洪量中,上游宜昌来水约占70%,洞庭湖水系来水约占25%,清江及区间各占2.5%左右。

综上所述,金沙江洪水较平稳,是宜昌站洪水的主要基础,嘉陵江、岷江洪水是宜昌洪水的重要来源。宜昌站以上洪水占长江流域洪量的一半,约占中下游重点防洪地区荆江河段的90%以上,因此长江上游洪水是造成荆江河段及中下游地区洪灾的最主要原因。长江中下游受堤防保护的11.81万km²的防洪保护区,是我国经济最发达的地区之一,其地面高程一般低于汛期江河洪水5～6m,有的低10余m,洪水灾害频繁严重,一旦堤防溃决,淹没时间长,损失大,特别是荆江河段,将造成大量人口死亡的毁灭性灾害。

10.4.1.3　防洪特点

长江出三峡后,由山区性河流进入冲积平原河流,因此,荆江河段是长江上游与中游的重要衔接段和过渡区,是长江干流洪水特征发生显著变化的重要转折点,是承接上游宜昌站洪水转入中游行洪的咽喉地带。

荆江河段沙市以上控制流域面积103万km²,暴雨洪水频发,洪水峰高量大。荆江河段受流水侵蚀、泥沙堆积和上游控制型水库群调节等影响显著,河道弯曲,地势低平,水流不畅,防洪形势险峻,河道泄洪能力与上游巨大而频繁的洪水极不适应。因荆江防洪地位及防洪形势的特殊性,又有“万里长江,险在荆江”之称。

荆州河段为全国重要的商品粮、棉、油、畜禽、水产品生产基地,农业地位突出。其左岸为江汉平原,右岸为洞庭湖平原,俗称“两湖平原”。江北四湖地区土地面积仅占湖北省的6%,常年粮食、油料总产量占全省的15%,棉花、水产品总产量占全省的20%以上,生猪总产量占全省的 25%,禽蛋总产量占全省的 30%,对保障国家粮食安全至关重要。荆江河段地势低洼,约有 2/3 的人口和 3/4 的耕地处于洪水线以下,长江河道安全泄量与长江峰高量大洪水的矛盾十分突出,防汛排涝任务繁重,是长江防洪的重点区域。

荆州防洪一般分为三大区域:一是荆江河段——枝城至城陵矶;二是荆江以下河段——监利观音洲(城陵矶)至洪湖新滩口;三是荆南四河——松滋河、虎渡河、藕池河、调弦河。由于荆州的大部分辖区、国家确保的荆江大堤、荆南四河分流口都在荆江两岸,故一般以荆江河段为荆江防洪的主体。

历史上,荆江大堤溃决频繁,荆江河段洪灾严重,是长江防洪的重点。"水来打破万城堤,荆州便是养鱼池。"据史料记载,自东晋太元年间至"民国"二十六年的 1500 多年中,溃决达 97 次之多。其频率由明代平均每 10 年左右一次,发展到清代平均每 5 年左右发生一次。灾情之惨重,尤以 1788 年、1931 年、1935 年为甚。国民党政府统治时期,长江中下游几乎年年闹水灾。据统计,仅 1931—1949 年的 19 年中,荆江地区就被洪水淹没了 5 次。新中国成立后,1954 年和 1998 年长江发生流域性大洪水,虽尽全力防守,但洪水造成的灾害仍然严重。

荆江河段洪灾频发的主要原因为:第一,长江上游来量与荆江安全泄量不相适应,来量大、泄量小,大水年份,要么主动分洪,要么任其决口,二者必居其一,这是荆江地区水灾频繁的根本原因;第二,由于江湖关系调整,三口向洞庭湖分流量减少,洞庭湖的调蓄能力日益减少,荆江特别是下荆江水量增大,这是荆江地区水灾频繁的重要原因;第三,荆江河段堤防防洪标准偏低,只能抵御 10 年一遇洪水。

10.4.1.4　历史超标准洪水特点

荆江河段历史上曾发生过 1153 年、1227 年、1560 年、1788 年、1860 年、1870 年等超标准洪水,最近 1 次距今 150 年。下面从暴雨、洪水和洪灾 3 个维度,简要分述历史上的流域超标准洪水特点。

从历史上曾发生过的流域超标准洪水暴雨资料来看,荆江河段超标准洪水的暴雨覆盖面广、雨区相对稳定、强度大、历时长,尤以大面积、长历时累计雨量最为显著。

在上述暴雨条件下,荆江河段超标准洪水往往具有上下游、干支流遭遇恶劣,峰高量大、超过河道安全宣泄能力的流量和洪量都很大,洪水位高、高水位持续时间长、水面比降平缓、泄水不畅等特点。

长江中下游受堤防保护的 11.81 万 km² 防洪保护区,是我国经济最发达的地区之一,分布有长江三角洲城市群、长江中游城市群,是长江经济带的精华所在,在国家总体战略布局中具有重要地位,但其地面高程一般低于洪水位 5~6m,部分达 10 余 m,洪灾频繁严重,一旦堤防溃决,淹没面积大、历时长、损失重。历史上曾发生过的 1860 年、1870 年流域超标准洪水,相继冲开荆江南岸藕池、松滋两口,至此形成了荆江四口分流的格局,这种洪水一旦重现,将对荆江地区造成大量人口死亡的毁灭性灾害。

10.4.1.5　防洪体系

荆江河段依靠自身堤防仅能防御 10 年一遇洪水;经三峡工程调蓄后,在不分洪条件下,防洪标准可达 100 年一遇;遭遇 1000 年一遇或类似 1870 年特大洪水时,充分利用河道下泄洪水,同时调度应用三峡和上游水库群联合拦蓄洪水,适时运用清江梯级水库错峰,相机运用荆江两岸干堤间洲滩民垸行蓄洪水,控制沙市水位不超过 44.5m,清江、沮漳河发生洪水时,充分发挥隔河岩、水布垭、漳河等水库的拦洪、削峰作用,尽量减轻下游防洪压力,可基本保障行洪安全。经过几十年的防洪工程建设,荆江河段已建成以三峡为骨干、堤防为基础、分蓄(滞)洪区相配合的防洪体系,是长江流域防洪体系的关键控制对象。

荆江河段防洪依然存在诸多薄弱环节,具体表现为河势调整剧烈、崩岸频度和强度明显加大,对河势稳定、防洪安全、航道通畅和供水安全带来不利影响;分蓄(滞)洪区建设与管理进度滞后;长江干流堤防依然存在安全隐患。

总体而言,特大洪水尤其超标准洪水对这一河段的严重威胁,仍是心腹之患。

10.4.2　示范应用场景

构建长江荆江河段超标准洪水调度决策支持系统,分别针对 1954 年典型洪水预报调度演练和 2020 年长江第 2 号洪水的实时预报调度,对洪水预报预警、防洪形势分析、防洪调度计算、洪水演进精细模拟、洪灾损失动态评估、防洪避险转移、调度会商决策等功能模块进行全面应对实践,一方面验证系统功能的运行情况,另一方面为后续开展量化指标分析奠定数据基础。

首先,以 2020 年 7 月 23 日和 28 日为面临时间,针对 1954 年洪水峰高量大、受灾范围广、持续时间长等特点,分别开展遭遇 1954 年典型洪水的预报调度模拟演练。

其次,2020 年汛期,长江发生了流域性大洪水,防汛形势异常严峻,长江干流先后发生了 5 次编号洪水,其中三峡最大入库洪峰达 75000m³/s,创建库以来新高。针对长江第 2 号洪水滚动开展实时预报调度工作,全过程支撑长江流域的防汛调度决策。

10.4.3　1954 年洪水复盘推演

根据自主研发的融合长江流域上中下游水库群调度、洲滩民垸行洪、分蓄(滞)洪区分洪、河湖洪水动力演进一体化模型的"流域水工程防灾联合调度平台",按照《长江防御洪水方案》《长江洪水调度方案》《三峡(正常运行期)—葛洲坝水利枢纽梯级调度规程(2019 年修订版)》《丹江口水库优化调度方案(2020 年度)》《2020 年度长江流域水工程联合调度运用计划》等长江防洪工程调度运用指导方案确定的工程运用原则和顺序,结合考虑防洪工程体系现状建设情况,根据 1870 年、1954 年来水边界过程进行水工程调度模拟分析计算,复盘1870 年、1954 年洪水在现状防洪工程体系调度运行后的发生、发展与演进过程。

现状长江流域再遇 1870 年型洪水,三峡水库调洪最高水位 171.63m,拦蓄洪量 188.5亿 m^3,三峡以上水库群拦蓄洪量 89.18 亿 m^3;长江中下游超额洪量 200.1 亿 m^3,运用 144处洲滩民垸和 13 处分蓄(滞)洪区行蓄洪,需转移人口 257 万人,淹没面积 4724 km^2;沙市站最高水位 45m,城陵矶站(莲花塘)最高水位 34.4m,汉口站最高水位 29.23m,湖口站最高水位 20.49m。1870 年洪水复盘结果见图 10.4-2。遇 1870 年洪水防洪工程体系调度过程见图 10.4-3。

现状长江流域再遇 1954 年型洪水,三峡水库调洪最高水位 165.39m,拦蓄洪量 132.14亿 m^3,三峡以上水库群拦蓄洪量 99.78 亿 m^3;长江中下游超额洪量 326 亿 m^3,运用 357 处洲滩民垸和 20 处分蓄(滞)洪区行蓄洪,需转移人口 453 万人,淹没面积 9073km^2;沙市站最高水位 44.5m,城陵矶站(莲花塘)最高水位 34.4m,汉口站最高水位 29.5m,湖口站最高水位 22.5m。遇 1954 年洪水防洪工程体系调度过程见图 10.4-4。1954 年洪水复盘结果见图 10.4-5。

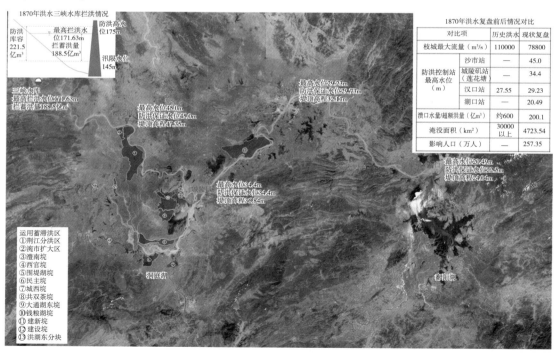

1870年洪水复盘前后情况对比		
对比项	历史洪水	现状复盘
枝城最大流量（m^3/s）	110000	78800
防洪控制站最高水位（m） 沙市站	—	45.0
城陵矶站(莲花塘)	—	34.4
汉口站	27.55	29.23
湖口站	—	20.49
溃口水量/超额洪量（亿m^3）	约600	200.1
淹没面积（km^2）	30000以上	4723.54
影响人口（万人）	—	257.35

图 10.4-2　1870 年洪水复盘结果

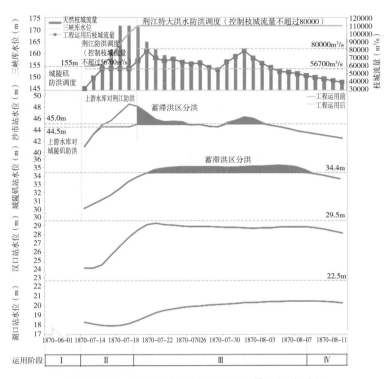

图 10.4-3 遇 1870 年洪水防洪工程体系调度过程

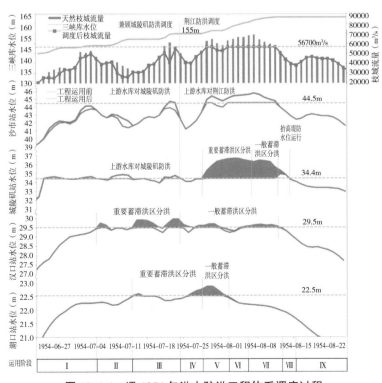

图 10.4-4 遇 1954 年洪水防洪工程体系调度过程

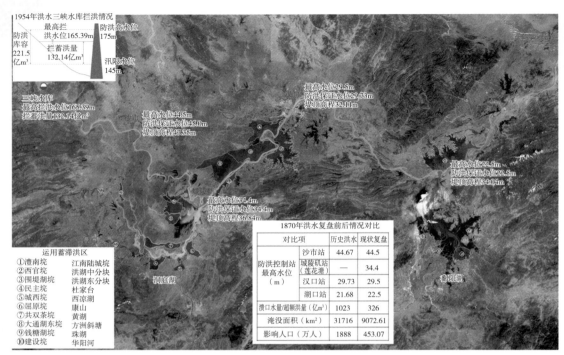

图 10.4-5　1954 年洪水复盘结果

根据历史大洪水复盘结果,评估了现状防洪体系存在的薄弱环节和安全风险,包括堤防出险、水库超蓄、分蓄(滞)洪区能否有效分洪、洲滩民垸溃垸以及其他潜在安全风险。遇1870 年、1954 年历史大洪水,各干流河段堤防运用水位均未超过保证水位,但两湖湖区堤防运行仍存在一定安全风险;复盘中的各大型水库运用库容均未超过设计防洪库容,不存在超蓄情况,故水库总体安全;由于分蓄(滞)洪区工程建设滞后,遇大洪水需启用的部分分蓄(滞)洪区存在围堤未达标(9 个未达标,拟应用其中 5 个)、进退洪闸未建成或未建、安全区堤防第一次挡水等风险因素。遇 1954 年等典型年大洪水,长江中下游各河段的洲滩民垸均达到启用条件(分别对应沙市站水位 44.50m,城陵矶站水位 33.95m,汉口站水位 28.50m,湖口站水位 20.50m),需相机运用长江干流河道、洞庭湖湖区和鄱阳湖区中的洲滩民垸行蓄洪水,增大河湖蓄泄能力,但目前长江中下游洲滩民垸堤防大多数未进行加固处理,堤身单薄、堤身堤基质量差、防洪能力低,遇大洪水存在洲滩民垸堤防在未达到行蓄洪条件前自然溃破的情况;在行蓄洪期间,大洪水可能漫过堤防顶部,易造成堤防的漫顶溃决,将大部分堤防冲毁,如武汉天兴洲堤防顶部高程 28.5m,遇 1954 年洪水汉口站最高水位达 29.5m,超过天兴洲堤顶高程 0.7m;此外,一旦洲滩民垸分洪运用,一般蓄水时间长达数月,堤防长时间受洪水浸泡也易发生溃堤险情。

10.4.4　预报预警分析

（1）水情预报精度分析

采用本项目洪水预报技术研究成果,选取 2008—2020 年期间三峡入库流量超过 50000m³/s 的洪水过程进行洪水预报模拟计算。收集统计三峡入库流量预见期为 1～3d 的预报模拟计算成果,预报和实况值均为每日 8 时入库流量,样本数为 31 个。分析不同预见期三峡入库流量预报的平均相对误差和合格率,三峡入库流量预报精度评定见表 10.4-1。

表 10.4-1　　　　　　　　　　三峡入库流量预报精度评定

预见期(d)	预报次数(次)	合格率(%)		平均相对误差(%)		
		研究前	研究后	研究前	研究后	降幅
1	31	93.55	93.55	4.86	4.27	12.14
2	31	90.32	90.32	7.73	7.02	9.34
3	31	83.87	83.87	11.32	10.35	8.57

总体看来,经研究优化,平均相对误差整体减小,且随着预见期的延长,预报合格率整体呈下降趋势,平均相对误差呈增长趋势,但降幅呈降低趋势。1～3d 的预报合格率在 83.87%～93.55%,研究前后未发生变化;1～3d 的预报平均相对误差研究前均在 11.32% 以下,研究后均在 10.35% 以下,平均相对误差降幅达到了 8.57% 以上。

（2）预见期分析

降雨预报方面,长江上游短期降雨预报 24～72h 降雨预报的平均准确率为 71.6%～74.8%,平均漏报率为 0.9%～1.2%,平均空报率为 1.8%～2.4%;且 72h 预见期内,预报无雨时,实际发生中雨及以上量级的频率很低,预报小雨时,实际发生大雨及以上量级的频率很低,对超标准洪水水情预报提供了准确的降水预报边界,为调度决策支持给予了重要的基础支撑。

流量预报方面,采用降雨径流模型(API-UH 模型)、NAM 模型、新安江模型、合成流量法、马斯京根河道演算法、水力学模型及水库调洪演算等方法对三峡水库入库流量开展超标准洪水预报时,通过水文气象耦合技术,可有效增长预见期。在发生大洪水时,降雨预报基本可保证 3d 有效预见期。

（3）预警预报制作时间分析

影响预报预警制作时间的因素,关键在于对洪水预报功能的操作运用。结合洪水预报功能的内部运行逻辑及预报预警发布过程,影响预报预警制作时间可分解为所有预报断面的历史实测流量提取时间、所有预报分区内各雨量站的历史实测雨量数据提取时间、所有预报分区的模型参数提取时间、所有预报分区的产汇流模型计算及实时校正时间、预报结果人工修正时间、预警判别时间等。现以某预报区间的详细计算分解为例,各分项任务的系统响应测试耗时情况统计见表 10.4-2。

表 10.4-2   预报预警系统任务响应时间统计

序号	系统任务名称	次数	最长耗时(s)	最短耗时(s)	平均耗时(s)
1	2个站实测流量提取转换	100	0.042	0.023	0.031
2	12个站实测雨量提取转换	100	0.300	0.228	0.252
3	1套产汇流参数提取转换	100	0.004	0.002	0.003
4	产汇流模型计算转换	100	0.012	0.008	0.010
5	实时校正转换	100	0.006	0.003	0.004
6	预警判别(含界面渲染)	100	0.128	0.102	0.113
7	单次任务合计	1	0.492	0.366	0.413

由表 10.4-2 可知,单个预报区间的预报预警响应总时间最长为 0.492s,且主要耗时集中在雨量站数据的提取与转换任务。本系统总共搭建了 78 个预报区间,雨量站合计 515 个,平均每个预报区间不超过 7 个雨量站。以上述测试的最长计算耗时为依据,所有预报区间的系统计算及处理响应总时间最长为 78 × 0.492 = 38.376s。

一般而言,洪水预报结果需要反复进行修改重算和人工调整确认。假定每个预报区间需人工调整 4 次,每个预报区间每次调整的操作时间为 5s,则确定全部预报区间最终预报预警结果的最长耗时为 5×38.376 + 4×78×5 =1751.88s,约 30min。

最后,流域洪水的预报预警信息制作除系统内开展各类交互计算外,还需进行人工分析并转化为格式化文案。根据实际工作情况统计,此过程一般不超过 60min。

综上所述,采用本系统进行流域洪水预报预警计算,并分析制作预报预警文案,最终实现预报预警制作任务的总体响应时间最长约为 90min,不超过 2h。

10.4.5   应急响应分析

由防汛应急方案的总体要求、启动条件、响应行动及调度指挥任务可知,长江流域从洪水发生到启动应急响应的总体流程为:水工程调度模拟→应急响应判别→信息报送处理→调度指挥决策→应急响应发布。

现已长江荆江河段示范系统搭建的调度体系为例,各分项任务的系统响应测试耗时情况统计见表 10.4-3。

表 10.4-3   水工程调度模拟响应时间统计

序号	系统任务名称	次数	最长耗时(s)	最短耗时(s)	平均耗时(s)
1	洪水预报成果提取转换	100	1.842	1.023	1.515
2	31座水库实时状态提取转换	100	0.159	0.148	0.152
3	9个河道站实时状态提取转换	100	0.068	0.045	0.056

序号	系统任务名称	次数	最长耗时(s)	最短耗时(s)	平均耗时(s)
4	61套调度演进参数提取转换	100	0.102	0.088	0.094
5	31座水库调度计算转换	100	38.688	35.439	36.576
6	30个河段洪水演进计算转换	100	23.256	21.598	22.639
7	46个分蓄(滞)洪区分洪计算转换	100	1856.987	1765.560	1803.487
8	单次任务合计	1	1921.102	1823.901	1864.519

由表10.4-3可知,完成一次联合调度计算总时间最长为1921.102s。

以上调度结果需要反复进行修改重算和人工调整确认,按总共调整4次考虑,每个调度节点每次调整操作时间为3s,则最终完成全部调度模拟计算及人工修正确认的最长耗时为 $5 \times 1921.102 + 4 \times 31 \times 3 = 9977.51s$,约为166.3min。

应急响应判别主要整合各类计算结果,与防汛应急方案的启动响应条件(共28条)进行逐条对比,从而自动判别出当前洪水预报调度场景对应触发的应急响应等级。每条判别时间约为3s,全过程约为 $28 \times 3 = 84s$,不超过1.5min。

信息报送处理主要需将水情、雨情及预报调度成果等信息完成从省市到流域再到国家的层层上报。该过程一般不超过30min。

调度指挥决策主要根据应急响应判别得出的启动等级,根据调度权限分级进行预报调度成果的对比分析、决策讨论和会商研判,并最终做出应急响应决定。该过程一般不超过60min。

应急响应发布主要根据调度指挥决策达成的应急响应决定,正式启动应急响应程序,撰写正式的应急响应预警文案并对外发布,并部署对应响应级别的行动计划。该过程一般不超过60min。

由此可见,最终实现应急响应的总体时间最长为 $166.3 + 1.5 + 30 + 60 + 60 = 317.8min$,约5.3h。若仅考虑荆江河段示范区域对应荆江地区4个分蓄(滞)洪区,则单次模拟计算时间可大幅缩减至530s左右。以此为依据,按上述过程进行统计,最终实现应急响应任务的总体时间约3.4h。

综上所述,无论是仅考虑荆江河段示范区域的4个分蓄(滞)洪区,还是长江流域所有46个分蓄(滞)洪区,采用本系统辅助完成应急响应任务的总时间均不超过6h。

10.4.6 减灾效益分析

针对2020年7月23日和28日两个面临时间遭遇1954年洪水的调度模拟分析,7月28日以后的总体防洪调度效果如下:8月2日8时三峡水库水位达167.8m,沙市站水位42.32m、城陵矶站水位34.53m、汉口站水位29.6m、湖口站水位22.59m,钱粮湖、大通湖东、共双茶爆破分洪,投入运用;8月2—7日,乌江、汉江以及长江中游干流附近发生强降雨,

8月8—15日,降雨转移至长江上游西部及汉江上游,预计城陵矶水位将在8月12日上涨至37m左右,为缓解城陵矶水位快速上涨压力,需于8月3日8时启用洪湖分蓄(滞)洪区(东、中、西),8月10日14时启用城西垸分蓄(滞)洪区,以控制城陵矶水位不超过34.9m;同时,受长江上游强降雨影响,三峡水库迎来年最大洪水过程,8月7日入库洪峰达64800m³/s,三峡水库实施对荆江防洪补偿调度,控制沙市站水位不超过44.5m,出库流量在55000m³/s左右,8月12日达最高调洪水位171.6m,此后按出入库平衡调度;在此期间,三峡库区自清溪场至杨家湾约76km回水高程超过移民线,最大淹没水深1.93m,最长淹没历时7d。

以上联合调度都是以当前的现状防洪工程体系为基础,通过长江荆江河段示范系统开展的模拟计算。在两个演练场景中,方案1都是按照现行调度规程的模拟计算结果,方案2和方案3都是考虑不同控制目标后的风险调控结果。其中,"2020.7.23场景"按规程调度需启用大通湖东、共双茶两个分蓄(滞)洪区,通过加大三峡水库拦蓄,以不超保证水位为目标(即方案2)进行优化调控后,只需启用城西垸即可;"2020.7.28"场景按规程调度需启用钱粮湖、大通湖东、共双茶、洪湖等4处分蓄(滞)洪区,通过加大三峡水库拦蓄,并以不造成库区淹没为目标(即方案3)进行优化调控后,只需启用钱粮湖、大通湖东、共双茶等3处分蓄(滞)洪区。各方案具体灾损指标及系统调控后的减灾效益对比情况见表10.4-4。

表 10.4-4　　　　　　　　　　1954 年洪水演练减灾效益统计

对比依据	灾损指标	规程调度	优化调控	减灾量	降幅(%)	平均(%)
"2020.7.23"场景方案1与方案2	超额洪量(亿 m³)	15	5	10	66.67	69.18
	淹没面积(万亩)	28.88	6.7	22.18	76.80	
	受灾人口(万人)	24.8	8.83	15.97	64.40	
	经济影响(亿元)	138.27	43.09	95.18	68.84	
"2020.7.28"场景方案1与方案3	超额洪量(亿 m³)	80	30	50	62.50	62.22
	淹没面积(万亩)	169.1	48.3	120.8	71.44	
	受灾人口(万人)	195.7	60.7	135	68.98	
	经济影响(亿元)	505	273	232	45.94	
综合减灾率	—	—	—	—	65.70

由表10.4-4可以看出,在遭遇1954年洪水情形下,以现状防洪工程体系和调度规程模拟结果为基础,通过充分发挥水库群的拦蓄作用,抬高城陵矶河段河道行洪水位,运用分蓄(滞)洪区分洪等措施,可大幅降低长江流域的洪灾损失。综合考虑两个调度场景下不同调度方案的超额洪量、淹没面积、受灾人口、经济影响等指标因素,按算术平均方式统计得到综合减灾率约为65.7%,防洪减灾效益非常显著。

10.5　沂沭泗流域超标准洪水应对技术示范应用

沂沭泗流域地处淮河流域东北部,位于暖温带半湿润季风气候区,具有洪水汇流时间短、峰高量大的特点。再加上历史上黄河夺淮,水系紊乱,洪水出路不足,水旱灾害频繁,灾情发展迅速。淮河流域现状洪水预报调度系统仅针对标准内洪水,面对超标准洪水难以快算构建业务模块为决策做支撑。应用本项目研究的预报预警、精细模拟、风险调控、应急避险及敏捷搭建等技术成果,构建了淮河沂沭泗流域超标准洪水调度决策支持系统,解决了超标准洪水的调度决策及综合应对问题。通过典型大洪水的示范应用,量化分析了预报精度、预见期、预警制作时间、应急响应时间和防洪减灾效益等关键指标,示范成效良好。

10.5.1 流域概况

10.5.1.1 流域水系

沂沭泗流域位于淮河流域东北部,流域面积约 8 万 km²,山区占 31%、平原占 67%、湖泊占 2%。沂沭泗流域内主要有泗运河、沂河及沭河三大水系,其干流均发源于沂蒙山区。有干、支流 510 余条,其中流域面积超过 500km² 的河流 47 条、超过 1000km² 的河流 26 条,平均河网密度 0.25km/km²。沂沭泗水系见图 10.5-1。

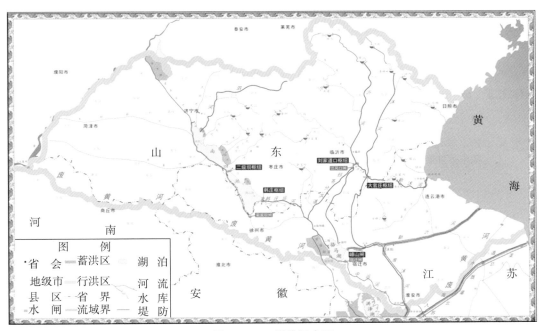

图 10.5-1 沂沭泗水系

10.5.1.2 洪水特性

沂沭泗流域的洪水一般多发生在 7—8 月,因地形等差异导致不同区域的洪水特性差异。沂、沭河上中游均为山丘区,洪水陡涨陡落,往往暴雨过后几小时,主要控制站便可出现洪峰。南四湖湖东与沂、沭河相似,河流源短流急,洪水暴涨暴落;湖西地区河流为平原坡水河道,洪水变化平缓。邳苍地区上游河道坡陡、源短,洪水也较迅猛,洪水汇集至中下游后,河道比降减小,行洪不畅,洪水过程缓慢。

10.5.1.3 历史超标准洪水的特点

沂沭泗流域中下游地区主要防洪保护区的防洪标准为 50 年一遇,历史上曾发生过 1730 年、1957 年、1974 年等超标准洪水。诱发超标准洪水的暴雨具有范围广、强度大、累计雨量大等特点,相应洪水峰高量大流急,导致受灾区域和损失都巨大。

10.5.1.4 历史灾情

沂沭泗流域受南北气候的影响,夏季多为气旋雨及台风雨,强度大,极易造成洪涝灾害。自 1194 年黄河夺泗侵淮后,沂沭泗河水系遭到破坏,更加剧了水旱灾害。据历史资料记载,元、明两代(1280—1643 年)的 364 年间,沂沭泗发生较大水灾 97 次。清代、民国(1644—1948 年)的 305 年间,发生水灾 267 次。新中国成立后,据江苏、山东两省有关市、县 36 年(1949—1984 年)统计,多年平均成灾面积 774 万亩,占两省流域耕地面积的 14.2%,成灾面积超过 1000 万亩以上的年份有 1949 年、1950 年、1951 年、1953 年、1956 年、1957 年、1960 年、1962 年、1963 年和 1964 年等 10 年,其中以 1963 年、1957 年最大,成灾面积分别为 2985 万亩、2726 万亩,占两省流域耕地的 54.9% 和 50.1%。在灾情分布上,20 世纪 50 年代大多分布在沂、沭河下游地区,以 1949—1951 年的 3 年最重;60 年代大多分布在南四湖湖西及邳苍地区;1957 年重灾在邳苍地区及南四湖地区;1974 年仅沭河地区受灾较重。

10.5.1.5 防洪体系

经过 70 多年的治理,沂沭泗流域已形成由水库(大型水库 18 座,其中沂河 5 座、沭河 4 座、湖东 4 座、其他 5 座)、湖泊(2 个,其中南四湖总容量 59.58 亿 m^3、蓄洪容量 43.52 亿 m^3,骆马湖总容量 21.39 亿 m^3、蓄洪容量 3.87 亿 m^3)、河湖堤防(主要堤防长 2930km,其中南四湖湖西大堤、新沂河堤防等 1 级堤防长 476km,2 级堤防长 734km)、控制性水利枢纽(包括二级坝、韩庄、宿迁大控制、嶂山闸、刘家道口、大官庄等 6 大控制枢纽)、分洪河道(包括沂河、沭河、泗运河、新沂河、新沭河、分沂入沭水道、邳苍分洪道等 7 条主干河道)及分蓄(滞)洪区工程(包括湖东、黄墩湖 2 个滞洪区,分沂入沭水道以北、石梁河水库以上新沭河以北 2 个应急处理区)等组成的防洪工程体系。目前,沂沭泗河中下游地区主要防洪保护区的防洪标准已达 50 年一遇。沂沭泗水系现状防洪工程体系示意图见图 10.5-2。

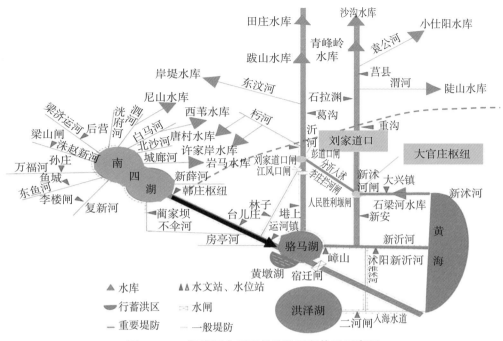

图 10.5-2　沂沭泗水系现状防洪工程体系示意图

10.5.2　典型洪水模拟演练

（1）1957 年典型洪水

1）典型洪水介绍。

1957 年全流域大水，暴雨集中，量大面广，最大点雨量达 817mm，沂沭泗河当年出现新中国成立以来最大洪水。沂河临沂站最大洪峰流量达 15400m³/s，南四湖入湖流量约为 10000m³/s，30d 洪量达 114 亿 m³。由于洪水来不及下泄，南四湖周围出现严重洪涝。

2）主要站点洪水预报。

在沂沭泗流域示范系统基础上进行参数设置，结合气象部门历史降雨预报成果，进行沂沭泗重要站点控制断面流量预报，1957 年典型洪水预测临沂站、重沟站控制断面流量过程见图 10.5-3。

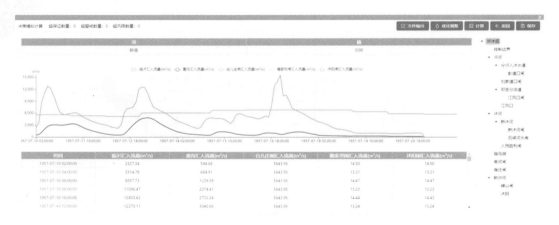

图 10.5-3　1957 年典型洪水预测临沂站、重沟站控制断面流量过程

根据示范系统模型预报成果,临沂站控制断面流量为 15430m³/s,重沟站控制断面流量为 5055m³/s。沂沭泗水利管理局 1957 年洪水复演调度,预报临沂站洪峰流量 15500m³/s,大官庄洪峰流量 5200m³/s。

临沂站、重沟站实测流量分别为 15400m³/s、4910m³/s,本系统模型预报成果较上述水文预测成果,沂河临沂站相对误差为由 0.65% 提高至 0.19%、沭河重沟站相对误差为由 5.91% 提高至 2.95%,相对误差降幅超 5%。临沂站、重沟站预报精度评定见表 10.5-1。

表 10.5-1　　　　　　　　　　　临沂站、重沟站预报精度评定

站点	相对误差(%)		
	研究前	研究后	降幅
临沂站	0.65	0.19	70.77
重沟站	5.91	2.95	50.08

3)调度成果。

沂沭泗 1957 年洪水发生时,沂沭泗东调南下工程体系尚未建成。本次示范系统模拟在现有东调南下防洪工程体系下进行,洪水调度按照国务院批复的《沂沭泗河洪水调度方案》(国汛〔2012〕8 号)进行调度。沂沭泗"1957 年型"洪水刘家道口闸分洪过程见图 10.5-4。沂沭泗"1957 年型"洪水彭道口闸分洪过程见图 10.5-5。

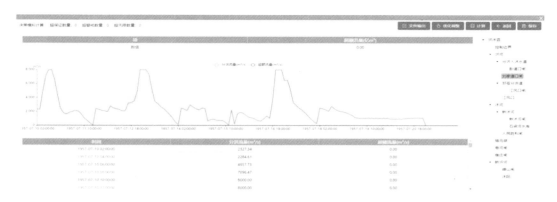

图 10.5-4　沂沭泗"1957 年型"洪水刘家道口闸分洪过程

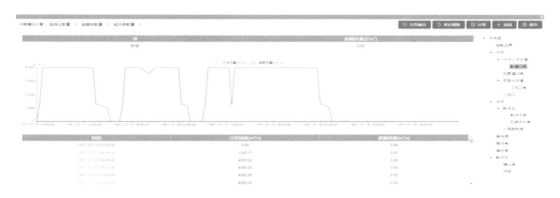

图 10.5-5　沂沭泗"1957 年型"洪水彭道口闸分洪过程

通过沂沭河上游水库与刘家道口枢纽、大官庄枢纽联合调度,充分发挥上游水库拦洪削峰作用,最大限度地减轻沂沭河干支流防洪压力。沭河上游青峰岭水库削减洪峰 1485m³/s、陡山水库削减洪峰 808m³/s,联合沙沟、小仕阳等水库统筹调度,减少了沭河重沟站洪峰流量 569m³/s。沂河上游跋山水库削减洪峰 3996m³/s、岸堤水库削减洪峰 2370m³/s,联合田庄、跋山、唐村、许家崖等水库统筹调度,减少了沂河临沂站洪峰流量 3813m³/s,将沂河最大洪峰流量控制在 15430m³/s。分沂入沭水道分洪由实际 3180m³/s 提高至 4000m³/s,使沂沭河洪水尽早东调入海;刘家道口以下沂河流量控制为 7587m³/s,避免了启用邳苍分洪道,保护邳苍分洪道 11.2 万亩耕地,保护区内人民群众的财产损失。

本次示范系统调度结果为:骆马湖在现状防洪工程下水位为 24.33m,黄墩湖滞洪区达不到启用条件(预报骆马湖水位达到 25.83m,当骆马湖水位达到 25.53m 滞洪),可避免使用黄墩湖滞洪区。

本次示范系统进行洪水模拟调度后的灾害损失指标与 1957 年洪水造成的实际灾害损失的对比情况见表 10.5-2。

表 10.5-2 示范系统对 1957 年洪水模拟演练减灾效益统计表

序号	减灾指标		1957 年实际情况	模拟成果	减灾量	提高减灾效益
1	邳苍分洪道分洪流量（m³/s）		3380	0	—	避免邳苍分洪道启用，保护河道内耕地等
2	沂沭河农田淹没面积（万亩）		605	341	264	43.6%
3	黄墩湖滞洪区	耕地（万亩）	31.3（调整后 20.8）	0	20.8	100%
		人口（万人）	21.5（调整后 13.4）	0	13.4	100%

从表 10.5-2 可以看出，在遭遇 1957 年洪水情形下，利用示范系统进行调度，通过充分发挥水库群的拦蓄作用，增加分沂入沭水道分洪量，可避免启用邳苍分洪道和黄墩湖滞洪区启用，大幅降低沂沭泗流域的洪灾损失。其中，分沂入沭水道分洪量由 3180m³/s 提高至 4000m³/s，使沂沭河洪水尽早尽快东调入海；沂沭河流域减少农田淹没约 264 万亩，降幅 43.6%；邳苍分洪道不启用，区内 11.2 万耕地可以有效保护；黄墩湖滞洪区不启用，滞洪面积降幅 100%，有效保护区内 13.4 万人和 20.8 万亩耕地，综合减灾率大于 10%，防洪减灾效益非常显著。

（2）1974 年典型洪水

1）典型洪水介绍。

1974 年 8 月，受台风影响，沂沭河、邳苍地区出现大洪水。本年沂沭泗水系洪水历时较短，南四湖来水不大。根据水文分析计算，沂河临沂站还原后的洪峰流量为 13900m³/s，3d 洪量与 1957 年、1963 年接近。沭河大官庄还原后的洪峰流量为 11100m³/s，相当 100 年一遇，3d 洪量为历年最大，7d、15d 洪量仅次于 1957 年。

2）洪水调度成果。

沂沭泗 1974 年洪水发生时，沂沭泗河洪水东调南下一期工程尚未建设，分沂入沭水道入沭河口在人民胜利堰以下，尚未调尾。本次模拟在现有东调南下防洪工程体系下进行，洪水调度按照国务院批复的《沂沭泗河洪水调度方案》（国汛〔2012〕8 号）进行调度，部分调度成果见图 10.5-6 至图 10.5-9。

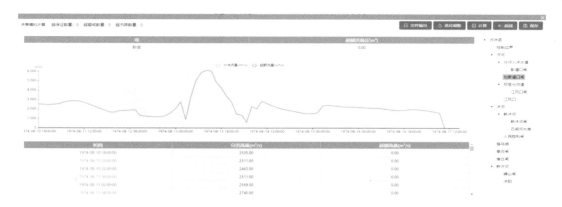

图 10.5-6　沂沭泗"1974 年型"洪水刘家道口闸分洪过程

图 10.5-7　沂沭泗"1974 年型"洪水彭道口闸分洪过程

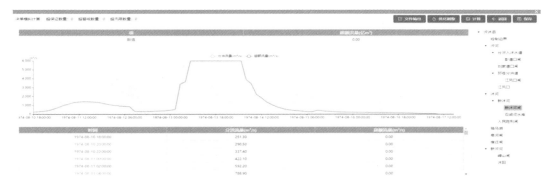

图 10.5-8　沂沭泗"1974 年型"洪水新沭河闸分洪过程

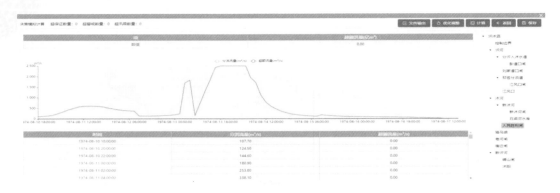

图 10.5-9　沂沭泗"1974 年型"洪水人民胜利堰闸分洪过程

通过水库、枢纽、河道联合调度,临沂站控制断面流量由 13900m³/s 消减至 10124m³/s,分沂入沭水道分洪流量由 3130m³/s 提高至 4000m³/s,且按照分沂入沭调尾后,通过新沭河将分沂入沭的洪水尽早尽快东调入海;刘家道口以下沂河泄洪流量为 6124m³/s,邳苍分洪道不再分洪,避免河道内 11.2 万亩耕地受灾。

(3)2020 年"8·14"洪水

1)"8·14"洪水介绍。

2020 年 8 月,沂沭河上游发生洪水。沂河临沂站 14 日 19 时出现洪峰流量 10900m³/s,为 1960 年以来最大洪水,刘家道口闸出现最大泄洪流量 7900m³/s,彭道口闸出现最大泄量 3360m³/s;沭河重沟 14 日 19 时出现洪峰流量 6320m³/s,为 1974 年以来最大洪水,大官庄人民胜利堰 14 日 23 时出现最大泄洪流量 2800m³/s(超设计流量 2500m³/s),新沭河泄洪闸 14 日 23 时最大泄洪流量 6500m³/s(超设计流量 6000m³/s),均超历史(新沭河泄洪闸历史最大 5040m³/s)。

2)洪水预报。

示范系统通过气象预报成果与水文模型的耦合,有效延长洪水预见期至 72h 以上,提前 3d 预报了沂沭泗流域的降水过程。2020 年"8·14"洪水气象降水预报成果(72h 预见期预报)见图 10.5-10。

设置示范系统模型参数,结合 2020 年沂沭泗"8·14"洪水各雨量站降雨成果,进行重要站点洪水预报,结果见图 10.5-11。

根据示范系统模型预报成果,临沂站控制断面流量为 10824m³/s,重沟站控制断面流量为 6559m³/s。根据淮河水情预测预报(2020 年第 95 期)成果,临沂站控制断面流量为 11000m³/s,重沟站控制断面流量为 5000m³/s。

图 10.5-10　2020 年"8·14"洪水气象降水预报成果(72h 预见期预报)

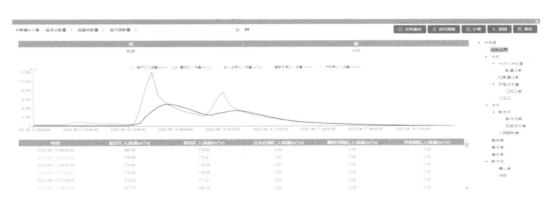

图 10.5-11　临沂站、重沟站控制断面流量过程

2020 年 8 月 14 日临沂站、重沟站实测流量分别为 $10900\text{m}^3/\text{s}$、$6320\text{m}^3/\text{s}$。示范系统模型预报成果较上述水文预测成果,沂河临沂站相对误差由 0.92% 降至 0.7%、沭河重沟站相对误差由 20.89% 降至 3.78%,预报精度提高超 5%。临沂站、重沟站预报精度评定见表 10.5-3。

表 10.5-3　　　　　　　　　　临沂站、重沟站预报精度评定

站点	相对误差(%)		
	研究前	研究后	降幅
临沂站	0.92	0.70	23.9
重沟站	20.89	3.78	81.9

3)洪水调度成果。

沂沭泗河洪水按照国务院批复的《沂沭泗河洪水调度方案》(国汛〔2012〕8号)进行枢纽调度。沂沭河2020年"8·14"洪水通过刘家道口枢纽、大官庄枢纽进行洪水东调南下,部分调度成果见图10.5-12至图10.5-15。

图 10.5-12　刘家道口枢纽刘家道口闸调度分洪过程线

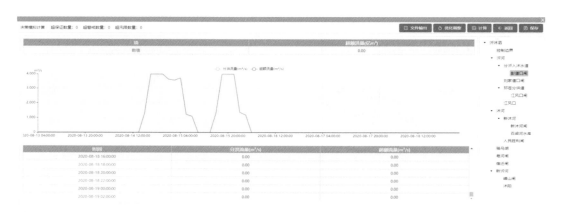

图 10.5-13　刘家道口枢纽彭道口闸调度分洪过程线

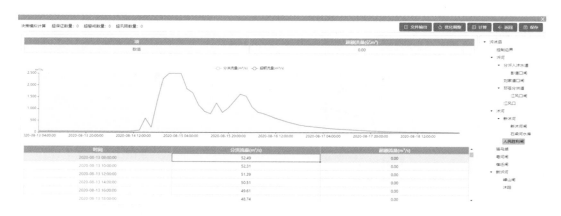

图 10.5-14　大官庄枢纽人民胜利堰调度分洪过程

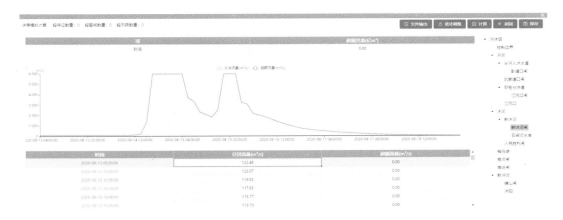

图 10.5-15　大官庄枢纽新沭河闸调度分洪过程

根据调度成果,沂沭河上游水库与刘家道口枢纽、大官庄枢纽联合调度,充分发挥上游水库拦洪削峰作用,上游水库拦蓄洪水 3.36m³,削峰率 15.8%～97.6%,最大限度地减轻沂沭河干支流防洪压力。

沂河上游联合岸堤、田庄、跋山、唐村、许家崖等型水库统筹调度,减少了沂河临沂站洪峰流量 3400m³/s,沂河临沂站 14 日 19 时出现洪峰流量 10824m³/s,刘家道口闸出现最大泄量 8000m³/s,彭道口闸出现最大泄量 4000m³/s,江风口分洪闸水位控制在 58.5m 以下,避免了启用邳苍分洪道以及沿线缺口封堵(邳苍公路等),保护了分洪道内 11.2 万亩耕地和群众生命财产安全,防洪减灾效益显著。

10.5.3　示范应用成效分析

(1)预报预警分析

1)预见期。

2020 年沂沭河"8·14"洪水期间,依托示范系统,通过气象预报成果与系统水文模型的耦合,有效延长洪水预见期至 72h 以上,提前 3d 预报了沂沭泗流域的降水过程。

2)预报预警分析。

多场次洪水预报应用实践表明,沂沭泗流域超标准洪水调度决策示范系统具有较高的预报精度,如 1957 年洪水预报沂河临沂站流量相对误差为 0.19%,沭河重沟站流量相对误差为 2.95%;2020 年沂沭河洪水预报沂河临沂站流量相对误差为 0.70%,沭河重沟站流量相对误差为 3.78%。预报精度较原预报模型成果提高超 5%。各场次洪水预报精度统计见表 10.5-4。

表 10.5-4 各场次洪水预报精度统计

洪水场次	站点	相对误差（%）			精度提高（%）
		研究前（原预报模型）	研究后（示范系统模型）	降幅	
1957 年洪水	临沂	0.65	0.19	70.77	＞5
	重沟	5.91	2.95	50.08	＞5
2020 年沂沭河大洪水	临沂	0.92	0.70	23.90	＞5
	重沟	20.89	3.78	81.90	＞5

3）预报预警制作时间。

预报预警制作包括防洪形势分析、洪水预报及修正、调度计算、生成文案以及预警发布等内容。本示范系统在海量雨量、水情和工情的查询、计算和展示功能具有较高的敏捷性，极大地缩短了用户事务提交的响应时间。

①流域的防洪形势分析。

全流域的雨水情总览以及单个站点系统查询响应时间均小于 2s，对全流域雨水情的总览时间一般为 1min，单站雨水情信息的浏览时间一般不超过 20s。以最不利因素考虑，本次洪水预报需重点察看的站点为 20 个，则总时长为 $20 \times (2+20) + 60 = 500s$，即通过系统的技术支持，该过程一般最长为 8min 左右。

②洪水预报及修正。

一般需要对洪水预报结果进行反复修改计算和人工经验调整，以人工经验调整修正 5次为例，假设每次对所有需要修改站点的预报结果修正的时间为 5min，加上首次预报以及系统 5 次修正后重新运行计算的时间，整个过程一般耗时需要 $1 + 5 \times (5+1) = 31min$。

③调度计算。

对防洪工程的调度计算一般仅限于重点工程，如大型水库、重要控制性闸坝等，一般单次人工交互操作的时间为 2min，同样以人工反复修改调度 5 次为例，调度过程一般耗时 $0.5 + 5 \times (2+0.5) = 13min$。

④生成文案。

对于预报调度成果，系统可以根据统计河道、堤防、水库、分蓄（滞）洪区等各类天然与非天然、工程与非工程的防洪预警指标，并自动转化为对应的格式化文案。该功能的系统响应时间一般不超过 30s，加上人工选择文案中的统计范围以及文案生成后的部分调整和修改，该过程一般不超过 10min。

⑤预警发布。

洪水预警的发布文案可通过系统生成，预警发布操作时长一般不超过 10min。

综上所述，以不利条件考虑，洪水预报预警制作为 $8 + 31 + 13 + 10 + 10 = 72min$（即

1.2h)。

（2）应急响应分析

根据防汛应急方案的总体要求、启动条件、响应行动及调度指挥任务可知,淮河沂沭泗流域从洪水发生到启动应急响应的总体流程为:水工程调度模拟→应急响应判别→信息报送处理→调度指挥决策→应急响应发布。

根据沂沭河2020年"8·14"洪水的模拟成果,影响水工程调度模拟时间的因素,关键在于对水工程调度功能的操作运用。

示范系统进行水工程调度模拟全流程制作完成时间在1.2h左右,不超过2h。

信息报送处理过程一般不超过0.5h,主要需将水情、雨情及预报调度成果等信息完成从省市到流域再到国家的层层上报。

调度指挥决策过程一般不超过1h,主要根据应急响应判别得出的启动等级,根据调度权限分级进行预报调度成果的对比分析、决策讨论和会商研判,并最终做出应急响应决定。

应急响应发布过程一般不超过1h,主要根据调度指挥决策达成的应急响应决定,正式启动应急响应程序,撰写正式的应急响应预警文案并对外发布,并部署对应响应级别的行动计划。

采用本示范系统辅助流域洪水应急响应工作,运用洪水预报成果开展水工程调度模拟计算,分析判别应急响应等级,报送防汛信息,开展会商研讨,制作发布应急响应预警文案,启动响应计划,最终实现应急响应任务的总体时间最长为2+0.5+1+1=4.5h。采用示范系统辅助完成洪涝灾害应急响应任务的总时间不超过6h,满足洪涝灾害应急处置响应时间缩短到6h以内的要求。

（3）减灾效益分析

根据典型洪水的模拟演练结果,示范系统实现了减灾效益的提升。

在遭遇1957年洪水情形下,利用示范系统进行调度,通过充分发挥水库群的拦蓄作用,增加分沂入沭水道分洪量,避免启用邳苍分洪道和黄墩湖滞洪区。沂沭河流域减少农田淹没约264万亩,降幅43.6%;邳苍分洪道不启用,区内11.2万耕地可以有效保护;黄墩湖滞洪区不启用,滞洪面积降幅100%,有效保护区内13.4万人和20.8万亩耕地。综合减灾率大于10%,防洪减灾效益非常显著。

在遭遇2020年"8·14"的洪水的情形下,运用示范系统进行调度调及调控计算,避免了启用邳苍分洪道以及沿线缺口封堵(邳苍公路等),保护了分洪道内11.2万亩耕地和群众生命财产安全,防洪减灾效益显著。

10.6　嫩江流域超标准洪水应对技术示范应用

嫩江为松花江北源,流域地处中高纬度地区,全年有一半时间处于严寒的冬季。齐齐哈尔河段洪水多数是由几次连续降雨过程叠加，再遭遇短时强降雨形成，一次洪水过程可达30d以上，峰高量大、组成复杂，洪泛区广阔，危害严重。应用本项目研究的预报预警、精细模拟、风险调控、应急避险及敏捷搭建等技术成果，构建了嫩江齐齐哈尔河段超标准洪水调度决策支持系统，解决了超标准洪水的调度决策及综合应对问题。并以1998年典型洪水和2021年实况洪水进行了模拟应用，量化分析了预报精度、预见期、预警制作时间、应急响应时间和防洪减灾效益等关键指标，示范成效良好。

10.6.1 流域概况

10.6.1.1 河流水系

嫩江，发源于大兴安岭伊勒呼里山中段南侧，正源名南瓮河（又名南北河），由北向南流经黑河市、大兴安岭地区、嫩江县、讷河市、富裕县、齐齐哈尔市、大庆市等县（市、区），在肇源县三岔河附近与第二松花江汇合后，流入松花江干流，河道全长1370km，流域面积29.85万km²，约占松花江全流域面积的52%。行政区划属黑龙江省、内蒙古自治区和吉林省。

嫩江大支流多分布于右岸，从上游到下游依次是罕诺河、那都里河、多布库尔河、甘河、诺敏河、阿伦河、音河、雅鲁河、绰尔河、洮儿河和霍林河等；左岸分布的支流从上到下依次是卧都河、固固河、门鲁河、科洛河、讷漠尔河和乌裕尔河等。

10.6.1.2 洪水特性

嫩江流域的洪水多数是在几次降雨过程叠加后再遇强度较大的短历时暴雨而形成，一次洪水过程可达30d以上。洪水峰型一般为矮胖的单峰型。主汛期为6—9月，多数洪水发生在7、8月。

尼尔基坝址以上的洪水主要来自嫩江上游及右侧支流多布库尔河、甘河及左侧支流科洛河、门鲁河，区间来水相对较少。富拉尔基洪水主要由嫩江库漠屯以上干流来水和甘河、诺敏河以及讷漠尔河来水组成。嫩江流域水系见图10.6-1。

嫩江尼尔基以上属山区河流，河槽较窄，蓄水量小，洪水传播速度快；尼尔基以下嫩江进入平原地区，河槽渐宽，一般河宽达数千米，并有大量湖泊沼泽，河槽蓄水量大，河道比降小，洪水传播速度缓慢。

10.6.1.3 历史超标准洪水特点

嫩江干流尼尔基以下河段历史上曾发生过1794年、1998年等流域超标准洪水，这些流域超标准洪水特点简述如下：

暴雨具有雨区广而稳、强度大、历时长、累计雨量大等特点，相应洪水遭遇恶劣由多场次洪水叠加而成，洪水汇流快，峰高量大，导致受灾范围广，灾害损失大。

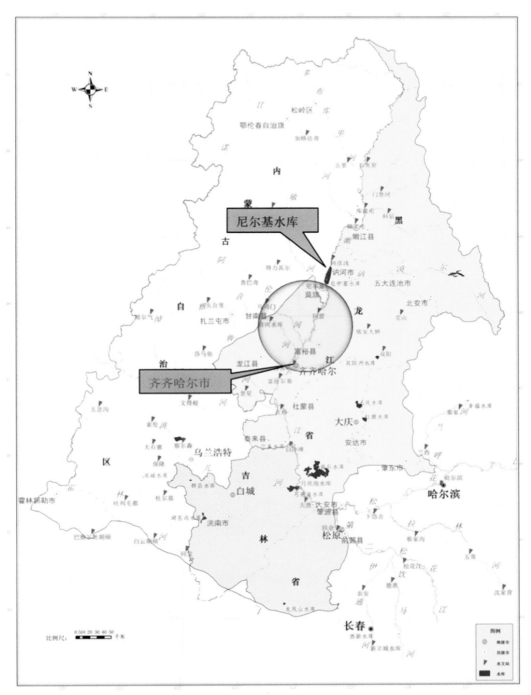

图 10.6-1　嫩江流域水系

10.6.1.4　防洪体系

经过多年建设,嫩江流域已基本形成由尼尔基等大型水库,胖头泡、月亮泡等分蓄(滞)洪区和干支流堤防组成的防洪工程体系。嫩江齐齐哈尔以上的防洪工程体系主要由尼尔基等大型水库和干支流堤防组成(图10.6-2)。齐齐哈尔防洪任务由尼尔基水库和堤防共同承担,规划防洪标准为100年一遇。城区堤防由嫩江堤防和乌裕尔河堤防组成,包含西堤、南堤、东堤和富拉尔基堤,堤防总长为103.02km。西堤为城市主堤,东堤为乌裕尔河堤防,西堤与东堤构成的城区围堤主要保护中心城区。防御嫩江洪水的西堤、南堤和富拉尔基堤防堤身断面达到50年一遇标准,经尼尔基水库调蓄后防洪能力达到100年一遇;防御乌裕尔河洪水的东堤防洪标准基本达到50年一遇。

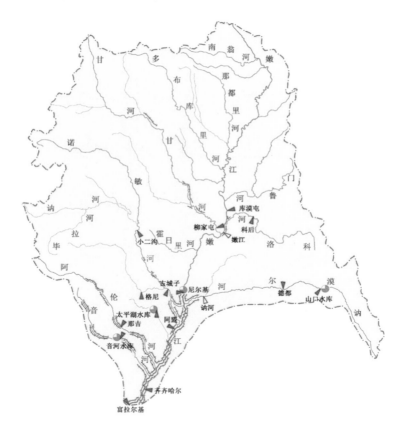

图 10.6-2　嫩江齐齐哈尔以上河段防洪工程

嫩江干流已建大型水库为尼尔基水利枢纽工程,是嫩江流域防洪的控制性骨干工程,下距齐齐哈尔市约130km。尼尔基水库承担齐齐哈尔以上20~50年一遇、齐齐哈尔以下35~50年一遇、齐齐哈尔城市50~100年一遇防洪任务。水库总库容86.10亿 m³,防洪库容23.68亿 m³。

10.6.2　洪水预警预报

10.6.2.1　1998年嫩江暴雨洪水

1998年汛期嫩江流域主要降雨可分为5场,其中发生于8月2—14日的第五场强度最大。该场降雨主雨区位于嫩江中下游,暴雨中心雨量均在400mm以上,降雨造成了嫩江全流域的第三场洪水,并与前四场降雨一起引发了松花江干流的特大洪水。嫩江干流齐齐哈尔水位站8月13日6时出现洪峰,为1952年建站以来的最大洪水;富拉尔基水文站8月13日9时出现洪峰,为1950年建站以来的第一位特大洪水,而且大于1932年调查洪水。

（1）洪水预报分析

利用嫩江流域1998年的实测降雨资料,采用示范系统的洪水预报模型预测尼尔基水库的入库流量,设置示范系统尼尔基水库调度规则为出库流量等于入库流量,将出库流量过程演进至齐齐哈尔站,与尼尔基—齐齐哈尔区间预报洪水过程相叠加,得出1998年洪水天然条件下的齐齐哈尔站模型预测的水位流量过程,预测成果与实测成果对比见图10.6-3。与实测水位反推的流量过程线相比,示范系统预报洪水总量偏大3.5%、洪峰流量偏大4.0%,满足洪水预报精度提高5%以上(洪峰流量误差低于10%,水位误差低于0.25m)的要求。

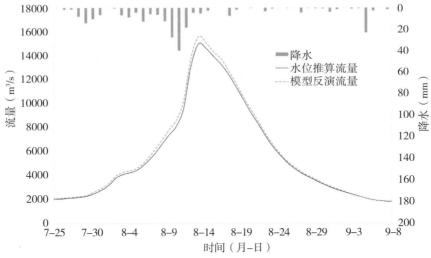

图10.6-3　1998年齐齐哈尔站洪水模拟与反演流量过程线

（2）洪水调度分析

将示范系统中尼尔基水库的调洪规则设定为经国家防总批复的尼尔基水库洪水调度方案,重新计算尼尔基水库的出库流量,将其演进至齐齐哈尔站,并与尼尔基坝下—齐齐哈尔区间产汇流模型的预报洪水过程相叠加,计算得到齐齐哈尔经尼尔基水库调控的洪水过程,尼尔基水库调度下齐齐哈尔站流量过程见图10.6-4。

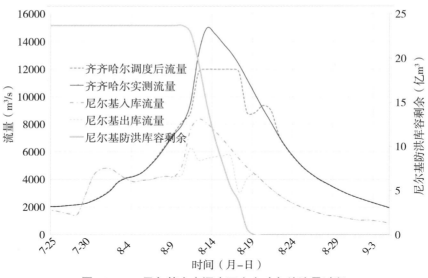

图 10.6-4 尼尔基水库调度下齐齐哈尔站流量过程

8 月 11 日起,尼尔基水库按照齐齐哈尔预报洪水过程控制出流,到 8 月 19 日拦蓄洪量 23.68 亿 m³,已消耗掉所有防洪库容;8 月 19 日,尼尔基水库按照入库流量下泄,次日在齐齐哈尔形成一个退水后的小涨水段(流量 9370m³/s);齐齐哈尔站调度后流量始终小于 12000m³/s,小于 1998 年实测流量 14800m³/s,上游河道沿线安全概率较大。

10.6.2.2 2021 年嫩江暴雨洪水

2021 年入汛以来,嫩江流域天气形势复杂多变,洪水发生早、时间长、量级大。流域共发生 8 次大范围强降雨过程,累计降雨 428mm,较常年同期偏多 4 成以上,降雨时间主要集中在 6—7 月,主雨区位于嫩江中上游,形成了嫩江 3 次编号洪水,嫩江流域共有 14 条河流发生超警以上洪水,其中 8 条河流发生超保洪水,3 条河流发生超历史洪水。

(1)洪水预报分析

1)预见期分析。

示范系统的降雨预报接入了国家气象科学数据中心的 GRAPES_MESO 区域集合预报业务系统产生的东亚区域模式预报产品。模式产品空间分辨率 10km,时间分辨率 3h。预报时效最高 72h,要素包括气压、温度、风速、降水量等。

此外,嫩江干流尼尔基水库—齐齐哈尔区间洪水传播时间长达 5d,尼尔基—齐齐哈尔区间主要支流控制站古城子、格尼、德都至齐齐哈尔区间的洪水传播时间也在 5d 以上,因此齐齐哈尔站洪水预报的预见期可达 72h 以上。

2)预报精度分析。

利用嫩江流域 2021 年 5—9 月的实测降雨资料,采用示范系统洪水预报模型预测 2021 年第 1 号与第 2 号洪水尼尔基水库坝址的入库流量,尼尔基水库入库流量过程见图 10.6-5。与实测水位反推的流量过程线相比,预报洪峰流量误差 0.7%、洪水总量误差 1.6%、峰现时间误差 0h,满足洪水预报精度提高 5%以上(洪峰流量误差低于 10%,水位误差低于 0.25m)的要求。

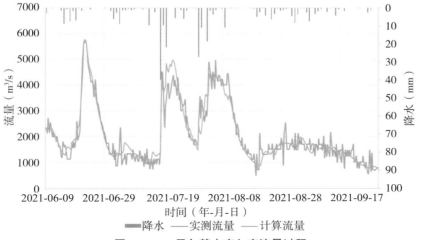

图 10.6-5 尼尔基水库入库流量过程

采用示范系统将尼尔基水库的出库流量过程演进至齐齐哈尔富拉尔基水文站,与尼尔基—富拉尔基区间预报洪水过程相叠加,得出经水库调节后富拉尔基站的流量过程,尼尔基水库调度下富拉尔基站流量过程见图 10.6-6。与实测流量过程相比,洪峰流量误差 -4.5%、洪水总量误差 1.9%、峰现时刻误差 -3h,满足洪水预报精度提高 5%以上(洪峰流量误差低于 10%,水位误差低于 0.25m)的要求。

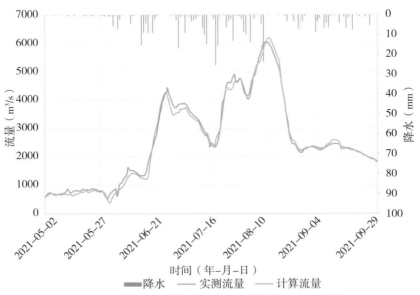

图 10.6-6 尼尔基水库调度下富拉尔基站流量过程

（2）洪水调度分析

7月18日,嫩江发生2021年第2号洪水,18日13时48分诺敏河二级支流西瓦尔图河永安水库发生溃坝;15时30分诺敏河一级支流坤密尔提河新发水库发生溃坝,造成诺敏河发生70年一遇特大洪水,古城子站实测洪峰流量达6340m³/s。洪水期间诺敏河部分堤段出现漫堤险情,严重威胁下游地区防洪安全。

在超标准洪水调度决策示范系统等预报调度软件的支撑下,松辽水利委员会精细调度,18日16时45分起,尼尔基水库总出库流量由1300m³/s减小至0m³/s,到7月19日20时,尼尔基水库关闭闸门超过27h,共拦蓄嫩江干流洪水约2.84亿m³为诺敏河溃坝洪水错峰,降低了嫩江干流同盟以下江段水位0.37~0.60m,避免了嫩江同盟至富拉尔基江段超警、大赉江段超保,最大限度减轻了洪水对嫩江干流的影响。

10.6.3 应急响应分析

采用本系统辅助嫩江流域洪水应急响应工作,运用洪水预报成果开展水工程调度模拟计算,分析判别应急响应等级,报送防汛信息,开展会商研讨,制作发布应急响应预警文案,启动响应计划,最终实现应急响应任务的总体时间最长为3.5h,满足洪涝灾害应急处置响应时间缩短到6h以内的要求。

2021年7月18日15时30分,诺敏河一级支流坤密尔提河的新发水库及其上游永安水库相继发生溃坝,造成诺敏河发生70年一遇特大洪水。松辽水利委员会于18日16时紧急召开会商会议,决定尼尔基水库自16时45分关闭溢洪道闸门和发电机组,应急为诺敏河溃坝洪水错峰。18日16时45分起,尼尔基水库总出库流量由1300m³/s减小至0m³/s,为诺敏河溃坝洪水错峰。可见松辽水利委员会的洪涝灾害应急处置响应时间在6h以内。

10.6.4 减灾效益分析

2021年7月18日,受永安水库和新发水库溃坝影响,诺敏河发生70年一遇特大洪水。汉古尔河镇位于东诺敏河、西诺敏河和嫩江交汇处的冲积平原上,三面环水,主要防洪工程由东、西诺敏河堤防及嫩江干流汉古尔堤防构成。当诺敏河发生特大洪水时,汉古尔河镇是受洪水威胁最严重、防洪形势最严峻的地区。洪水期间诺敏河部分堤段出现漫堤险情,严重威胁全镇防洪安全。在嫩江齐齐哈尔河段超标准洪水调度决策示范系统与现有洪水调度系统的支撑下,松辽水利委员会及时调度,尼尔基水库持续27h零出流,为诺敏河洪水尽快下泄起到关键作用,减轻了防洪抢险压力,避免了全镇常住人口9310名群众转移,约18万亩耕地受灾。与常规调度相比,优化调度导致该场次洪水尼尔基水库最高水位抬升了约0.7m,水库坝址以上淹没面积增加2.1万亩,因此优化调度减灾效益为88.3%。

10.7 本章小结

超标准洪水调度决策支持系统在长江荆江河段、淮河沂沭泗流域、嫩江齐齐哈尔河段三个示范区域的示范应用,通过历史典型洪水和实况洪水的演练,详细论证了预见期、预报精度、预报预警制作时间、应急响应处置时间和减灾效益等指标,模拟结果表明项目研发的超标准洪水调度决策支持系统对示范流域超标准洪水的调度决策具有很好的支撑作用,通过以嵌入式集成、模块化补充的方式完善现有国家防汛抗旱指挥系统功能体系,大幅提升了流域的洪水调度决策水平和超标准洪水应对能力,为进一步夯实防洪非工程体系奠定了重要基础。

第 11 章 结论和建议

11.1 创新点

我国流域超标准洪水应对问题突出,在全球气候变化、人类活动和工程调蓄三重影响下,面临流域洪水产、汇、蓄、滞规律和灾害链传播致灾机理认知不足,超标准洪水立体监测、预报预警、灾害评估、风险调控、应急处置技术亟须提升和超标准洪水应急响应措施体系亟待完善等重大挑战,其难度和复杂程度世界少有,相关研究成果距应用需求仍有巨大差距。针对流域超标准洪水综合应对的世界级难题,围绕变化环境下流域水文气象极端事件演变规律及超标准洪水致灾机理、暴雨洪水立体监测与精细预报预警、流域超标准洪水灾害动态评估、流域超标准洪水调度与风险调控、极端天气条件下流域超标准洪水综合应急措施、超标准洪水调度决策支持系统研发并示范应用等 6 个方面进行了全面深入研究和实践应用,取得了如下创新成果。

11.1.1 理论创新

揭示了气候变化和人类活动等变化环境影响下流域水文气象极端事件演变规律,提出了流域超标准洪水的定义及征兆识别方法,阐明了流域超标准洪水致灾机理。具体包括:

(1)流域水文气象极端事件演变规律及发展趋势

研发了未来多模式降尺度模拟结果误差订正技术,识别了流域极端洪水的气候成因及征兆,揭示了气候变化下流域极端降水事件演变规律及暴雨洪水响应机理;提出了非平稳性多变量组合设计值计算方法,解决了变化环境下不同时空组合的设计洪水计算问题;阐明了气候变化、土地利用变化和水利工程调度对极端洪水演变规律与发展趋势的作用机制及累积影响,为超标准洪水应对提供了理论依据。

(2)流域超标准洪水致灾机理

提出了基于流域防洪工程体系防御标准和防御能力差异的流域超标准洪水定义及界定方法,阐明了流域超标准洪水灾害风险时空格局,提出了超标准洪水风险具有灾害突变、量级呈阶梯递增规律;揭示了流域超标准洪水风险传递规律与流域调控能力的强耦合的关联机制,将韧性理念纳入超标准洪水风险管理理论体系,阐明了与当前防洪工程体系防御能力及薄弱环节相关联的流域超标准洪水致灾机理,为充分挖掘防洪工程体系的调度应用潜力提供了理论支撑。

11.1.2 技术创新

构建了流域超标准洪水及洪灾实时监测、预报预警、灾害评估、风险调控及应急避险全链条技术体系。具体包括:

(1)立体实时高洪、溃口及洪灾监测技术

构建了常规接触式与非接触式监测手段相结合的流域超标准洪水"空—天—地—水"一体化实时监测与多源数据融合技术体系,改进了视频测流、超高频雷达测流、无人机多要素雷达监测系统等非接触式测流技术,解决了流域超标准洪水情况下河道极端洪水及分洪溃口"测不到、测不准"的难题;构建了不同空间尺度超标准洪水灾害空—天—地多平台协同监测体系与主要指标智能识别提取技术,实现了大范围超标准洪水灾害实时快速监测;提出了超标准洪水洪灾多源信息融合方案,提升了超标准洪水监测敏捷性、时效性、准确性,实现了多维度信息互融互嵌互补的立体动态监测机制及海量异构信息源数据的汇集传送。编制的行业标准《水文应急监测技术导则》及团体标准《超标准洪水水文监测技术导则》,对提高行业监测技术水平起到了显著促进作用。

(2)耦合气象水文水动力模型、及时响应关键节点变化的流域超标准洪水精细预报技术

提出了基于不同尺度模式的流域暴雨数值预报模型及集成方案,实现了降雨数值预报多模式快速更新循环同化和流域致洪暴雨的0～7d无缝隙定量预报,提高了暴雨预报精度;揭示了复杂水土条件下堤防溃决机理,创新了物理试验与数学模型互馈的研究方法,自主研发了基于水土耦合的堤防溃决过程动力学数学模型及复杂河网一、二维耦合水动力模型,实现了超标准洪水堤防溃口、分蓄(滞)洪区、洲滩民垸运用等临时突发事件的复杂河网下多防洪调度目标的预报方案体系敏捷搭建,有效提升了分洪溃决过程的模拟能力;构建了气象水文水动力学深度耦合、流域及关键节点相融合的超标准洪水预报模型,缩短了洪水预警预报制作时间、延长了预见期、提高了预报精度。

(3)流域超标准洪水气象水文预警指标体系构建技术

针对流域超标准洪水提前准备、实时调度、应急响应等应对需求,结合流域超标准洪水量级划分和防洪工程体系防御能力,解析了水文气象要素、工程调控能力、应急响应规则等多要素与超标准洪水之间的关系,提出了基于长、中、短期不同尺度水文气象耦合、行业内外渐进式超标准洪水判别方法、预警机制和预警指标,编制了《超标准洪水预报预警手册》,提升了超标准洪水预警的针对性和时效性,推动了流域超标准洪水预报预警模式向深层次和精细化发展,为流域超标准洪水应对与调控提供了重要技术支撑。

（4）流域超标准洪水灾害动态评估技术体系

针对流域超标准洪水多维多尺度风险调控和比选模拟需求，将韧性理念纳入超标准洪水灾害评估理论体系，构建了局部、区域、流域等不同尺度的超标准洪水灾害评估指标体系和实时动态定量评估模型，提出了超标准洪水灾前、灾中、灾后演变全过程的时空态势图谱构建技术，结合实时洪灾监测信息技术应用，实现了超标准洪水灾害动态评估及实时校正，提升了洪灾评估的准确性和时效性。

（5）调度与效果互馈的超标准洪水风险调控技术

引入历史信息迁移学习机制，实现了流域大洪水地区组成物理成因机制和数值模拟有机耦合，创新性地提出了大尺度、多区域、多站点流域逐层嵌套结构的大洪水模拟方法，研发了大洪水模拟发生器，为丰富复杂流域超标准洪水样本提供了一种新方法；研发了基于知识图谱的流域防洪工程体系联合防洪调度模型，提出了调度规则和案例学习的数字化解析技术，为应对超标准洪水快速确定工程群组和提升联合防洪调度的智能化提供了有效手段；建立了超标准洪水风险调控评价指标体系，提出了群组方案智能优选方法，实现了超标准洪水情景下的灾损"大与小"、保护对象"保与弃"快速决策。

（6）基于大数据和位置服务（LBS）的应急避险转移辅助技术

研发了对洪水风险区域内不同属性人群的精准识别、快速预警和实时跟踪及安置方案动态优化技术，可满足避险转移时间、路线、安置点等信息的快速实时传递；研发了基于人群属性动态反馈驱动的防洪应急避险决策支持平台，实现了应急避险全过程、全要素的实时精准调度与智慧管理，提升了应急避险技术水平。研究成果纳入《水利部智慧水利优秀应用案例和典型解决方案推荐目录》《水利先进实用技术重点推广指导目录》，获得水利先进实用技术推广证书，被湖北技术交易所鉴定为"整体处于国际领先水平"。

上述研发技术可提高超标准洪水预报精确性和预警时效性，实现超标准洪水全过程全要素综合认知和应对。

11.1.3 集成创新

为提升流域超标准洪水决策支持水平，在已有技术和应用在标准内洪水决策支持已经相对完善的基础上，针对流域超标准洪水调度决策需要，系统提出了基于实时调度管理需求的流域超标准洪水调度决策支持系统构建技术与综合应急措施体系。主要包括：

（1）流域超标准洪水应急响应措施体系

综合考虑洪水量级、工程运用潜力、保护对象重要性、成灾程度、灾后重建难度等因素，创新性提出了基于防洪工程体系防御标准和防御能力的流域超标准洪水应急响应等级划分方法，阐明了防洪工程超标准运用的触发条件及应急运用方式；针对洪水风险等级，系统提出了流域超标准洪水综合应对的成套解决方案，形成了流域超标准洪水"控、守、弃、撤"等防御预案编制标准,并以此研制了超标准洪水防御作战图,实现了流域超标准洪水应对措施、风险和潜力的定量化、坐标化和可视化,补齐了流域防洪非工程措施体系在应对极端洪水方面的短板;提出了流域超标准洪水"五跨协同"、防抗救全过程一体化的防范应对机制,编制了《流域超标准洪水防御预案编制导则》;系统提出了流域超标准洪水灾前风险区划与风险管控、灾中调控风险与回避风险、灾后巨灾保险与跨区补偿风险管理保障体系的构建方案。

(2)基于数字孪生技术的具有强适配能力的流域超标准洪水调度应对决策支持系统

建立了长江荆江河段、淮河沂沭泗流域、嫩江齐齐哈尔河段超标准洪涝灾害数据库,编制了《超标准洪涝灾害数据库编制手册》;研发了集预报预警、精细模拟、灾情评估、风险调控和应急避险于一体的超标准洪水全业务流程敏捷响应技术,突破了超标准洪水应对多场景、多目标、多对象的不同业务模块快速搭建技术瓶颈,形成了流域超标准洪水数字场景构建孪生技术;基于统一的技术架构,攻克了信息技术与超标准洪水决策业务深度融合难点,研发了强适配性的流域超标准洪水多场景协同调度决策支持和信息服务平台,实现了与流域已有防汛抗旱指挥系统的集成与融合,嵌入式解决了已有防汛抗旱指挥系统功能缺失或不足的问题,提升了防汛抗旱指挥系统应对超标准洪水的综合能力;创新提出了流域水工程防灾联合调度智慧解决方案,指导了7大流域及水利部本级水工程防灾联合调度系统实施方案编制。

11.2 建议

2020年长江流域性大洪水、2021年郑州"7·20"特大暴雨所造成的灾害告诉我们:超标准洪水防御仍然是水旱灾害防御的重点和难点。为进一步贯彻落实习近平总书记"两个坚持、三个转变"防灾减灾理念,牢固树立水旱灾害防御底线思维,着重强化风险意识,建议国家加大投入,系统完善流域防洪体系建设,全面提升流域超标准洪水防御能力,保障流域经济社会可持续发展。建议重点开展以下工作:

1)加快流域防洪规划修编工作,针对流域超标准洪水防御短板筑牢工程体系"硬件"基础。针对流域超标准洪水灾害特性和防御需求,重点加快江河控制性工程建设,加快病险水库除险加固,全面推进堤防和蓄滞洪区建设,建成标准适度的防洪工程体系。研究防洪水库建设方案,结合兴利继续建设规划内的防洪控制性水库,提高水库群调蓄洪水能力;尽快完成规划内小型水库除险加固,及时开展新出险水库的安全鉴定,发现问题及时处理;开展淤积严重的大、中型水库清淤试点工作,研究水库库容长期保持的措施,恢复和保持水库调蓄功能。加快推进未达标堤段封闭圈及达标建设,使其具备防御大洪水的运用条件,并根据经济社会发展需求和防洪布局优化总体安排,逐步实施堤防提质增效建设,提高堤防防御能力。根据洪水蓄泄关系,优化调整蓄滞洪区布局,加快重要蓄滞洪区工程建设和安全建设,为适时适量运用创造条件。

2)推进数字孪生流域和数字孪生工程建设,提升应对流域超标准洪水的智慧化水平。构建流域防洪规划数字平台,提高规划成果的共享应用水平,进一步发挥防洪规划对流域管理和空间利用的约束和指导作用。创新测验方法,加强非接触式高新技术快速测洪装备研发和应用,构建流域超标准洪水及洪灾的"天—空—地—水"立体化多维组合式快速测洪方法体系,实现测得到、测得准、报得出,提升大洪水应急监测和感知能力。应用信息融合、数据挖掘、遥感监测等新技术,推进多工程阻断条件下气象水文水力学相结合的超标准洪水智能预报与集合概率预报,延长洪水预见期,提高大洪水预报精度,提高决策支持水平。应用人工智能和云计算,建设水工程智能防灾联合调度系统建设,以挖掘防洪工程体系潜力,实现防洪工程体系超标准洪水调度运用。应用5G、LBS和大数据等新技术,分类建立蓄滞洪区、洲滩民垸、防洪保护区等应急避险大数据平台,实现避险资源全过程全要素的实时精准调度与智慧管理,保障风险人群快速预警、高效转移和妥善安置。建设防汛智能化基础设施和数字孪生流域,研发工程巡查抢险应急能力和装备智能化装备,加快推进流域超标准洪水灾害防御业务信息化转型升级。

3)深入推进洪水风险管理,实施"全民"防灾。整合社会力量,深度融合全天候实时高分辨率成像与识别、无人机、人工智能与生物智能、云计算、大数据、区块链、5G、物联网等前沿技术和高新装备,开展智慧防洪技术联合攻关,提升超标准洪水重大风险感知、防御和处置能力。基于流域洪水风险图,实施流域超标准洪水风险区划与风险管控,绘制国土空间利用风险区划图,指导流域防汛工作和经济社会发展布局,规范人类活动,主动规避洪水风险。推进流域超标准洪水灾害社会化管理,研究建立行蓄洪跨区补偿机制和巨灾保险制度,探索利用社会资金补偿洪涝灾害损失,保障上下游、左右岸、干支流洪水风险转移支付。

4)完善流域超标准洪水应急响应措施和机制,提升实时应对能力。综合考虑洪水量级、工程运用潜力、保护对象重要性、成灾程度、灾后重建难度等因素,划分流域超标准洪水应急响应等级,明确防洪工程超标准运用的触发条件、应急运用方式、潜力、风险和效益;统筹考虑洪水分级和工程应急运用方式,提出不同应急响应等级下的灾损分布,构建流域超标准洪水综合全域应对成套解决方案,形成流域超标准洪水"控、守、弃、撤"等防御预案,并据此编制超标准洪水防御作战图,提出各环节各相关领域的职责和协同机制,提升流域超标准洪水实时应对能力。

参考文献

[1] Andretta，Massimo. Some Considerations on the Definition of Risk Based on Concepts of Systems Theory and Probability[J]. Risk Analysis，2014，34(7):1184-1195.

[2] Artificial Neural Networks. New Artificial Neural Networks Findings from China University of Technology Outlined (Development of roughness updating based on artificial neural network in a river hydraulic model for flash flood forecasting)[J]. Science Letter,2016.

[3] Asai M，Miyagawa Y，Idris N. Coupled Tsunami Simulations Based on a 2D Shallow-Water Equation-Based Finite Difference Method and 3D Incompressible Smoothed Particle Hydrodynamics[J]. Journal of Earthquake and Tsunami，2016,10(4):1640019.

[4] Biscarini C，Di Francesco S，Ridolfi E，et al. On the Simulation of Floods in a Narrow Bending Valley：The Malpasset Dam Break Case Study[J]. Water，2016,8(11):545.

[5] Crichton，D. The Risk Triangle. In：Ingleton，J.，Ed.，Natural Disaster Management,Tudor Rose,London,1999:102-103.

[6] Chen D ，Tinghai O U,Gong L ，et al. Spatial Interpolation of Daily Precipitation in China：1951-2005[J]. Advances in Atmospheric Sciences，2010,27(6)：1221-1232.

[7] Elissavet G. Feloni,Dimitrios K. Karpouzos,Evangelos A. Baltas. Optimal Hydrometeorological Station Network Design Using GIS Techniques and Multicriteria Decision Analysis[J]. Journal of Hazardous，Toxic，and Radioactive Waste,2018,22(3).

[8] Ehrlich D，Melchiorri M，Florczyk A J，et al. Remote sensing derived built-up area and population density to quantify global exposure to five natural hazards over time [J]. Remote Sensing，2018，10(9):1378.

[9] Geng Y，Wang Z. An Implicit Coupled 1D/2D Model for Unsteady Subcritical Flow in Channel Networks and Embayment[J]. China Ocean Engineering，2020,34(1):110-118.

[10] Haberlandt U，Hundecha Y，Pahlow M，et al. Rainfall generators for application in flood studies [M]. Flood Risk Assessment and Management，Springer Netherlands，

2011:117-147.

[11] Hu D, Zhong D, Zhang H, et al. Prediction-Correction Method for Parallelizing Implicit 2D Hydrodynamic Models. I Scheme[J]. J. Hydraul. Eng., 2015, 141(8):4015014.

[12] Hu D, Lu C, Yao S, et al. A Prediction-Correction Solver for Real-time Simulation of Free-Surface Flows in River Networks. Water, 2020. 11(12):2525.

[13] Huang K, Ye L, Chen L, et al. Risk analysis of flood control reservoir operation considering multiple uncertainties [J]. Journal of Hydrology, 2018, 565:672-684.

[14] Hydrology. Data on Hydrology Discussed by Researchers at Indian Institute of Technology [A wavelet-based non-linear autoregressive with exogenous inputs (WNARX) dynamic neural network model for real-time flood forecasting using satellite-based rainfall...][J]. Science Letter, 2016.

[15] Hydrology. Findings in the Area of Hydrology Reported from Dalian University of Technology (Research on classified real-time flood forecasting framework based on Kmeans cluster and rough set)[J]. Science Letter, 2015.

[16] Johnson N T, Martinez C J, Kiker G A, et al. Pacific and Atlantic sea surface temperature influences on streamflow in the Apalachicola-Chattahoochee-Flint river basin [J]. Journal of Hydrology, 2013, 489(3): 160-179.

[17] Kong J, Simonovic S P, Zhang C. Resilience assessment of interdependent infrastructure systems: a case study based on different response strategies[J]. Sustainability, 2019, 11.

[18] Leandro J, Chen K F, Wood R R, et al. A scalable flood-resilience-index for measuring climate change adaptation: Munich city[J]. Water Research, 2020, 173:115502.

[19] Lodhim S, Agrawaldk. Dam-break flood simulation under various likely scenarios and mapping using GIS: case of a proposed dam on River Yamuna, India[J]. Journal of mountain science, 2012, 9(2):214-220.

[20] Martinis S, Twele A, Strobl C, et al. A multi-scale flood monitoring system based on fully automatic MODIS and TerraSAR-X processing chains[J]. Remote Sensing, 2013, 5(11): 5598-5619.

[21] Martins R, Leandro J, Djordjević S. Wetting and drying numerical treatments for the Roe Riemann scheme[J]. Journal of hydraulic research, 2018, 56(2):256-267.

[22] Meng, Jin, et al. Suitability of TRMM satellite rainfall in driving a distributed hydrological model in the source region of Yellow River. Journal of Hydrology [J]. 2014, 509:320-332.

[23] Morales-Hernández M, Petaccia G, Brufau P, et al. Conservative 1D – 2D coupled

numerical strategies applied to river flooding: The Tiber (Rome)[J]. Applied Mathematical Modelling, 2016,40(3):2087-2105.

[24] Paprotny D,Sebastian A, Morales-Nápoles O,et al. Trends in flood losses in Europe over the past 150 years[J]. Nature Communications, 2018, 9: 1985.

[25] Paudel Y. A comparative study of public-private catastrophe insurance systems: lessons from current practices[J]. The Geneva Papers on Risk and Insurance-Issues and Practice, 2012, 37(2): 257-285.

[26] Refice A, Capolongo D, Pasquariello G, et al. SAR and InSAR for flood monitoring: Examples with COSMO-SkyMed data[J]. IEEE Journal of Selected Topics in Applied Earth Observations and Remote Sensing, 2014, 7(7): 2711-2722.

[27] Rifai I,Ei Kadi Abderrezzak K,Erpicum S,et al. Floodplain backwater effect on overtopping induced fluvial dike failure [J]. Water Resources Research,2018,54: 1-14.

[28] Rodi W. Turbulence Modeling and Simulation in Hydraulics: A Historical Review [J]. J. Hydraul. Eng. , 2017,143(5):3117001.

[29] Science-Water Science and Technology; McMaster University Researchers Highlight Recent Research in Water Science and Technology (Evaluation of Radar-Gauge Merging Techniques to be Used in Operational Flood Forecasting in Urban Watersheds) [J]. Ecology, Environment & Conservation,2020.

[30] Science,Study Data from St. Petersburg National Research University of Information Technologies, Mechanics and Optics Provide New Insights into Computational Science (Advanced river flood monitoring, modelling and forecasting)[J]. Science Letter,2015.

[31] She D X, Shao Q X, Xia J, et al. Investigating the variation and non-stationarity in precipitation extremes based on the concept of event-based extreme precipitation[J]. Journal of Hydrology, 2015, 530: 785-798.

[32] Susan L R, Christopher J M. Forecasts of seasonal streamflow in West-Central Florida using multiple climate predictors [J]. Journal of Hydrology, 2014, 519: 1130-1140.

[33] Tabrizi A A. Modeling embankment breach due to overtopping [D]. Columbia: University of South Carolina,2016.

[34] Teng J, Jakeman A J, Vaze J, et al. Flood inundation modelling: A review of methods, recent advances and uncertainty analysis[J]. Environmental Modelling & Software, 2017,90:201-216.

[35] Wei H,Yu M,Wang D,et al. Overtopping breaching of river levees constructed with

cohesive sediments[J]. Natural Hazards and Earth System Science, 2016, 16: 1541-1551.

[36] Xinyi Shen, Yang Hong, Ke Zhang, et al. Refining a Distributed Linear Reservoir Routing Method to Improve Performance of the CREST Model[J]. Journal of Hydrologic Engineering, 2016.

[37] Xu Y, Gao X J, Shen Y, et al. A Daily Temperature Dataset over China and Its Application in Validating a RCM Simulation[J]. Advances in Atmospheric Sciences, 2009, 26(4):763-772.

[38] Yin J, Gentine P, Zhou S, et al. Large increase in global storm runoff extremes driven by climate and anthropogenic changes[J]. Nature Communications, 2018, 9: 4389.

[39] Yu K, Chen Y, Zhu D, et al. Development and performance of a 1D-2D coupled shallow water model for large river and lake networks[J]. Journal of hydraulic research, 2019, 57(6):852-865.

[40] Zhang C, Wang L, Zhu H, et al. Integrated hydrodynamic model for simulation of river-lake-sluice interactions[J]. Applied mathematical modelling, 2020, 83:90-106.

[41] Zhang D F, Shi X G, Xu H, et al. A GIS-based spatial multi-index model for flood risk assessment in the Yangtze River Basin, China[J]. Environmental Impact Assessment Review, 2020, 83: 106397.

[42] Zhang M, Xu Y, Qiao Y, et al. Numerical simulation of flow and bed morphology in the case of dam break floods with vegetation effect[J]. Journal of Hydrodynamics, 2016, 28(1):23-32.

[43] Zhou P, Liu Z Y, Cheng L Y. An alternative approach for quantitatively estimating climate variability over China under the effects of ENSO events[J]. Atmospheric Research, 2020, 238: 104897.

[44] Zhou J, Ouyang S, Wang X, et al. Multi-objective parameter calibration and multi-attribute decision-making: an application to conceptual hydrological model calibration[J]. Water Resources Management, 2014, 28(3): 767-783.

[45] 巴欢欢, 郭生练, 钟逸轩, 等. 考虑降水预报的三峡入库洪水集合概率预报方法比较[J]. 水科学进展, 2019, 30(2):186-197.

[46] 曹列凯, 白若男, 钟强, 等. 基于图像测速的薄壁堰流表面流场测量方法[J]. 水科学进展, 2017, 28(4):598-604.

[47] 曾坚, 王倩雯, 郭海沙. 国际关于洪涝灾害风险研究的知识图谱分析及进展评述[J]. 灾害学, 2020, 35(2):127-135.

[48] 柴元方, 邓金运, 杨云平, 等. 长江中游荆江河段同流量—水位演化特征及驱动成因

［J］．地理学报，2021,76(1):101-113.

［49］ 巢清尘，严中伟，孙颖，等．中国气候变化的科学新认知［J］．中国人口·资源与环境,2020,30(3):1-9.

［50］ 陈军飞，邓梦华,王慧敏．水利大数据研究综述［J］．水科学进展,2017,28(4):622-631.

［51］ 陈璐,郭生练,周建中,等．长江上游多站日流量随机模拟方法［J］．水科学进展,2013,24(4):504-512

［52］ 陈敏．2020年长江暴雨洪水特点与启示［J］．人民长江,2020,51(12):76-81.

［53］ 陈文龙，宋利祥，邢领航，等．一维—二维耦合的防洪保护区洪水演进数学模型［J］．水科学进展,2014,25(6):848-855.

［54］ 陈祖煜,张强,侯精明,等．金沙江"10·10"白格堰塞湖溃坝洪水反演分析［J］．人民长江,2019,50(5):1-4,19.

［55］ 程海云,葛守西,闵要武．人类活动对长江洪水影响初析［J］．人民长江,1999(2):38-40.

［56］ 程海云,陈力,许银山．断波及其在上荆江河段传播特性研究［J］．人民长江,2016,47(21):30-34,47.

［57］ 程海云．2020年长江洪水监测预报预警［J］．人民长江,2020,51(12):71-75.

［58］ 程涛,吕娟,苏志诚,等．区域洪灾直接经济损失即时评估模型实现［J］．水进展研究,2002(12):40-43.

［59］ 程晓陶,吴玉成,王艳艳,等．洪水管理新理念与防洪安全保障体系的研究［M］．北京：中国水利水电出版社,2004.

［60］ 程晓陶,吴浩云．洪水风险情景分析方法与实践——以太湖流域为例［M］．北京：中国水利水电出版社,2019.

［61］ 程晓陶．防御超标准洪水需有全局思考［J］．中国水利,2020(13):8-10.

［62］ 池天河,张新,韩承德．基于并行计算的洪水灾害快速评估系统研究［J］．人民长江,2004(5):21-23.

［63］ 代刊,朱跃建,毕宝贵．集合模式定量降水预报的统计后处理技术研究综述［J］．气象学报,2018,76(4):493-510.

［64］ 戴骏辉．上海市区级政府防汛应急管理能力建设研究［D］．上海：中共上海市委党校,2019.

［65］ 丁晶,何清燕,覃光华,等．论水库工程之管运洪水［J］．水科学进展,2016,27(1):107-115.

［66］ 丁志雄,李娜,许小华,等．江西抚河2010年唱凯堤溃堤洪水模拟反演分析［J］．中国水利水电学院科学研究院学报,2019,17(4):285-292.

［67］ 杜懿,王大洋,阮俞理,等．中国地区近40年降水结构时空变化特征研究［J］．水力发

电,2020,46(8):19-23.

[68] 顿晓晗,周建中,张勇传,等. 水库实时防洪风险计算及库群防洪库容分配互用性分析[J]. 水利学报,2019,50(2):209-217,224.

[69] 方创琳. 中国城市群地图集[M]. 北京:科学出版社,2020.

[70] 房永蕾. 中国洪泛区社会经济发展对洪水暴露性的影响研究[D]. 上海:上海师范大学,2019.

[71] 高超,刘青,苏布达,等. 不同尺度和数据基础的水文模型适用性评估研究——淮河流域为例[J]. 自然资源学报,2013,28(10):1765-1777.

[72] 高琦,徐明,彭涛,等. 2018年长江上游严重洪涝的气象水文特征[J]. 气象,2020,46(2):223-233.

[73] 葛小平,许有鹏,张琪,等. GIS支持下的洪水淹没范围模拟[J]. 水科学进展,2002,13(4):456-460.

[74] 耿敬,张洋,李明伟,等. 洪水数值模拟的三维动态可视化方法[J]. 哈尔滨工程大学学报,2018,39(7):1179-1185.

[75] 谷艳昌,王士军,庞琼,等. 基于风险管理的混凝土坝变形预警指标拟定研究[J]. 水利学报,2017,48(4):480-487.

[76] 顾海敏. 长江流域降雨特征及其对洪水的影响研究[D]. 南京:南京信息工程大学,2015.

[77] 顾培根. 水库超蓄临时淹没处理问题研究[D]. 北京:华北电力大学(北京),2018.

[78] 郭爱军. 考虑不确定性的流域水文过程及水库调度研究[D]. 西安:西安理工大学,2018.

[79] 国务院灾害调查组. 河南郑州"7·20"特大暴雨灾害调查报告[R]. 北京,2022.

[80] 韩延彬,刘弘. 一种基于疏散路径集合的路径选择模型在人群疏散仿真中的应用研究[J]. 计算机学报,2018,41(12):2653-2669.

[81] 侯精明,张兆安,马利平,等. 基于GPU加速技术的非结构流域雨洪数值模型[J]. 水科学进展,2021,32(4):567-576.

[82] 胡春歧,赵才. 陆气耦合洪水预报技术应用研究[J]. 水力发电,2019,45(9):48-51,79.

[83] 胡明思,骆承政. 中国历史大洪水[M]. 北京:中国书店出版社,1992.

[84] 黄草,王忠静,鲁军,等. 长江上游水库群多目标优化调度模型及应用研究Ⅱ:水库群调度规则及蓄放次序[J]. 水利学报,2014,45(10):1175-1183.

[85] 黄刘芳,何丽琼,刘东. 可定制化的工程移民信息采集系统开发及应用[J]. 人民长江,2017,48(16):98-102.

[86] 黄荣辉,陈际龙,周连童,等. 关于中国重大气候灾害与东亚气候系统之间关系的研究[J]. 大气科学,2003,27(4):770-788.

[87] 黄艳，马强，吴家阳，等．堰塞湖信息获取与溃坝洪水预测[J]．人民长江，2019，50(4)：12-19，52．

[88] 黄艳．长江流域水工程联合调度方案的实践与思考——2020年防洪调度[J]．人民长江，2021，51(12)：116-128，134．

[89] 黄艳，李昌文，李安强，等．超标准洪水应急避险决策支持技术研究[J]．水利学报，2020，51(7)：805-815．

[90] 黄艳，喻杉，罗斌，等．面向流域水工程防灾联合智能调度的数字孪生长江探索[J]．水利学报，2022，53(3)：1-17．

[91] 纪昌明，俞洪杰，阎晓冉，等．考虑后效性影响的梯级水库短期优化调度耦合模型研究[J]．水利学报，2018，49(11)：1346-1356．

[92] 姜晓明，李丹勋，王兴奎．基于黎曼近似解的溃堤洪水一维—二维耦合数学模型[J]．水科学进展，2012，L3C2：214-221．

[93] 金兴平．金沙江雅鲁藏布江堰塞湖应急处置回顾与思考[J]．人民长江，2019，50(3)：5-9．

[94] 金兴平．水工程联合调度在2020年长江洪水防御中的作用[J]．人民长江，2020，51(12)：8-14．

[95] 雷晓辉，王浩，廖卫红，等．变化环境下气象水文预报研究进展[J]．水利学报，2018，49(1)：9-18．

[96] 李仁东．土地利用变化对洪水调蓄能力的影响——以洞庭湖湖区为例[J]．地理科学进展，2004(6)：90-95，115-116．

[97] 李安强，黄艳，李荣波，等．流域超标准洪水智能调控架构及关键技术研究[J]．中国防汛抗旱，2019，29(9)：31-34．

[98] 李亚，翟国方．我国城市灾害韧性评估及其提升策略研究[J]．规划师，2017，33(8)：5-11．

[99] 李云，范子武，吴时强，等．大型行蓄洪区洪水演进数值模拟与三维可视化技术[J]．水利学报，2005，36(10)：1158-1164．

[100] 骆承政，陈树娥，周一敏．中国历史大洪水调查资料汇编[M]．北京：中国书店出版社，2009．

[101] 骆承政，乐嘉祥．中国大洪水——灾害性洪水述要[M]．北京：中国书店出版社，1996．

[102] 赖成光，陈晓宏，赵仕威，等．基于随机森林的洪灾风险评价模型及其应用[J]．水利学报，2015，46(1)：58-66．

[103] 李娜，王艳艳，王静，等．洪水风险管理理论与技术[J]．中国防汛抗旱，2022，32(1)：54-62．

[104] 梁艳洁，罗秋实，赵正伟．黄河下游右岸堤防典型段溃决过程研究[J]．人民黄河，

2020,42(3):25-29,49.

[105] 梁忠民,胡义明,王军. 非一致性水文频率分析的研究进展[J]. 水科学进展,2011,22 (6):864-871.

[106] 刘翠娟,刘箴,柴艳杰,等. 人群应急疏散中一种多智能体情绪感染仿真模型[J]. 计算机辅助设计与图形学学报,2020,32(4):660-670.

[107] 刘卫林,梁艳红,彭友文. 基于 MIKE Flood 的中小河流溃堤洪水演进数值模拟[J]. 人民长江,2017(7):6-10.

[108] 刘心愿,朱勇辉,郭小虎,等. 水库多目标优化调度技术比较研究[J]. 长江科学院 院报,2015,32(7):9-14.

[109] 刘章君,郭生练,李天元,等. 梯级水库设计洪水最可能地区组成法计算通式[J]. 水科学进展,2014,25(4):575-584.

[110] 刘章君,郭生练,许新发,等. 贝叶斯概率水文预报研究进展与展望[J]. 水利学报, 2019,50(12):1467-1478.

[111] 卢程伟,陈莫非,张余龙,等. 断波在朱沱—三峡坝址库区河段传播规律分析[J]. 长江科学院院报,2021,38(8):14-18,24.

[112] 卢程伟,周建中,江焱生,等. 复杂边界条件多洪源防洪保护区洪水风险分析[J]. 水科学进展,2018,29(4):514-522.

[113] 陆桂华,何健,吴志勇,等. 淮河流域致洪暴雨的异常水汽输送[J]. 水科学进展, 2013,24(1):11-17.

[114] 马利平,侯精明,张大伟,等. 耦合溃口演变的二维洪水演进数值模型研究[J]. 水 利学报,2019,50(10):1253-1267.

[115] 马秋梅,熊立华,张验科,等. 分析 TRMM 卫星降水在径流模拟中的输入不确定性 [J]. 北京师范大学学报(自然科学版),2020,56(2):298-306.

[116] 欧阳籽勃,陈云峰,宋志丹. 基于高精度北斗组合定位电子围栏技术研究及应用 [J]. 卫星应用,2019,85(1):32-33,36-39.

[117] 潘国艳,曹夏禹,张翔,等. 赣江流域近 50 a 来极端降水时空变化特征[J]. 暴雨灾 害,2020,39(1):102-108.

[118] 潘立武. 基于地理信息系统技术的溃坝洪水三维可视化研究[J]. 北京联合大学学 报,2013,27(4):19-23.

[119] 蒋玉付,韦丽娜. WLAN 技术及无人机在灾害应急救援中的应用[J]. 人民长江, 2015,46(20):88-90.

[120] 彭瑞善. 粗谈河流的形成、演变和治理[J]. 水资源研究,2020,9(1):62-72.

[121] 彭卓越,张丽丽,殷峻暹,等. 基于天文指标法的大渡河流域长期径流预测研究 [J]. 中国农村水利水电,2016(11):97-100.

[122] 梅亚东,冯尚友. 蓄滞洪区洪水演进模拟[J]. 水利学报,1996(2):63-67.

[123] 全国洪水风险图项目组．洪水风险图编制管理与应用[M]．北京：中国水利水电出版社，2016.

[124] 钱诚，叶洋波．气候变化使 2020 年"超级暴力梅"发生概率增加近 5 倍[C]//贵阳：第六届区域气候变化监测与检测学术研讨会，2021.

[125] 芮孝芳．对流域水文模型的再认识[J]．水利水电科技进展，2018,38(2):1-7.

[126] 水利部长江水利委员会．长江流域大洪水应对措施[R]．武汉，2020.

[127] 水利部长江水利委员会．长江流域防洪规划中期评估[R]．武汉，2019.

[128] 水利部长江水利委员会．长江流域蓄滞洪区建设与运用评估报告[R]．武汉，2020.

[129] 水利部长江水利委员会．长江上中游控制性水库建成后蓄滞洪区布局调整总体方案[R]．武汉，2021.

[130] 水利部长江水利委员会．长江中下游防御特大洪水对策研究[R]．武汉，2019.

[131] 谈广鸣，郜国明，王远见，等．基于水库—河道耦合关系的水库水沙联合调度模型研究与应用[J]．水利学报，2018，49(7)：795-802.

[132] 唐海华，罗斌，周超，等．水库群联合调度多模型集成总体技术架构[J]．人民长江，2018(13)：95-98.

[133] 唐雅玲．无人机倾斜摄影在城市雨洪风险评估中的应用研究[D]．武汉:武汉大学,2018.

[134] 杨桂山，马荣华，张路，等．中国湖泊现状及面临的重大问题与保护策略[J]．湖泊科学，2010，22(6)：799-810.

[135] 王本德，周惠成，卢迪．我国水库(群)调度理论方法研究应用现状与展望[J]．水利学报，2016，47(3)：337-345.

[136] 王浩，王旭，雷晓辉，等．梯级水库群联合调度关键技术发展历程与展望[J]．水利学报，2019，50(1)：25-37.

[137] 王敏,卢金友,姚仁明,等.金沙江白格堰塞湖溃决洪水预报误差与改进[J]．人民长江，2019，50(3):34-39.

[138] 王书霞，张利平,李意，等．气候变化情景下澜沧江流域极端洪水事件研究[J]．气候变化研究进展，2019，15(1)：23-32.

[139] 王铁锋，金正浩，马军．防洪保护区洪水风险图编制及洪水风险区划关键技术[M]．郑州：黄河水利出版社，2019.

[140] 王婷婷．洪灾避险转移模型及引用[D]．武汉:华中科技大学,2016.

[141] 王轶男．考虑变异的极端降水概率及其空间特征研究[D]．哈尔滨:东北农业大学，2019.

[142] 王艳艳，刘树坤．洪水管理经济评价研究进展[J]．水科学进展，2013，24(4)：598-606.

[143] 王平章，张宝林．清江上游流域森林植被变化对水文特性的影响研究[J]．中国水

利，2016(17)：42-44.

[144] 吴玮．高分四号卫星在溃决型洪水灾害监测评估中的应用[J]．航天器工程，2019，28(2)：134-140.

[145] 咸京，顾圣平，林乐曼，等．基于随机模拟的汛期水库超蓄调度风险分析[J]．人民黄河，2018，40(5)：39-43.

[146] 熊丰，郭生练，陈柯兵，等．金沙江下游梯级水库运行期设计洪水及汛控水位[J]．水科学进展，2019，30(3)：401-410.

[147] 阎晓冉，王丽萍，张验科，等．考虑峰型及其频率的洪水随机模拟方法研究[J]．水力发电学报，2019，38(12)：61-72.

[148] 于汪洋，江春波，刘健，等．水文水力学模型及其在洪水风险分析中的应用[J]．水力发电学报，2019，38(8)：87-97.

[149] 俞茜，李娜，王艳艳．基于韧性理念的洪水管理研究进展[J]．中国防汛抗旱，2021，31(8)：19-25.

[150] 昝军军．山洪灾害应急应对模式及平台研究[D]．西安：西安理工大学，2017.

[151] 占车生，宁理科，邹靖，等．陆面水文—气候耦合模拟研究进展[J]．地理学报，2018，73(5)：893-905.

[152] 张奇谋，王润，姜彤，等．RCPs情景下汉江流域未来极端降水的模拟与预估[J]．气候变化研究进展，2020，16(3)：276-286.

[153] 张士辰，王晓航，厉丹丹，等．溃坝应急撤离研究与实践综述[J]．水科学进展，2017，28(1)：140-148.

[154] 张伟兵，吕娟．筑堤与筑坝：1560年长江大水与明代中后期荆江河段防洪问题探讨[J]．自然科学史研究，2018，37(1)：23-35.

[155] 张晓雷，夏军强，陈倩，等．生产堤溃决后漫滩水流的概化模型试验研究[J]．水科学进展，2018，29(1)：100-108.

[156] 张晓曦，张春泽，陈秋华．明渠非恒定流的一维浅水波与三维VOF耦合模拟[J]．重庆交通大学学报(自然科学版)，2017，36(12)：53-57.

[157] 张永领．公众洪灾应急避险模式和避险体系研究[J]．自然灾害学报，2013，22(4)：227-233.

[158] 张志强，李肖．论水土保持在长江经济带发展战略中的地位与作用[J]．人民长江，2019，50(1)：7-12.

[159] 张志彤．实施洪水风险管理是防洪的关键[J]．中国防汛抗旱，2019，29(2)：1-2.

[160] 章跃芬．多源卫星降水产品的时空精度评估及水文效应研究[D]．北京：中国地质大学(北京)，2020.

[161] 长江勘测规划设计研究有限责任公司，长江水利委员会水文局，长江水利委员会长江科学院．城陵矶附近蓄滞洪区洪水风险及优化调度研究技术成果报告[R]．武

汉,2016.

[162] 长江勘测规划设计研究有限责任公司．长江中下游防洪控制水位优化论证[R].武汉,2021.

[163] 长江勘测规划设计研究有限责任公司．长江中下游排江泵站纳入长江防洪体系统一调度方案研究报告[R].武汉,2019.

[164] 长江水利委员会水文局．长江中下游防洪控制水位优化论证水文分析专题[R].武汉,2021.

[165] 钟登华,时梦楠,崔博,等．大坝智能建设研究进展[J].水利学报,2019,50(1):38-52,61.

[166] 钟启明,陈生水,邓曌．堰塞坝漫顶溃决机理与溃坝过程模拟[J].中国科学:技术科学,2018,48(9):959-968.

[167] 周建银,姚仕明,王敏,等．土石坝漫顶溃决及洪水演进研究进展[J].水科学进展,2020,31(2):287-301.

[168] 周梦瑶,袁飞,张利敏,等．未来气候变化对赣江上游区极端径流影响预估[J].水电能源科学,2020,38(1):5-8.

[169] 朱德军,陈永灿,王智勇,等．复杂河网水动力数值模型[J].水科学进展,2011,22(2):203-207.

[170] 中国水旱灾害防御公报编委会．中国水旱灾害防御公报(2019年)[R].北京:中华人民共和国水利部,2019.

[171] 季学武,王俊．水文分析计算与水资源评价[M].北京:中国水利水电出版社,2008.

[172] 程根伟,石培礼,田雨．西南山地森林变化对洪水频率影响的模拟[J].山地学报,2011,29(5):561-565.

[173] 彭瑞善．粗谈河流的形成、演变和治理[J].水资源研究,2020,9(1):62-72.

[174] 中国民主促进会议政调研部．对长江防洪体系建设的思考——民进长江中上游水患综合防治座谈会论文汇编[M].北京:开明出版社,1999.